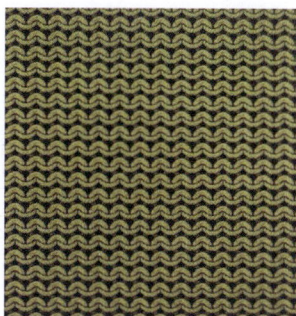

（a）织物正面视图　　　　　　　（b）织物反面视图　　　　　　　（c）工艺视图

图2-1　单面纬平针组织织物的正反面视图和工艺视图

（a）织物正面视图　　　　　　　（b）织物反面视图　　　　　　　（c）工艺视图

图2-2　双层平针组织织物的正反面视图和工艺视图

图2-12　1+1罗纹（满针编织）组织织物的实物图

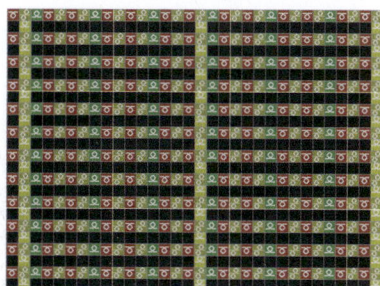

（a）实物图　　　　　　　　　　（b）电脑横机制板图

图2-18　通过改变密度形成的罗纹变化织物的实物图与制板图

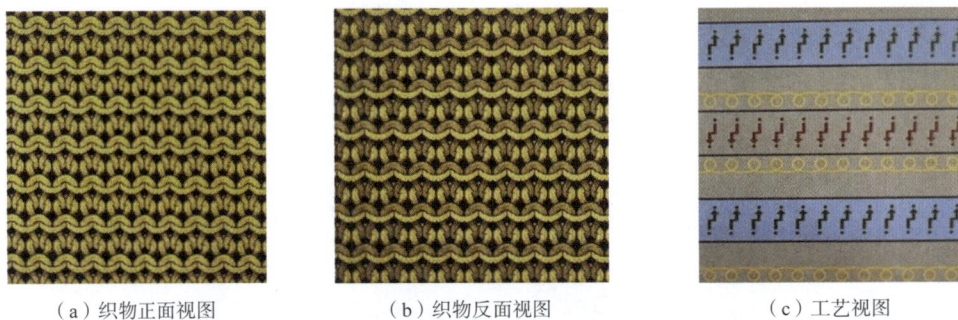

（a）织物正面视图　　　　　（b）织物反面视图　　　　　（c）工艺视图

图2-20　1+1双反面组织织物正反面视图和工艺视图

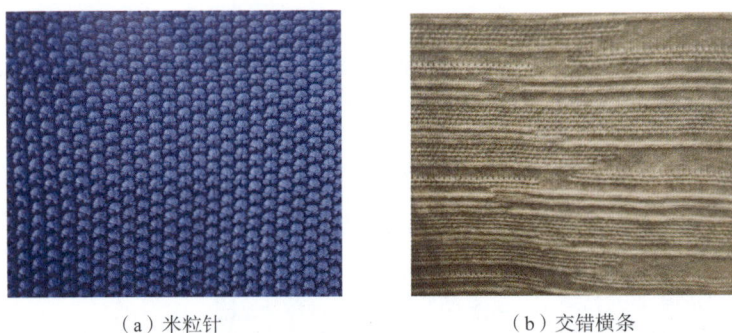

（a）米粒针　　　　　（b）交错横条

图2-21　通过改变正反线圈的配置形成不同外观效应的变化双反面组织织物实物图

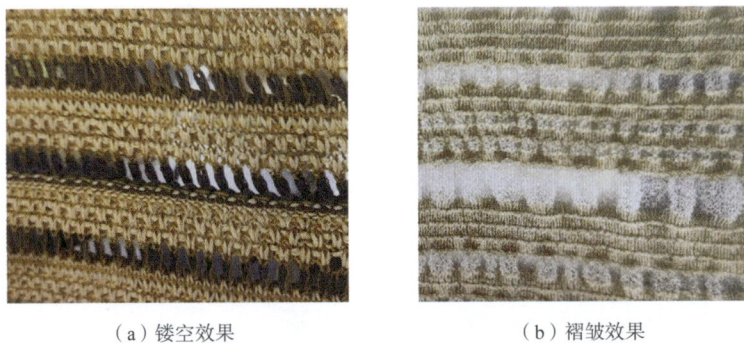

（a）镂空效果　　　　　（b）褶皱效果

图2-23　不同外观效果的变化双反面组织织物实物图

（a）凹凸三角形效果　　　　　（b）凹凸菱形效果　　　　　（c）横条镂空效果

图2-24　不同组织结构相结合形成的双反面组织织物外观效果实物图

（a）方形效果　　　　　　　　　（b）平行四边形效果

图2-22　通过改变正反线圈的配置形成不同外观效应的变化双反面组织织物实物图

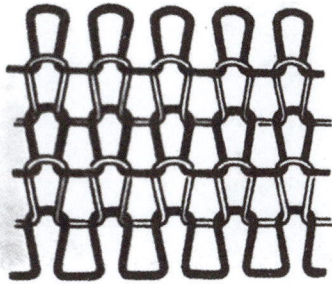 

（a）线圈结构图　　　　　　　　　（b）实物图

图2-25　1+1双反面组织线圈结构图与实物图

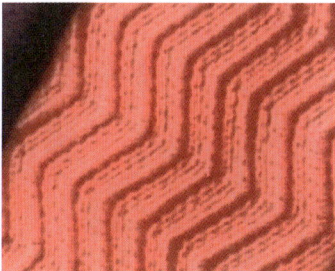   

（a）凹凸花纹　　　（b）凹凸曲折花纹　　　（c）凹凸曲折花纹　　　（d）凹凸花纹

   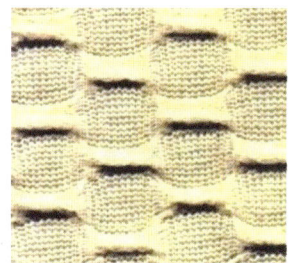

（e）凹凸曲折花纹　　　（f）凹凸方格花纹　　　（g）凹凸菱形花纹　　　（h）凹凸花纹

图2-28　不同外观效应的花色双反面组织实物图

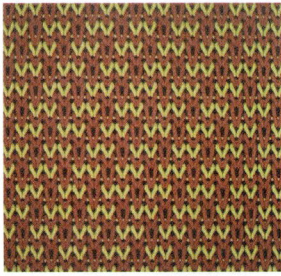

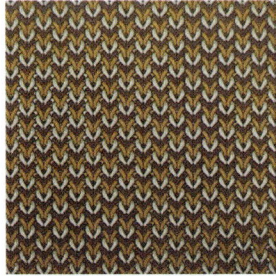

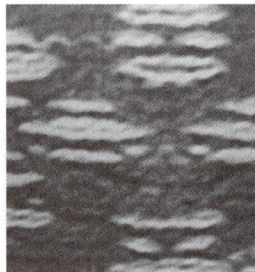

| （a）织物正面视图 | （b）织物反面视图 | （c）工艺视图 |

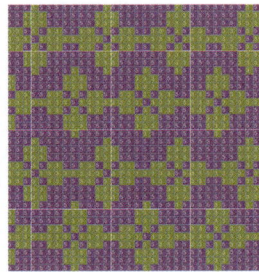

图2-30　两色单面不均匀提花组织织物正反面视图及工艺视图

| （a）织物正面视图 | （b）织物反面视图 | （c）工艺视图 |

图2-31　三色双面芝麻提花组织织物正反面视图及工艺视图

图2-32　单面均匀提花织物实物图　　　图2-33　露底提花织物实物图

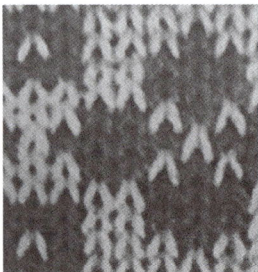

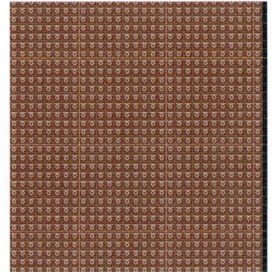

| （a）织物正面实物图 | （b）织物反面实物图 | （c）引塔夏图层 | （d）织物正面线圈制板图 |

图2-34　单面均匀提花织物正反面实物图、引塔夏图层与制板图

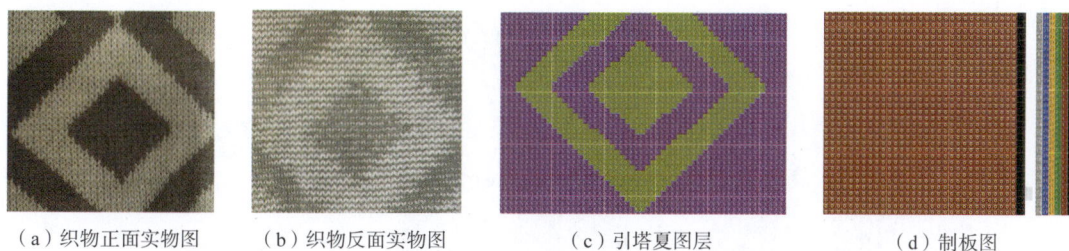

（a）织物正面实物图　　（b）织物反面实物图　　（c）引塔夏图层　　（d）制板图

图2-36　横条提花组织织物正反面实物图、引塔夏图层与制板图

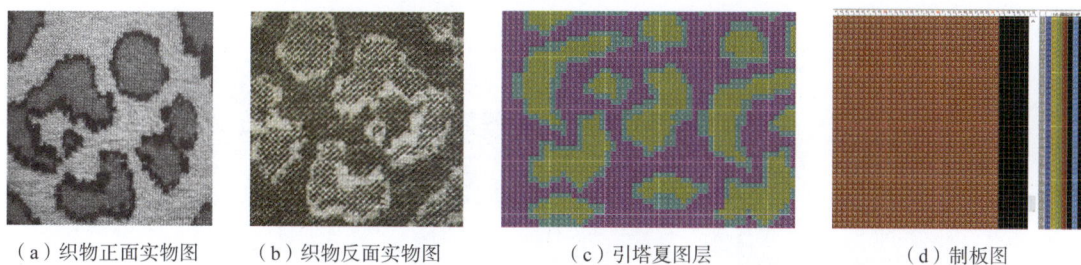

（a）织物正面实物图　　（b）织物反面实物图　　（c）引塔夏图层　　（d）制板图

图2-37　芝麻点提花组织织物正反面实物图、引塔夏图层与制板图

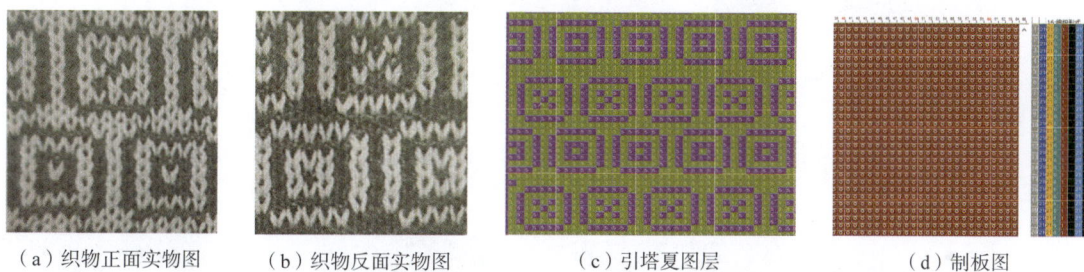

（a）织物正面实物图　　（b）织物反面实物图　　（c）引塔夏图层　　（d）制板图

图2-38　空气层提花组织织物正反面实物图、引塔夏图层与制板图

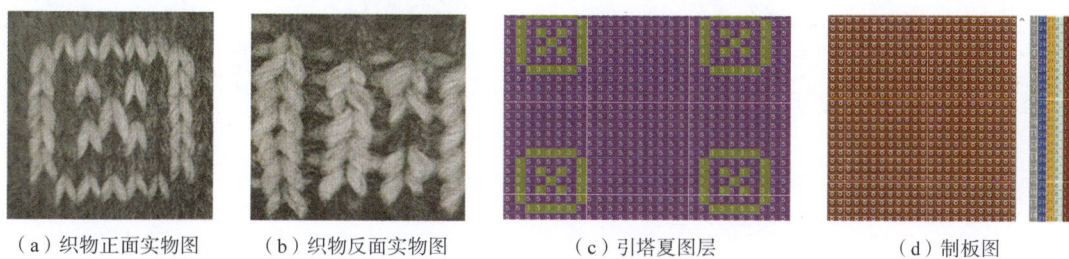

（a）织物正面实物图　　（b）织物反面实物图　　（c）引塔夏图层　　（d）制板图

图2-39　天竺提花组织织物正反面实物图、引塔夏图层与制板图

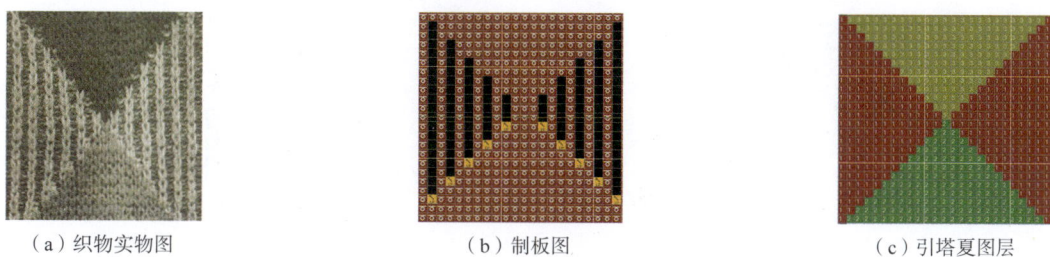

（a）织物实物图　　　　（b）制板图　　　　（c）引塔夏图层

图2-40　变化提花组织织物实物图、制板图与引塔夏图层

5

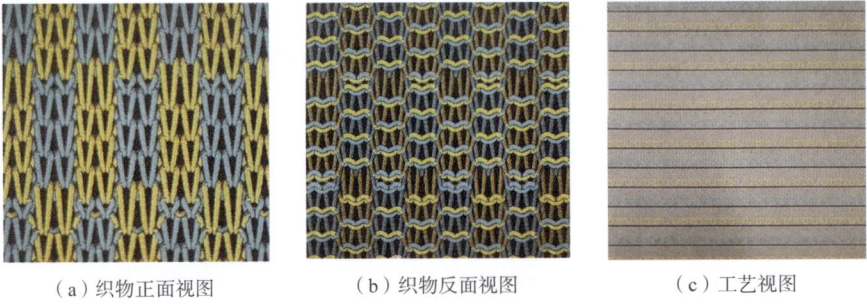

（a）织物正面视图　　　　　（b）织物反面视图　　　　　（c）工艺视图

图2-41　单面集圈组织织物正反面视图与工艺视图

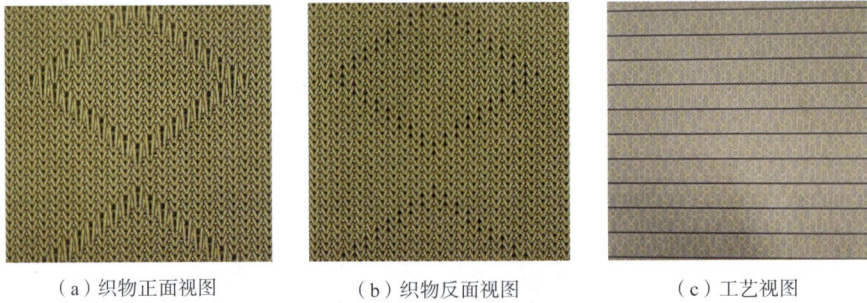

（a）织物正面视图　　　　　（b）织物反面视图　　　　　（c）工艺视图

图2-42　双面集圈组织织物正反面视图与工艺视图

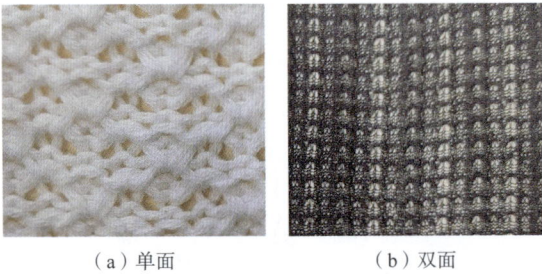

（a）单面　　　　　　　　（b）双面

图2-43　单色单面集圈织物实物图与
单色双面集圈织物实物图

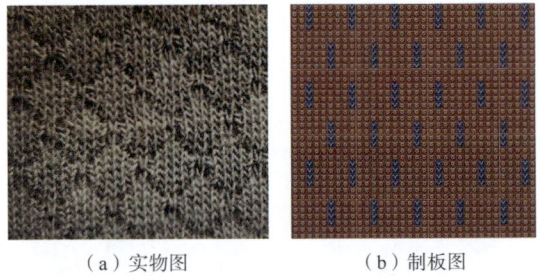

（a）实物图　　　　　　　（b）制板图

图2-46　利用单针四列集圈组织形成的凹凸
小孔效应的单面集圈组织织物实物图与制板图

（a）实物图　　　　　　　　　　（b）制板图

图2-47　利用集圈组织结合纱线颜色不同形成的具有提花效果的单面集圈组织织物实物图与制板图

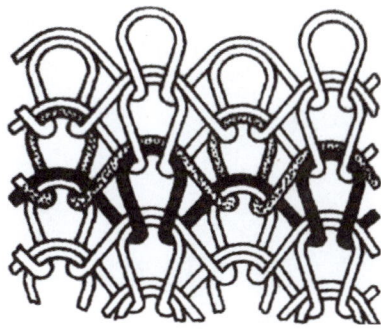 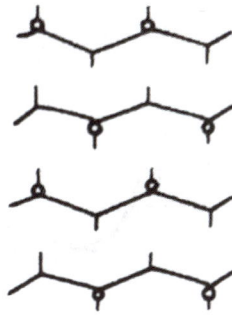

（a）线圈图　　　　　　　　　　（b）编织图

  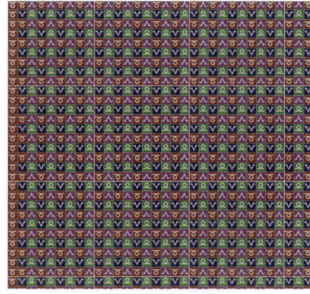

（c）织物正面实物图　　　（d）织物反面实物图　　　（e）制板图

图2-48　畦编组织织物线圈图、编织图、正反面实物图与制板图

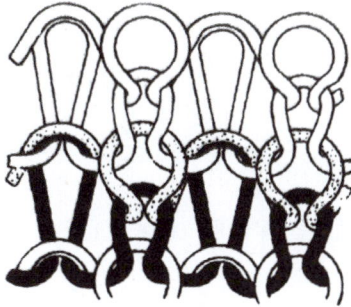 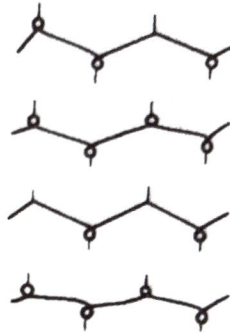

（a）线圈图　　　　　　　　　　（b）编织图

  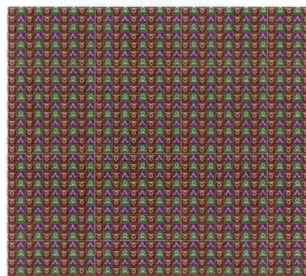

（c）织物正面实物图　　　（d）织物反面实物图　　　（e）制板图

图2-49　半畦编组织织物线圈图、编织图、正反面实物图与制板图

（a）菱形孔眼效应实物图

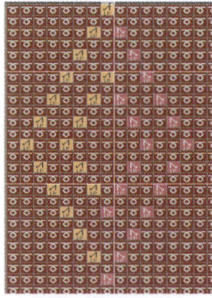
（b）菱形孔眼效应制板图

（c）曲折形孔眼效应实物图

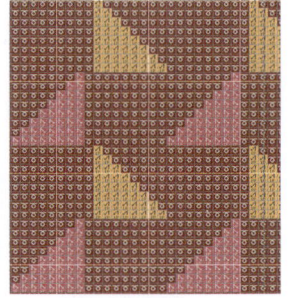
（d）曲折形孔眼效应制板图

（e）V形孔眼效应实物图

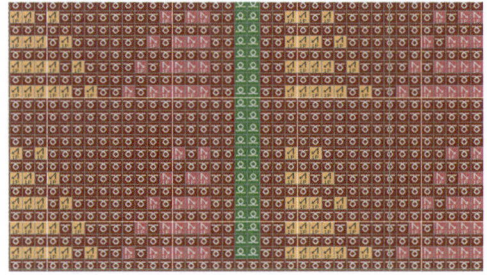
（f）V形孔眼效应制板图

图2-51　不同挑花组织织物实物图与制板图

（a）实物图

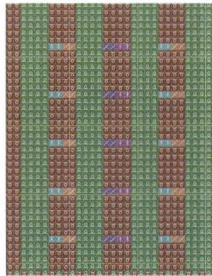
（b）制板图

图2-54　双面绞花织物实物图与制板图

（a）实物图

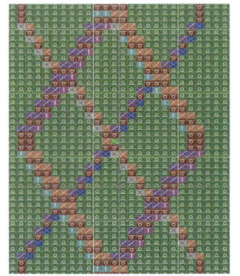
（b）制板图

图2-55　菱形花色效应的阿兰花组织织物实物图与制板图

（a）织物正面视图

（b）织物反面视图

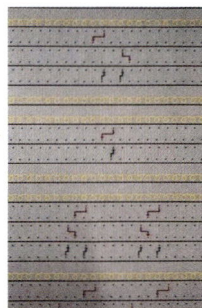
（c）工艺视图

图2-56　挑孔类移圈组织织物正反面视图与工艺视图

（a）织物正面视图　　　　（b）织物反面视图　　　　（c）工艺视图

图2-57　绞花类移圈组织织物正反面视图与工艺视图

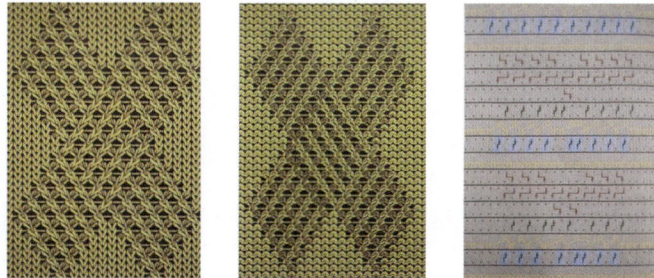

（a）织物正面视图　　　　（b）织物反面视图　　　　（c）工艺视图

图2-58　阿兰花移圈组织织物正反面视图与工艺视图

（a）单针移圈　　　　（b）多针移圈（1）　　　　（c）多针移圈（2）

图2-59　在不同组织基础上进行移圈形成不同外观效果的织物实物图

图2-60　绞花和阿兰花组合的移圈织物实物图　　　　图2-61　绞花和挑孔组合的移圈织物实物图

（a）实物图　　　　　　　（b）制板图

图2-70　四平扳花组织织物实物图与制板图

（a）实物图　　　　　　　（b）制板图

图2-71　畦编扳花织物实物图与制板图

 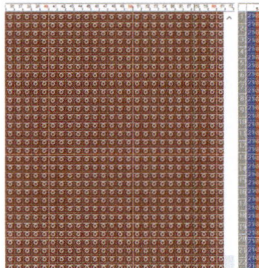 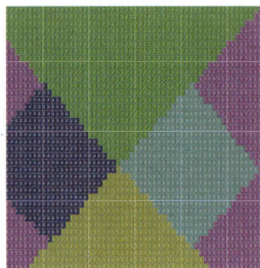

（a）实物图　　　　　　（b）制板图　　　　　　（c）引塔夏图层

图2-75　嵌花组织织物实物图、制板图与引塔夏图层

  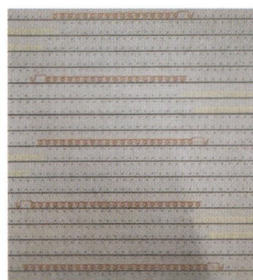

（a）织物正面视图　　　　（b）织物反面视图　　　　（c）工艺视图

图2-76　红色"箭头"图案嵌花组织织物正反视图与工艺视图

图2-77　由多种不同颜色的纱线和不同种类的纱线进行嵌花编织实物图

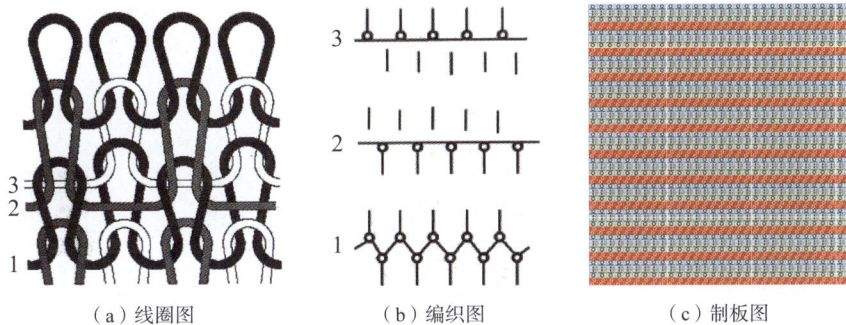

（a）线圈图　　　　（b）编织图　　　　（c）制板图

图2-78　四平空转织物编织工艺图

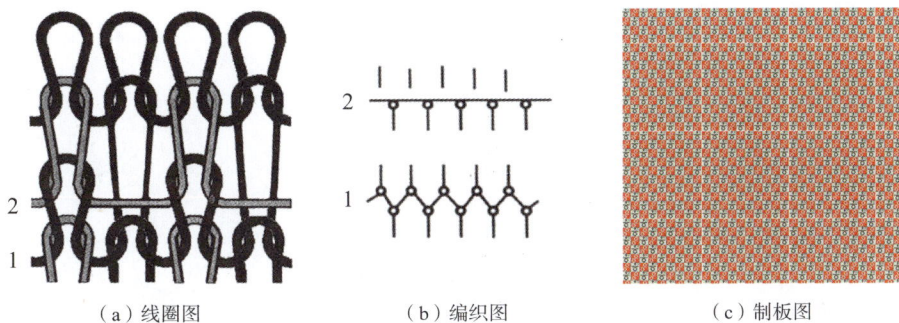

（a）线圈图　　　　（b）编织图　　　　（c）制板图

图2-79　三平组织织物线圈图、编织图与制板图

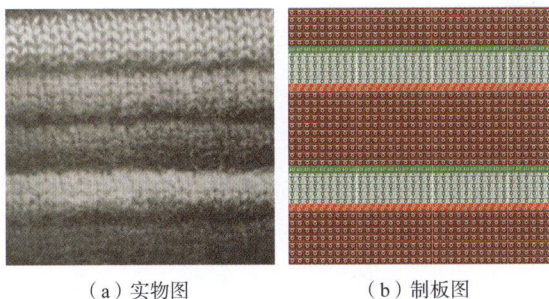

（a）实物图　　　　（b）制板图

图2-80　凸条组织织物实物图与制板图

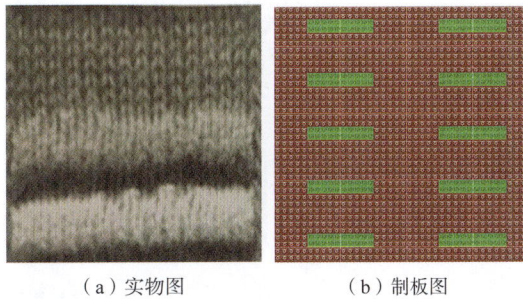

（a）实物图　　　　（b）制板图

图2-81　局部凸条组织织物实物图与制板图

图2-82　均衡纹样服装

11

图2-83　针织服装中采用二方连续纹样图案和肌理效果

图2-84　运用绞花组织形成四方连续纹样的图案和肌理效果

图2-85　运用不同组织形成四方连续纹样的图案和肌理效果

图2-86　以服装整体轮廓作为外形线采用工艺手法进行图案的设计和填充

图2-87　以角隅纹样在袖口、肩袖和侧缝的部位进行装饰

图2-88　以边饰纹样对针织服装的领部、袖口、底摆边缘部位进行装饰

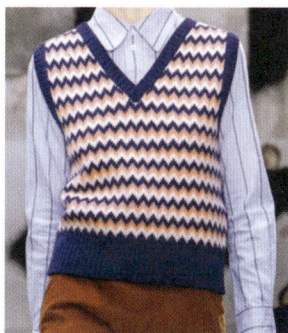

图2-89　条纹效果服装

图2-90　格纹效果织物

图2-91　其他几何纹样效果服装

图2-92　具象图案针织服装

图2-93　抽象图案针织服装

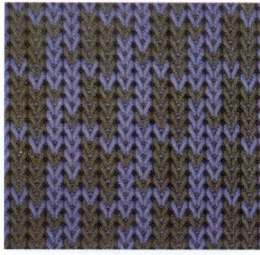

（a）织物正面视图　　　　　（b）织物反面视图　　　　　（c）工艺视图

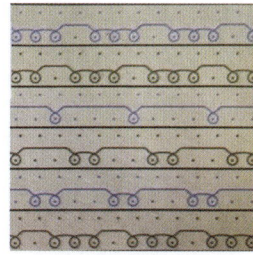

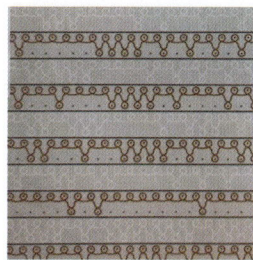

图2-94　单面均匀提花组织织物正反面视图与工艺视图

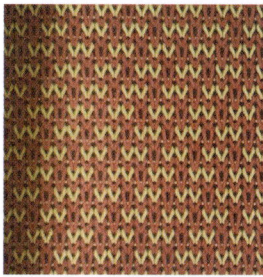

（a）织物正面视图　　　　　（b）织物反面视图　　　　　（c）工艺视图

图2-95　两色单面不均匀提花组织织物正反面视图与工艺视图

（a）织物正面视图　　　　　（b）织物反面视图　　　　　（c）工艺视图

图2-96　横条提花组织织物正反面织物视图与工艺视图

（a）织物正面视图　　　　　（b）织物反面视图　　　　　（c）工艺视图

图2-97　芝麻点提花组织织物正反面织物视图与工艺视图

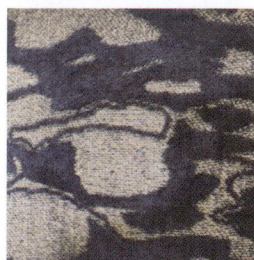

图2-99　天竺提花组织织物实物图

图2-101　横编针织组织镂空效果实物图

图2-100　变化组织提花织物实物图

图2-102　浮线镂空横编针织物实物图

图2-103　移圈镂空横编针织物实物图

图2-104　凹凸立体效果横编针织物实物图

图2-106 罗纹组织和双反面组织组合产生横纵等凹凸图案织物实物图

图2-107 不同罗纹组织组合而形成的不同宽度凹凸纵条纹效果横编针织物实物图

图2-108 绞花和阿兰花组合产生明显凹凸立体效果的横编针织物实物图

图3-43 装门襟式

图3-44 连门襟式

图3-45 装拉链式

图3-46 敞口式

图3-54 罗纹尖膊衫

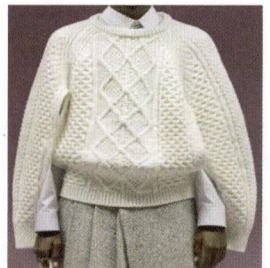

图3-55 绞花尖膊衫

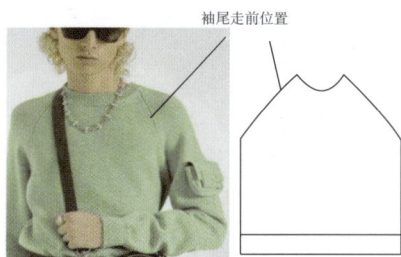

图3-56 袖尾前落肩点

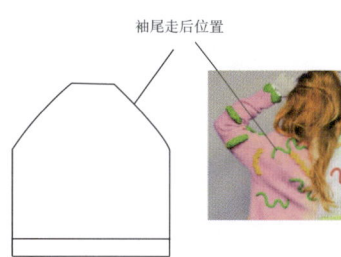

图3-57 袖尾后肩落点

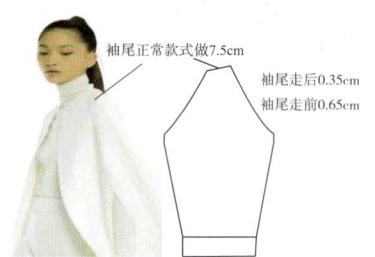

图3-58 袖尾常规工艺尺寸

（a）翻折滑雪帽

（b）贝雷帽

（c）鸭舌帽

（d）护耳帽

图3-114 针织帽款式分类

图3-120　手套款式分类

当第一只手套出自岛精的全自动手套机时，岛正博就看到了公司以后至21世纪的发展方向。那个启示来自全成形产品的手套。把手套上下倒转，把中间的三根指头视为衣身，大拇指及小拇指视为袖子，而手腕位置就是颈部。一个无缝的手套就这样联想到了无缝套衫。

图5-3　横编全成形演变历程

图5-6　岛精全成形太空服

图5-5　SDS-ONE设计系统

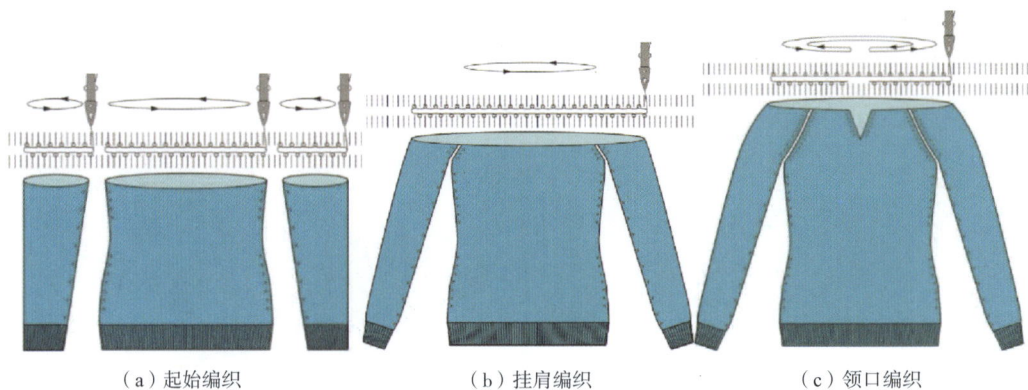

（a）起始编织　　　　　　　　　（b）挂肩编织　　　　　　　　　（c）领口编织

图5-10　全成形毛衫的编织顺序

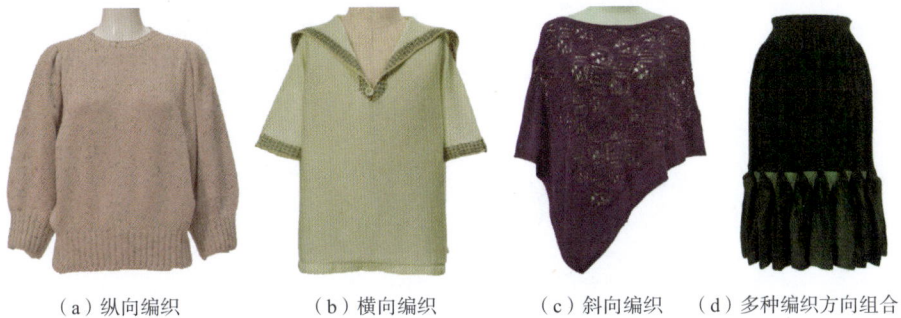

（a）纵向编织　　　（b）横向编织　　　（c）斜向编织　　（d）多种编织方向组合

图5-17　不同编织方向实物图

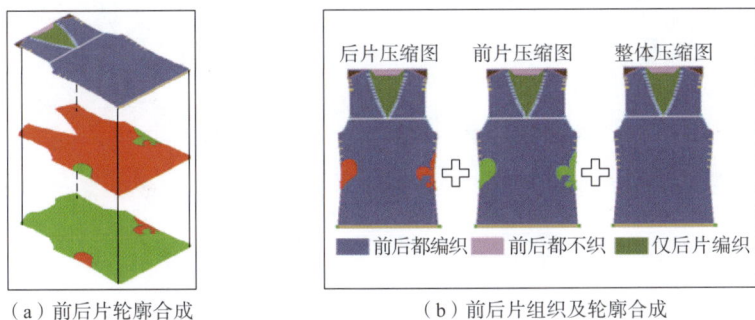

（a）前后片轮廓合成　　　　　　　　（b）前后片组织及轮廓合成

图5-18　前后片轮廓合成及程序设计方法

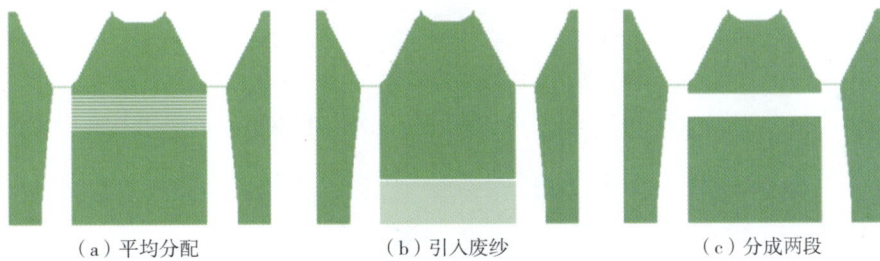

（a）平均分配　　　　　　（b）引入废纱　　　　　　（c）分成两段

图5-25　处理方式

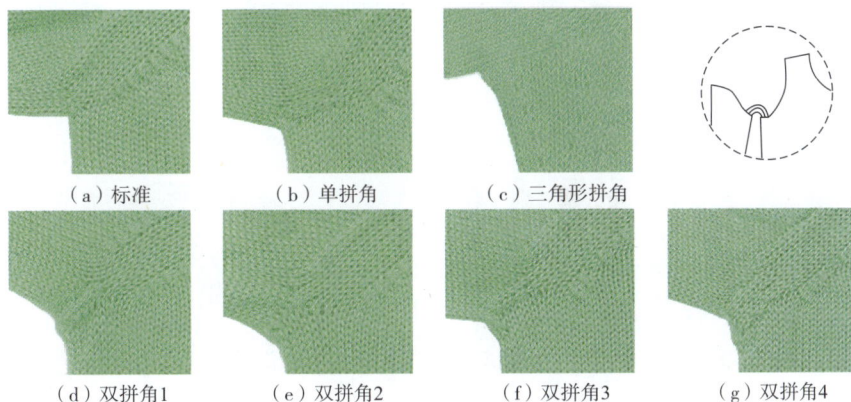

（a）标准　　　　（b）单拼角　　　　（c）三角形拼角

（d）双拼角1　　　（e）双拼角2　　　（f）双拼角3　　　（g）双拼角4

图5-26　袖筒、身筒连接工艺

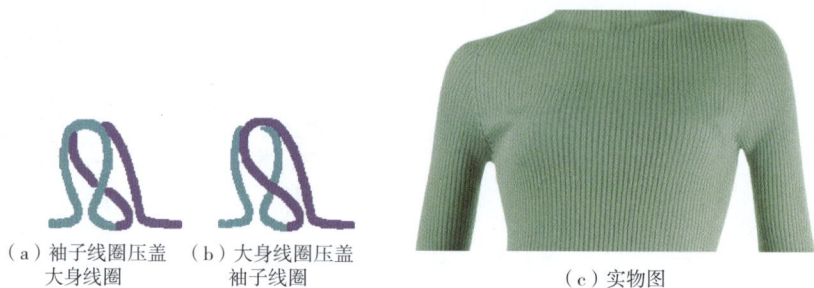

（a）袖子线圈压盖　（b）大身线圈压盖　　　（c）实物图
　　大身线圈　　　　　袖子线圈

图5-27　挂肩收针工艺

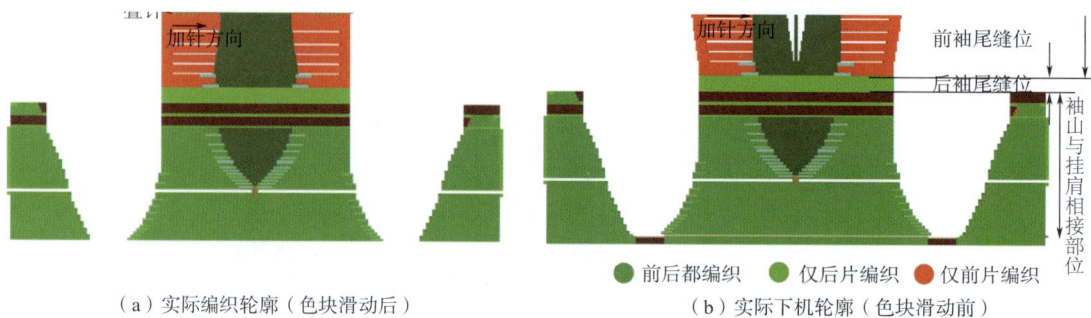

（a）实际编织轮廓（色块滑动后）　　　　　　　（b）实际下机轮廓（色块滑动前）

● 前后都编织　● 仅后片编织　● 仅前片编织

图5-31　V领前挂肩向内加针

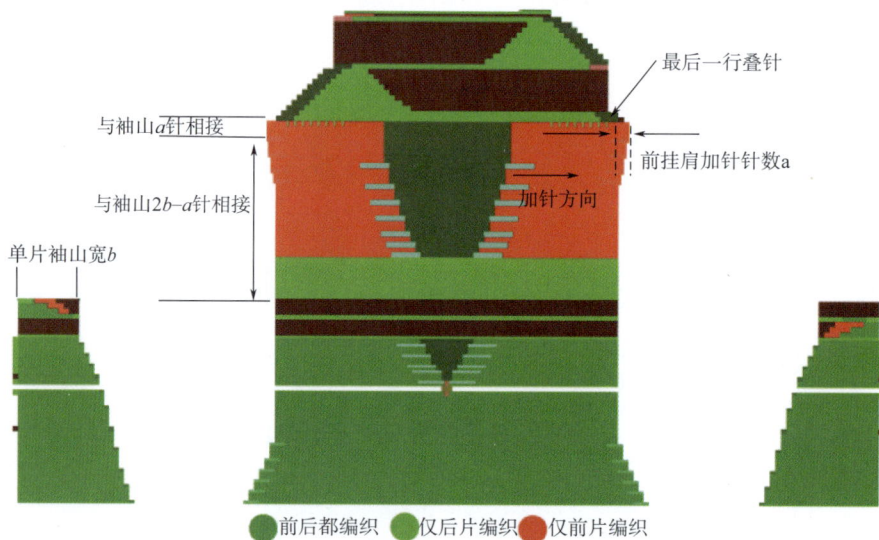

● 前后都编织　● 仅后片编织　● 仅前片编织

图5-32　V领前挂肩向外加针

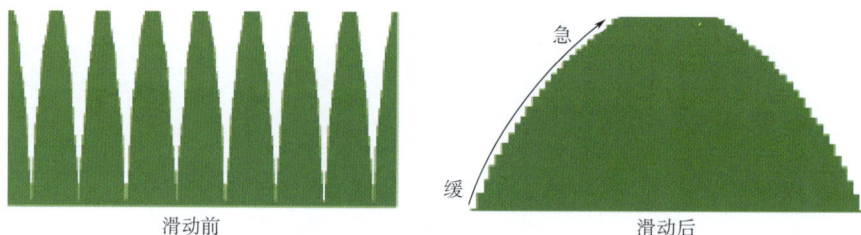

滑动前　　　　　　　　　　　　　　滑动后

图5-37　降落伞收针频率

（a）无后袖尾缝位　　　　　　　　　（b）有后袖尾缝位

图5-29　落肩型全成形毛衫的连接

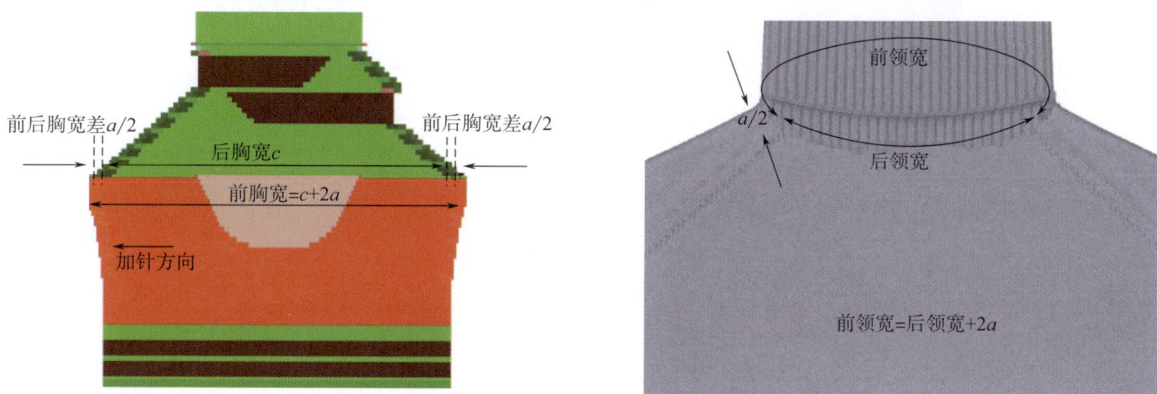

图5-33　高领前挂肩向外加针

图5-34　降落伞三维模拟

图5-36　组织花型变化

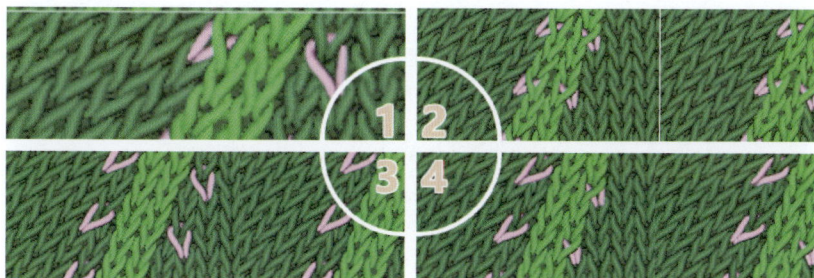

图5-38　降落伞收针方式

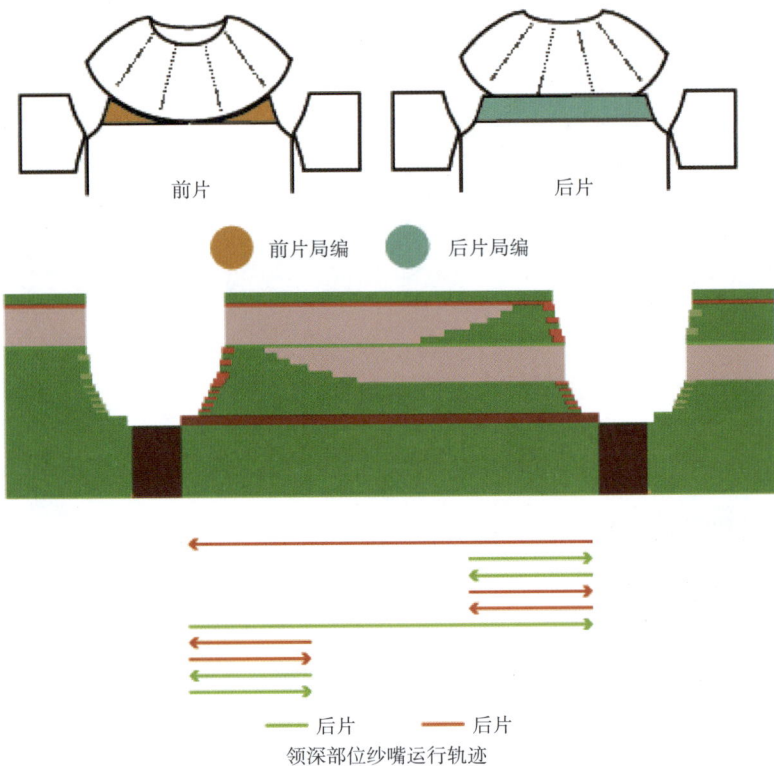

前片　　　　　　　　　　　后片

● 前片局编　　　● 后片局编

← ────────────
　　　　　　→ ─────
　　　　　　← ─────
　　　　　　→ ─────
　　　　→ ──────────
　　← ─────
　　→ ─────
　　← ─────

── 后片　　　── 后片
领深部位纱嘴运行轨迹

图5-41　袖子部位无领深局编

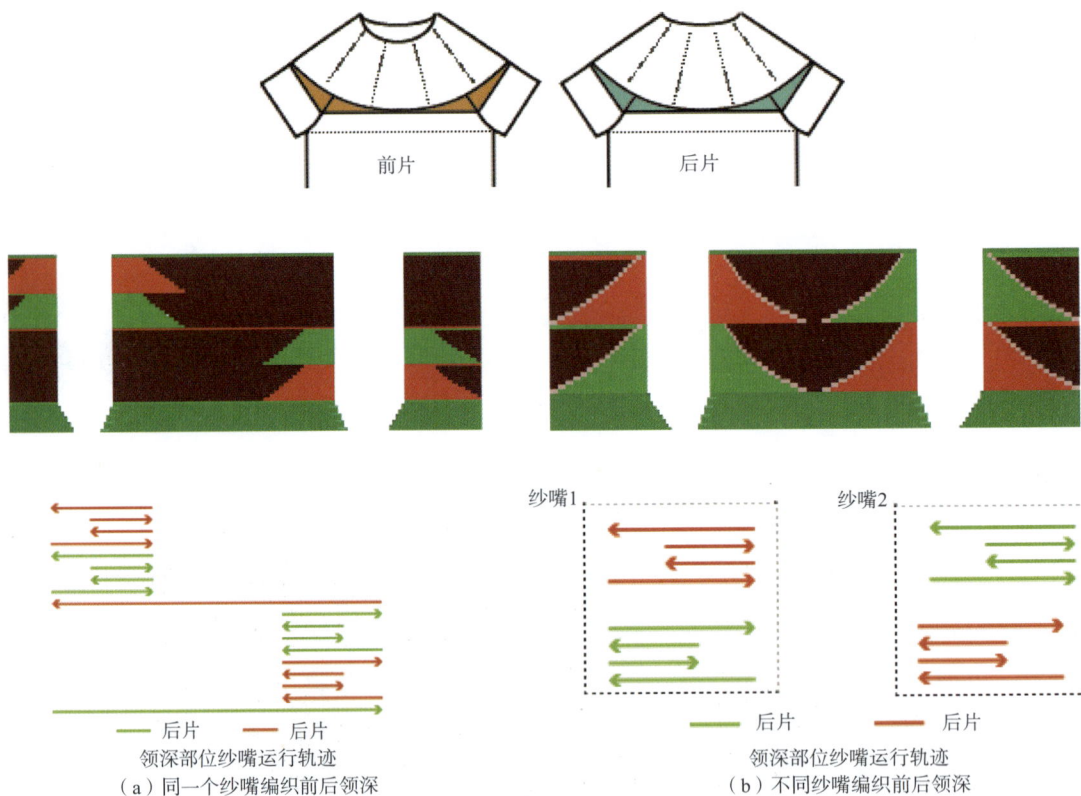

前片　　　　　　　　　　　后片

── 后片　　　── 后片
领深部位纱嘴运行轨迹
（a）同一个纱嘴编织前后领深

纱嘴1　　　　　　　　纱嘴2

── 后片　　　── 后片
领深部位纱嘴运行轨迹
（b）不同纱嘴编织前后领深

图5-42　局编部位无袖、身减针

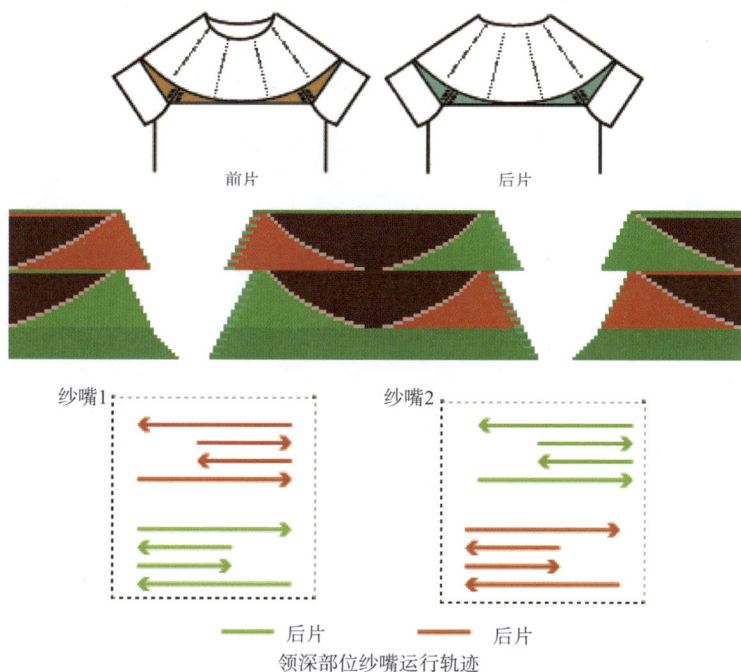

前片　　　　　　　　　后片

纱嘴1　　　　　　　　纱嘴2

━━ 后片　　　　━━ 后片

领深部位纱嘴运行轨迹

图5-43　局编部位有袖、身减针

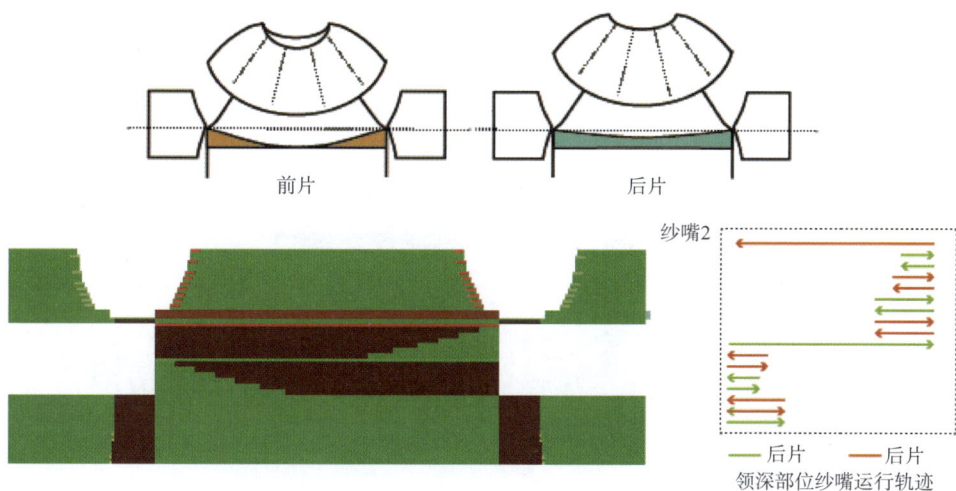

前片　　　　　　　　　后片

纱嘴2

━━ 后片　　　━━ 后片

领深部位纱嘴运行轨迹

图5-44　袖子部位无领深局编

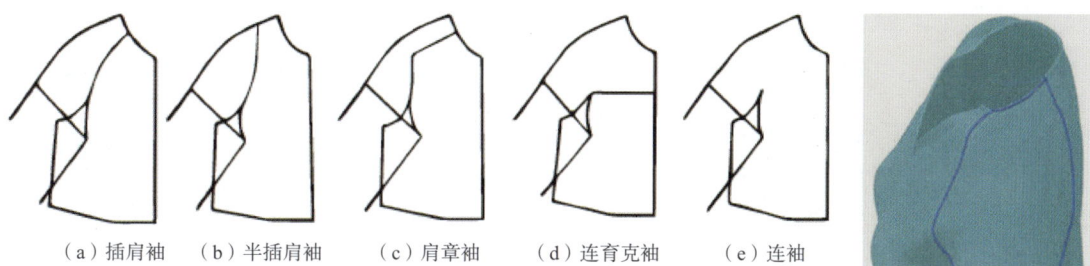

（a）插肩袖　　（b）半插肩袖　　（c）肩章袖　　（d）连育克袖　　（e）连袖

图5-46　插肩袖三维模拟

23

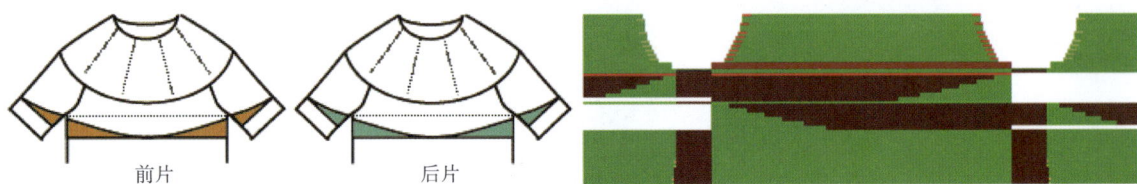

前片　　　　　　　后片

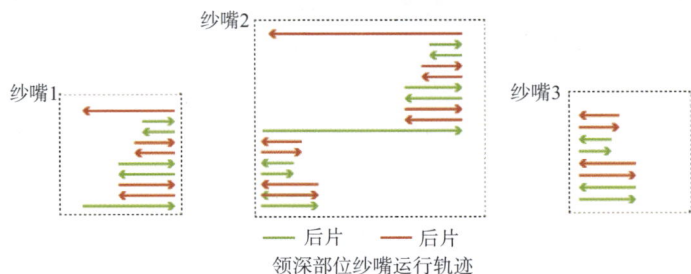

纱嘴2

纱嘴1　　　　　　　　　　　　　　　纱嘴3

—— 后片　　—— 后片
领深部位纱嘴运行轨迹

图5-45　袖子部位有领深局编

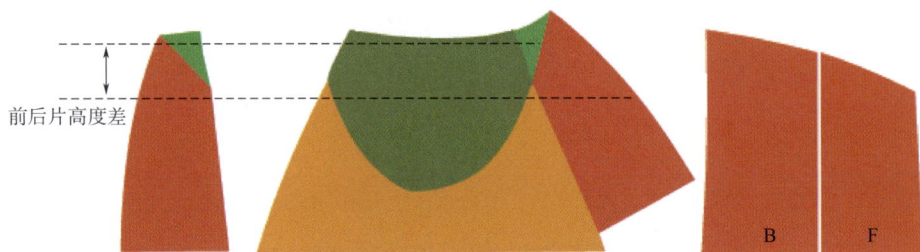

前后片高度差

B　F

图5-48　前后片高度差

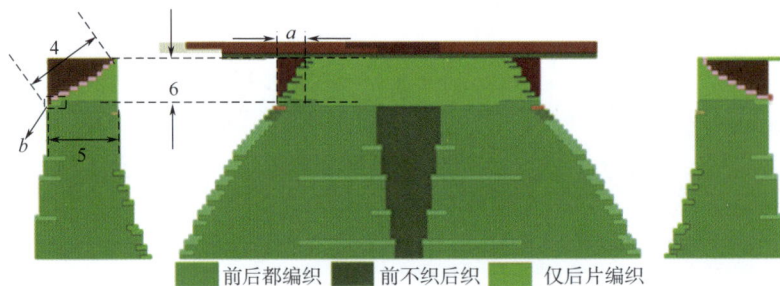

4

6

b

5

a

■ 前后都编织　■ 前不织后织　■ 仅后片编织

图5-50　前片向后片转移线圈

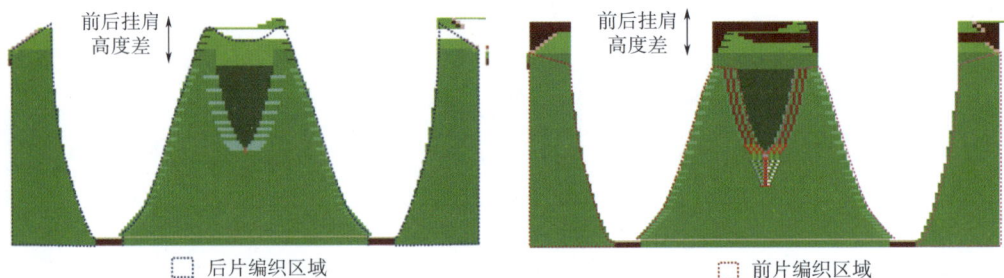

前后挂肩
高度差

前后挂肩
高度差

▭ 后片编织区域　　　　　　　　▭ 前片编织区域

图5-51　插肩袖全成形毛衫编织工艺示意图

"十四五"普通高等教育本科部委级规划教材

横编针织服装设计与工艺原理

沙 莎 **主编**

李欣欣 彭佳佳 罗 璇 **副主编**

中国纺织出版社有限公司

内 容 提 要

本书结合织物组织特征和成形原理，帮助掌握传统双针床横编针织服装与前沿的全成形针织服装的工艺原理。本书分为五个章节，分别介绍了横编针织物的基本结构与特性、常用材料与纱线选择等，横编针织组织特点与成圈原理、横编针织服装设计案例与原理、工艺设计原理与案例、工艺流程与要求、生产过程、缝合工艺、后整理工艺等，并加入全成形针织服装编织原理与制作工艺，对全成形针织服装编织原理与制作工艺进行介绍和实例分析。

本书可作为高等院校相关专业师生的教材或教学参考用书，也可为横编针织服装行业技术人员、管理部门及编织爱好者提供参考。

图书在版编目（CIP）数据

横编针织服装设计与工艺原理 / 沙莎主编；李欣欣，彭佳佳，罗璇副主编. -- 北京：中国纺织出版社有限公司，2025．5．--（"十四五"普通高等教育本科部委级规划教材）. -- ISBN 978-7-5229-2024-5

Ⅰ. TS186.3

中国国家版本馆 CIP 数据核字第 2024G96L85 号

责任编辑：宗 静 苗 苗　　特约编辑：曹昌虹
责任校对：高 涵　　　　　　责任印制：王艳丽

中国纺织出版社有限公司出版发行
地址：北京市朝阳区百子湾东里A407号楼　邮政编码：100124
销售电话：010—67004422　传真：010—87155801
http://www.c-textilep.com
中国纺织出版社天猫旗舰店
官方微博http://weibo.com/2119887771
北京通天印刷有限责任公司印刷　各地新华书店经销
2025年5月第1版第1次印刷
开本：787×1092　1 / 16　印张：17.75　彩插：24页
字数：378千字　定价：68.00元

在浩瀚的服装世界中，横编针织服装以其独特的魅力与实用性，在服装界占据了不可或缺的地位。本书旨在结合织物组织特征和成形原理，帮助学生理解复杂的横编针织服装的设计与工艺，理解并掌握这一复杂又充满创意的专业知识和技术。

本教材教学目标是使学生能够掌握传统双针床横编针织服装与前沿的全成形针织服装的工艺原理，运用原理进行织物的组织设计和工艺设计，使学生拥有与前沿的生产技术相匹配的专业能力。本教材注重设计与工艺原理的融合，横编针织服装设计与工艺原理是本教材重点，书中详细说明了常见织物组织设计与编织方法，并选取27款具有结构特点的针织服装作为实例，详细介绍每款服装的成品规格及其对应的工艺计算原理与方法。这些案例不仅为学生提供了丰富的灵感来源，还能够帮助学生更好地将理论知识与实际应用相结合。

本教材章节安排与编写分工如下：第一章介绍了横编针织物的基本结构与特性、常用材料与纱线选择等内容，由李欣欣编写；第二章介绍了横编针织组织特点与成圈原理、横编针织服装设计案例与原理，由罗璇与沙莎编写；第三章介绍了横编针织服装工艺设计原理与案例分析，由沙莎编写；第四章概括了横编针织服装工艺流程与要求、横编针织服装生产过程、缝合工艺、后整理工艺等内容，由沙莎编写；第五章阐述了全成形针织服装编织原理与制作工艺，对全成形编织原理进行介绍和实例分析并对平肩型、落肩型、降落伞型、插肩袖型的全成形毛衫进行实例分析，由彭佳佳编写。全教材内容由浅入深，学习中强调理论与实践结合。通过对这些原理的深入解析，学生不仅能够更好地理解横编针织服装的设计和制造过程，还能够在创新实践中更加得心应手。

在编写本教材的过程中，我们深感责任重大，力求将丰富的理论知识与实际操作经验相结合，呈现一部既有学术深度又具有实用价值的专业教材。在编写过程中参阅了大量国内外横编针织服装相关的文献资料，在此向这些资料的作者表示感谢。武汉纺织大学的刘梦婕、孙小羽、许燕玲、戴佳丽、孙高逸，常州大学胡玉茹等绘制了本书的款式图、结构图和工艺图等，在此表示感谢，并向所有关心、支持、帮助过本教材写作与出版的前辈、同志们表示感谢。

由于编者水平有限，书中难免存在疏漏和不足，敬请读者批评指正。

编者

2024年1月

第一章　绪论

第一节　针织服装概述

一、针织发展历程

现代针织技术源自古老的手工编织技艺。手工编织最早可以追溯到史前时期原始人类用棒针编织渔网。1982年，中国江陵马山战国墓出土了一件丝织品，其中包括带状单面纬编两色提花丝针织物，这是迄今为止人类发现的最早手工针织品之一，距今约2200年。在国外，最早的针织品可以追溯到埃及古墓中出土的羊毛童袜和棉制长手套，经过鉴定确认是来自5世纪的产品，目前存放在英国莱斯特（Leicester）博物馆。

机器针织技术的起源可追溯到1589年，当时英国人威廉·李（William Lee）受到手工编织的启发，发明了第一台手摇针织机。这一机器利用机械原理进行成圈编织，其基本原理至今仍然被广泛应用。在中国，早期的针织机械于清末从国外传入上海和广州。1896年，上海建立了中国的第一家针织内衣厂，随后各大城市陆续创办了针织工厂和织袜工厂。然而，在20世纪上半叶，我国的针织工业一直发展缓慢，1949年时，全国主要针织内衣设备不到1000台，所生产的织物仅限于以棉、毛、丝为原料的一些简单品种。

中华人民共和国成立以来，尤其是改革开放以来，我国针织工业取得了长足的进步。针织产品从传统的内衣逐渐扩展到外衣，从传统的服装扩展到家居用品、装饰品、医疗用品等多个领域，产品的种类不断增加、应用领域不断扩展。我国已拥有逾百万台各类针织设备，成为全球针织品生产国和出口国之一，针织品产量约占全球总产量的三分之二。

二、针织产品分类

（一）服用针织产品

针织面料作为重要的纺织产品，在现代服装设计中被广泛应用，其柔软性、弹性和适应性为其赋予了独特的优势。其在运动装、休闲装和内衣等领域的应用尤为突出。

首先，针织面料在运动装和休闲装中发挥着重要作用。其良好的弹性、延展性及适应性，使其成为运动装的首选材料。采用针织面料制成的运动装，贴身感强，能够充分满足运动员的运动需求，同时具备出色的排汗和透气功能，保证运动过程的舒适性。此外，针织面料的灵活性和多样性，也使运动装和休闲装能够同时兼顾时尚性和舒适性，完美结合了时尚与功能。

其次，针织面料在内衣中也有重要应用。其柔软贴身的特性使内衣更贴合身体曲线，为穿着者提供舒适感。同时，针织面料具备优异的弹性和延展性，能够有效地塑造胸部曲线，增强穿着效果。透气性和吸湿性是针织面料在内衣中的优势，有助于保持皮肤干燥，减少不适感。此外，针织面料的多样性也为内衣设计带来更多的可能性，满足了不同风格和需求，为内衣增添了更多元的元素。

（二）家纺用针织产品

家用纺织品（以下简称家纺）属于纺织品领域的三大分支之一，是一个兼具传统和新兴特点的行业。传统的家纺主要包括床单和被罩。近年来，随着人们生活水平的提高和审美观念的提升，家纺行业经历了翻天覆地的变革。随着物质、文化水平的不断提升以及住宅环境的改善，人们对家纺的需求逐渐从简单的床上用品过渡到更加注重配套和系列化的趋势。

家纺的设计不仅仅涉及图案、色彩和面料质地的选择，同时也反映个体的性格和喜好。这一设计理念已经从过去单一的实用功能逐渐演化为强调装饰性、艺术性和个性化等多重功能。因此，在创作过程中需要全面考虑人们内心情感、流行信息、审美趣味等多方面因素，从而创造出具备整体氛围和配套设计等多方面艺术风格的室内环境。这个行业不仅仅是为了满足基本需求，更是为了营造富有个性和独特艺术风格的家居环境。

1. 针织家纺产品的种类

（1）窗帘帷幕用针织品。此类针织品既可以分为纬编和经编，同时也可以根据裁剪缝制和成形编织的方式进行区分。通常情况下此类针织品以采用多梳拉舍尔与特利科脱经编机编织的经编窗帘较为常见。这些经编窗帘通常采用三种提花组织，包括绣纹组织、压纱组织和衬纬组织。其中，绣纹组织实际上是经平组织，其花型在机前进行花梳，而地则在机后垫纱，使织物反面呈现具有强烈立体感的花纹。

（2）幕用针织品。幕用针织品通常较厚重，要求具有遮蔽、遮光、隔音、隔热、保温、保暖和装饰等多重功能，并具有良好的悬垂性。选择素色、提花、印花、烫花、压花等不同的织物，如毛圈、天鹅绒、起绒和磨绒，这些都是经编与纬编面料的例子。电影银幕和字幕一般使用阻燃纤维，选择经编面料，确保文字和图形清晰，同时要求不反光。

（3）包覆用针织品。包覆用针织品主要用于床铺、沙发、座椅等家具的包覆或罩套，也被称为家具布。包括沙发、座椅包覆用针织品、卧床包覆用针织品、冰箱罩、台布等产品。

（4）床上用针织品。床上用针织品主要包括床罩、床单、枕套、凉席、枕席、床垫等。采用经斜平经编织物（也称雪克斯金）的一般是床罩、床单、枕套这些床品。这种经编织物具有结构稳定、挺括厚实、抗起毛和起球的特点，但手感与外观较差，因此常用作印花面料。也可以采用两色或多色双面提花等纬编面料。

（5）蚊帐类针织品。蚊帐类针织品中的经编网眼蚊帐使用最广泛。为增加装饰效果，有些产品采用贾卡与多梳经编蚊帐，虽然价格较高，但使用较为普遍。蚊帐的主要原料是涤纶。有些蚊帐还经过特殊的驱蚊整理。

（6）棉毯与毛毯。棉毯与毛毯主要包括经编拉舍尔毛毯与棉毯。

（7）针织地毯。针织地毯种类繁多，包括平素地毯、色彩效应地毯、凹凸花纹地毯、不同毛圈高度花纹地毯、印花地毯等。使用双针床拉舍尔经编机生产的地毯有双层割绒地毯和圈绒地毯，如RMDU6型多功能双针床拉舍尔经编机，这种机器的功能之一是用一个正常针床、一个棒针（又称片针、无头针、无钩针）针床，生产毛圈型地毯。毛圈很长，放松后自由捻合，形成卷捻圈绒地毯，独具特色。毛圈也可以较短，圈根不在一个纵行上，称为圈绒地毯。

（8）贴墙用针织品。贴墙用针织品是一类用于装饰墙壁和天花板的织物材料。它是在天然纤维或合成纤维的针织物上，通过在背面裱糊50~100g/m²木浆纸制成。这类织物要求平整性好，可以是经编或纬编产品，包括绞纱染色后织成的素色或提花织物，匹染的素色或花色织物，还有印花、轧花等织物。针织贴墙织物具有温暖感和平静感、回音小、吸音效果好、防水珠凝聚和隔热性优越等优点，同时生产效率高，花纹多变。防火墙用装饰布对防火性有更高要求，需要具备不燃和难燃的特性。例如，一种高密度维罗绒针织物，手感细腻滑爽，光泽柔和光亮，通过轧花、印花等整理，形成凹凸、色彩或朦胧花纹。

2. 针织家用纺织品设计特点

（1）装饰性。家用纺织品主要在美化室内环境、创造宜人的空间氛围方面发挥装饰性。绚丽的织物肌理、图案、色彩和造型直接影响室内装饰的艺术氛围。通过巧妙的搭配，可以实现最佳的装饰效果，为居住者提供舒适和愉悦的感觉。

（2）功能性。除了基本的装饰作用外，家用纺织品还在不同的室内环境中具备多种功能性。例如，窗帘不仅起到装饰作用，还能保暖、遮光、隔音等。通过家纺产品的材料、结构和造型设计，或者依托高科技处理技术来实现家纺产品的功能性，以满足人们对健康、舒适和环保生活的需求。这种功能性设计强调以人为本的宗旨，也反映了家用纺织品的发展趋势。

（3）整体性。家用纺织品在布置上与服装和产业用纺织品有所不同，其整体性主要体现在点、线、面、空间等多个方面。设计不仅考虑个别产品的图案、色彩和造型，还需全局考虑，如场景色调、室内光线、风格的统一，以及环境的呼应烘托效果等。家用纺织品的设计与室内设计风格相互关联，为室内环境的整体和谐提供补充和深化。

在针织家用纺织品的设计过程中，需要从特定的内容和设计意图出发，尊重针织组织的表现形式。除了对图案、色彩、造型进行设计外，还要注重图案的组织结构设计，并考虑所用纱线性能对效果的影响。统一是设计中的重要法则之一，如果统一的力度不够，可能导致图案呈现出割裂、杂乱的效果。通过在不同的图形中引入共同因素作为纽带，可以协调混乱的图形，形成画面上下的呼应，创造出有秩序感的效果。

（三）产业用针织产品

在产业用针织产品中，经编结构占据着重要的地位，其结构多样且丰富。经编材料具有诸多优点，如可设计性强、成形性好、适形性好、轻质、高强、耐疲劳等，在多个领域中具有广泛的应用前景。产业用针织产品在纺织终端领域所占份额不断增大，而经编结构制备的材料性能优异，因此，经编结构材料在产业用纺织品应用方面具有巨大的潜力。

目前，经编结构材料已广泛应用于航空航天、土工建筑、生物医用、汽车内饰、体育器材、风力发电等多个领域。

（1）航空航天领域。经编织物和复合材料被广泛应用于卫星天线网、飞机机翼板、火箭缓冲气囊等方面。尽管在高端高性能材料方面，我国与国外还存在一定差距，但在航空航天领域应用经编类材料可以进一步挖掘高性能纤维的选择与应用。

（2）土工建筑领域。经编结构材料正在逐步取代传统的水泥、金属材料，成为一种环保节能的新型结构材料。利用经编结构制备的纺织增强材料具有防腐蚀、轻质高强等特点，使用寿命长。未来，可以采用高性能、环保材料逐步替代传统材料，并深入细分轴向结构在土工建筑不同场景的应用。

（3）生物医用领域。经编结构材料以其高孔隙率、稳定性好、强度高、柔韧性佳等特点得到广泛应用。未来，生物医用纺织品将朝着可降解、微创化、智能化的方向发展。

（4）汽车内饰领域。经编结构材料在装饰性材料、座椅、顶棚、背衬等汽车内饰产品中得到广泛应用。随着汽车内饰材料的不断迭代升级和环保要求的提高，经编结构材料能够同时满足装饰性和功能性需求，近年来在汽车内饰领域的用量显著增长。经编间隔织物在汽车内饰领域还具有巨大的发展潜力，因为除了基本的吸声、降噪功能外，经编间隔织物还具有超大隔距和更好的稳定性，在汽车内饰领域更具实用性。其与传感器相结合，能够实现感应监测，有助于汽车内饰产品更加智能化、多元化。

（5）体育器材领域。多轴向经编结构制备的复合材料在滑雪板、冲浪板等运动器材中得到日益广泛的应用。此外，在竞技球场上，经编结构材料也发挥着重要作用，如经编人造草皮能够承受频繁、剧烈的冲击；用于落球区的经编间隔织物可以减弱球的缓冲力；经编网眼结构防护网能够阻止球飞到场外。

（6）风力发电领域。风力发电叶片是一个大型的复合材料结构，经编结构材料以其强度高、质量轻、耐腐蚀和耐气候性好、制作工艺简单等独特优势，正成为制作风力发电叶片及其他重要部件的主要增强材料。现代风力发电的叶片采用多轴向经编增强复合材料。

（四）生物医用针织产品

生物医用纺织材料是利用生物医用纺织纤维，通过不同的纺织加工技术制成的医疗器材，符合医疗健康标准。这些材料在临床诊断、治疗修复、替代脏器以及保健与防护等方面发挥着重要作用，有助于维护人体健康、解除疾患、提高医疗质量。

纺织成形是生物医用纺织材料加工的关键步骤，可以将纤维材料制成二维或三维成品。常用的成形制备方法包括针织、机织、非织造、编织及静电纺。针织是一种工艺技术，通过经编机、圆纬机、横机等形成线圈结构，然后相互串套而成。针织物具有一定的空隙或孔径、较好的延展性及弹性。针织技术可用于制备人造血管、疝气补片、人工韧带、金属内支架、人工气管、牙周补片、肌腱支架增强体等外科植入用纺织品。

（五）智能针织产品

新型智能纺织品的出现开启了纺织工业的全新时代，智能化材料与技术的引入、开发与应用为纺织行业注入了更多附加功能。智能纺织品集成了传感和信息处理等技术，使其具备自我感知、适应和修复的能力，可以有效地应对外界环境的变化。受益于纺织品原有的特性，智能纺织品具有更高的舒适性、透气性和耐用性，因此在各个领域得到了广泛的应用。

针织物独特的线圈结构使纱线能够在受到张力的情况下保持其原有特性，同时具备良好的延展性、透气性和弹性，使其成为智能纺织品的理想载体。智能纱线的线圈结构变形时不会影响其性能稳定性，从而保证了智能针织物的可靠性。纬编智能针织产品可以通过智能化纱线的编织直接获得复杂的组织和线圈结构，可以通过组织结构的变化调整智能产品的感知性能，而无须额外的支撑框架或衬底材料，制成的纺织品具有良好的穿戴性。采用纬编技术编织的智能针织品，可以通过定位纱嘴喂入智能纱线进行局部编织，从而在织物的特定位置编织出不同大小、形状的智能区域，使智能产品的制造更加简便，实现产品的定制化。

智能化是针织产品发展的必然趋势，随着科技的不断革新，未来智能针织产品将更加普及，覆盖家用纺织品、时装、装饰品、急救制品等更广泛的领域，并朝着轻量化、时尚化、个性化、低成本化以及具备通信功能的方向不断发展。

三、针织技术发展趋势

针织产业的发展在"双循环"的新局面下，不断向社会需要的新领域拓展，促进了时尚、科技与绿色的深度结合，推动针织行业在经济社会发展和民生改善中发挥更大的价值。针织产业的可持续发展的核心是技术创新，低能耗、低污染、低排放为其发展目标，将生态性与功能性相融合，力求在"生产—应用—回收"全产业链实现"双碳"目标，构建一个在绿色低碳下循环发展的针织产业。

（1）要实现从末端防控到源头预防的转变，并大幅提升资源循环利用效率，首要任务是在生产原料及装备方面采取积极措施。以针织材料基础研究为出发点，加强新材料的联合开发与应用，推动相关产品、工艺、装备的研发与应用，以实现从源头上的碳降低。在生产原料方面，强化对针织材料的基础研究，推动新材料的联合研发和应用，从而带动整个产业链上相关产品、工艺和装备的创新发展。对于生产装备，构建以短流程、高效率、高品质为核心的生产体系。借助数字化管理、智能化生产、网络化协同、个性化定制和服务化延伸等技术手段，打造针织智慧车间。通过这样的转变，能够有效降低各生产环节的能源消耗，实现绿色生产，从而提高行业的竞争力，并全面贯彻实施针织行业的环境责任。

（2）在针织技术和成形产品方面，采取一系列措施来淘汰高能耗、高污染的落后针织工艺，并加强产品创新、工艺创新和应用创新等领域的能力建设。在针织技术方面，以短流程针织产品生产技术、免染色针织色织提花技术、轻量化针织结构增强技术、低能耗针织装备生产技术和免打样针织虚拟现实技术为切入点，加强材料、结构和性能的一体化研究和技术创新。在产品开发过程中，注重节能减排和资源利用效率，充分发挥减少资源消耗和降低碳排放的协同作用。针对针织产品，瞄准国际先进水平，以舒适穿着、安全防护、卫生保健和智能制造等方面为出发点，实现功能性与生态性的有机统一。同时，进一步融合中华优秀文化，打造以针织技术引领、时尚消费能力强、国际竞争优势明显的优质品牌。

（3）在回收再生及循环利用方面，采取双管齐下的策略。一方面，广泛采用生物可降解材料、绿色纤维和循环再利用纤维来制备针织产品，以实现资源节约和减少碳排放的目标。另一方面，积极推进针对针织服装、装饰品和产业用品的回收再利用工作，建立专业的回收利用循环体系，并不断升级产品回收利用技术，以实现绿色和可持续的发展。同时，依托针织产业转型，促进可持续发展，优化针织行业的能源结构。通过进一步提升能源和水资源的利用效率，有力地支持针织行业在"十四五"时期转型升级，实现高质量发展的重点任务。

第二节　针织面料的基本结构与特性

一、针织面料的参数及性能

（一）针织面料的结构参数

1. 线圈长度

线圈长度是指组成一只线圈的纱线长度，一般以毫米（mm）为单位。线圈长度可根据线圈在平面上的投影近似地进行计算而得；或用拆散的方法测得组成一只线圈的实际纱线长度；也可以在编织时用仪器直接测量喂入每只针上的纱线长度。

线圈长度不仅决定针织物的密度，而且对针织物的脱散性、延伸性、耐磨性、弹性、强力、抗起毛起球性、缩率和勾丝性等也有重大影响，故为针织物的一项重要指标。在生产中若条件许可，在针织机上应采用积板式送纱装置以固定速度进行喂纱，来控制针织物的线圈长度，使其保持恒定，以稳定针织物的质量。

2. 密度

密度表示在纱线细度一定的条件下，针织物的稀密程度。密度有横密、纵密和总密度之分。纬编针织物的横密是沿线圈横列方向，以单位长度（一般是5cm）内的线圈纵行数来表示，纵密为沿线圈纵行方向，以单位长度（一般是5cm）内的线圈横列数来表示。横密与纵密的乘积，等于25cm^{2}内的线圈数。横密、纵密和总密度可以按照式（1–1）~式（1–3）计算：

$$P_A = \frac{50}{A} \tag{1-1}$$

$$P_B = \frac{50}{B} \tag{1-2}$$

$$P = P_A \times P_B \tag{1-3}$$

式中：P_A——针织物横密，纵行/5cm；

P_B——针织物纵密，横列/5cm；

A——圈距，mm；

B——圈高，mm；

P——总密度，线圈/25cm^2。

需要注意的是，两种或几种针织物所用纱线细度不同，仅根据实测密度大小并不能准确反映织物的实际稀密程度（即空隙率多少）；只有在纱线细度相同的情况下，密度较大的织物显现较稠密，而密度较小的织物则较稀松。

3. 密度对比系数

针织物的横密与纵密的比值，称为密度对比系数C。它表示线圈在稳定状态下，纵向与横向尺寸的关系，可用式（1–4）计算：

$$C = \frac{P_A}{P_B} = \frac{B}{A} \qquad (1-4)$$

密度对比系数反映了线圈的形态，C 值越大，线圈形态越是瘦高；C 值越小，则线圈形态越是宽矮。

由于针织物在加工过程中容易受到拉伸而产生变形，因此针织物尺寸（即密度）不是固定不变的，这样就将影响实测密度的正确性。因而在测量针织物密度前，应该将试样进行松弛，使之达到平衡状态（即针织物的尺寸基本不再发生变化），这样测得的密度才具有实际可比性。

4. 未充满系数

未充满系数为线圈长度与纱线直径的比值，如式（1-5）所示。

$$\delta = \frac{l}{d} \qquad (1-5)$$

式中：δ——未充满系数；

l——线圈长度，mm；

d——纱线直径，mm，可通过理论计算或实测求得。

未充满系数反映了织物中未被纱线充满的空间多少，可用来比较针织物的实际稀密程度。线圈长度越长，纱线越细，则未充满系数值越大，织物中未被纱线充满的空间越多，织物越是稀松，反之则相反。

5. 编织密度系数

另一种表示和比较针织物的实际稀密程度的参数为紧度系数。紧度系数定义如下：

$$T_F = \frac{\sqrt{Tt}}{L} \qquad (1-6)$$

式中：T_F——紧密系数；

Tt——纱线线密度，tex；

L——线圈长度，mm。

由式（1-6）可见，纱线越粗（Tt越大），线圈长度越短，紧度系数越大，织物越是紧密，即针织物的实际稀密程度与紧度系数的关系正好与未充满系数相反。

6. 平方米克重

针织物单位面积重量又称织物面密度，用 1m² 干燥针织物的重量（g）来表示。当已知了针织物的线圈长度 l（mm）、纱线线密度 Tt（tex）、横密 P_A、和纵密 P_B、纱线的回潮率 W 时，织物的单位面积重量 Q（g/m²）可用式（1-7）求得：

$$Q = \frac{0.0004 l \, Tt \, P_A P_B}{1+W} \qquad (1-7)$$

单位面积重量是考核针织物的质量和成本的一项指标，该值越大，针织物越密实厚重，但是耗用原料越多，织物成本将增加。

7. 厚度

针织物的厚度取决于组织结构、线圈长度和纱线细度等因素，一般可用纱线直径的倍数来表示。

8. 断裂强力与断裂伸长率

在连续增加的负荷作用下，至断裂时针织物所能承受的最大负荷称断裂强力。断裂时的伸长与原始长度之比，称断裂伸长率，用百分率表示。

9. 工艺回缩率

工艺回缩率是指针织物在加工或使用过程中长度和宽度的变化。可由式（1-8）求得：

$$Y = \frac{H_1 - H_2}{H_1} \times 100\% \qquad （1-8）$$

式中：Y——针织物回缩率；

　　H_1——针织物在加工或使用前的尺寸，mm；

　　H_2——针织物在加工或使用后的尺寸，mm。

针织物的回缩率可有正值和负值，如在横向收缩而纵向伸长，则横向回缩率为正，纵向回缩率为负。回缩率又可分为织造下机回缩率、染整回缩率、水洗回缩率以及在给定时间内弛缓回复过程的回缩率等。

（二）针织物的性能特点

（1）脱散性。脱散性是指当针织物纱线断裂或线圈失去串套联系后，线圈与线圈分离的现象。当纱线断裂后，线圈沿纵行从断裂纱线处脱散下来，就会使针织物的强力与外观受到影响。针织物的脱散性是与它的组织结构、纱线摩擦因数与抗弯强度、织物的未充满系数等因素有关。

（2）卷边性。卷边性是指针织物在自由状态下布边发生包卷的现象。这是由线圈中弯曲线段所具有的内应力试图使线段伸直所引起的。卷边性与针织物的组织结构、纱线弹性、细度、捻度和线圈长度等因素有关。针织物的卷边性会对裁剪和缝纫加工造成不利影响。

（3）延伸性。延伸性是指针织物受到外力拉伸时的伸长程度和特性。延伸度可分为单向延伸度和双向延伸度两种，与针织物的组织结构、线圈长度、纱线细度和性质有关。

（4）弹性。织物弹性是指当引起针织物变形的外力去除后，针织物形状与尺寸回复的能力。它取决于针织物的组织结构与未充满系数、纱线的弹性和摩擦因数。

（5）勾丝与起毛起球性。针织物中的纤维或纱线被外界物体所勾出在表面形成丝环的现象，就是勾丝。当织物在穿着和洗涤过程中不断经受摩擦而使纤维端露出在表面，称为起毛。若这些纤维端在以后的穿着中不能及时脱落而相互纠缠在一起揉成许多球状小粒，称为起球。针织物的起毛起球性能与使用的原料性质、纱线与织物结构、染整加工以及成品的服用条件等有关。

二、针织面料组织结构的表示

为了简明清楚地显示纬编针织物的结构，便于织物设计与制订上机工艺，需要采用一些图形与符号来表示纬编针织物组织结构和编织工艺。目前常用的有线圈图、意匠图和编织图。

（一）织物线圈图

线圈在织物内的形态用图形表示称为线圈图或线圈结构图。可根据需要表示织物的正面或反面。如图1-1所示为平针组织反面的线圈图。

从线圈图中，可清晰地看出针织物结构单元在织物内的连接与分布，有利于研究针织物的性质和编织方法。但这种方法仅适用于较为简单的织物组织，因为复杂的结构和大型花纹一方面绘制比较困难，另一方面也不容易表示清楚。

（二）织物意匠图

意匠图是把针织结构单元组合的规律，用人为规定的符号在小方格纸上表示的一种图形，方格每一行和每一列分别代表织物的一个横列和一个纵行。根据表示对象的不同，常用的有结构意匠图和花型意匠图。

1. 结构意匠图

它是将针织物的线圈（knit）、集圈（tuck）、浮线（foat）[即不编织（non-knit）]三种基本结构单元，用规定的符号在小方格纸上表示。一般用符号"⊠"表示正面线圈，"⊡"表示反面线圈，"●"表示集圈，"□"表示浮线（不编织）。如图1-1（a）所示为某一单面织物的线圈图，如图1-1（b）所示为与线圈图相对应的结构意匠图。

尽管结构意匠图可以用来表示单面和双面的针织物结构，但通常用于表示由成圈、集圈和浮线组合的单面变换与复合结构，而双面织物一般用编织图来表示。

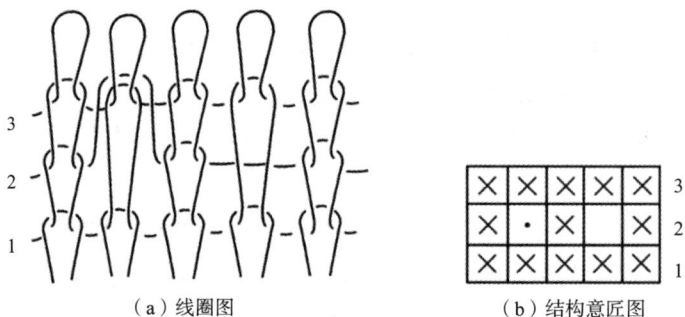

（a）线圈图　　　　　　（b）结构意匠图

图1-1　线圈图与结构意匠图

2. 花型意匠图

花型意匠图是用来表示提花织物正面（提花的一面）的花型与图案。每一方格均代表一个线圈，方格内符号的不同仅表示不同颜色的线圈。至于用什么符号代表何种颜色的线圈可由各人自己规定。如图1-2所示为三色提花织物的花型意匠图，假定其中"⊠"代表红色线圈，"⊡"代表蓝色线圈，"□"代表白色线圈。

在织物设计与分析以及制订上机工艺时，请注意区分上述两种意匠图所表示的不同含义。

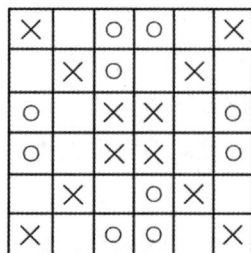

图1-2　花型意匠图

（三）织物编织图

编织图是将针织物的横断面形态，按编织的顺序和织针的工作情况，用图形表示的一种方法。

表1-1列出了编织图中常用的符号，其中每一根竖线代表一枚织针。对于纬编针织机中广泛使用的舌针来说，如果有高踵针和低踵针两种针（即针踵在针杆上的高低位置不同），本书规定用长线表示高踵针，用短线表示低踵针。如图1-3所示为罗纹组织和双罗纹组织的编织图。

表1-1　成圈、集圈、不编织和抽针符号表示方法

编制方法	织针	表示符号	备注
成圈	针盘织针		
	针筒织针		
集圈	针盘织针		
	针筒织针		
不编织（浮线）	针盘织针	1′　2′　3′	针1、1′、3、3′成圈 针2、2′不参加编织
	针筒织针	1　2　3	
抽针			符号○表示抽针

注　抽针也可用符号×或·来表示。

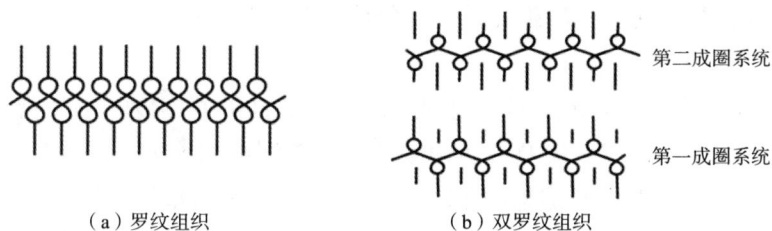

（a）罗纹组织　　　（b）双罗纹组织

图1-3　罗纹组织和双罗纹组织的编织图

编织图不仅表示每一枚针所编织的结构单元，而且显示织针的配置与排列。这种方法适用于大多数纬编针织物，尤其是表示双面纬编针织物。

第三节　针织常用材料与纱线选择

一、传统针织服装用纱

（一）传统纱线

1. 棉纤维

棉纤维自问世以来一直是天然纤维的主要代表，目前仍占据天然纤维总产量的四分之三以上。在农业主要产品中，如粮食、棉花、油料和蔬菜中，棉纤维是唯一能够满足穿着和使用需求的产品。

（1）棉纤维的组成与特征。棉纤维起源于棉籽，经历了生长期和加厚期。在增长期间，纤维先是延长，然后在加厚期沉积物质变得更厚，最终成熟。棉纤维呈多层状、带有中空结构，端部稍尖而封闭，中段较粗，尾端稍细而开口，形成扁平的带状结构，具有自然的扭转，称为"转曲"。截面呈腰圆形，中腔呈干瘪状。棉纤维的主要成分是纤维素，占总质量的94%~95%，其他物质占5%~6%，主要分布在纤维的主体层（次生层）中。此外，表皮初生层上还带有果胶和蜡质，其含量因产地和品种而异。中腔内层附着微量的色素、灰分和蛋白质，其中色素决定了纤维的颜色，影响其白度。

棉纤维具有细长柔软的特点，良好的吸湿性，对强碱、有机溶剂、漂白剂和热隔温有较高的耐性，因此被认为是最主要的天然纤维之一。棉纤维不仅易于进行各种染色和纺织加工，还可以经过丝光处理或其他改性处理，以提高其光泽、可染性和抗皱性等性能。然而，棉纤维的缺点包括弹性较差、不耐强酸、容易发霉和易燃。

（2）棉纤维的分类。

① 棉纤维按其发现地命名与分类，截面形态如图1-4所示。

（a）陆地棉：发现于南美洲大陆的安第斯山脉区，又称美棉或高原棉。由于细度较细，又称细绒棉，是目前主要的棉花品种，纤维长23~33mm，线密度1.43~2.22dtex。一般用于纺10~100tex的棉纱。

（b）海岛棉：因发现于北美洲东南部与南美洲北部的西印度群岛而得名。因其长度较长，又称长绒棉。主要产于埃及、西印度群岛、美洲南部等地。纤维长33~45mm，细度小于1.43dtex。新疆是我国长绒棉的主产地，广东、四川、江苏也有生产。

（c）亚洲棉或非洲棉：人类早期主要应用的棉是在亚洲和非洲，称亚洲棉和非洲棉。亚洲棉纤维因粗短，又称粗绒棉。其长15~24mm，线密度为2.5~4dtex。非洲棉细短，又称草棉。目前已很少作为纺织用纤维，一般为絮填材料。

② 棉花的次级分类。棉纤维按长短、粗细分类是对品种分类的量化；质量分类常以成熟度和色泽来分类，颜色分类是色泽分类的细化；依据种植地的分类只是贸易中的叫法或对地域品种的区别。

③ 按棉纤维的成熟度分类。即按纤维胞壁的增厚程度，可分为成熟棉、未成熟棉、

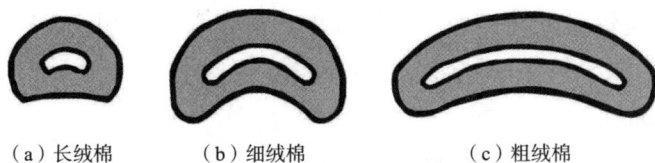

（a）长绒棉　　　　（b）细绒棉　　　　　　（c）粗绒棉

图1-4 不同棉种纤维的截面示意图

完全未成熟棉（死纤维）、过成熟棉及完全成熟棉。之所以要关注棉的成熟度，是因为棉的品种一旦确定，纤维的外周长 P 既定，纤维的表观细度除收缩变扁外，基本不变，见图1-5。

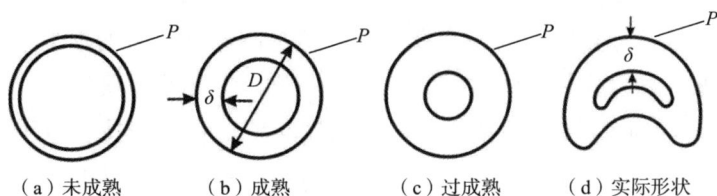

（a）未成熟　　　（b）成熟　　　（c）过成熟　　　（d）实际形状

图1-5 棉纤维成熟度的理论几何图示

纤维的线密度随着胞壁的增厚而增大，这使棉纤维的性状，除纤维长度外，都在发生变化。如随着成熟度的增加，棉纤维的强度和模量增加，色泽变好，抗弯性能和弹性增强，转曲由少变多且明显，然后又逐渐变得不明显并最后消失。以 δ 表示棉纤维的胞壁厚度，以 D 表示棉纤维复圆后的等效外径，$D=P/\pi$。因此，胞壁占有的纤维宽度比为 $2\delta/D$。完全未成熟的纤维理论上 $2\delta/D=0$，但实际中最小为0.05，即初生层一直存在；完全成熟纤维 $2\delta/D=1$，但中腔总存在，故其真实最大值为0.8。引入取值范围在0~5的纤维成熟度系数 M，可得式（1-9）、式（1-10）：

$$\frac{2\delta}{D}=0.05+0.15M \qquad\qquad （1-9）$$

$$M=\frac{20(2\delta/D)-1}{3} \qquad\qquad （1-10）$$

按成熟度系数的定义式（1-9），细绒棉的 M 在1.5~2为成熟纤维，一般纺纱用的 M 在1.7~1.8为最佳；未成熟的 $M<1.5$，过成熟的 $M>2$；死纤维 $M<0.7$，完全不成熟纤维 $M=0$，完全成熟纤维 $M=5$。长绒棉 M 在1.7~2.5为成熟棉，理想的纺用 M 在2左右。

④ 按棉花色泽分类。可分为白棉、黄棉和灰棉。白棉为正常成熟及吐絮的棉花，不管原棉呈洁白色、乳白色还是淡黄色，都称白棉。白棉为棉纺厂最主要的原料。黄棉为棉花生长晚期，棉铃经霜冻后枯死，铃壳上的色素染到纤维上，使原棉颜色发黄。黄棉一般都属低级棉，棉纺厂仅有少量应用。灰棉为棉花在生长发育过程中或吐絮后，由于雨量过多、日照不足、温度偏低，使纤维成熟受到影响，而棉纤维呈灰白色。灰棉强力低、质量差，棉纺厂较少使用，但是极好的再生纤维浆粕原料。

⑤ 按初加工方法分类。可分为锯齿棉和皮辊棉，分别为采用撕扯分离式的锯齿轧花

机和挤切分离式的皮辊式轧花机加工的棉纤维。前者长度偏短为0.5～1mm，短绒偏少，而后者根部纤维（黄根）较多，且加工速度较慢。

（3）棉的其他品种。

① 彩棉。指自然生长的具有彩色的棉花。由于具备天然颜色，彩棉无须染色处理，这样能够减少污染和能耗。目前，彩棉的培育和应用正在扩大，已经涌现出棕、绿、红、黄、蓝、紫、灰等多种颜色品系。然而，与白棉相比，彩棉存在一些缺陷，如产量较低、衣分较低、非纤维素成分含量较高、纤维长度较短、强度较低、可纺性较差。此外，彩棉颜色色谱相对较单一，色泽不够鲜艳，且色泽均匀性和稳定性较差，同时色素遗传变异大，这些都是发展的主要障碍。彩棉的色彩多样性主要受到含有重金属物质且沉积在中腔内壁上的影响，导致色泽昏暗、易游离及有害，这是制约其发展的根本原因。目前，彩棉通常与白棉混纺加工，以弥补可纺性差、色谱单一和均匀性差等缺陷。

② 转基因棉。是通过转基因技术获得的棉花品种。转基因技术应用于棉花育种与种植中，旨在提高棉花产量和抗病虫害能力。尽管存在一些争议，涉及种子质量、种植适应性及性能退化等方面，但如果能解决高产和质量稳定的问题，转基因棉有望成为有效解决土地和纤维资源问题的途径。

③ 蒲绒。属于种子纤维，源自蒲草。与棉纤维具有相似的生理功能，即传播后代。蒲绒是含有80%以上高纤维素的多分叉纤维体，类似羽绒。目前，蒲绒主要作为絮材使用。

（4）木棉。木棉可以被视为棉花的近亲，其纤维是单细胞纤维。尽管在形态、颜色和蒴果的生长上与棉纤维极为相似，但木棉属于果实纤维。纤维是由附着于木棉蒴果壳内壁的细胞发育而成，与内壁的附着力较小，易于分离。与棉花不同，木棉无需经过轧花加工，只需将其剥离，木棉籽即可自行分离。木棉的颜色多样，有白色、黄色和黄棕色，纤维长度为8～32mm，直径为15～45μm，具有表面光滑、无转曲的特点。其截面为大中腔、圆形的管状物，中腔的中空率可达80%～90%。纤维梢端较细且封闭，中段较粗，尾段稍细且带有闭合的开口（图1-6）。

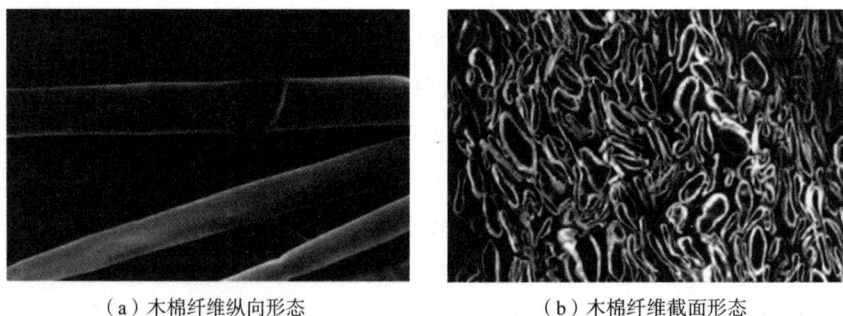

（a）木棉纤维纵向形态　　　　　　　　　　（b）木棉纤维截面形态

图1-6　木棉纤维纤维形态图

木棉纤维表面有蜡质，回潮率为10%～11%，但拒水；密度很小（0.29g/cm³）；强度较低（0.8～1.4cN/dtex），抱合力差，弹性小。虽不适合单纤维纺纱，但可以混纺，尤其是作为絮填隔热吸声材料和浮力救生材料效果极佳。纤维集合体在水中可以承受自重20~36倍的负荷而不下沉，并可以快速地吸附水面上的油类物质。

2.麻纤维

麻的分类相对简单，通常根据纤维所在的植物部位进行分类，比如韧皮纤维和叶纤维。然而，各种麻的称谓却通常采用俗称，命名方式繁杂，多受麻的颜色、产地以及常用叫法等因素的影响。

（1）麻纤维的基本组成与特性。麻纤维主要由纤维素、半纤维素、木质素以及其他成分构成，其中纤维素含量最高。因此，麻纤维的化学性质与棉相似。除了苎麻外，其他麻类纤维的单细胞直径与棉相近，但长度通常较短，从亚麻、大麻、罗布麻的长度稍短一倍，到黄麻、红麻等的长度相差一个数量级。因此，用于纺织的纤维通常是工艺纤维，即由多个单细胞纤维黏合而成的纤维束。这使麻类纤维比棉纤维更粗硬，容易在穿着时引起刺痒感。麻纤维具有良好的吸湿性、高强度以及较小的变形能力，其特点主要表现为挺拔爽朗。常见麻纤维的基本化学组成见表1-2。

（2）苎麻。苎麻纤维的截面呈腰圆或跑道形，具有中腔结构，腔壁上有辐射状裂纹。纵向上没有明显的扭转，表面呈现不规则条纹和横节。苎麻纤维素含量高，木质素含量低，因此具有良好的纤维弹性和柔软质地。苎麻纤维较长，适合进行单纤维纺纱。苎麻纤维的细度直接影响其可纺性和柔软性，纤维越细，品质越高，成纱越柔软。然而，纤维的细度与采割期有关，采割越早，纤维越嫩、越细，但制成率和强度会降低。正常情况下，一年的采割分为头、二、三次，头麻纤维最细，三麻次之，而二麻最粗。

表1-2 常见麻纤维的基本化学组成

组成纤维	苎麻	亚麻	汉麻	黄麻	槿麻
纤维素	65~75	70~80	58.16	64~67	70~76
半纤维素	14~16	12~15	18.16	16~19	—
木质素	0.8~1.5	2.5~5	6.21	11~15	13~20
果胶	4~5	1.4~5.7	6.55	1.1~1.3	7~8
脂蜡胶	0.5~1.0	1.2~1.8	2.66	0.3~0.7	—
灰分	2~5	0.8~1.3	0.81	0.6~1.7	2

（3）亚麻的截面呈圆形或扁圆形，纵向中段较粗而两头较细，具有横节和竖纹。亚麻的单根纤维相对长度较短，适用于工艺纤维的纺纱。这种纤维存在于麻茎的韧皮组织中，在沤浸脱胶的过程中部分胶质被去除，使纤维束松散，并经过压轧和打麻的加工，形成"打成麻"，其截面中含有10~20根单根纤维，适合用于纺纱。由于亚麻具有良好的吸湿性和导湿性，纤维相对较细，因此在夏季衣物中被广泛用作主要的纤维原料。

（4）黄麻和红麻是两种不同类型的麻纤维。黄麻的长果种呈黄色或深黄色，而圆果种则呈白色或淡黄色，两者各有其特点，但长果种通常更为优质。黄麻的单根纤维相对较短，因此需要采用工艺纤维进行纺纱。工艺纤维的截面中含有5~30根单根纤维，呈现出带有圆形中腔的多边形结构，并以细胞间质相黏结。纤维吸湿后表面保持干燥，但会发生膨胀并放热现象。红麻，又称槿麻或洋麻，生长习性与黄麻相似。其单细胞纤维也很短，截面呈多边形或近椭圆形，中腔较大为6~17μm。纤维有一定的方向性，一端为尖圆角，一端为钝圆端，有时会出现小的分叉或分枝，比黄麻纤维稍粗。红麻的纺纱也需要使用工艺纤维，截面中含有5~20根纤维，颜色较深呈棕黄色。红麻的吸湿性较强，但相比之下略逊于黄麻。黄麻、红麻的种植和生长相对容易且产量高，但要提升纤维的质量和经济价值，则需要对其进行柔软化和细化处理。否则，它们只能用于低档的包装材料、地毯底布，或者混纺纤维制品的填充料。

（5）大麻的单根纤维表面粗糙，具有纵向缝隙、孔洞和横向枝节，不具天然转曲。大麻的横截面形态多样，如三角形、长圆形和腰圆形等。大麻纤维的细度和长度与亚麻相当，因此也需要采用工艺纤维进行纺纱。据已有经验，大麻纤维及其制品更为柔软，刺痒感较小，这与纤维间的胶质和纤维本身的柔软性有关。大麻纤维内部有中腔，与表面分布的裂纹和小孔相连，这是其具有优异毛细效应、高吸附性和吸湿排汗性能的主要原因。此外，大麻纤维还具有一定的抗霉和杀菌功能，但需要通过客观科学的表征来证实这一点。

（6）罗布麻是一种纤维，其纤维纵向呈无转曲的特征，截面显示为明显不规则的腰圆形，中腔相对较小。纤维表面具有许多竖纹和横节。由于纤维相对短而粗，需要经过工艺处理才能纺织成纱，主要用于制作服装。罗布麻除了具有麻类纤维的一般特点外，还具有一定的医疗保健性能。

（7）剑麻和蕉麻是另外两种纤维植物。剑麻的单纤维胞长为2.7~4.4mm，宽度在20~32μm，需要经过工艺处理才能纺织。其横截面为多角形，带有大小不一的椭圆形中腔，纵向表面有结和细孔。原纤维呈螺旋形排列，并时有反向。剑麻比重为1.25g/cm³，回潮率约为11.1%，吸湿速度快。纤维强度高，湿强比干强高出10%~15%，并且具有强耐海水腐蚀性，适用于船用缆绳和网具的制造。

蕉麻也是一种多年生的热带草本植物，主要生长在菲律宾，被称为马尼拉麻。蕉麻纤维取自其植物叶鞘，单纤维细胞长为3~12mm，一般为6~7mm；纤维的宽度在12~40μm，平均宽度为24~25μm，需要经过工艺处理才能纺织。纤维截面呈椭圆和多边形，中腔圆大、细胞壁较薄；纵向粗细均匀，呈圆管状，表面光滑。用于纺织的纤维必须是多细胞结合的工艺纤维。蕉麻纤维强度高、伸长率低、湿强比干强高，比重为1.45g/cm³。回潮率与剑麻相似，耐水蚀性好，一般用途与剑麻相同。

3. 竹纤维

竹纤维源自竹茎，通过机械轧压粉碎、蒸煮水解，并配以化学助剂脱去纤维间质，尤其是木质素，最终制得纤维，这属于原生纤维的制备过程。竹纤维是单细胞的，其纵向具有横节，粗细不均匀，呈现沟槽；横向则呈不规则跑道或腰圆形，内含有中腔（图1-7）。纤维本身富含木质素，同时存在贯穿内外的裂纹，虽然具有优良的毛细和吸湿性，但却硬脆而容易引起刺痒感。此外，竹纤维素含量较低，木质素等伴生物含量高，分离困难，且制备过程中能耗较大，对环境造成污染，因此不适用于纺织，也不符合生态获取的要求。

竹材广泛应用于建筑、内装饰、席垫、篮筐、文具和工艺品等领域，近年来也开始在纺织品制造中得到应用。在纺织品领域，对竹纤维的需求主要集中在对柔软性和可纺性的特定要求上，仅有某些类型的竹可达到这种要求，如慈竹。

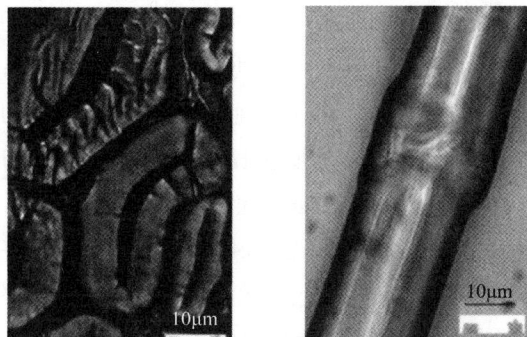

图1-7　竹纤维的纵向与截面图

目前，浙江产的毛竹是主要的原料，其单纤维长度在1.3～3.1mm，宽度为10～19 μm，适用于工艺纤维纺纱。竹纤维在吸湿和导湿性方面与麻纤维相似，这可能与竹纤维的多微孔结构有关。然而，由于竹纤维存在缺陷和仅有50%的纤维素含量，人们已经开始生产竹浆纤维。通过浆液制造黏胶类纤维，类似于棉浆和木浆纤维的制备过程，但这将使纤维失去原生天然纤维的结构和组成特征。

香蕉茎秆纤维也属于茎纤维，其组成和性能与竹纤维相似，但其纤维素含量较高（55%），木质素含量较低（8.75%），而且脱胶过程耗能较低。尽管不及常用的麻纤维，但相比竹纤维和竹浆纤维，香蕉茎秆纤维具有一定的优势。

4. 羊毛纤维

羊毛是纺织用毛纤维的主要来源。它主要由角蛋白构成，可分为两种类型：高硫角蛋白、低硫角蛋白。高硫角蛋白存在于羊毛的无序和基质部分，而低硫角蛋白则存在于原纤有序结构中，是典型的α螺旋角蛋白分子。羊毛的截面通常呈圆形或椭圆形，由外向内分为鳞片层、皮质层和髓质层。在细羊毛或同质毛中，一般没有髓质层。鳞片层由片状细胞连续迭合构成，不仅保护羊毛毛干，还影响其光泽、毡缩性和手感等特性。皮质层是羊毛的主体部分，由正皮质和偏皮质两种细胞组成，通常呈双边分布，是羊毛卷曲的本质原因。髓质层又称髓腔，结构松散，含有色素和较大的气孔，几乎没有强度和弹性。羊毛的粗细与髓腔的大小有关，通常羊毛越粗，髓腔越大，羊毛品质也越差；髓腔间断的羊毛称为两型毛。羊毛的α螺旋分子和纤维的天然卷曲赋予其高弹性；而角蛋白分子侧基的多样性，则使羊毛具有良好的吸湿性、易染色性、不易沾污性以及耐酸但不耐碱性。此外，羊毛的鳞片排列方向性和纤维的高弹性，使其具有毡缩性。

根据细度和长度的不同，羊毛可分为细毛（直径17～27 μm，长度<12cm）、半细毛（直径25～37 μm，长度<15cm）、粗毛（直径20～70 μm，为异质毛）和长毛（直径>36 μm，长度15～30cm）。根据羊种品系的不同，羊毛可分为改良毛和土种毛。根据羊毛的分级，有支数毛和级数毛。根据质地的均匀性，有同质毛和异质毛，其中异质毛含有死枪毛。根据颜色，有本色毛和彩色毛。而美利奴绵羊毛则是细毛的一种，其他如考力代毛和林肯毛则分别属于半细毛和长毛。

在同质羊毛中，澳大利亚羊毛占有极其重要的地位，约占世界羊毛总产量的三分之一，其中80%以上是美利奴羊毛。美利奴绵羊起源于14～15世纪的西班牙，到19世纪已分布到世界各地，但不同地区的美利奴绵羊的羊毛质量存在很大差异。澳大利亚的美利奴绵羊以产毛量高、品质优良而闻名。其羊毛分为三类：细毛型（直径16.5～20μm）、中细毛型（直径20～23μm）和粗壮毛型（直径23～30μm），净毛率均在60%及以上。此外，澳大利亚还生产超细毛美利奴绵羊毛，直径在14.5～16.5μm，净毛率达到68%～72%，可与山羊绒相媲美。甚至已经生产出直径极细的羊毛，可达11.8～14.5μm，比山羊绒还要细，价格昂贵，堪称珍贵之物。

5. 羊绒纤维

山羊绒，又称为"开司米"或"克什米尔"（Cashmere），是山羊身上的绒毛，通过抓梳分离山羊毛而得。自18世纪起，印度克什米尔地区生产的山羊绒披肩闻名于世，因此，"开司米"成为国际上山羊绒制品的商业代名词。中国、伊朗、蒙古国、阿富汗、哈萨克斯坦、土耳其是山羊绒的主要产地。我国年产山羊绒超过1万吨，约占世界年产量的60%，主要分布在内蒙古、西北、晋冀鲁豫等地区。山羊绒的颜色包括白色、紫色和青色，我国的山羊绒以白色为主。相较于同等细度的绵羊毛，山羊绒无髓质，具有更优越的强伸性和弹性。其鳞片环状且完整，紧密贴合于毛干上，鳞片高度大且具有光泽，手感柔软且滑顺。山羊绒的平均细度为14～16μm，是纺用毛发中最细的，长度为35～45mm，短绒率约为18%～20%。山羊绒易受损，纯纺的难度较高，因此价格昂贵，常与80～100公支细羊毛混纺使用以改善其性能。

6. 蚕丝纤维

丝绸的分类是基于蚕蛾食用的植物或昆虫的名字。一般而言，称为"植物名+蚕丝"或"昆虫名+丝"。由于蚕有家养和野生两种类型，所以有家蚕丝和野蚕丝之分。家蚕丝主要是指桑蚕丝，这是一种大宗的丝绸原料；而野蚕丝主要是指柞蚕丝。

（1）桑蚕丝。桑蚕丝的制备涉及基因工程、色素引入和蚕种遗传三种方法，以获取彩色茧丝，但通常呈现出较浅的色彩。桑蚕的茧分为茧衣、茧层和蛹衬三部分，其中茧层适合用作丝织原料，而茧衣和蛹衬由于较细且脆弱，只能作为绢纺原料。桑蚕丝主要用于制作各种丝绸面料。

每根蚕丝由两根平行的单丝（也称为丝素）以及外包的丝胶组成，单丝截面呈三角形。蚕丝主要由丝素蛋白构成，其次是丝胶，还含有少量的色素、蜡质和无机物等杂质。桑蚕茧丝的线密度为2.64～3.74dtex（2.4～3.4旦）。随着茧丝的产出顺序不同，其细度会有所差异，而以茧的中层为最细和均匀，同时三角形的特征也最为明显。

桑蚕茧丝工艺性质参数详见表1-3。其中，"茧丝量"指的是一颗茧所能缫出的丝的量；"茧层率"表示茧层占整个茧重量的百分比；"缫丝率"是指缫丝量占茧层重量的百分比；"缫折"是指制作100kg生丝所需的干茧重量；"解舒长"是指一颗茧平均缫出的丝的长度；而"解舒率"则表示解舒长与茧丝长的百分比，这些都是评估茧质和缫丝质量的重要指标。

表1-3 桑蚕茧丝的工艺性质参数

指标	春蚕茧	秋蚕茧
茧丝长（m）	1000～1400	850～950
茧丝量（g）	0.22～0.48	0.2～0.4
茧层率（%）	鲜：18～24；干：48～51	
缫丝率（%）	71～85	
缫折（kg）	220～280	
解舒长（m）	500～900	
解舒率（%）	65～80	

（2）柞蚕丝。柞蚕丝是由柞蚕茧所制成的丝，柞蚕又称为中国柞蚕。柞蚕可分为中国种、印度种和日本种三个品系，它们生长在野外的柞树（也叫栎树）上。柞蚕茧丝的平均细度为6～6.5dtex，比桑蚕茧要粗。春季的柞蚕茧呈淡黄褐色，而秋季的则呈黄褐色，且外层的颜色比内层深。柞蚕丝的横截面形状为锐三角形，更为扁平且呈楔状。相比之下，与桑蚕丝相比，柞蚕丝的截面形状可以参考图1-8。柞蚕茧丝的工艺性质参数见表1-4。

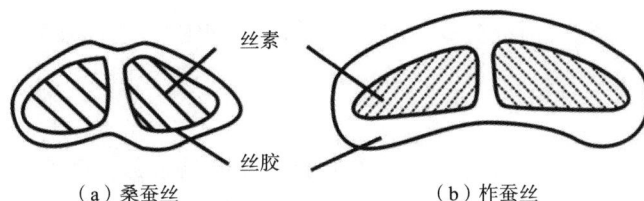

（a）桑蚕丝　　　　　　　（b）柞蚕丝

图1-8 两种蚕丝截面形态对比

柞蚕丝被用来织造绸缎、装饰绸和一些中厚型工业、国防用丝织品。实际上，在纺织中使用的野蚕丝还包括各种类型，如呈天然绿色、光泽华丽、手感柔软的天蚕丝；水中透明无影、坚韧耐水、可用于钓鱼线和渔网的樟蚕丝；带有琥珀金色光泽、丝质坚韧、适用于高贵服饰的琥珀蚕丝，它来自食楠木叶蚕；以及由14～20根单丝交织黏结而成的网目状茧丝、栗蚕丝等。此外，还有一些其他类型的大蚕蛾科蚕丝，如蓖麻蚕、木薯蚕、樗蚕、乌桕大蚕（又称大山蚕）等。然而，这些野蚕丝的使用受到产量和资源的限制。

表1-4 柞蚕茧丝的工艺性质参数

指标	春茧	秋茧
茧丝长（m）	约600	700～1000
茧丝量（g）	0.24～0.28	0.42～0.58
干茧层率（%）	6～11	
缫丝率（%）	60～66	
缫折（kg）	1340～1450	
解舒长（m）	360～490	
解舒率（%）	30～50	

（3）蜘蛛丝。蜘蛛丝呈透明金黄色，横截面呈圆形。蜘蛛丝的平均直径为5~10μm，比蚕丝细一半；且都为原纤化皮芯结构，是典型的超细、高性能天然纤维。蜘蛛丝与部分纤维的性能对比见表1-5。蜘蛛丝耐紫外线和耐热性好、强度高、韧性好、断裂能高、质地轻，是制造防弹衣、降落伞、外科手术缝合线的理想材料，但无法大量获得。

表1-5　蜘蛛丝与部分纤维的性能对比

纤维	密度（g/cm³）	模量（CPa）	强度（CPa）	韧度（MJ/m³）	断裂伸长率（%）
蜘蛛丝	1.3	10	1.1	160	27
锦纶66	1.1	5	0.95	80	22
Kevlar49	1.4	130	3.6	50	3
蚕丝	1.3	7	0.6	70	18
羊毛	1.3	0.5	0.2	60	50
钢丝	7.8	200	1.5	6	1

对腺分泌类丝来说，人们较多地欣赏丝纤维的光泽或强度。虽在改良或转基因技术上的探索增强和产生颜色，但在高产、增弹和洁净与均匀性上，依然乏术，只能依赖生物本身的赐予。

7. 马海毛纤维

马海毛（Mohair）是土耳其安哥拉山羊毛的音译商品名称，南非、土耳其和美国则是其主要产地。全球年产量大约为3万吨。马海毛属于异质毛，净毛率在75%~85%。其截面呈近圆形，直径在10~90μm，稍微偏粗，长度则在12~26cm。马海毛的特点在于其直、长且有丝光的特质。

马海毛主要用途包括制作提花毛毯，马海毛提花毛毯因其坚固耐磨、丝光闪耀以及美丽图案而闻名。此外，马海毛也常与绵羊毛、棉花及化学纤维混纺，用于制作各种服装，如顺毛大衣呢、银枪大衣呢等。

（二）化学纤维

1. 黏胶纤维

黏胶纤维是通过化学加工木材、棉短绒和芦苇等富含天然纤维素的原料而制成的，根据性能的不同可分为普通黏胶纤维和高强高湿模量黏胶纤维等品种。从形态上看，它们存在短纤维和长丝两种形式。常见的黏胶短纤维通常被称为人造棉，而黏胶长丝则又称为人造丝，根据光泽程度可分为有光、无光和半无光三种。

黏胶纤维的主要成分是纤维素，具备天然纤维素纤维的基本性能。在针织服装中的应用表现出色彩染色性好，可以呈现出全面、鲜艳且牢固的颜色。虽然针织物相对密度较高，悬垂性良好，但其弹性较差，容易起皱，且不易恢复原状，因此针织成形服装的保形性不佳。黏胶纤维的质地柔软如棉纤维，表面光滑如丝绸。由黏胶短纤维加工而成的面料具有棉织物的触感，光滑且舒适；而由黏胶长丝加工而成的面料则呈现出更强的光泽。

黏胶纤维具有良好的吸湿性，穿着凉爽舒适，且不易产生静电。然而，普通黏胶纤维的强度较低，其湿强度约为干强度的一半；因此，普通黏胶纤维制成的针织成形服装不太耐水洗，尺寸稳定性较差。

2. **涤纶**

涤纶，学名为聚对苯二甲酸乙二酯，简称聚酯纤维，也被广泛称为特利纶（Terylene）、大可纶（Dacron）等。从1953年开始工业化生产以来，涤纶一直是合成纤维中发展最迅速、产量最大的一类。

涤纶分为长丝和短纤维两种形式，为了提升其外观和性能，可以将其加工成弹性或蓬松性能卓越的变形纱。普通涤纶在纵向呈现平滑光洁、均匀无条痕的特征，而横截面一般为圆形。此外，为改善纤维的吸湿性能、染色性能及表观效果，还可以通过加工使其呈现其他形状，如三角形、Y形、中空形和五叶形等。

涤纶具有较高的强度和大的弹性回复率，因此用其制成的针织成衣耐穿耐久。然而，由短纤维制成的针织物容易产生起球的问题。在吸湿后，涤纶的强度和伸长性变化极小。

此外，涤纶表现出出色的弹性和回复性，使面料挺括，不易起皱折，并且具有良好的保形性和尺寸稳定性。然而，由于其吸湿性能较差，穿着涤纶服装容易感到闷热，同时易产生静电，导致针织物容易起毛、起球和吸附灰尘。

涤纶的染色性能相对较差，通常需要在高温高压下进行染色。尽管如此，涤纶具有易洗、快干、免烫的特性，同时在洗涤后穿着效果良好。

3. **锦纶**

锦纶可分为普通长丝、变形纱和短纤维。根据其化学成分和聚合情况的不同，常见的有锦纶6和锦纶66，我国主要采用前者。锦纶纵向平直光滑，横截面呈圆形或其他形状，因而具有不同的光泽和手感等性能。染色性能在合成纤维中较为优越。相对于涤纶等纤维，锦纶的相对密度较小，使针织成形服装更轻便，同时表现出良好的防水和防风性能。

锦纶的显著特点之一是其耐磨性优于其他常见纤维，具备出色的强度和弹性，表现出良好的耐疲劳能力，因而具有卓越的耐用性。然而，锦纶的弹性较低，容易发生变形，急弹回复性稍显不足，这导致制成的针织成形服装容易产生变形和卷边，整体保形性略显不足，外观欠挺括。此外，锦纶长丝织物容易钩丝，而短纤维混纺织物容易起毛和起球。

在合成纤维中，锦纶的回潮率相对较大，但在常见纤维中则算是较小的范畴。锦纶的吸湿性较差，容易产生静电和沾污，在高温潮湿的环境下穿着可能感到闷热和不适。然而，锦纶织物易于清洗且具有快干的特性。需要注意的是，锦纶的耐热性和耐光性较差，暴露在阳光下容易泛黄且强度降低。锦纶广泛应用于各个领域，其中长丝常被用于制作袜子、内衣、运动衫、滑雪衫、雨衣等，而短纤维则常与棉、毛等混纺。

4. **腈纶**

腈纶是一种以聚丙烯腈为原料制成的纤维，主要采用短纤维生产工艺。由于其独特的热延伸性，腈纶被广泛用于制造膨体纱、毛线、针织物和人造毛皮等产品。其纵向呈平滑柱状，带有少量沟槽，横截面则呈哑铃形、圆形或其他形状。外观上，腈纶呈现白色，卷曲蓬松，手感柔软，与羊毛相似，常与羊毛混纺或作为羊毛的替代品，因此被称为"人造羊毛"。腈纶相对密度较小，质地轻而坚固。其织物手感柔软丰满，易于染色，色彩鲜艳且稳定。

腈纶的强度和耐磨性不及其他合成纤维，在合成纤维中耐磨性较差，弹性也不如羊毛或涤纶等纤维。当针织成形服装经过反复拉伸后，尤其在领口、袖口和下摆处，可能会出现"三口松弛"现象。改性腈纶具备普通腈纶的柔软、蓬松和保暖性能，并具有防火阻燃性。腈纶的吸湿性低于锦纶，易产生静电、起毛和起球。其导热系数低、质地轻，保暖性优越，穿着轻便舒适。腈纶的突出特点在于其耐日光性和耐气候性优良。此外，腈纶耐弱酸碱，织物可机洗，易于清洗且快干，同时具有防虫蛀和防霉菌的特性。

5. 维纶

维纶具有较高的强度和耐磨性，结实耐穿；其含湿性能优于其他合成纤维，体积质量和导热系数较小，穿着轻便且保暖效果良好。然而，其弹性不及涤纶和锦纶等合成纤维。维纶具有良好的耐日光和耐海水等性能。它在耐干热性方面表现强劲，但在湿热环境下的物理性能较差，易出现较大的湿热缩率。

维纶通常与其他纤维混纺，因此在日常服装中的应用相对较少，主要用于制作外衣、汗衫、棉毛衫裤、运动衫等针织物品。然而，在工业领域中，维纶的应用较为广泛，例如用维纶制成的帆布和缆绳具有高强度、质轻、耐摩擦、耐日光等特性。维纶出色的耐冲击性和耐海水腐蚀性，非常适合制作各种类型的渔网。由于其化学性能较为稳定，维纶也被用来制作工作服、包装材料和过滤布等。

6. 丙纶

丙纶是较晚开发的一种合成纤维，主要分为长丝和短纤维两种类型。长丝常用于制造仿丝绸织物和针织品，而短纤维则多用于地毯或非织造织物的生产。丙纶呈现纵向光滑平直的特征，横截面可以是圆形也可以是其他形状。其手感蜡状并具有一定光泽，通常难以染色，一般需要采用原液染色方法。丙纶的最显著特点是轻巧，其相对密度在常见纺织纤维中最小，甚至比水还轻，约为棉纤维的五分之一，因此非常适合制作水上运动服装。此外，丙纶的强度、弹性和耐磨性均较好，使其织物不易产生皱褶，因而更加耐用，服装尺寸相对稳定。

然而，丙纶的吸湿性较差，容易产生静电和起球现象。对于较细的丙纶而言，其具有较强的芯吸作用，使水汽能够通过纤维中的毛细管排出，从而提高了制成针织服装后的舒适性。特别是超细丙纶，由于其表面积增大，能够更快地传递汗水，使皮肤保持舒适。丙纶的优点还包括不吸湿且缩水率小，易于洗涤且快速干燥。此外，丙纶具有出色的抗化学品、抗虫蛀和抗霉菌的能力，但其耐光性和耐气候性较差。丙纶可纯纺或与其他纤维混纺，主要用于制作毛衫、运动衫、袜子、比赛服及内衣等各类纺织品。

7. 醋酯纤维

醋酯纤维是通过对含有纤维素的天然材料进行化学加工而制得的，其主要成分为纤维素醋酸酯，通常指的是二醋酯纤维。这种纤维大多光滑柔软，但在高温下的耐受性较差，因此很难通过热定型来永久地保持特定的形状。相比黏胶纤维，醋酯纤维的强度较低，湿态强力也相对较弱，因此其耐用性较差。为了避免缩水和变形，最好选择采用干洗方式进行清洗。醋酯纤维的相对密度小于纤维素纤维，使其针织物穿着起来轻便且舒适。

三醋酯纤维通常广泛用于经编针织物的制作，其外观类似于尼龙，具有卓越的弹性和弹性回复性能。由于采用原液染色，因此色牢度相对较好。然而，醋酯纤维的耐热性较差，容易在高温下熔化，特别是二醋酯纤维，因此在熨烫时应注意将温度控制在 $110 \sim 130℃$。

8.蛋白质复合纤维

（1）大豆蛋白复合纤维是我国最早进行工业化生产的再生蛋白质纤维之一。它呈淡黄色，与柞蚕丝相似。其单纤维断裂强度接近于涤纶，比羊毛、棉和蚕丝的强度都高，断裂伸长率与蚕丝接近，初始模量和吸湿性接近棉纤维，但耐热性较差，在约120℃时会泛黄并发生粘连。大豆蛋白纤维的耐酸性良好，但耐碱性一般。目前，大豆蛋白纤维已广泛用于开发新型服装面料，主要包括大豆蛋白纤维针织内衣、睡衣面料及衬衫面料。

（2）玉米蛋白复合纤维与其他再生蛋白质纤维相似，其最显著的特点是在产业应用中具备良好的环保性能。其强度、吸湿性、伸长性及染色性能与常用的化学纤维相近。玉米纤维除了可用于制作内衣、外衣和运动服装外，更多地用于产业用纺织品。Vicara纤维是由美国Com Product Refining公司生产的玉米蛋白纤维，具有耐高温、抗生物性和化学性质稳定的特点。混纺其他纤维不仅能降低成本，同时也能提高稳定性、抗皱性及柔软性。

二、新型针织服装用纱

（一）生物基针织用纱

通常为生物基可降解纤维，主要利用植物材料、自然原料等具有自然降解性质的基础材料，并结合生物发酵技术进行材料转化和提纯，逐步形成具有纤维特性的功能性材料。这些材料可通过微生物和自然条件进行分解，一般的降解周期约为三至五个月。因此，这类材料具有显著的环保特性，未来在各个领域的应用前景广阔。

聚乳酸和聚丁酸丁二醇酯等生物基可降解纤维，是当前纤维制造领域的主流材料之一。各行业对这些材料的需求量也在不断增长。目前，这类材料的衍生制品已经成为最接近石油基聚酯的可生物降解材料，市场占有率已达到70%～80%。

在制作过程中，聚乳酸材料主要选用玉米、秸秆纤维素等作为基材，并利用微生物培养逐步形成聚乳酸。这种材料来源充足，具有较强的环保性。同时，这些材料的整体性能符合行业基本需求，具有较强的吸湿排汗、抑菌、除螨等特性。然而，这类材料的亲水性较差，需要与棉纤维、黏胶纤维等材料混纺，以提高其亲水性。

在使用过程中，由于聚乳酸纤维属于生物材料之一，其对酸碱环境的耐受性较差。因此，在制作过程中需要科学控制定型和染色温度，避免出现极端情况。由于聚乳酸在材料特性方面与人体肌肤的pH相似，因此这类材料可用于制作直接接触皮肤的纺织品，整体安全性较高，不易引发皮肤过敏等问题。

（二）再生针织用纱

混纺再生纤维与天然纤维已成为针织材料的新趋势，与其他常见的纤维混合相比，其面临更大的挑战。混纺再生纤维与原生纤维存在着导致质量下降的巨大风险。部分再生纤维中短纤维比例较高，与原生纤维混合时，纤维长度分布有时不够理想，这是目前混纺再生纤维遇到的主要问题之一。例如，这可能导致牵引系统中的短纤维引导不正确，进而产生潜在的拉伸错误。通过利用乌斯特条干仪（Uster Tester）的波谱图进行仔细分析，可以发现并排除并条机中的拉伸错误，从而避免针织物纱线不均匀的问题。

三、针织用纱要求

有很多纱线种类可供针织工艺加工，包括用于生产服装和装饰的天然纤维和化学纤维纱线，如棉纱、毛纱、麻纱、真丝、黏胶丝、涤纶丝、锦纶丝、腈纶纱、丙纶丝、氨纶丝等。同时，还有适用于特殊产业的玻璃纤维丝、金属丝、芳纶丝等。原料可以是纯度高的单一纤维的纯纺纱，也可以是两种或两种以上纤维混合而成的混纺纱。纱线的结构主要分为短纤维纱线、长丝和变形纱等几类。

为了确保针织过程的顺利进行和产品质量的高标准，对针织用纱有一些基本要求：

① 具备一定的强度和延展性，以便能够轻松地形成线圈。

② 捻度要均匀并且不宜过高，因为高捻度容易导致编织时纱线扭结，影响线圈的形成，同时纱线过于硬挺会使线圈产生歪斜。

③ 纱线的细度要均匀，纱疵要尽量减少。粗细不一的纱线会导致编织时断纱或影响布面线圈的均匀度。

④ 具备较低的抗弯刚度，表现出良好的柔软性。

⑤ 同时，也要确保有足够的抗弯刚度，因为过于硬挺的纱线难以弯曲成线圈，或者在弯纱成圈后容易发生线圈变形。

⑥ 表面要光滑，摩擦因数要小。表面粗糙的纱线会在通过成圈机件时产生较高的纱线张力，可能导致成圈过程中纱线断裂。

第二章　横编针织服装组织与图案设计

第一节　针织服装组织设计

一、纬平针组织织物设计与编织

纬平针组织是由连续的单元线圈相互串套而成的针织物，分为单面纬平针组织和双层平针组织。单面纬平针组织由横机的一个针床上的织针编织而成，织物的两面具有不同的外观，一面全部是正面线圈，另一面全部是反面线圈，正面看上去比较光洁、平整，织物轻薄、柔软，具有较好的延伸性和弹性，纵横向还有一定的卷边性，是毛衣衫裤的常用组织。双层平针组织是由连续的单元线圈分别在横机的前、后针床上相互串套而成，两端边缘封闭，中间呈空筒状，织物表面平滑光洁，比起单面纬平针织物更加厚实，线圈横向没有卷边现象，通常被用在外衣的下摆和袖口边缘。图2-1所示为单面纬平针组织织物的正反面视图和工艺视图，图2-2所示为双层平针组织织物的正反面视图和工艺视图。

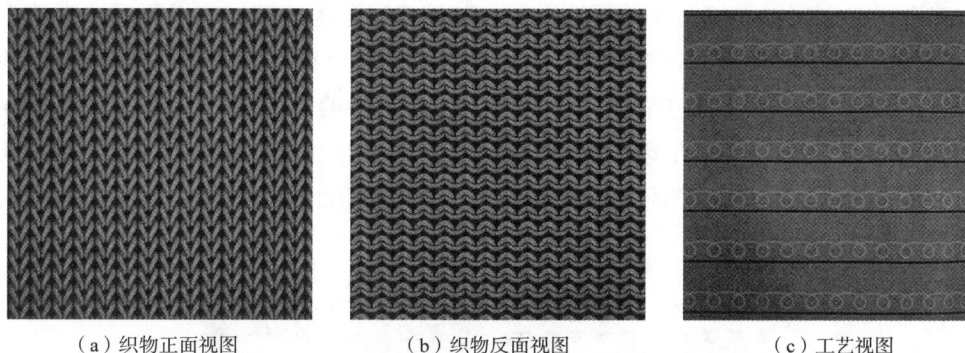

| （a）织物正面视图 | （b）织物反面视图 | （c）工艺视图 |

图2-1　单面纬平针组织织物的正反面视图和工艺视图

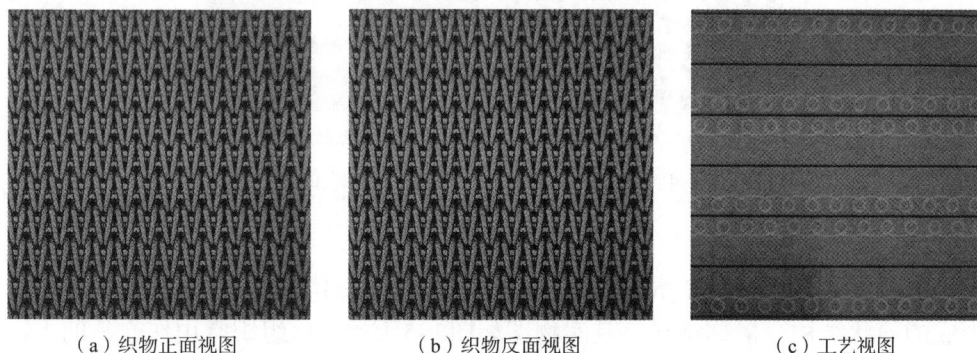

| （a）织物正面视图 | （b）织物反面视图 | （c）工艺视图 |

图2-2　双层平针组织织物的正反面视图和工艺视图

（一）纬平针组织定义

纬平针组织又称平针组织，有单层和双层之分。织物正反面结构与实物图如图2-3所示。它由连续的单元线圈向一个方向串套而成。

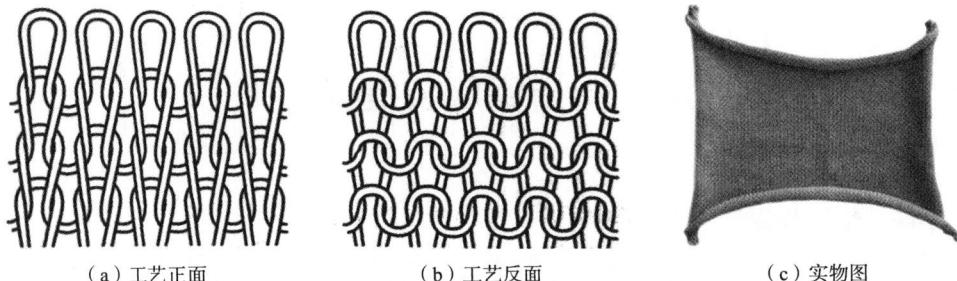

| （a）工艺正面 | （b）工艺反面 | （c）实物图 |

图2-3　纬平针组织织物正反面结构与实物图

（二）纬平针组织特性

纬平针组织主要性能：卷边性明显（织物横列边缘卷向织物正面，纵行边缘卷向织物反面）；脱散性大；延伸性大；织物正反面的结构、光泽明显不同。

（三）纬平针组织编织

1. 单层纬平针组织

单层纬平针组织在手摇横机上编织时，可以通过罗纹启口并将后针床全部线圈翻针至前针床形成，也可以直接编织单层纬平针，其编织过程为：调试完横机后，直接将所编织宽度的穿好钢丝的穿线板（定幅梳栉）从横机下面前后针床间隙由下向上推至出针床间隙口，推动机头，使导纱器位于穿线板梳齿的后面，待前针床处于工作位置的舌针钩住纱线后，将穿线板下拉，并在穿线板下面的孔眼中均匀地挂上适当的重锤，来回推动机头，即可编织所需的单层纬平针织物样片。单层纬平针组织在电脑横机上编织的制板图如图2-4所示。

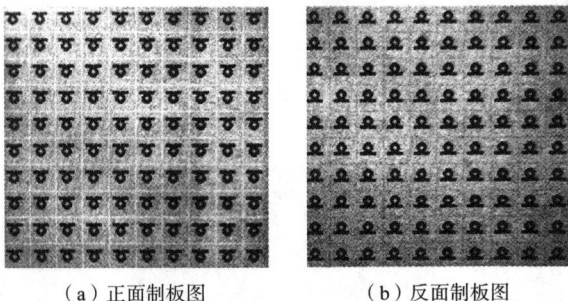

| （a）正面制板图 | （b）反面制板图 |

图2-4　单层纬平针组织在电脑横机上编织的制板图

2. 双层纬平针组织

双层纬平针组织是分别在横机的前、后针床上交替编织，由连续的线圈单元相互穿套而形成的筒状结构，俗称空转，其实物图如图2-5所示。该组织常用作衣片的下摆，这样可以避免在单层结构时所产生的卷边现象和脱散现象，也可以使下摆厚实挺括。

双层纬平针组织在手摇横机上的编织方法为：调试好横机后，以1+1满针罗纹的方式起口，之后将针床1、3（或2、4）号位上的起针三角关闭，来回推动机头，即可编织双层纬平针织物。由于双层纬平针织物由1+1满针罗纹启口横列相连，因此下机后样片为底端封口的袋形织物。双层纬平针组织在电脑横机上编织的制板图如图2-6所示。

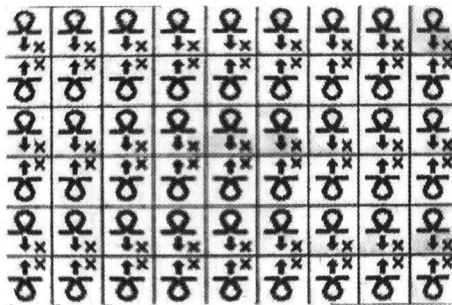

图2-5　双层纬平针组织织物实物图　　　图2-6　双层纬平针组织在电脑横机上编织的制板图

（四）纬平针变化组织

纬平针变化组织一方面可以通过纱线颜色变化，做夹色组织；另一方面还可以进行密度变化，部分线圈为常规密度，部分线圈为松密度形成的大线圈，从而形成松紧密度织物。松紧密度织物的实物图及其在电脑横机上编织的制板图如图2-7所示；由两个1隔1抽针的纬平针组织复合而成的变化纬平针组织的编织图及其在电脑横机上编织的制板图如图2-8所示。

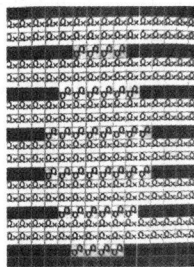

（a）实物图　　　　　　　　　　（b）制板图

图2-7　松紧密度织物的实物图及其在电脑横机上编织的制板图

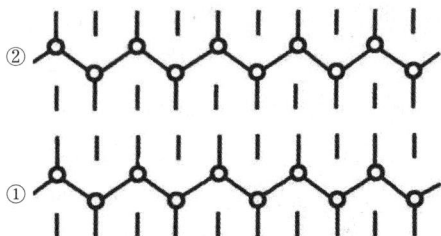

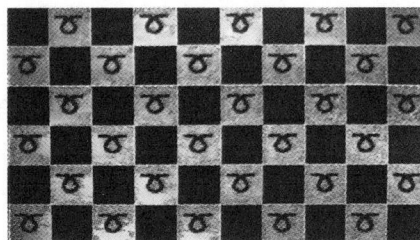

（a）编织图　　　　　　　　　　（b）制板图

图2-8　由两个1隔1抽针的纬平针组织复合而成的变化纬平针组织的编织图及其在电脑横机上编织的制板图

二、罗纹组织织物设计与编织

（一）罗纹组织定义

由正面线圈纵行和反面线圈纵行以一定的组合相间配置而形成罗纹组织。由一个正面线圈纵行和一个反面线圈纵行相间配置形成1+1罗纹，其线圈结构如图2-9所示。罗纹组织通常用正反面线圈纵行数的组合来命名，如1+1、2+2或3+2罗纹等。

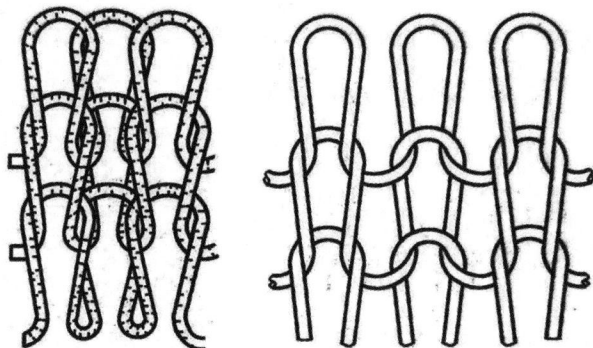

图2-9　1+1罗纹线圈结构图

（二）罗纹组织特性

罗纹组织的主要性能是织物横向延伸性大、弹性好。这与沉降弧较大的弯曲与扭转有关，由于反面线圈纵行的隐潜，罗纹织物在相同针数下比其他织物宽度缩小、厚度增加，在正反面线圈纵行数相同且数值较小的罗纹组织中，由于造成卷边的力彼此平衡，并没有出现卷边现象；在正反面线圈纵行数不同的罗纹组织中，卷边现象依然存在。

（三）罗纹组织应用

罗纹组织也是在横机中使用较多的一种组织。由于它具有较好的弹性、延伸性、顺编织方向不脱散等特性并且厚实挺括、平整，除了可以作大身之外，还可以用于衣片的下摆、领口和门襟等边口部位及其他容易拉伸的地方。罗纹组织利用不同纵行配置可形成纵向凹凸条纹，利用色纱还可形成彩色横条。

（四）罗纹组织编织

1.1+1罗纹的编织

1+1罗纹组织在手摇横机上的编织有两种方式：一种是隔针编织，另一种是满针编织。隔针编织的1+1罗纹称单罗纹，进行编织排针时，前、后针床采用针对性的对位方式，前、后针床织针1隔1交替出针，编织图如图2-10（a）所示。起口横列编织完成后，挂穿线板，关闭针床1、3（或2、4）号起针三角进行起口空转编织，编织1~2转后，再使关闭的起针三角进入工作状态。单罗纹织物弹性及延伸性好，主要用作衣片的袖口及下摆。所有织针均编织的1+1罗纹称满针罗纹，俗称四平。满针罗纹在进行编织排针时，前、后针床采用针对齿的对位方式，所有织针均出针编织，编织图如图2-11（a）所示，其他工序同单罗纹，织物实物图如图2-12所示。满针罗纹织物结构比较紧密，常用作大身、领口、袋边和门襟等。

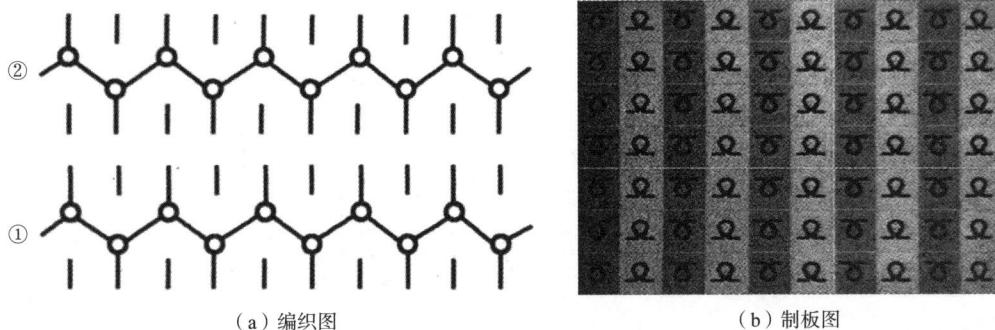

| （a）编织图 | （b）制板图 |

图2-10　1+1罗纹（隔针编织）图及其在电脑横机上编织的制板图

　　1+1单罗纹在电脑横机上编织的制板图如图2-10（b）所示，还需要注意功能条摇床部分设置为从起底到罗纹结束，设置为针对性。满针罗纹在电脑横机上编织的制板图如图2-11（b）所示，这时功能条摇床部分设置为针对齿。图2-12所示为满针罗纹组织织物的实物。

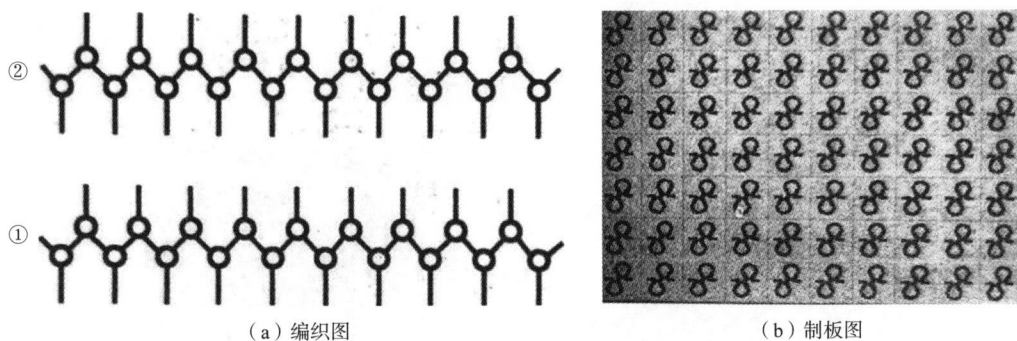

| （a）编织图 | （b）制板图 |

图2-11　1+1罗纹（满针编织）图及其在电脑横机上编织的制板图

图2-12　1+1罗纹（满针编织）组织织物的实物图

2. 2+2罗纹的编织

　　2+2罗纹的线圈结构图与织物实物图如图2-13所示，在手摇横机上的编织方法也有两种。一种在编织时前、后针床的对位方式为针对齿，每个针床上的织针2隔1出针编织，编织图如图2-14（a）所示。编织时，在撤罗纹后，需先将后针床向左或向右移动一个针距，以使前、后针床上进入工作位置的织针呈1隔1相间配置，然后进行起口横列的编织，挂梳栅与起口空转编织完成后，再将针床复位，即可编织所需的2+2罗纹。此种排针方式编织的织物结构紧密、弹性好。另一种编织方法为前、后针床采用针对性的对位方式，每个针床2隔2出针编织。

2+2罗纹（针对齿排针）的编织图及其在电脑横机上编织的制板图如图2-14所示。功能条摇床部分设置方法为：起底至空转结束摇床设置为向右（或向左）移1针距。2+2罗纹（针对性排针）的编织图及其在电脑横机上编织的制板图如图2-15所示，功能条摇床部分设置方法为：起底至空转结束摇床设置为向右（或向左）移2针距，罗纹部分设置为针对性的排针方式。

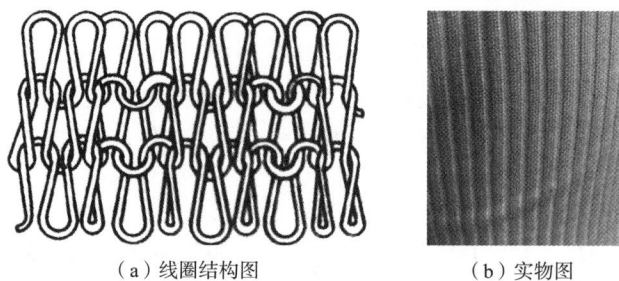

（a）线圈结构图　　　　　　　　　　（b）实物图

图2-13　2+2罗纹的线圈结构图与织物实物图

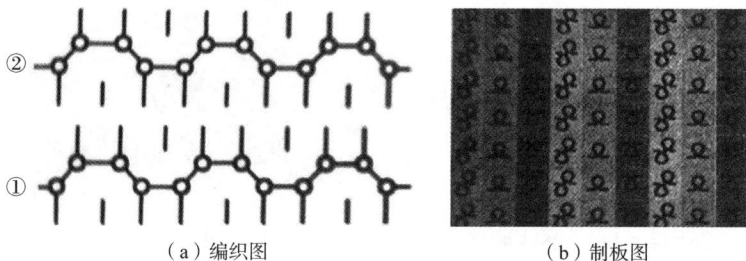

（a）编织图　　　　　　　　　　（b）制板图

图2-14　2+2罗纹（针对齿排针）的编织图及其在电脑横机上编织的制板图

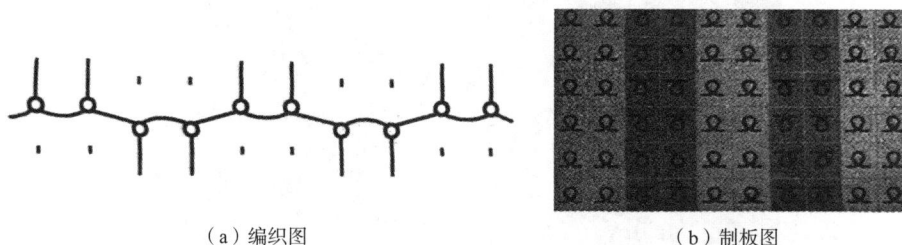

（a）编织图　　　　　　　　　　（b）制板图

图2-15　2+2罗纹（针对性排针）的编织图及其在电脑横机上编织的制板图

3. 4+3罗纹的编织

4+3罗纹是常见的一种宽罗纹，织物线圈结构图与实物图如图2-16所示。4+3罗纹织物在手摇横机上的编织，可以按照满针罗纹的方式进行调试、起口、空转，然后将针床上编织区域内的织针翻针，使前后针床上进入工作位置的织针呈4隔3相间配置。4+3罗纹的编织图及其在电脑横机上编织的制板图如图2-17所示，功能条摇床部分设置方法为：起底至空转结束摇床设置为向右（或向左）移3针距。

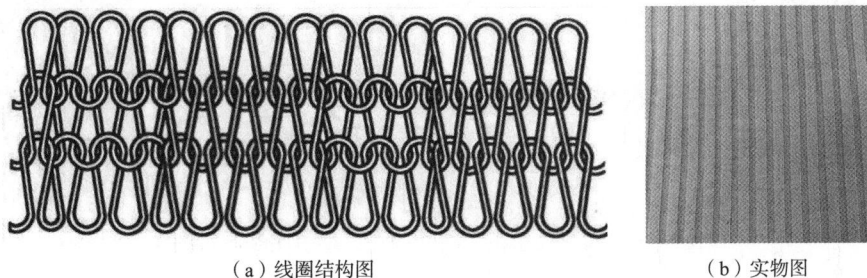

（a）线圈结构图　　　　　　　　（b）实物图

图2-16　4+3罗纹织物线圈结构图与实物图

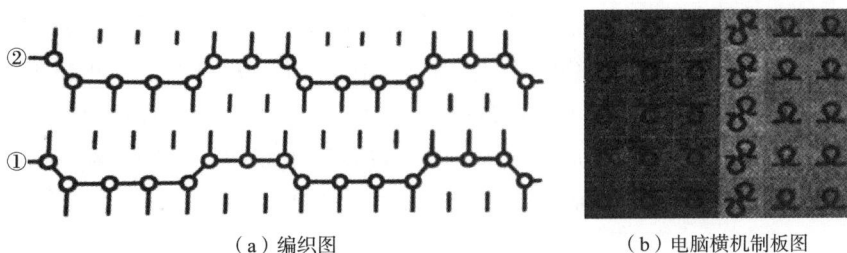

（a）编织图　　　　　　　　　（b）电脑横机制板图

图2-17　4+3罗纹的编织图及其在电脑横机上编织的制板图

（五）罗纹变化组织

罗纹组织可以通过改变密度形成罗纹变化组织，图2-18所示为一通过改变密度形成的罗纹变化织物的实物图与制板图，在2+1罗纹的基础上，在某些编织横列将部分线圈通过脱掉后板线圈产生浮线。

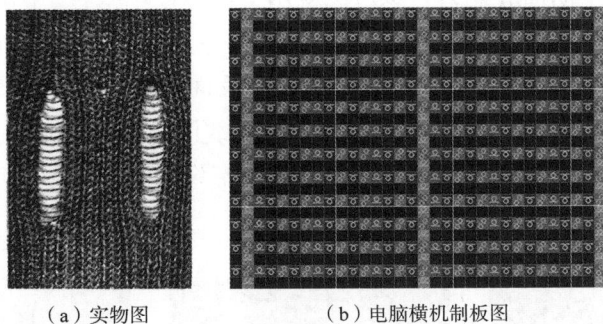

（a）实物图　　　　　　　　（b）电脑横机制板图

图2-18　通过改变密度形成的罗纹变化织物的实物图与制板图

双罗纹组织是常见的一种罗纹变化组织，又称棉毛组织，是由两个罗纹组织彼此复合而成，即在一个罗纹组织的反面线圈纵行上配置另一个罗纹组织的正面线圈纵行，其结构如图2-19（a）所示，纱线1和纱线2分别编织一个1+1罗纹横列。在双罗纹织物的两面都只能看到正面线圈，即使在拉伸时，也不会显露出反面线圈纵行，因此亦称为双正面组织。由于双罗纹组织是由相邻两个成圈系统形成一个完整的线圈横列，因此在同横列上的相邻线圈在纵向彼此相差约半个圈高，编织图如图2-19（b）所示。

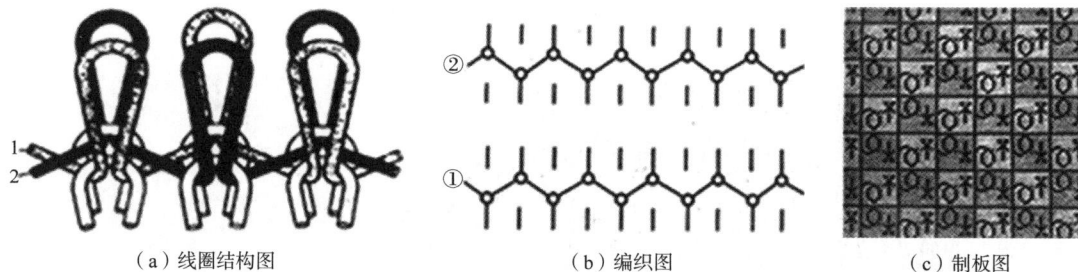

（a）线圈结构图　　　　　　　（b）编织图　　　　　　　（c）制板图

图2-19　双罗纹组织线圈结构图、编织图和制板图

双罗纹组织厚实、挺括、表面平整、结构稳定，在相同针数下幅宽小于纬平针、大于罗纹，延伸性、弹性、脱散性小于罗纹，织物强度高、不卷边、边缘横列只可逆编织方向脱散等特点。双罗纹组织可用抽针的方式形成双罗纹凹凸纵条，形成一种褶裥效应。由于双罗纹组织每一横列是由两根纱线组成，若采用两种不同色纱编织，可以形成彩色纵条效果；若抽针加色纱一起搭配后可形成各种方格效应。双罗纹组织在电脑横机上编织制板图如图2-19（c）所示，电脑横机编织过程中，双罗纹主要用于废纱起底阶段，可以保证每根针上均能垫上新纱线，便于成圈。

三、双反面组织织物设计与编织

双反面组织是由正面线圈横列和反面线圈横列相互交替配置而成，在织物的两面形成正面线圈横列凹陷在里，反面线圈横列凸出在外的横条纹效果。双反面组织纵向具有较大的延伸性和弹性，编织下机后织物纵向会缩短，使纵向密度和厚度增大；同时具有和纬平针组织相同的脱散性，可沿顺编织方向和逆编织方向脱散；其卷边性随正面线圈横列和反面线圈横列的组合不同而有差异，被广泛应用于横编针织服装、围巾和帽子的生产。双方组织根据正反面线圈横列配置不同，可形成1+1、2+3等不同的双反面结构。如图2-20所示为1+1双反面组织，由一个正面线圈横列和一个反面线圈横列相间配置而成，由于弯曲纱线弹力的关系导致线圈倾斜，使织物的两面都由线圈的圈弧凸出在外，圈柱凹陷在里，因而当织物不受外力作用时，织物正反两面看上去都像纬平针组织的反面，而在拉伸状态下，则形成凹凸的横条纹效果。

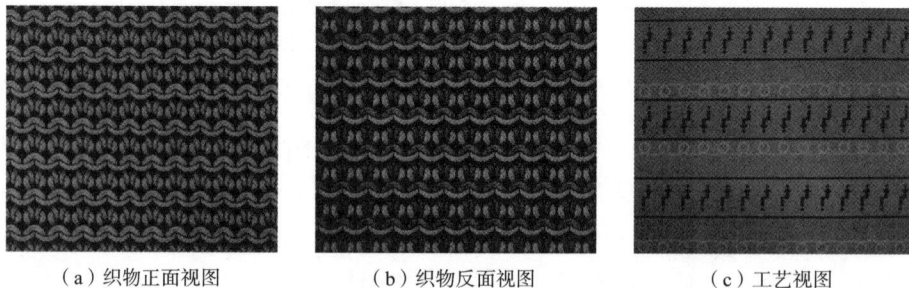

（a）织物正面视图　　　　　　（b）织物反面视图　　　　　　（c）工艺视图

图2-20　1+1双反面组织织物正反面视图和工艺视图

在双反面组织的基础上，通过改变正反线圈的配置，可以产生不同结构和花色效应

的变化双反面组织。

图2-21（a）为通过一正一反线圈的对比配置，形成米粒状凹凸外观效果；图2-21（b）为正反线圈的不规格配置，形成不规则的凹凸条纹状效果。

图2-22（a）为通过正反线圈的规则分布形成方块凹凸的效果；图2-22（b）为通过正反线圈的对比形成平行四边形几何凹凸外观效果。以上纬平针组织、罗纹组织和双反面组织均为横编针织服装基本组织，在进行横编针织服装设计时，也可以选择两种或三种基本组织组合设计，形成各种不同外观肌理效果。

图2-23（a）为采用罗纹组织和纬平针组织的结合设计，且各个横列采用不同线圈密度编织，形成了镂空效果；图2-23（b）为采用罗纹和放大线圈的纬平针组织结合设计，形成褶皱效果。

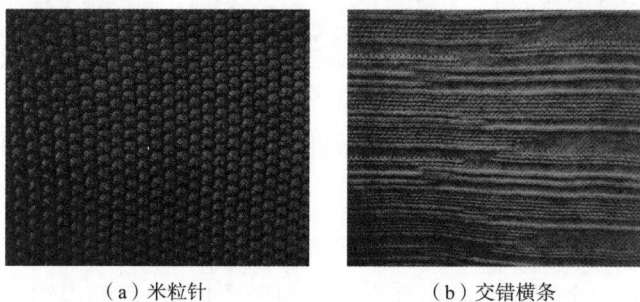

（a）米粒针　　　　　　　　　　　　（b）交错横条

图2-21　通过改变正反线圈的配置形成不同外观效应的变化双反面组织织物实物图

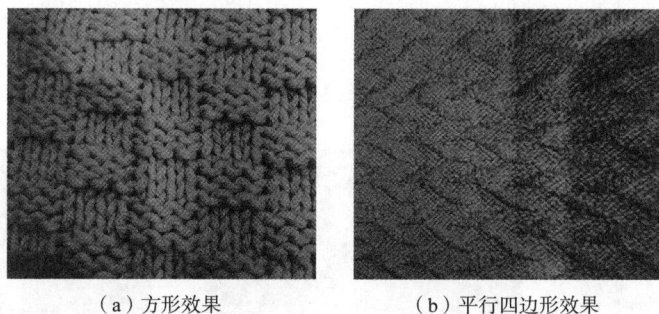

（a）方形效果　　　　　　　　　　　（b）平行四边形效果

图2-22　通过改变正反线圈的配置形成不同外观效应的变化双反面组织织物实物图

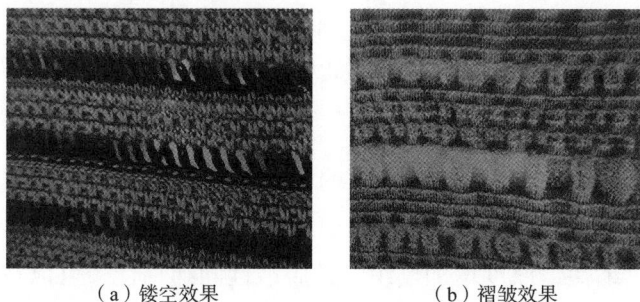

（a）镂空效果　　　　　　　　　　　（b）褶皱效果

图2-23　不同外观效果的变化双反面组织织物实物图

图2-24（a）为采用罗纹组织和反面线圈结合设计，形成三角状凹凸效果。图2-24（b）为采用双层平针组织和单面组织组合设计，由于单双面组织的厚度不同，形成了菱形图案的凹凸效果。图2-24（c）为采用满针罗纹组织和单面纬平针组织结合设计，并采用蓝绿两种不同颜色纱线编织，形成不同颜色和不同厚度的横条效果；同时因绿色纱线较细，和蓝色区域对比，绿色编织区域比较稀疏，类似于镂空效果。

| （a）凹凸三角形效果 | （b）凹凸菱形效果 | （c）横条镂空效果 |

图2-24　不同组织结构相结合形成的双反面组织织物外观效果实物图

（一）双反面组织定义

双反面组织是由正面线圈横列和反面线圈横列按一定间隔交替配置而成的组织，由一个正面线圈横列和一个反面线圈横列交替编织形成1+1双反面组织，其线圈结构图与实物图如图2-25所示。双反面组织由于弯曲的圈柱力图伸直，导致织物两面的线圈圈弧向外凸出，而圈柱凹陷在里面，因而当织物不受外力作用时，在织物两面，看上去都呈现出圈弧状外观，类似于纬平针组织的反面，故称双反面组织。双反面组织分为1+1、2+2、3+3双反面组织等，2+2双反面组织织物实物如图2-26所示。

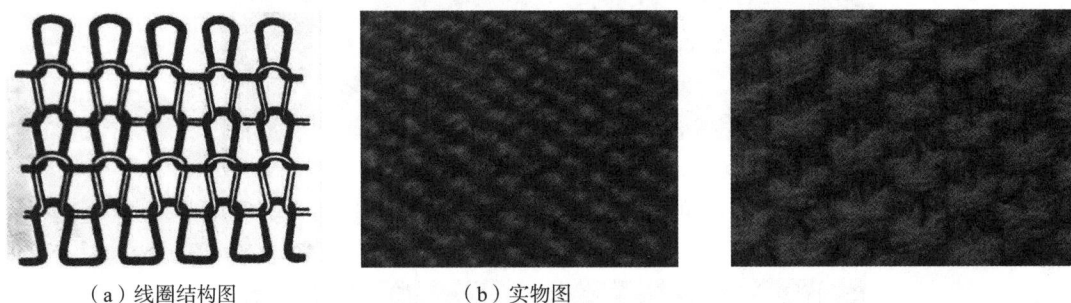

| （a）线圈结构图 | （b）实物图 |

图2-25　1+1双反面组织线圈结构图与实物图　　　　图2-26　2+2双反面组织织物实物图

（二）双反面组织特性

双反面组织纵向弹性好，且纵向弹性的大小与正、反面线圈横列的不同组合有关，其中1+1双反面组织纵向弹性最好。由于正面线圈横列的隐潜，使双反面织物在相同横列数下比其他织物长度缩短，厚度增加。织物的脱散性同纬平针，可以在边缘横列顺、逆编织方向脱散。

（三）双反面组织编织

双反面组织在手摇横机上的编织同单面纬平针组织，1+1双反面组织的编织方法为：前针床编织完半转后，需用翻针器把前针床翻至后针床，后针床织完半转后，再翻至前针床，如此循环即可编织所需的双反面织物。双反面组织在手摇横机上编织效率较低，由于人工翻针速度慢，不适合大货生产，而电脑横机能进行自动翻针，故双反面织物基本用电脑横机编织，1+1双反面组织的编织图与制板图如图2-27所示。一般编织图不适用于双反面组织，若使用则应注明翻针操作。

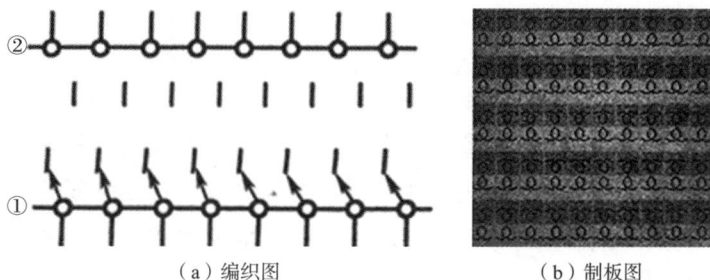

（a）编织图　　　　　　（b）制板图

图2-27　1+1双反面组织的编织图与制板图

（四）双反面变化组织

双反面组织织物根据正反面线圈横列的配置不同以及正、反面线圈按花型要求选针组合后，可形成凹凸横条及凹凸几何图案。若采用彩色纱线可形成凹凸彩条等效应。不同外观效应的花色双反面组织实物如图2-28所示。图2-29为一种正反针组织的实物图及制板图。该组织原理简单且在电脑横机上容易实现，在横编针织服装设计上的应用较多。

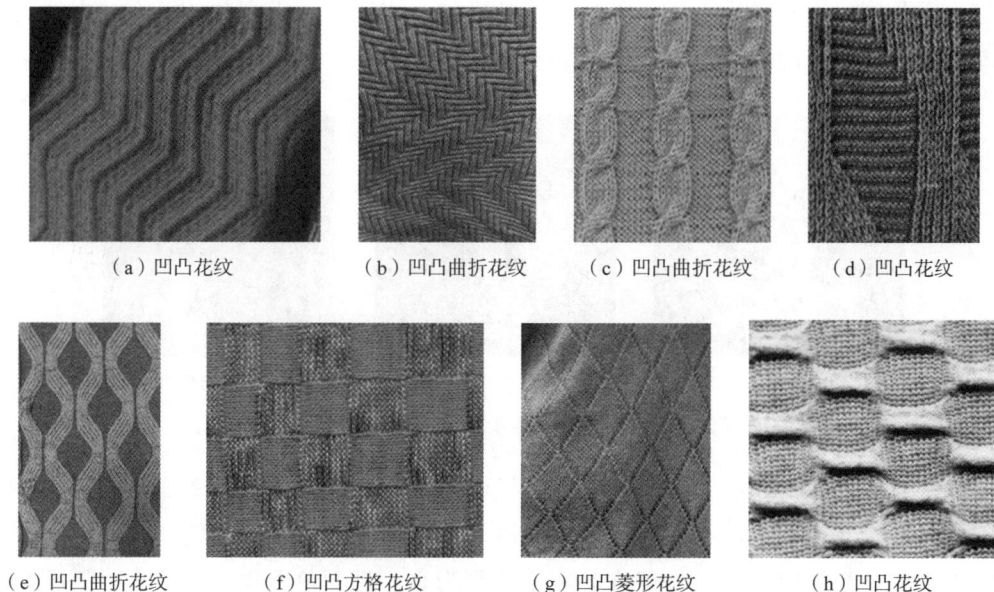

（a）凹凸花纹　　（b）凹凸曲折花纹　　（c）凹凸曲折花纹　　（d）凹凸花纹

（e）凹凸曲折花纹　　（f）凹凸方格花纹　　（g）凹凸菱形花纹　　（h）凹凸花纹

图2-28　不同外观效应的花色双反面组织实物图

| （a）实物图 | （b）制板图 |

图2-29 正反针组织的实物图及制板图

四、提花组织织物设计与编织

提花组织是将纱线垫放在按花纹要求所选择的某些织针上编织成圈，而未垫放纱线的织针不成圈，纱线呈浮线浮在不参加编织的织针后面所形成的一种花色组织。通过合理配置提花线圈和平针线圈，结合不同色纱的组合编织可得到花纹图案效果和凹凸效果。根据参与编织的纱线数，提花组织可分为单色、双色、多色提花等；根据基础组织的不同提花组织又可分为单面提花和双面提花；单面提花可分为均匀提花和不均匀提花，双面提花可分为横条提花组织、芝麻点提花组织、空气层提花组织和露底提花组织等。

图2-30所示为两色单面不均匀提花组织，采用红黄两种颜色纱线编织形成斜条纹色彩效果，织物两边有卷边；同时由于线圈大小完全相同，结构不均匀，织物表面还会形成凹凸效果。

图2-31所示为三色双面芝麻提花组织，正面按花型要求进行选针编织，反面由两种色纱以一隔一的方式轮流编织，在反面形成芝麻点的效果。芝麻点提花组织的正反面的线圈横列数随色纱数的变化而不同，其比值为2∶N（色纱数），可见两色芝麻点提花正反面线圈横列数相同，织物最为平整，随着色纱数增加，正反线圈横列数相差会越来越大，会对提花图案造成一定的影响，因此色纱数不宜太多。

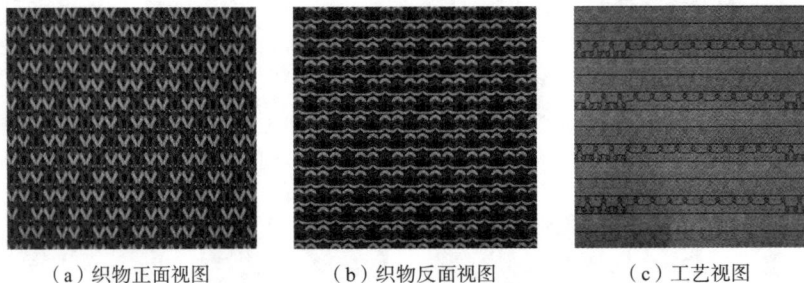

| （a）织物正面视图 | （b）织物反面视图 | （c）工艺视图 |

图2-30 两色单面不均匀提花组织织物正反面视图及工艺视图

图2-32所示为单面均匀提花织物，提花正面形成花纹图案，且线圈大小基本相同，每个线圈后面都有浮线，浮线数等于色纱数减一，由于浮线太长容易钩丝，因此同一种颜色连续编织的针数不宜太多，一般在4~5个圈距为宜，且颜色数也不宜过多，否则会因为同一个线圈背面浮线太多影响织物的服用性能。

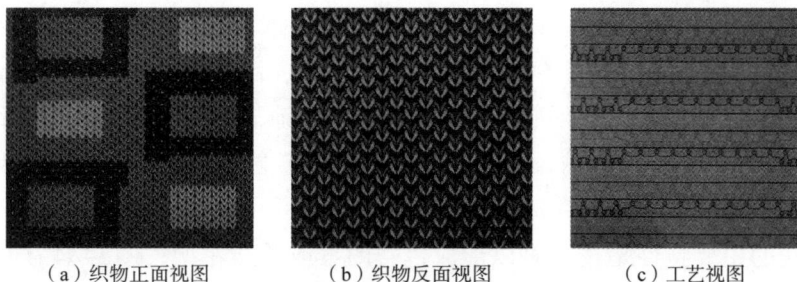

（a）织物正面视图　　　　　（b）织物反面视图　　　　　（c）工艺视图

图2-31　三色双面芝麻提花组织织物正反面视图及工艺视图

图2-33所示为露底提花织物，又称翻针提花，在编织过程中正面的部分花型处进行了翻针编织，从而在这些地方显露出组织的反面线圈，呈现为单面结构，而其余花型部分仍为双面结构，单双面组织对比在织物正面形成了立体感强、凹凸效果明显的图案效果。

图2-32　单面均匀提花织物实物图

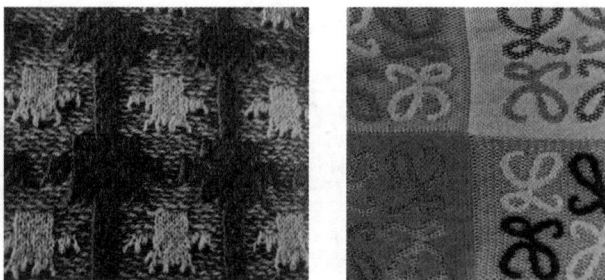

图2-33　露底提花织物实物图

（一）提花组织定义

提花组织是将纱线按花纹要求垫放在所选择的某些织针上进行编织成圈的一种花色组织。

（二）提花组织分类

提花组织具有单面和双面之分，其中单面提花组织又分为单面均匀提花组织和单面不均匀提花组织，双面提花根据反面组织结构不同可分为横条提花、芝麻点提花、空气层提花等。提花组织的最大特点是可产生色彩丰富、形式自由的图案纹样，花型具有逼真、别致、美观等特点。提花组织在手摇横机上的编织需要用提花横机，由于编织效率低且花色图案简单目前普遍运用电脑横机来编织提花组织。提花组织在电脑横机上编织效率高，制板过程中需用不同色码表示出图形效果，并设置每个颜色图形所用的纱嘴号，并可自由选择提花组织的类型。

（三）提花组织特性与编织

1.单面提花组织

在单面组织的基础上只在一个面上形成花型的组织为单面提花，又叫得线提花或虚线提花、织物背面不选针，有单色、双色、多色等不同效果。单面提花组织由平针线圈和浮线组成，有均匀和不均匀两种结构形式。

　　在单面提花织物中连续的线的次数不宜太多，一般不超过4～5针。浮线过长将会改变垫纱的角度，可能使纱线垫不到针钩里去；织物反面浮线过长也容易引起钩丝和断纱，从而影响服用。因此，花纹较大时，可以在长浮线的地方按照一定的间隔编织集圈线圈，以保证垫纱的可靠和减少浮线的长度，而集圈线圈也不会影响到织物的花纹效应，但织物的平整度受到影响。

　　单面提花的主要特性是正面可以形成色彩图案或凹凸花型，图2-34为单面均匀提花织物正反面实物图、引塔夏图层与制板图。不均匀提花组织较多采用单色纱线，在该种织物中，因拉长线圈在连续不编织后被抽紧，使编织的平针线圈凸出，从而使织物表面形成凹凸绉效应。线圈拉长的程度与连续不编织（即不脱圈）的次数有关。通常用"线圈指数"来表示编织过程中某一线圈连续不脱圈的次数，线圈指数越大，一般线圈越大，凹凸效应越明显。如果拉长线圈按花纹要求配置在平针线圈中，就可得到不同效应的凹凸花纹。编织时，织物的牵拉张力和纱线张力较小而均匀，否则易产生破洞，同时某一针上连续不编织的次数也不能太多。单色单面不均匀提花组织线圈图、意匠图与编织图如图2-35所示。

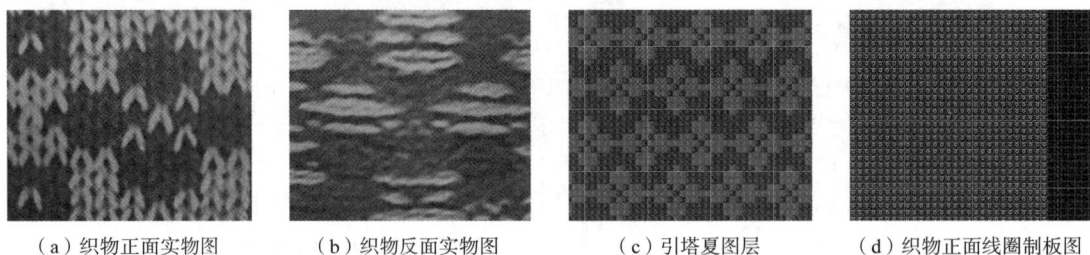

(a) 织物正面实物图　　(b) 织物反面实物图　　(c) 引塔夏图层　　(d) 织物正面线圈制板图

图2-34　单面均匀提花织物正反面实物图、引塔夏图层与制板图

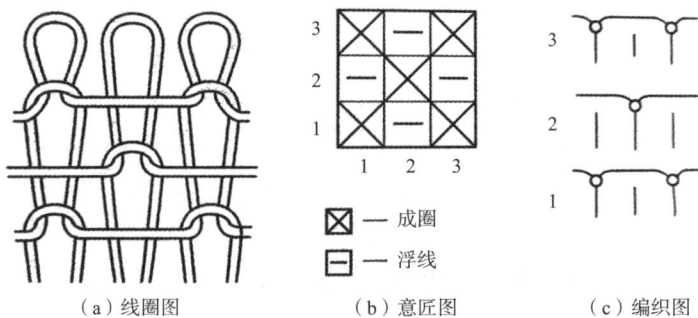

⊠ — 成圈
□ — 浮线

(a) 线圈图　　　　　(b) 意匠图　　　　　(c) 编织图

图2-35　单色单面不均匀提花组织线圈图、意匠图与编织图

2. 双面提花组织

　　双面提花组织是在双面组织的基础上，可在一个面上也可在两个面上形成花型的组织。在实际生产中，大多采用在织物的正面按照花纹要求提花，作为效应面，另一面不提花的为工艺反面。按照反面效果的不同可以将双面提花分为横条提花、纵条提花、芝麻点提花、空气层提花、天竺提花等类别。双面提花组织织物厚度厚、弹性好、强度高、织物挺括、不卷边、花型清晰、脱散性小，并可形成各种色彩图案与凹凸花纹效应。

（1）横条提花。反面横条双面提花织物的反面为单色横条循环，所有纱线在正面按照花型要求出针编织，在反面编织时，后针床全部出针，用色纱编织线圈横列，这种提花织物正反面线圈的高度有差别，色纱数越多，正反面纵密的差异就越大，从而影响正面花纹的清晰度及牢度。因此，设计与编织横条反面双面提花组织时，色纱数不宜过多，一般2色或3色为宜。图2-36为横条提花组织织物正反面实物图、引塔夏图层与制板图。

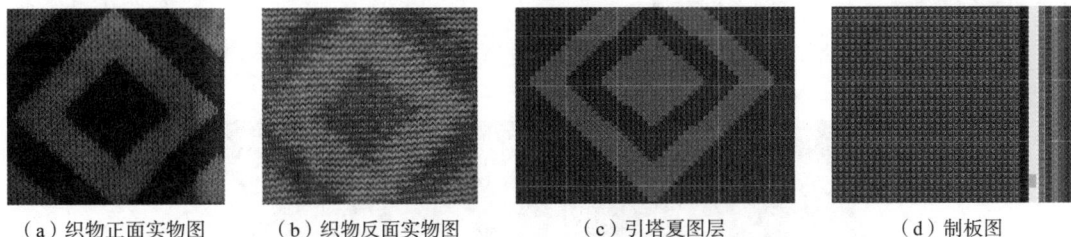

| （a）织物正面实物图 | （b）织物反面实物图 | （c）引塔夏图层 | （d）制板图 |

图2-36　横条提花组织织物正反面实物图、引塔夏图层与制板图

（2）芝麻点提花。反面芝麻点双面提花组织织物的反面为均匀点状分布的V形线圈，所有纱线在正面按照花型要求出针编织，且无论色纱数多少，织物反面每个横列的线圈均由两种色纱编织而成，并呈一隔一排列，其正反面线圈纵密差异随色纱数不同而异。当色纱数为2时，正反面线圈纵密比为1∶1；色纱数为3时，正反面线圈纵密比为2∶3。在该组织中，因两个成圈系统编织一个反面线圈横列，因此正反面纵向密度差异较小。由于织物反面不同色纱线圈分布均匀，减弱了"露底"的现象。图2-37为芝麻点提花组织织物正反面实物图、引塔夏图层与制板图。

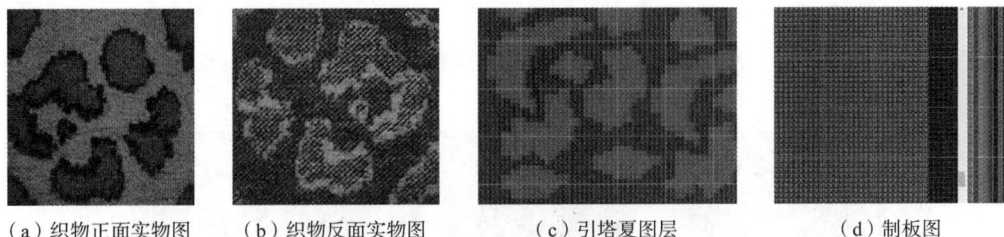

| （a）织物正面实物图 | （b）织物反面实物图 | （c）引塔夏图层 | （d）制板图 |

图2-37　芝麻点提花组织织物正反面实物图、引塔夏图层与制板图

（3）空气层提花。空气层双面提花织物两面均按照花纹要求选针编织，通常前后针床选针互补，即前针床选针编织时，后针床不编织；前针床不编织处，后针床编织。当编织两色提花时，正反面花型相同但颜色相反，形成正反面颜色互补的色彩效应。图2-38所示为空气层提花组织织物正反面实物图、引塔夏图层与制板图。

（4）天竺提花。天竺提花即反面抽针空气层双面提花组织，根据后床抽针数目的不同，可以分为1×1天竺、1×2天竺、1×3天竺等。图2-39所示为天竺提花组织织物正反面实物图、引塔夏图层与制板图。

（5）变化提花组织。提花组织的设计可以结合组织变化进行，抽针变化双面提花组织是在反面芝麻点双面提花组织的基础上，利用局部抽针形成具有局部凹凸条效果的织物组织。图2-40所示为变化提花组织织物实物图、制板图与引塔夏图层。

（a）织物正面实物图　　　（b）织物反面实物图　　　（c）引塔夏图层　　　（d）制板图

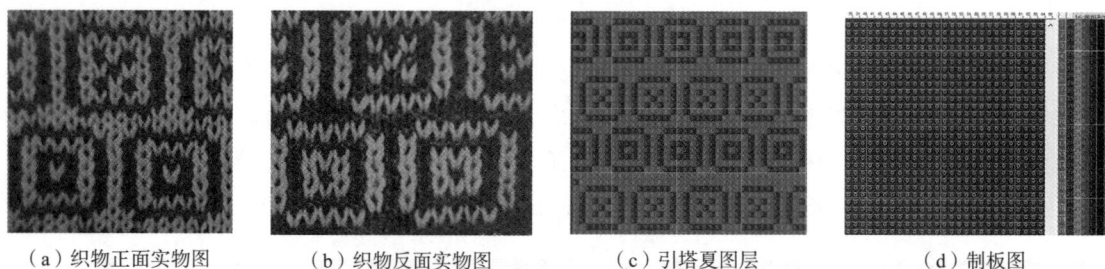

图2-38　空气层提花组织织物正反面实物图、引塔夏图层与制板图

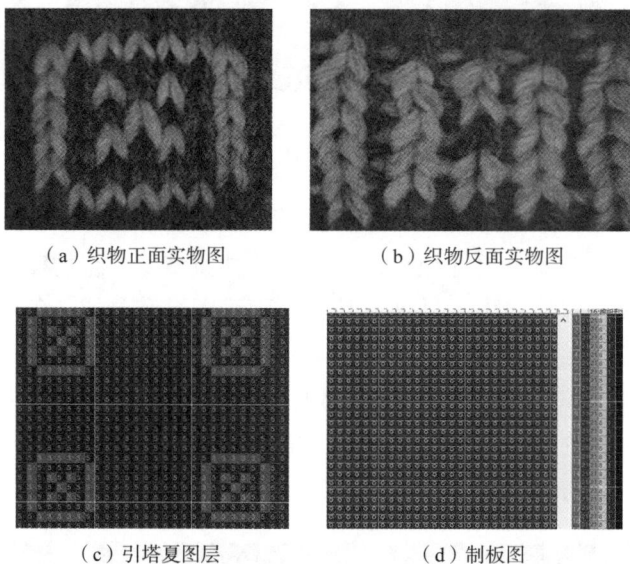

（a）织物正面实物图　　　　　　　（b）织物反面实物图

（c）引塔夏图层　　　　　　　（d）制板图

图2-39　天竺提花组织织物正反面实物图、引塔夏图层与制板图

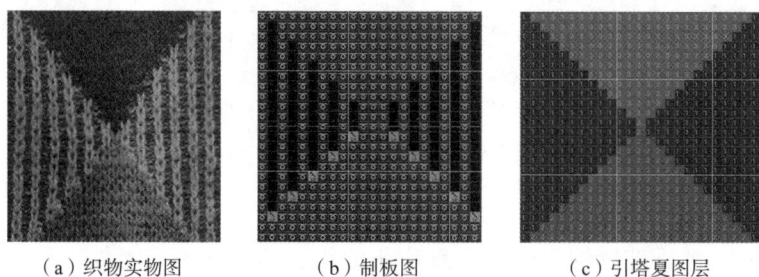

（a）织物实物图　　　　　（b）制板图　　　　　（c）引塔夏图层

图2-40　变化提花组织织物实物图、制板图与引塔夏图层

五、集圈组织织物设计与编织

在针织物的某些线圈上，除了套有一个封闭的旧线圈外，还套有一个或几个未封闭悬弧的组织，这种组织就叫作集圈组织。由于集圈悬弧的作用，集圈组织可形成一定的网眼镂空效果和凹凸立体效果，结合色纱的合理配置，还可形成花纹图案效果。由于集圈悬弧把相邻线圈纵行往两边推开，导致集圈织物的宽度增大、长度缩短，利用这一特性，集

圈组织和罗纹组织、纬平针组织等组合编织可形成荷叶边效果。

根据基础组织的不同，集圈组织可分为单面集圈组织和双面集圈组织。

如图2-41所示为单面集圈组织织物正反面视图与工艺视图，在单面纬平针组织的基础上，蓝黄两色纱线分别交错进行集圈编织，正面可形成交叉格子花纹图案效果，反面则显示为集圈悬弧。

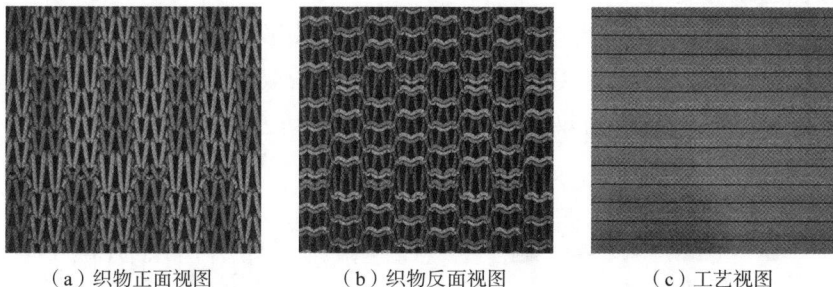

（a）织物正面视图　　　　　　（b）织物反面视图　　　　　　（c）工艺视图

图2-41　单面集圈组织织物正反面视图与工艺视图

图2-42为双面集圈组织织物正反面视图与工艺视图，在满针罗纹组织的基础上，前针床部分织针进行集圈编织，形成了由集圈拉长线圈构成的菱形结构图案效果。

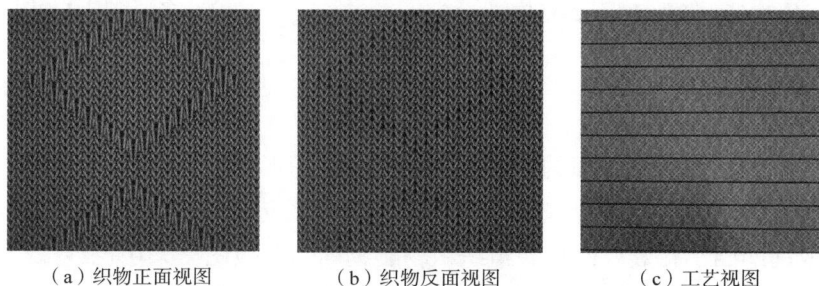

（a）织物正面视图　　　　　　（b）织物反面视图　　　　　　（c）工艺视图

图2-42　双面集圈组织织物正反面视图与工艺视图

图2-43（a）为采用单色单面集圈织物实物图，由于集圈悬弧的叠加等原因，形成了凹凸效果和细小的对称孔眼效果。图2-43（b）为单色双面集圈织物实物图，在罗纹组织基础上规律地分布集圈单元，集圈悬弧会将相邻纵行推开，从而形成左右对称的细小的网眼效果。

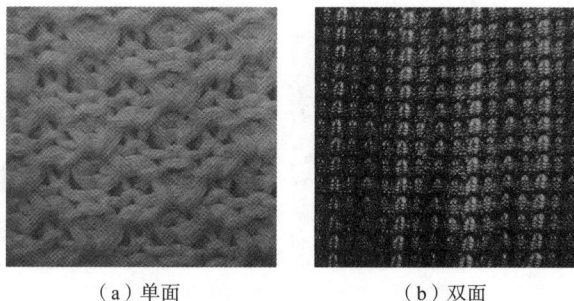

（a）单面　　　　　　　　　（b）双面

图2-43　单色单面集圈织物实物图与单色双面集圈织物实物图

（一）集圈组织的定义

在针织物的某些线圈上，除套有一个封闭的旧线圈外，还有一个或几个未封闭悬弧的一种纬编花色组织，这种组织就叫作集圈组织，如图2-44所示。集圈组织结构单元为线圈和悬弧。具有悬弧的旧线圈形成拉长线圈，集圈的悬弧可以跨过1针、2针或多针，在1枚针上连续集圈的次数一般可达到7~8次。

（二）集圈组织分类

集圈组织按照单双面，分为单面集圈组织和双面集圈组织。按悬弧多少，分为单列、双列、多列集圈组织；按参加集圈的针数，分为单针、双针、三针集圈，如图2-45所示，a位置为单针三列集圈，b位置为双针双列集圈，c位置为三针单列集圈。

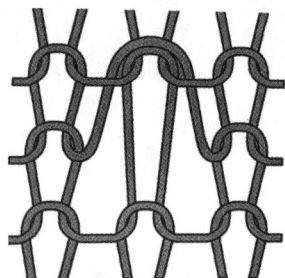

图2-44 集圈组织线圈结构图

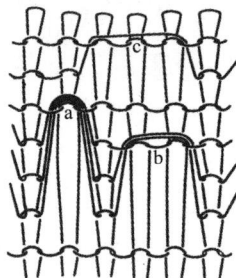

图2-45 多种集圈结构图

（三）集圈组织特性与编织

1.单面集圈组织

单面集圈组织是在平针组织的基础上进行集圈编织形成的，因其悬弧结构具有凸起的效果，能形成各种结构花色效应，如凹凸效应和网孔效应。如图2-46所示为利用单针四列集圈组织形成的凹凸小孔效应的集圈组织织物实物图与制板图。采用色纱编织可形成彩色花纹效应，图2-47为利用集圈组织结合纱线颜色不同形成的具有提花效果的单面集圈组织织物实物图与制板图。另外，还可以利用集圈悬弧来减少单面提花组织中浮线的长度。在二级或三级花式手摇横机上编织胖花织物时，通过排列不同的织针并结合挺针三角调节来实现。在有集圈的纵行排低踵针，无集圈纵行排高踵针，编织有集圈横列时挺针三角退出一半工作位置，使低踵针上升到集圈高度从而形成集圈；在电脑横机上编织胖花织物时，通过电脑横机的自动选针来实现。

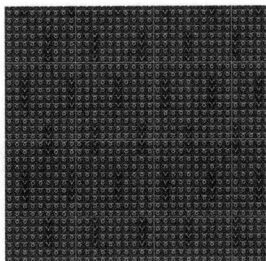

（a）实物图　　　　　　　　（b）制板图

图2-46 利用单针四列集圈组织形成的凹凸小孔效应的单面集圈组织织物实物图与制板图

（a）实物图 　　　　　　　　　　（b）制板图

图2-47　利用集圈组织结合纱线颜色不同形成的具有提花效果的单面集圈组织织物实物图与制板图

2.双面集圈组织

双面集圈组织可以在一个针床上集圈，也可以同时在两个针床上集圈。常用的双面集圈组织为畦编组织和半畦编组织。

（1）畦编组织。畦编组织又称双元宝或双鱼鳞组织，由两个针床的织针轮流编织成圈和集圈，两个横列完成一个循环，织物两面都为单针单列集圈。畦编组织织物两面交替形成集圈，正反面线圈结构相同、对称、大小一致。由于悬弧的存在，织物丰满、厚实保暖、手感柔软、蓬松、织物宽度增加、保型性差。畦编组织织物线圈图、编织图、正反面实物图与制板图如图2-48所示。

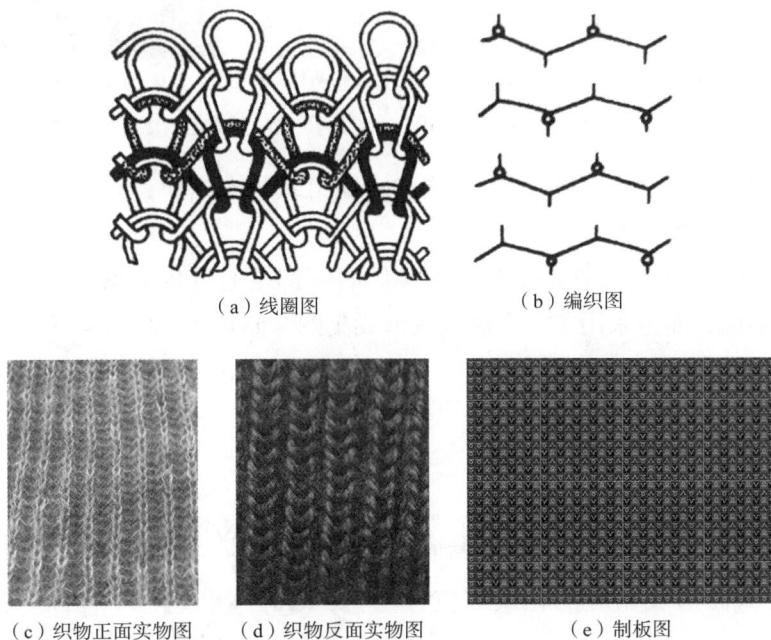

（a）线圈图 　　　　　　　　　　（b）编织图

（c）织物正面实物图　　（d）织物反面实物图　　（e）制板图

图2-48　畦编组织织物线圈图、编织图、正反面实物图与制板图

在手摇横机上编织畦编组织时，通常采用不完全脱圈法，即通过将四只弯纱三角中任一对角线上的一对弯纱三角向上抬高至不脱圈位置，此时旧线圈不能从针头上脱下形成脱圈，当织针进行下一行程重新上升退圈时，没有脱掉的旧线圈和新形成的悬弧一起退圈

到针杆上形成集圈。

（2）半畦编组织。半畦编组织由一个横列的四平和一个横列的集圈组成，两个横列完成一个循环。半畦编组织只在织物的一面形成集圈，结构不对称，织物两面具有不同的密度和外观，由于下机后集圈悬弧力图伸直，使与悬弧相邻的线圈呈圆形鱼鳞状。半畦编组织织物线圈图、编织图、正反面实物图与制板图如图2-49所示。

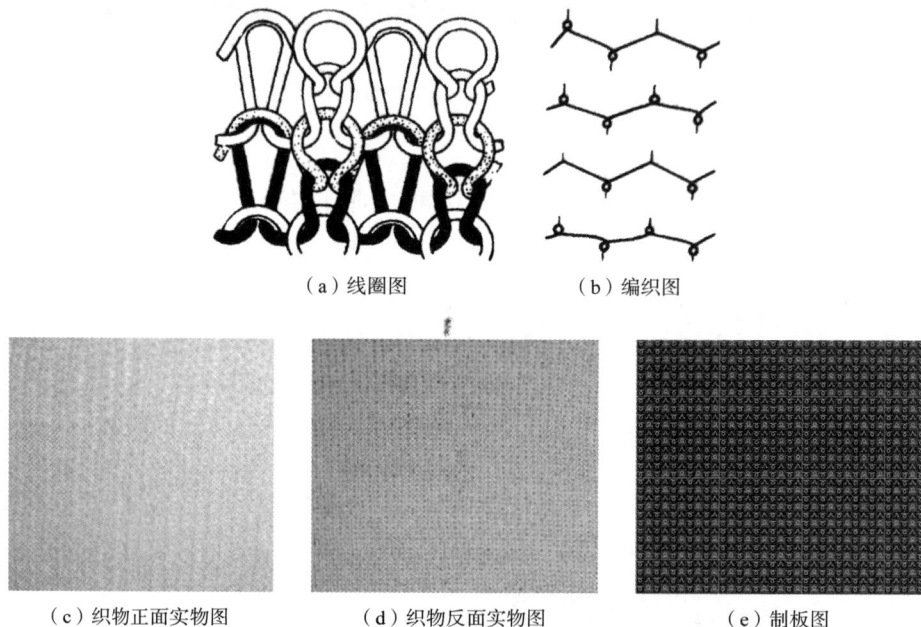

（a）线圈图　　　　　　（b）编织图

（c）织物正面实物图　　　　　（d）织物反面实物图　　　　　（e）制板图

图2-49　半畦编组织织物线圈图、编织图、正反面实物图与制板图

在手摇横机上编织半畦编组织的方法和畦编组织基本相同，只需将四只弯纱三角中的一只抬高至不脱圈的位置即可。

畦编组织和半畦编组织在电脑横机上编织时，都是通过相应织针的不完全退圈形成集圈的方法来实现，而不采用不完全脱圈法形成集圈。制板图如图2-49（e）所示。

六、移圈组织织物设计与编织

（一）移圈组织定义

移圈组织是在基本组织的基础上，按照花纹要求，将某些针上的线圈移到与其相邻的针上，从而形成相应的花式效应，如图2-50所示。

（二）移圈组织分类

移圈组织按照单双面可分为单面移圈组织和双面移圈组织，按照花色效应可分为挑花组织和绞花组织。通过在不同地组

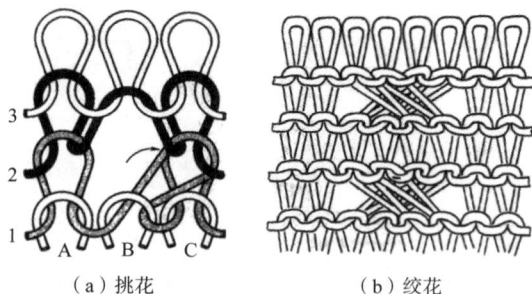

（a）挑花　　　　　　（b）绞花

图2-50　移圈组织挑花与绞花线圈结构图

织上的移圈可以在织物表面产生网眼、凹凸、波浪等不同的肌理效果。

（三）移圈组织特性与编织

1. 单面移圈组织

（1）挑花（空花）织物。根据花纹要求，将某些针上的线圈移到相邻针上，形成孔眼效应，称为空花组织织物或挑花组织织物。不同挑花组织织物实物图与制板图如图2-51所示。

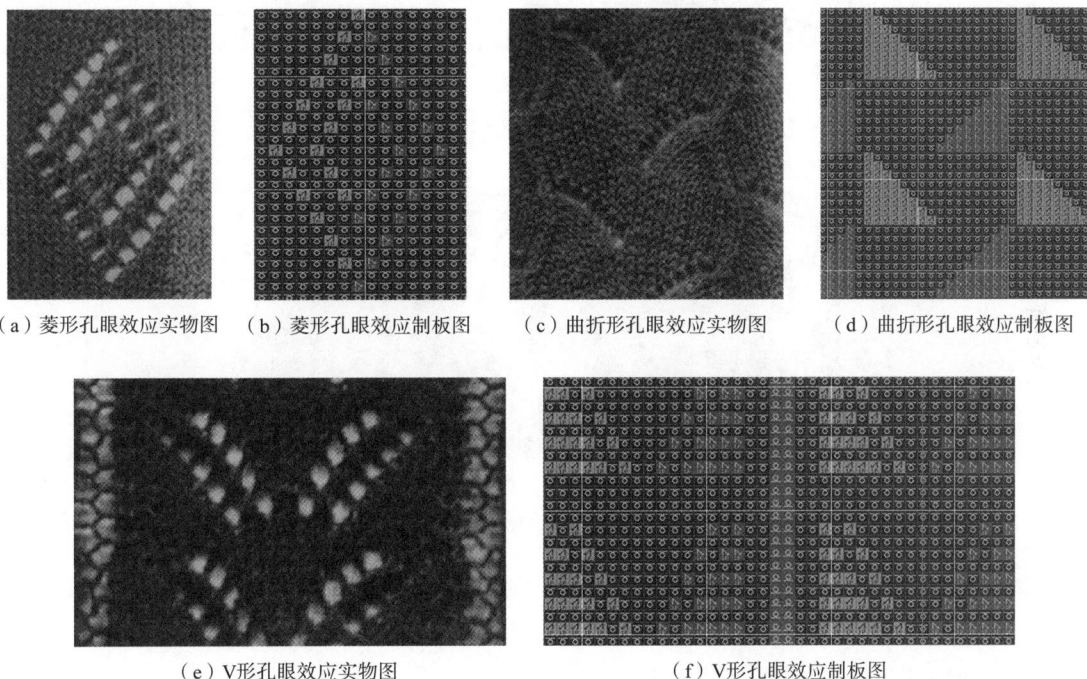

（a）菱形孔眼效应实物图　（b）菱形孔眼效应制板图　（c）曲折形孔眼效应实物图　（d）曲折形孔眼效应制板图

（e）V形孔眼效应实物图　　　　　（f）V形孔眼效应制板图

图2-51　不同挑花组织织物实物图与制板图

（2）绞花织物。如果将两组相邻纵行的线圈相互交换位置，就可以形成绞花效应，俗称拧麻花。绞花组织花型粗犷，立体感强，是常见的粗针型横编针织服装花型。根据相互移位的线圈纵行数不同，可编织2×2、3×3等绞花，图2-52为单面绞花组织织物实物图。

2. 双面移圈组织

双面移圈组织可以在针织物的一面进行移圈，即将一个针床上的某些线圈移到同一针床的相邻针上，形成凹凸孔眼外观效应；也可以在针织物两面进行移圈，即将一个针床上的线圈移到另一个针床与之相邻的

图2-52　单面绞花组织织物实物图

针上，或者将两个针床上的线圈分别移到各自针床的相邻针上，形成孔眼外观效应。图2-53为将一个针床针上的线圈转移到另一个针床的针上所形成的织物，前后针床采用不同颜色纱线，将前针床织针上的线圈移到后针床后，织物表面显露出纱的颜色。图2-54为

双面绞花织物。

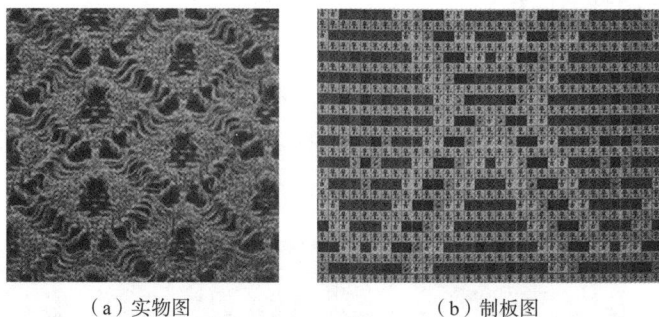

（a）实物图　　　　　　　　　（b）制板图

图2-53　双面移圈组织织物实物图与制板图

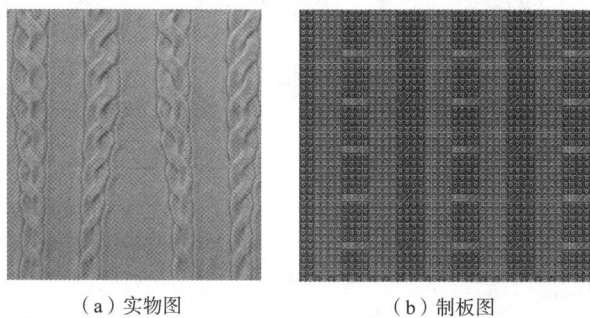

（a）实物图　　　　　　　　　（b）制板图

图2-54　双面绞花织物实物图与制板图

利用移圈的方式使两个相邻纵行上的线圈相互交换位置，在织物中形成凸出于织物表面的倾斜线圈纵行，组成菱形、网格等各种结构花型，这种花型被称为阿兰花。图2-55为菱形花色效应的阿兰花。

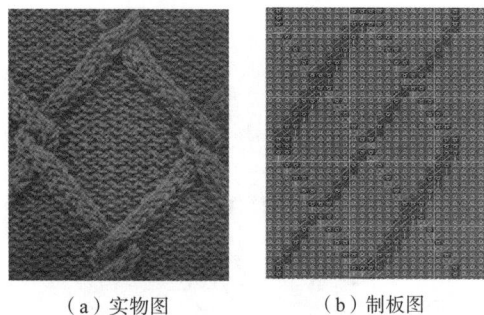

（a）实物图　　　（b）制板图

图2-55　菱形花色效应的阿兰花
组织织物实物图与制板图

移圈组织在手摇横机上的编织一般要通过手工用移圈板来实现线圈转移，工序复杂，效率低，因此只能编织花纹简单的织物。在电脑横机上移圈组织可以通过选针移圈自动完成，不仅编织效率高，花色变化也丰富。

图2-56为挑孔类移圈组织，是在单面纬平针组织的基础上，根据花纹的要求，在不同针、不同方向进行移圈，当线圈被转移到其相邻线圈上之后，纵行处线圈出现中断，从而在原来的位置上出现孔眼，适当安排孔眼的位置，可以在织物表面形成由孔眼构成的各种花型或几何图案，在春夏季横编针织服装上尤为常见。影响挑孔类移圈织物花纹双效果的因素很多，如移圈方向（左移或右移）、移圈针数（单针或多针）、移圈方式（一转一移或半转移）不同，形成的花纹效果也会不同。图2-56中上方采用一转一移的移圈方式，下方采用

半转一移的移圈方式，形成了两个不同外观造型的由孔眼构成的"爱心"图案。

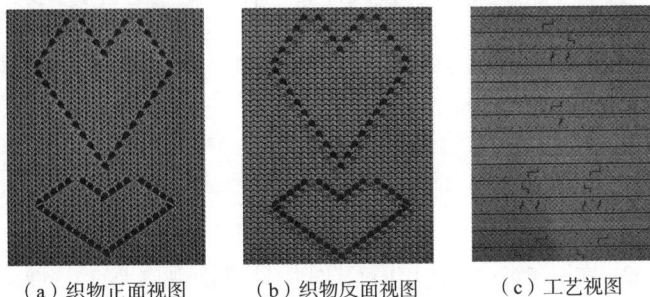

（a）织物正面视图　　　（b）织物反面视图　　　（c）工艺视图

图2-56　挑孔类移圈组织织物正反面视图与工艺视图

图2-57为绞花类移圈组织，是根据花型要求，将两枚或多枚相邻织针上的线圈相互移圈，使这些线圈的圈柱彼此交叉起来，形成具有扭曲图案花纹的总组织。如图2-57所示，在3+6罗纹组织的基础上，采用2×2×2纹花编织，织物表面形成了凹凸扭绳效果，这种效果在秋冬季横编针织服装上非常常见。

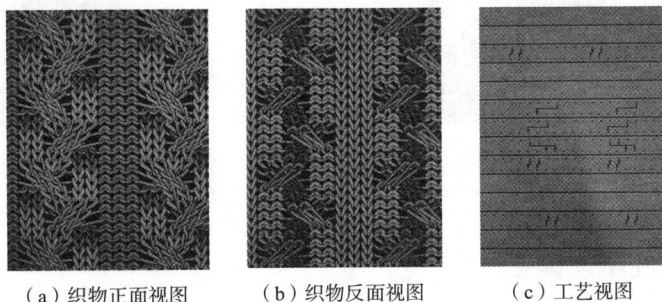

（a）织物正面视图　　　（b）织物反面视图　　　（c）工艺视图

图2-57　绞花类移圈组织织物正反面视图与工艺视图

图2-58为阿兰花移圈组织，前后针床的织针在不同针床上按相反方向进行移圈、可形成凸出于织物表面的倾斜线圈纵行，组成菱形、网格等各种结构花型。

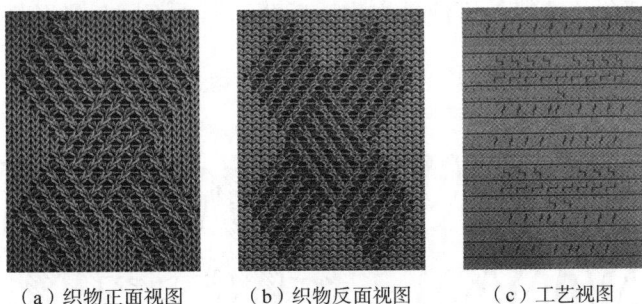

（a）织物正面视图　　　（b）织物反面视图　　　（c）工艺视图

图2-58　阿兰花移圈组织织物正反面视图与工艺视图

图2-59（a）为在罗纹组织基础上，在一个针床上进行单针移圈，形成菱形镂空结构图案。图2-59（b）和图2-59（c）为在双反面组织基础上进行多针移圈，不仅形成了镂空效果，还在反面线圈横列上形成了明显的曲折凹凸波纹效果。

（a）单针移圈　　　（b）多针移圈（1）　　　（c）多针移圈（2）

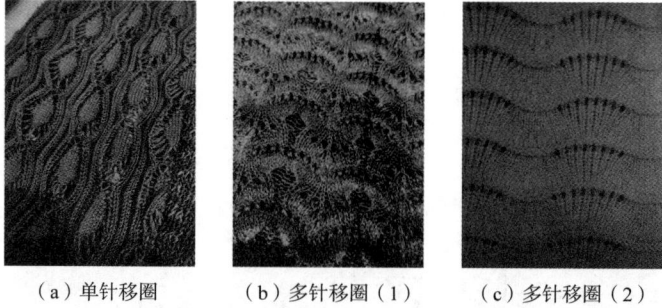

图2-59　在不同组织基础上进行移圈形成不同外观效果的织物实物图

图2-60为绞花和阿兰花组合的移圈织物，形成交错菱形的凹凸效果。

图2-61为绞花和挑孔组合的移圈织物，织物表面形成凹凸扭绳效果和镂空效果。

图2-60　绞花和阿兰花组合的移圈织物实物图

图2-61　绞花和挑孔组合的移圈织物实物图

七、添纱组织织物设计与编织

（一）添纱组织定义

添纱组织是指织物上的全部线圈或部分线圈是由两根纱线组成，两根纱线所形成的线圈按照要求分别处于织物的正面和反面的一种花色组织。添纱线圈中的两根纱线的相对位置是确定的相互重叠，而不是随意的，两根纱线并在一起形成双线圈组织。编织过程采用不同种类或不同颜色的纱线，可使针织物正反两面形成不同色泽及性质的花色效果，如图2-62所示。

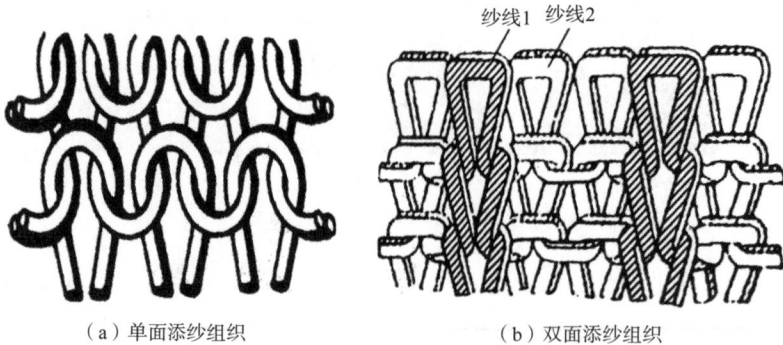

纱线1　纱线2

（a）单面添纱组织　　　　　　　　（b）双面添纱组织

图2-62　添纱组织单双面线圈结构图

（二）添纱组织作用

（1）使针织物正反面具有不同的色彩和纹理，如丝盖棉针织物等；

（2）通过正反针编织结合添纱使织物形成色彩花纹，如图2-63所示；

（3）当采用两根不同捻向的纱线进行编织时，可消除针织物线圈歪斜的现象。

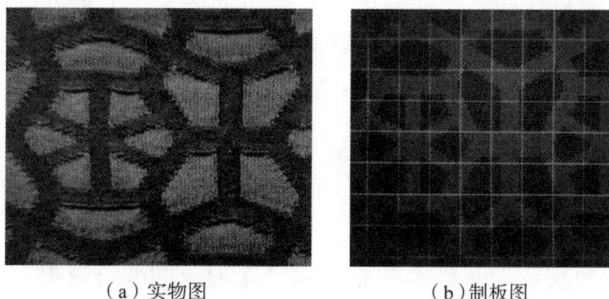

（a）实物图　　　　　　　　（b)制板图

图2-63　正反针编织结合添纱组织织物实物图与制板图

（三）添纱组织编织

添纱组织的成圈过程与基本组织相同。但为了保证一个线圈覆盖在另一个线圈上，且具有所要求的相对位置关系，在编织添纱组织时，必须采用特殊的纱线喂入装置，以便同时喂入地纱和面纱，并保证面纱显露在织物正面，地纱处于织物反面。面纱和地纱的垫纱角度不同，面纱垫纱横角较小，靠针背，地纱垫纱横角较大，近针钩外侧，从而保证了面纱和地纱的正确配置关系。

添纱组织在手摇横机上编织时需要用到双眼的添纱导纱器，如图2-64所示，即在一个导纱器有两个孔，1为基孔穿入添纱，2为辅孔穿入地纱，运行时添纱始终在前面，地纱始终在后面。添纱组织在电脑横机上编织时除了可以用专门的添纱导纱器外，也可以采用在一个成圈系统中带入两个导纱器同时进行编织，形成添纱结构，此时，不管机头向哪个方向运行，必须保证一把导纱器始终在另一把导纱器的前面。

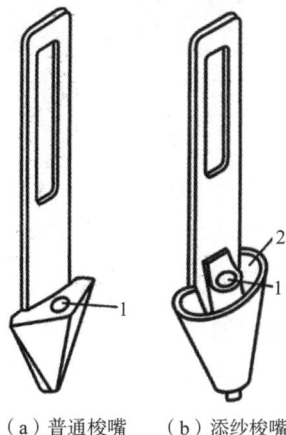

（a）普通梭嘴　　（b）添纱梭嘴

图2-64　双眼添纱导纱器示意图

图2-65（a）为在正反针构成的基础组织上，采用两种不同颜色的纱线进行添纱编织，不仅形成了结构上的凹凸方块效果，还形成了色彩上的方形图案；图2-65（b）基础组织为正反针、挑孔和阿兰花的复合组织、采用两种不同颜色进行添纱编织，正面线圈始终显示为浅黄色，反面线圈始终

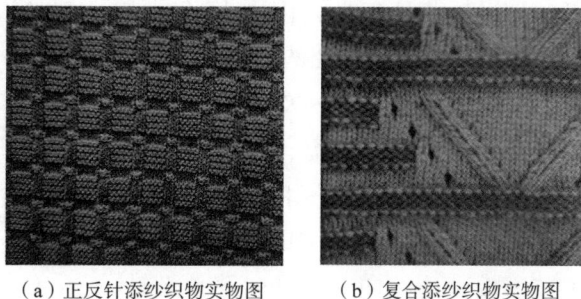

（a）正反针添纱织物实物图　　（b）复合添纱织物实物图

图2-65　正反针添纱织物实物图与复合添纱织物实物图

49

显示为土黄色，形成结构和色彩上的图案效果。

八、波纹组织织物设计与编织

波纹组织也是在横机上编织的一种典型的组织结构，又称扳花组织。它是通过前后针床织针之间位置的相对移动，使线圈倾斜，在双面地组织上形成波纹状的外观效应。波纹组织可在不同的双面组织基础上形成。基础组织不同，形成的效果也不同。

图2-66为在集圈组织的基础上进行针床的横移形成的波纹组织，织物两面均形成了曲折的条纹外观。

图2-67为在满针罗纹和单面浮线组织基础上进行波纹编织，形成了曲折条纹状凹凸效果。

图2-68为在抽针罗纹组织基础上左右横移针床形成的波纹效果。

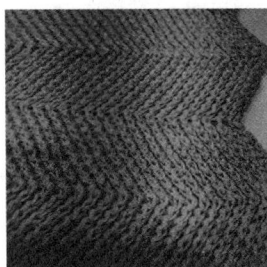

图2-66　集圈组织基础的波纹组织实物图

图2-67　满针罗纹组织基础的波纹组织实物图

图2-68　抽针罗纹组织基础的波纹组织实物图

如图2-69所示，波纹组织可以在四平组织、三平组织（一横列四平和一横列平针组成）、畦编组织或半畦编组织等常用组织基础上形成四平扳花、三平扳花、畦编扳花或半畦编扳花，也可以通过抽针形成抽条扳花或方格扳花等。波纹组织在手摇横机上的编织通过手工扳动摇床手柄实现。在电脑横机制板过程中需通过设置功能条摇床部分实现，要对每一行的摇床方向及摇床针数进行详细设置。

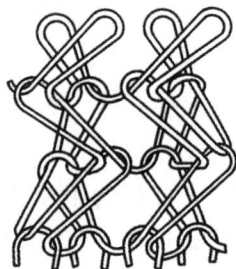

图2-69　波纹组织线圈图

（一）四平扳花

四平扳花是在四平组织即满针罗纹组织的基础上进行扳花的。针床移动的频率可以是半转移动一次（半转一扳），也可以一转移动一次（一转一扳），每次可以向一个方向移动一针，也可以连续向一个方向移动两针。如图2-70所示为半转一扳，连续向一个方向移动五针，再反方向移动所形成的四平扳花织物。

（a）实物图　　　　　（b）制板图

图2-70　四平扳花组织织物实物图与制板图

（二）畦编扳花

畦编扳花是在畦编组织的基础上通过移动针床形成波纹效应。在畦编扳花织物中，没有悬弧的线圈呈倾斜状，倾斜方向同这个针床上针的移动方向一致。因此，要在织物的某一面上得到波纹效果，就要在这一面线圈上没有悬弧的时候移针床。如果一转一扳，织物仅在一面有倾斜效果；如果半转一扳，两面都可以产生波纹效果。半转一扳，连续向一个方向移动五针，再反方向移动的畦编扳花织物如图2-71所示。

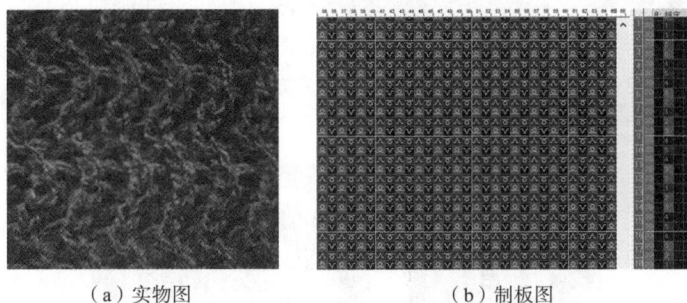

（a）实物图　　　　　　　　　　　（b）制板图

图2-71　畦编扳花织物实物图与制板图

（三）半畦编扳花

半畦编扳花是在半畦编组织的基础上通过移动针床形成波纹状外观。移动针床可以在编织完四平横列后进行，也可以在编织完集圈横列后进行。通常采用集圈横列后移动，波纹效果明显，半畦编扳花织物如图2-72所示。

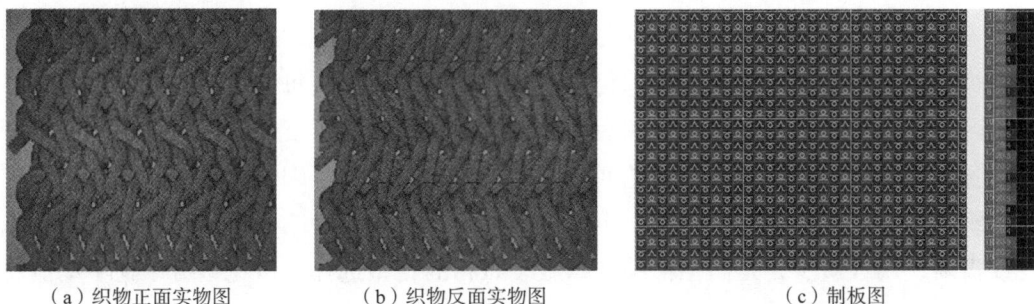

（a）织物正面实物图　　　　　（b）织物反面实物图　　　　　　（c）制板图

图2-72　半畦编扳花织物正反面实物图与制板图

（四）四平抽条扳花

在四平组织即满针罗纹组织的编织原则下，将前针床有规律地进行抽针，经移动针床后，在反面地组织上由正面线圈纵行形成波纹状的外观效果。如图2-73所示为四平抽条扳花织物，编织时，每编织一横列针床单向移动一针距，共三次，再换向移动三次以此循环。

波纹组织的变化可以通过地组织结构图选用，改变摇床频率、摇床数量、摇床方向，再结合色纱的运用来进行，如图2-74所示为变化波纹组织，地组织为后针床编织单面组织，前床配置四平线圈形成拉长的正面线圈，摇床后拉长线圈发生倾斜，并且摇床方向左右变化，拉长线圈在织物表面形成了清晰的折线效果。

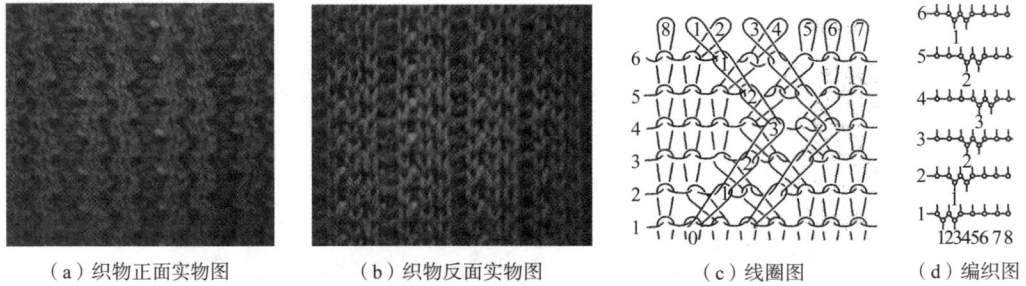

（a）织物正面实物图　　　　（b）织物反面实物图　　　　（c）线圈图　　　　（d）编织图

图2-73　四平抽条扳花织物正反面实物图、线圈图与编织图

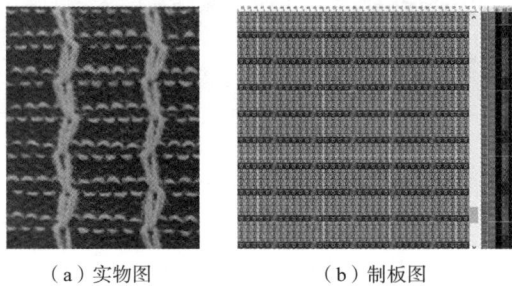

（a）实物图　　　　（b）制板图

图2-74　变化波纹组织织物实物图与制板图

九、嵌花组织织物设计与编织

嵌花（英语intarsia，音译为"引塔夏"）又称无虚线提花，是在横机上编织的一种色彩式样织物。它是把不同颜色编织的色块连接起来形成织物，每种色纱的导纱器只在自己的颜色区域内垫纱，区域内垫纱成圈后，该导纱器停下，直到下一横列机头返回时再带动编织，各颜色区域沿纵行方向通过轮回集圈、添纱和双线圈等编织方式相互连接起来，其基本组织可为单面或双面纬编组织，也可以在其中再形成各种结构或色彩花形。嵌花织物的花纹清晰，用纱量少，是高档横编针织服装织物的花型选择。该花型可以在手动嵌花横机、自动嵌花横机、电脑横机或具有嵌花功能的柯登机上编织。如图2-75所示为嵌花组织织物实物图、制板图与引塔夏图层。

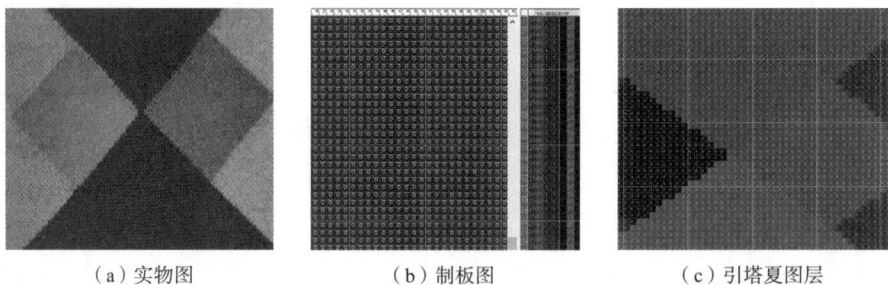

（a）实物图　　　　（b）制板图　　　　（c）引塔夏图层

图2-75　嵌花组织织物实物图、制板图与引塔夏图层

如图2-76所示为嵌花组织织物，在黄色底色的基础上通过嵌花编织形成了红色"箭头"图案，反面无浮线。

（a）织物正面视图　　　　　　（b）织物反面视图　　　　　　（c）工艺视图

图2-76　红色"箭头"图案嵌花组织织物正反视图与工艺视图

如图2-77所示为由多种不同颜色的纱线和不同种类的纱线进行嵌花编织，各种几何图案联结而成的嵌花织物，织物图案清晰、质地轻薄、服用性能好。

图2-77　由多种不同颜色的纱线和不同种类的纱线进行嵌花编织实物图

十、空气层组织织物设计与编织

空气层织物是一种复合组织织物。用于横编针织服装生产中的三个最常见的织物结构是四平空转、三平及凸条组织。

（一）四平空转组织

四平空转组织又叫罗纹空气层组织或米拉诺罗纹。它是由一个横列的满针罗纹（四平）和一个横列前后针床轮流编织的平针（空转）组成。该织物厚实、挺括、横向延伸性小，尺寸稳定性好，表面有横向隐条。在手动横机上编织四平空转需要频繁变换三角的工作状态，按照表2-1的方式变换起针三角可减少动作。在电脑横机上通过选针较易编织。四平空转织物编织工艺图如图2-78所示。

表2-1　起针三角工作状态

序号	机头方向	起针三角工作状态				编织状态
		1号	2号	3号	4号	
1	→	（关）	开	（开）	开	后针床编织
2	←	不动	不动	关	不动	前针床编织

序号	机头方向	起针三角工作状态				编织状态
		1号	2号	3号	4号	
3	→	开	不动	不动	不动	前、后针床编织
4	←	不动	不动	不动	不动	前针床编织
5	→	关	不动	不动	不动	后针床编织
6	←	不动	不动	开	不动	前、后针床编织

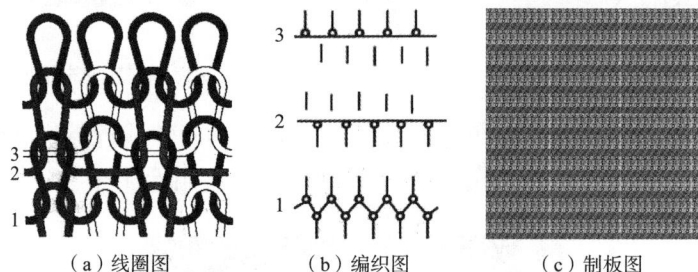

（a）线圈图　　　　　　（b）编织图　　　　　　（c）制板图

图2-78　四平空转织物编织工艺图

（二）三平组织

三平组织又叫罗纹半空气层组织，由一个横列的四平和一个横列的平针组成，图2-79为三平组织织物线圈图、编织图与制板图。该组织织物两面具有不同的密度和外观。三平组织织物的延伸性比四平空转组织织物大，手感柔软，坯布较厚实。三平组织在手摇横机上编织时只需关闭任意一只起针三角即可。在电脑横机上的编织通过自动选针实现。

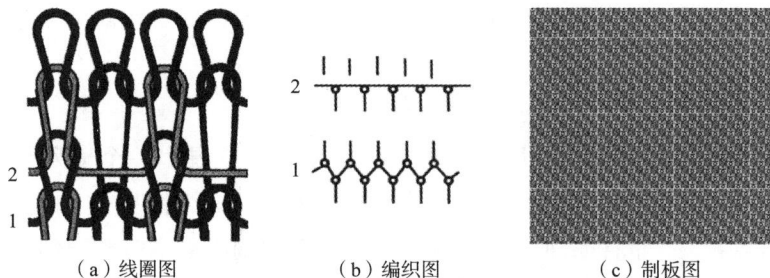

（a）线圈图　　　　　　（b）编织图　　　　　　（c）制板图

图2-79　三平组织织物线圈图、编织图与制板图

（三）凸条组织

当一个针床握持线圈，另一个针床连续编织若干横列时，就可以形成凸起的横条效应。图2-80为上下闭合、没有开口的整列凸条织物，第一横列间隔编织完一列四平之后，连续在后针床编织6横列的单面然后再间隔编织一个横列的四平，此时，由于在前针床只有两个横列的线圈，而后针床的横列数比后针床多4横列，在下机后，这4横列的线圈就会凸起，形成凸条。

（a）实物图　　　　　　　　　　（b）制板图

图2-80　凸条组织织物实物图与制板图

除了可以形成上述整列凸条外，还可以形成局部凸条，即只形成于织物宽度方向上的某个部位的凸条，如图2-81所示为局部凸条组织织物实物图与制板图。

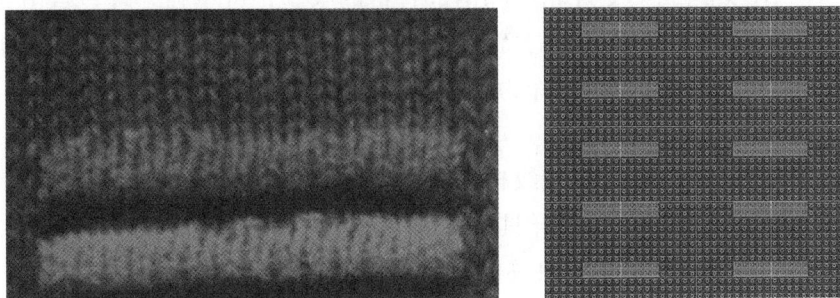

（a）实物图　　　　　　　　　　（b）制板图

图2-81　局部凸条组织织物实物图与制板图

第二节　针织服装图案设计

一、针织服装图案分类

（一）按组织形式分类

图案是服装设计的一个重要构成要素，仅次于服装设计三要素，即材料、款式、色彩。服饰图案不仅具有装饰性，而且具有实用性。按照组织形式，图案可分为三大类：单独纹样、适合纹样和连续纹样。图案在针织服装设计中往往成为重要的设计点，起到画龙点睛的作用。

1. 单独纹样

单独纹样指图案构成不受外轮廓和内部骨格的限制，可单独处理、自由运用的一种装饰纹样。单独纹样具有独立完整的特点，是图案构成中最基本的单位和组织形式。单独纹样既可以单独用于装饰，也可以作为其他纹样的基本构成单位使用。单独纹样可划分为两种，即对称式和均衡式纹样。

（1）对称式纹样。对称式单独纹样是指以假设的对称轴或中心点为基准，纹样呈左右或上下对称状态。对称式单独纹样具有结构严谨、秩序井然的特点。

（2）均衡式纹样。均衡式单独纹样不受对称轴或中心点的制约，结构比较自由，但又避免了重心不稳、左右失衡，保持图案重心的视觉平衡感。均衡式单独纹样具有动静结合、稳中求变、灵活舒展的特点。在横编针织服装设计中，以灵活地表现形式为特点的单独纹样被越来越多地广泛应用，彰显着时代流行文化的主题。单独纹样往往作为重要的设计点，起到引导视线和点睛之笔的作用。单独纹样的装饰位置通常集中在服装的上半身，在正常的视线范围内使纹样得以最大限度地突出表现，如图2-82所示。

图2-82　均衡纹样服装

2. 连续纹样

连续纹样指以一个单位纹样重复排列形成的可以无限循环、连续不断的图案。连续纹样具有整齐、规律的形式特点，具有较强的统一感。连续纹样可细分为二方连续和四方连续两种形式。

（1）二方连续纹样。二方连续纹样是指一个单位纹样向上下或左右两个方向循环连续地重复排列，呈现出横向或纵向的带状装饰纹样。在横编针织服装设计中，二方连续纹样既可以单独运用，也可以将几个二方连续纹样进行组合运用，以丰富统一整体的设计变化。二方连续纹样通常应用于服装的领口、袖口、前襟、底摆边缘及特定的设计位置，如图2-83所示。

图2-83 针织服装中采用二方连续纹样图案和肌理效果

（2）四方连续纹样。四方连续纹样指一个单位纹样向上、下、左、右四个方向循环连续地重复排列所形成的装饰纹样。在横编针织服装设计中，四方连续纹样可作为填充纹样应用在整体，或者局部地应用在前身、后身、袖子等部位，如图2-84所示。相较而言，二方连续呈现出线条的方向性，而四方连续更倾向于平面的延展性，如图2-85所示。

图2-84 运用绞花组织形成四方连续纹样的图案和肌理效果

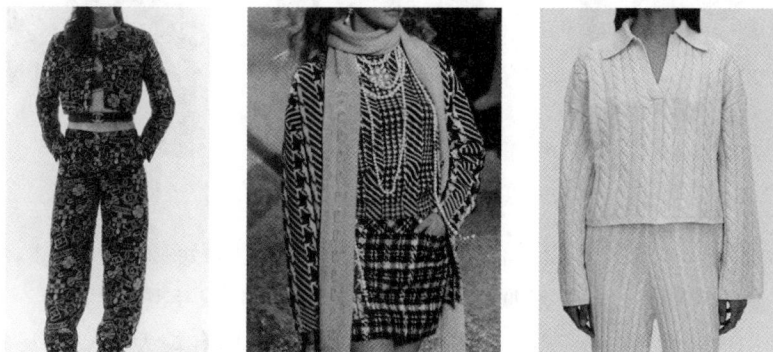

图2-85 运用不同组织形成四方连续纹样的图案和肌理效果

3. 适合纹样

横编针织服装中的适合纹样，是指将图案形态限制在特定轮廓线以内的一种装饰纹样。适合纹样外形完整，内部图案设计与外形轮廓巧妙结合，在工艺美术设计中应用普遍。适合纹样可划分为三种形式：填充纹样、角隅纹样和边饰纹样。

（1）填充纹样。填充纹样指用一个或多个图案构成元素填满特定的处于闭合状态的外轮廓线。在针织服装设计中，填充纹样可以依据设计的具体需要进行灵活运用，例如既可以将服装的整体衣身作为轮廓形状进行图案的设计和填充，也可以只填充服装的前身、后身、袖子等局部，如图2-86所示。

图2-86　以服装整体轮廓作为外形线采用工艺手法进行图案的设计和填充

（2）角隅纹样。角隅纹样指适合边角形状限制的装饰纹样。在针织服装设计中，角隅纹样可利用服装的板型在肩部、袖部等结构线的边角位置展开设计，如图2-87所示。

图2-87　以角隅纹样在袖口、肩袖和侧缝的部位进行装饰

（3）边饰纹样。边饰纹样指适合特定边框形状的带状装饰纹样。在针织服装设计中，边饰纹样主要用于领部、袖口、底摆边缘部位的装饰，如图2-88所示。

角隅纹样和边饰纹样相较于填充纹样在外形限制上具有较大的空间开放性和自由灵活性。

图2-88 以边饰纹样对针织服装的领部、袖口、底摆边缘部位进行装饰

（二）从平面图形设计的角度分类

织物的图案类型随流行周期、使用地区和产品大类的差异而不同，在设计手法、内容、风格、题材、情调等方面的表现各不相同。从平面图形设计的角度来看，可以将针织物的花型图案分为几何纹样、写实纹样、抽象纹样等类型。

横编针织服装的花型图案设计可以通过以下途径实现，一是通过针织物的组织结构和织造方法在面料表面表现出肌理感和图形效果；二是通过后处理加工，将设计好的花型图案印染在成形衣片上。例如，在针织织造过程中，每一横列或每几横列线圈，轮流喂入不同种类的纱线进行纱线调换，织物表面以色纱效应为主，显示色条图案；当色纱按照织造要求有选择地在某处编织成圈时，色纱与组织同时起作用，织物表面则呈现提花图案。

1. 几何图案

几何图案具有简洁明快、爽朗洗练的造型特点，此类图案的取材可以参考二方连续和四方连续图案、民族图案、编织织物图案等。横编针织服装中最典型的几何纹样是条纹和格纹，其形式多样，可变化组合运用。

（1）条纹。条纹是花型图案中最简单的一种，是针织物在编织过程中轮流喂入纱线，用不同种类、不同色彩的纱线组成各个线圈横列的纬编织物，普遍应用于各种针织服装设计中。其在形状上可形成纵条、横条、斜条、阔条、窄条、凸条、提花条、花式条等，通过色彩及其宽窄的变化，可得到不同的外观效果，如图2-89所示。

（2）格纹。格纹图案适用于各种针织物，格纹形状有正方形、长方形、菱形等。格纹有由几个线圈组成的小方格，也有由诸多线圈组合而成的大方格；色彩上有素色格、彩色格；外形上有对称格和不对称格。格纹可以通过格子的组织结构、色彩提花及各种组合进行种种变化，如图2-90所示。

（3）其他几何纹样。在横编针织服装中除了典型的格纹和条纹以外，还有一些其他类型的几何纹样。这些几何纹样多为一些简单的几何形，例如三角形、八角形、十字形、圆形等，以及这些图形的组合形态。这些纹样在针织服装中运用可以是规则的，也可以是不规则的。这些几何纹样结合不同的面料织造工艺，可以塑造变化多样的服装风格，如图2-91所示。

图2-89　条纹效果服装

图2-90　格纹效果织物

图2-91　其他几何纹样效果服装

2. 具象图案

横编针织产品花型的设计在编织过程中会受到一定的工艺限制，所以横编针织服装中的具象纹样主要通过两个途径获得。一种是将具象图案通过艺术加工，进行简化处理，然后通过提花工艺表达出来。另一种是依靠各种印花方法使针织物表面形成花型图案。印花除了传统凹凸版印花和丝网印花以外，还可以采用数码印花。数码印花是通过数据传输，将图案输入计算机，经计算机分色制版软件编辑处理后，由计算机直接控制特定设备，将染料印制到针织产品上而获取花型图案的一种印花技术。它具有印花精确度高、套色准确、色彩丰富和过渡自然的艺术特点。写实纹样根据题材的不同，可以分为植物、动物、人物等类型，具有生动活泼、造型丰富的特点，如图2-92所示。

图2-92　具象图案针织服装

3. 抽象图案

抽象图案是指对具体的自然形象进行简化或重新编排所产生的具有新视觉形象特征的图案类型。此类图案大多具有自由、多变、笼统、无法具体描述等特点。在横编针织服装中，可以通过组织纹样、特种结构的纱线、各种印染后处理等方式获得各种抽象的纹样形式，如图2-93所示。

图2-93　抽象图案针织服装

二、装饰图案工艺设计方法

横编针织服装最基本的装饰手法是利用织物组织结构的变化对横编针织服装进行装

饰。不同的组织结构可产生不同的肌理和外观效果，通过变化多样的组织结构进行装饰设计，可以营造出横编针织服装的多种风格。

（一）针织提花图案设计

1.单面提花组织（图 2-94、图 2-95）

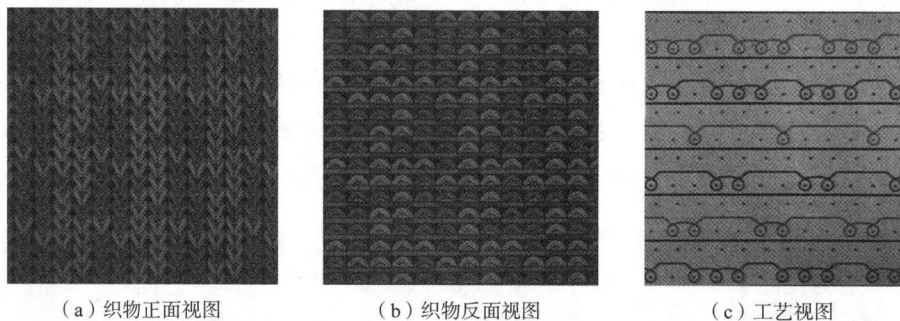

| （a）织物正面视图 | （b）织物反面视图 | （c）工艺视图 |

图2-94　单面均匀提花组织织物正反面视图与工艺视图

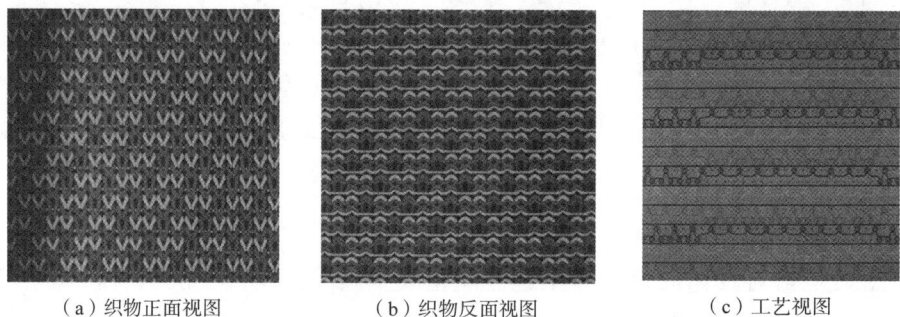

| （a）织物正面视图 | （b）织物反面视图 | （c）工艺视图 |

图2-95　两色单面不均匀提花组织织物正反面视图与工艺视图

2.双面提花组织

（1）横条提花（图2-96）。

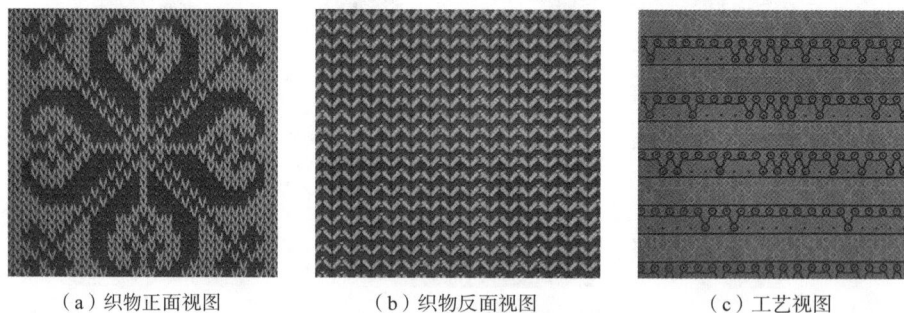

| （a）织物正面视图 | （b）织物反面视图 | （c）工艺视图 |

图2-96　横条提花组织织物正反面织物视图与工艺视图

（2）芝麻点提花（图2-97）。

（3）空气层提花（图2-98）。

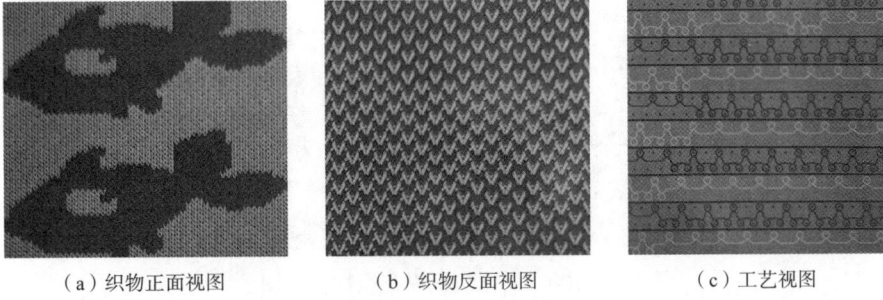

（a）织物正面视图　　　　　（b）织物反面视图　　　　　（c）工艺视图

图2-97　芝麻点提花组织织物正反面织物视图与工艺视图

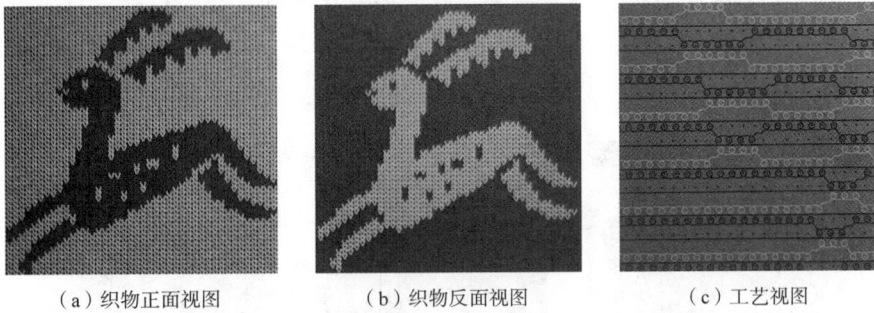

（a）织物正面视图　　　　　（b）织物反面视图　　　　　（c）工艺视图

图2-98　空气层提花组织织物正反面织物视图与工艺视图

（4）天竺提花（图2-99）。

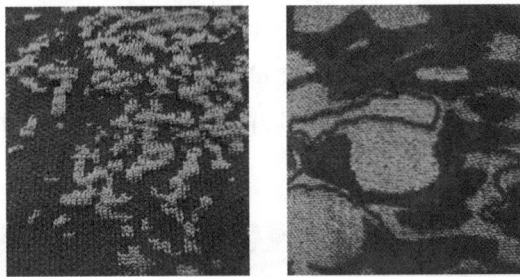

图2-99　天竺提花组织织物实物图

（5）变化组织提花（图2-100）。

图2-100

图2-100　变化组织提花织物实物图

（二）针织镂空图案设计

横编针织组织结构中通过移圈、集圈、脱圈以及色块间无连接嵌花设计等方法形成的镂空效果，以透气、美观、轻薄的特点，在春夏女式横编针织服装中应用广泛。图2-101为镂空效果。

图2-101　横编针织组织镂空效果实物图

款式通过镂空等针法设计，丰富横编针织服装画面感。图2-102为浮线镂空横编针织服装在编织过程中通过不编织或脱圈等方式可形成长短不一的浮线，从而产生镂空效果；图2-103为移圈镂空横编针织服装，通过不同的移圈方式形成不同的结构花纹图案，丰富横编针织服装装饰效果。

图2-102　浮线镂空横编针织物实物图

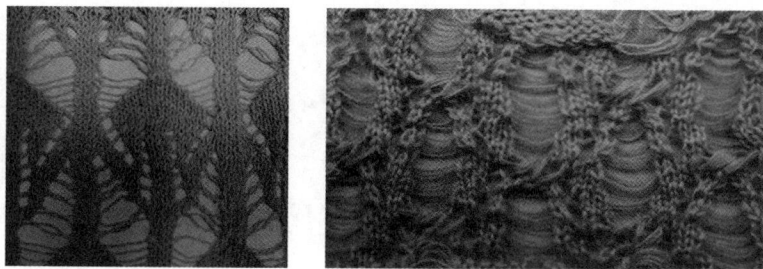

图2-103 移圈镂空横编针织物实物图

（三）针织凹凸图案工艺设计

横编针织服装中通过组织结构的变化和组合、纱线细度变化、密度变化等手法可产生各类不同的凹凸效果。凹凸效果可以赋予面料较好的浮雕感，同时又增强了横编针织服装较好的立体感，赋予横编针织服装更强烈的时尚感和造型表现力，是横编针织服装开发中广泛应用的一种效果。如图2-104所示为凹凸立体效果横编针织物实物图。图2-105为罗纹组织和平针组织组合产生的凹凸效果横编针织服装；图2-106为罗纹组织和双反面组织组合产生横纵等凹凸图案织物实物图；图2-107为采用不同罗纹组织组合而形成的不同宽度凹凸纵条纹效果横编针织物实物图；图2-108为采用绞花和阿兰花组合产生明显凹凸立体效果的横编针织物实物图。可见，通过不同组织结构的变化，可在横编针织服装表面产生风格迥异的凹凸立体效果，给人们带来较强的视觉冲击力。

图2-104 凹凸立体效果横编针织物实物图

图2-105 罗纹组织和平针组织组合产生的凹凸效果横编针织服装

图2-106 罗纹组织和双反面组织组合产生横纵等凹凸图案织物实物图

图2-107 不同罗纹组织组合而形成的不同宽度凹凸纵条纹效果横编针织物实物图

图2-108 绞花和阿兰花组合产生明显凹凸立体效果的横编针织物实物图

第三章　横编针织服装工艺设计

第一节　横编针织服装工艺设计原则与设计内容

一、工艺设计原则

（1）按产品经济价值的高低，对设计产品分档。

（2）在保证产品质量的情况下，尽量节省原料，降低生产成本。

（3）结合生产实际情况（主要包括原料、设备、操作及各工种生产能力的平衡等），制订最佳的工艺路线。

（4）在保证产品质量的条件下，提高劳动生产率。

（5）为了保证产品的质量，应在设计试样后，先进行小批量生产，再根据成品修正工艺，方可进行大批量生产。

二、工艺设计内容

（一）产品分析

（1）根据产品款式、配色、图案等选择纱线的原料、色泽，确定纱线密度。

（2）确定织物的组织结构。

（3）选用设备型号和机号。

（4）确定产品的规格和测量方法。

（5）考虑缝制条件，选用缝纫机的机种，制订缝合质量要求。

（6）在考虑其质量要求的条件下，制订染色及后整理工艺。

（7）确定产品采用的装饰工艺及辅助材料。

（8）确定产品采用的商标及包装方式等。

（二）工艺计算

1.编织工艺设计流程

首先，分析横编针织服装的款式和规格，根据款式要求、风格特点确定纱线细度和组织结构，选用编织机器的机号。然后，进行小样的编织，记录编织密度、小样坯长和坯宽，确定织物的回缩率，对小样进行洗涤、缩绒、熨烫、整理，根据小样确定成品设计密度（包括横密和纵密），根据设计密度和规格尺寸计算编织工艺，最后修正工艺单，如图3-1所示。

2.编织工艺计算步骤

将横编针织服装款式的前片、后片、袖片和领子进行分解，分析每一部分的衣片形

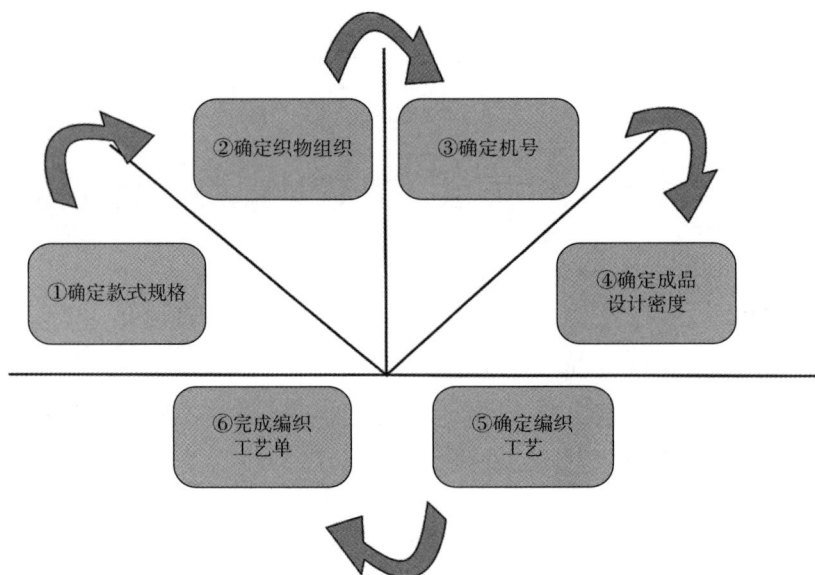

图3-1 编织工艺设计流程

态，分别进行工艺设计，计算横向针数及纵向转数，计算均衡收针（减针）和放针（加针）的分配关系，检查修正工艺参数，完成编织工艺单的绘制，如图3-2所示。

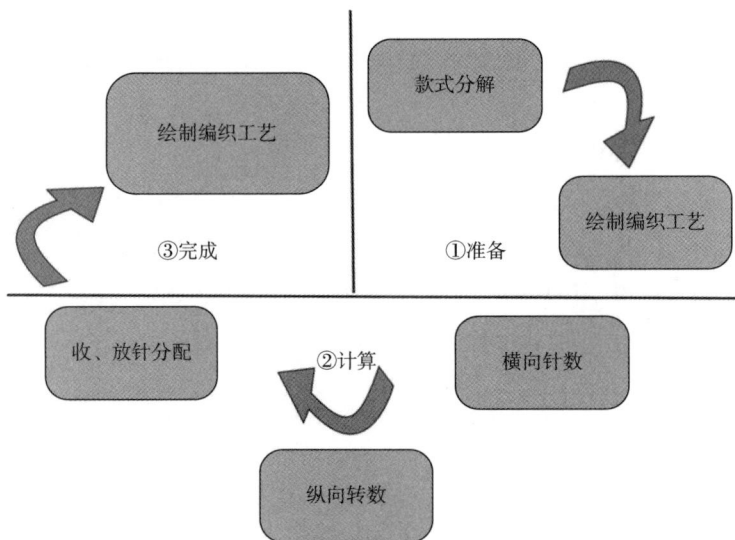

图3-2 编织工艺计算步骤

（三）计算产品用料及制订半成品质量要求

（1）以小样为样本进行实验，测定织物单位线圈重量。

（2）按编织操作工艺单计算各衣片线圈数。

（3）根据织物单位线圈重量与各衣片线圈数计算单件产品理论重量。

（4）计算单件产品的原料耗用量。

（5）确定编织半成品的质量要求。

（四）制定成衣及后整理工艺

成衣工艺，即缝制工艺，包括套口、手缝、绱领、开衫打眼、钉扣等工艺，确定选用缝盘机的型号、规格，选择缝纫（包括装饰）工艺流程，制订各缝纫工序的质量要求；后整理工艺，包括洗涤、熨烫、染色、缩绒（按客户要求进行缩绒）等工序。

（五）确定测量方法

根据要求确定成品横编针织服装各部位的尺寸测量方法及公差要求。

（六）试制与修改

经反复试制与修改，确定最佳工艺。

（七）出厂要求

确定产品的出厂重量、商标和包装形式。

（八）技术资料汇总

将产品的技术资料汇总、装订、登记，并存档保管。

第二节　横编针织服装的规格设计

一、横编针织服装的规格设计的重要性

　　规格设计不仅关系到服装的舒适性，还关系到服装的造型美。规格尺寸是横编针织服装工艺设计、工艺计算的基础。由于针织物具有较好的弹性，因此其规格设计具有特殊性。

　　成衣规格是指服装各部位尺寸，主要由人体净体尺寸和松度共同决定。针织服装具有很好的弹性，通常紧身类针织服装会在纱线加入弹力丝，其松度可以是负值，松度量主要由弹力丝的弹力、组织结构和款式决定；合体型服装的松度常规在0~8cm，根据款式不同，组织结构不同，原料不同，其松度也有所不同；市场上流行的宽松廓型服装其成衣规格尺寸可以达到人体净尺寸的2倍以上。成衣规格尺寸主要由服装设计的款式造型决定。

二、成衣主要部位的测量方法

（一）上衣类

　　上衣测量部位如图3-3所示。

　　（1）胸围。测量的位置点是在袖窿下2cm处，从一侧的侧缝水平地量到另一侧的侧缝所得的尺寸。

　　（2）衣长。从领肩缝位置量至下摆所得的尺寸。

　　（3）肩宽。从左肩峰点到右肩峰点的尺寸。

　　（4）领宽。领口的宽度（不含领子尺寸）。

　　（5）前领深。从肩领合缝处量至前领深处（不含领高）。

　　（6）肩斜。肩点距上平线的竖直距离。

　　（7）挂肩。从肩袖合缝处（肩点）量至夹底的斜线尺寸。

　　（8）腰节。从领肩缝位置量至腰节的尺寸。

　　（9）腰围。腰部的横量尺寸。

　　（10）摆围。下摆位置的横量尺寸。

　　（11）下摆罗纹高。衣身下摆位置的罗纹纵向高度。

　　（12）袖长。装袖的从肩袖合缝处（肩点）向下量至袖口的尺寸，插肩袖从后领中心点量至袖口的尺寸。

　　（13）袖宽。袖肥位置横量尺寸。

　　（14）袖口宽度。袖口横量尺寸。

　　（15）袖口罗纹高。袖口下摆位置的罗纹纵向高度。

　　（16）领深。领口下部到肩膀缝合线的垂直距离。

（二）裤装类

　　裤子测量部位如图3-4所示。

（1）裤长。裤腰边至裤口的尺寸。

（2）腰围。裤腰罗纹向下3cm位置的横量尺寸。

（3）横裆。裆底位置，单裤腿横量尺寸。

（4）直裆。裤腰至裆底的垂直距离。

（5）裤口。脚口的横量尺寸。

（6）裤口罗纹高。裤口罗纹的纵向高度。

（7）裤腰宽。裤腰的纵向宽度。

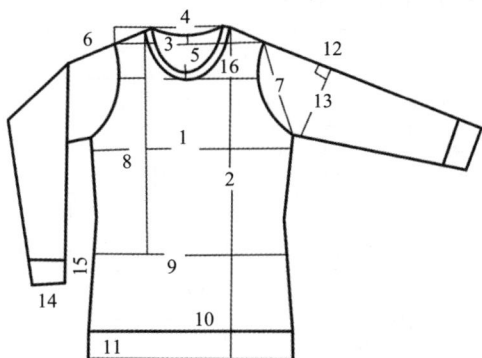

图3-3 上衣测量部位（按序号）　　　图3-4 裤子测量部位（按序号）

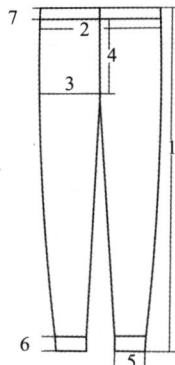

三、成品规格

由于横编针织服装的款式不同、穿着对象不同、地区不同、企业标准不同等对服装成品规格的表示方法也有很大差别。常规的表示方法有号型制、胸围制、代号制等。表3-1～表3-7为一些常见服装的成品规格。常规的规格尺寸表示方法有公制（厘米），如50，55，60，…，90，95，100；英制（英寸），如20，22，…，36，38，40；代号制，如2，4，6，8；还有M，L，XL……

表3-1 V字领男开衫成品规格

序号	部位	号型（cm）								
		80	85	90	95	100	105	110	115	120
1	胸围	40	42.5	45	47.5	50	52.5	55	57.5	60
2	衣长	60.5	62	63.5	65.5	67	67	68.5	68.5	68.5
3	袖长	52	53	54	55	56	57	58	58	58
4	挂肩	20.5	21.5	22	22.5	23	23.5	24	24.5	24.5
5	肩宽	36	37.5	39	40	41	42	43	43	43
6	下摆罗纹高	5	5	5	5	5	5	5	5	5
7	袖口罗纹高	4	4	4	4	4	4	4	4	4
8	后领宽	9.5	9.5	9.5	10	10	10	10.5	10.5	10.5

序号	部位	号型（cm）								
		80	85	90	95	100	105	110	115	120
9	领深	23	23	25	25	26	26	27	27	27
10	门襟宽	3.2	3.2	3.2	3.2	3.2	3.2	3.2	3.2	3.2
11	袋宽	11.5	11.5	11.5	11.5	11.5	11.5	11.5	11.5	11.5

表3-2　V字领男背心成品规格1

序号	部位	号型（cm）								
		80	85	90	95	100	105	110	115	120
1	胸围	40	42.5	45	47.5	50	52.5	55	57.5	60
2	衣长	59	60.5	62	64	65.5	65.5	67	67	67
3	袖长	52	53	54	55	56	57	58	58	58
4	挂肩	20	21	21.5	22	22.5	23	23.5	24	24
5	肩宽	36	37.5	39	40	41	42	43	43	43
6	下摆罗纹高	5	5	5	5	5	5	5	5	5
7	袖口罗纹高	4	4	4	4	4	4	4	4	4
8	后领宽	9	9	9	9.5	9.5	9.5	10	10	10
9	领深	20	20	22	22	23	23	24	24	24
10	领罗纹	2.5	2.5	2.5	2.5	2.5	2.5	2.5	2.5	2.5

表3-3　V字领男背心成品规格2

序号	部位	号型（cm）								
		80	85	90	95	100	105	110	115	120
1	胸围	40	42.5	45	47.5	50	52.5	55	57.5	60
2	衣长	57	58.5	60	62	63.5	63.5	65	65	65
3	挂肩罗纹高	2.5	2.5	2.5	2.5	2.5	2.5	2.5	2.5	2.5
4	挂肩	21	22	22.5	23	23.5	24	24.5	25	25
5	肩宽	36	37.5	39	40	41	42	43	43	43
6	下摆罗纹高	5	5	5	5	5	5	5	5	5
7	后领宽	9	9	9	9.5	9.5	9.5	10	10	10
8	领深	20	20	22	22	23	23	24	24	24
9	领罗纹高	2.5	2.5	2.5	2.5	2.5	2.5	2.5	2.5	2.5

表3-4 男长裤成品规格

编号	部位	号型（cm）					
		80	85	90	95	100	105
1	裤长	94	96	98	100	102	104
2	腰围	30	32.5	35	37.5	40	42.5
3	横裆	20	21.25	22.5	23.75	25	26.25
4	直裆	35	36	37	38	39	40
5	裤口宽	10	10	10	10	10	10
6	腰罗纹高	3	3	3	3	3	3
7	方块	13	13	13	13	13	13

表3-5 圆领女开衫成品规格

编号	部位	号型（cm）						
		80	85	90	95	100	105	110
1	胸围	40	42.5	45	47.5	50	52.5	55
2	衣长	56.5	57.5	59.5	60.5	60.5	61.5	61.5
3	袖长	48	49	50	51	52	53	53
4	挂肩	19.5	20	20.5	21	21.5	22	22.5
5	肩宽	34	35	36	37	38	39	40
6	下摆罗纹高	4	4	4	4	4	4	4
7	袖口罗纹高	3	3	3	3	3	3	3
8	后领宽	8.5	8.5	8.5	9	9	9	9
9	领深	6	6	6	6.5	6.5	6.5	6.5
10	门襟宽	3	3	3	3	3	3	3
11	领罗纹高	2.5	2.5	2.5	2.5	2.5	2.5	2.5

表3-6 圆领女套衫成品规格

编号	部位	号型（cm）						
		80	85	90	95	100	105	110
1	胸围	40	42.5	45	47.5	50	52.5	55
2	衣长	55	56	58	59	59	60	60
3	袖长	48	49	50	51	52	53	53
4	挂肩	19	19.5	20	20.5	21	21.5	22

编号	部位	号型（cm）						
		80	85	90	95	100	105	110
5	肩宽	34	35	36	37	38	39	40
6	下摆罗纹高	4	4	4	4	4	4	4
7	袖口罗纹高	3	3	3	3	3	3	3
8	后领宽	8.5	8.5	8.5	9	9	9	9
9	领深	6	6	6	6	6	6	6
10	领罗纹高	2.5	2.5	2.5	2.5	2.5	2.5	2.5

表3-7 女长裤成品规格

序号	部位	号型（cm）					
		80	85	90	95	100	105
1	腰围	30	32.5	35	37.5	40	42.5
2	裤长	91	93	95	97	99	101
3	横裆	20	21.25	22.5	23.75	25	26.25
4	直裆	34	35	36	37	38	39
5	腰罗纹高	3	3	3	3	3	3
6	裤口罗纹高	10	10	10	10	10	10
7	方块	13	13	13	13	13	13

第三节　横编针织服装计算方法与设计内容

横编针织服装成形工艺设计与横编针织服装的领型、肩型、腰型、门襟方式等因素有关，领型主要有圆领、V领，肩型主要有平肩型、背肩型、插肩型等，腰型主要有收腰型、直筒型、收摆型、放摆型，门襟主要有套衫、开衫、半开衫等。

一、横编工艺设计的基本内容

（一）横编工艺设计方法

横编工艺设计的依据为服装平面款式图、规格尺寸表、成形工艺参数。在设计中先需要根据平面款式图，将服装解构分解成有一定廓型的各个衣片及附件，配合以相应的各部位尺寸，使用成形工艺参数计算出各部位的针数和转数，最后设计成工艺步骤。

（1）尺寸设计法。适用于传统款型、简单款型的横编针织服装。对于这两类横编针织服装由于衣片结构简单，可根据各部位尺寸和工艺参数直接进行计算与设计，最后汇总为成形工艺单。

（2）样板设计法。适用于款式较为复杂的横编针织服装。时尚的款式复杂多变，先需要使用服装制图法、立体裁剪法将横编针织服装效果图或平面图转换成各衣片的样板，再根据样板和工艺参数进行计算和设计成形工艺。

（二）横编针织服装设计中的基本知识

（1）横编针织服装的设计中一般以衣片为对称进行数据的编写，因此工艺单上的数据是指衣片一侧外轮廓的数据，不对称时则分开编写。

（2）横编针织服装前片宽度一般大于后片宽度，有利于后整理时对横编针织服装侧缝的整烫。全成形则前后宽度相同。

（3）需要在胸宽、下摆、腰部、袖宽等部位度量相应的尺寸，这些部位应设计3~5cm高度的平摇段，宽度比较稳定，便于尺寸度量。在袖窿点、裤裆部位，为了穿着舒适应该设计有平收段，一般平收长度取1~3cm。

（4）衣片编织设计顺序为：后片→前片→后片→附件。工艺计算一般先对横向最宽处、纵向最长处进行设计与计算，按顺序类推。

（5）设计顺序一般遵循自下而上的方式。成形工艺计算中的横密是指横编针织服装衣片的横密，纵密是指成品的纵密。袖横、纵密是指袖子成品横、纵密。

（三）衣片收、放针设计的原理、原则和方法

横编针织服装的主要特点是其衣片为成形产品，在成形工艺设计中，要点内容就是利用收放针的设计技巧使衣片呈现出需要的轮廓形状。要使横编针织服装衣片出现特定的外廓形状，主要是利用横列方向衣片边缘的线圈单元进行减针和加针的方法使衣片横向变窄或加宽。横向的变化速率与纵向的编织速率结合起来就可以实现不同倾斜程度的折线，而衣片的外廓曲线是由连续的各段不同斜率的折线组成，折线越短，形成曲线的符合度就

越高。同时，折线分段越多，编织规律也就越多，编织的效率就越低，设计时这两者要综合考虑。

1. 收、放针设计原理

收、放针的规律设计就是将衣片的曲线分解为多段折线，对折线的水平与垂直方向长度进行针数与转数转换，换算成转数与针数配合的编织步骤的过程。横编针织服装外廓线分解后分为三种类型：水平线、垂直线、斜线。如果线段为水平线则视为平收针；若为垂直线则视为平摇；如果是向内倾斜线则视为收针；向外倾斜线则视为放针。每个线段都有长度，水平线和垂直线可以通过横密或纵密转换成针数或转数；斜线可以作水平和垂直辅助线形成一个三角形，其中的水平线长则可转换成针数；垂直线长可转换成转数，针数与转数的比值则称为收针规律。

挂肩曲线如图3-5所示。在图3-5（a）中AB为挂肩长度，BC为挂肩高度。图3-5（b）表示将曲线AB分解为AD、DE、EG、FG、GB五段线段组成的折线ADEFGB，其中AD为水平线，BG为垂线，其他均为斜度不同的斜线。图3-5（c）中将斜线GF进行水平和垂直分解，形成直角三角形GFH，HF代表该段的收针数，GH表示该段收针转数。在整个衣片设计中，任何曲线均可以按本例方法将曲线分成若干条线段，再分解成若干个直角三角形进行针数与转数的设计。

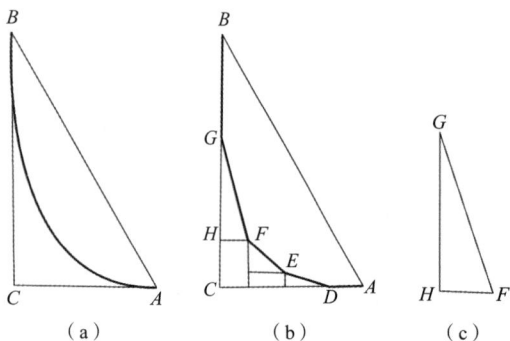

图3-5 挂肩收针曲线分解

放针时则相当于收针的直角三角形倒过来，设计方法同收针设计。收、放针设计是指衣片各部位曲线的收、放针规律设计，成形衣片的外廓曲线可分解为多段直线段，每段直线段表示一个收放针规律，写为$(n_1 \pm n_2) \times n_3$，其中n_1表示一次收或放针所需的转数；"+"号表示放针（加针），"–"表示收针（减针）；n_2表示一次收或放针的针数；"×"表示循环，n_3表示该直线段收针或放针的循环次数。

2. 收、放针设计原则

（1）设计时应根据收、放针部位不同、机号及外观要求设计每次收针的针数。

（2）收、放针的针数均为整数。收、放针的转数为整数或0.5的整数倍。

（3）有夹花收针时，每次收针的针数应尽量相同，否则夹花不匀，影响美观。

（4）在不影响衣片外观形状下，为确保较高的生产效率，收、放针的规律应越少越好。

3. 收、放针设计方法

收、放针设计方法主要有直接分配法和方程式法。

（1）直接分配法。又称拼凑搭配法，是将收针针数和放针转数根据实践经验进行直接分配，得出分配结果为一段或多段式的收、放针规律，写为$(n_1 \pm n_2) \times n_3$。

（2）方程式法。方程式法即按工艺要求收针或放针的分配方式，用含有未知数的式子表示，然后再根据所需收针或放针的针数、转数来列出多元一次方程式，并通过解方程式得出未知数的值，将这些未知数的值代入含这些未知数的分配式中，即得到实际收针或放针的分配方式。此法适用于每次收针或放针转数相近的分配情况。

4. 收、放针方法说明

（1）每次收、放针针数 $[(n_1 \pm n_2) \times n_3$ 中 n_2 的值 $]$ 的设计。每次收、放针的针数以加放或收减宽度0.5cm为依据，根据具体机型而确定针数。

①腰节的上、下部的收、放针及袖片的放针：收、放针的转数比收、放针的针数大很多，每次收、放针针数一般设计为1针，所形成的曲线细腻；细针机收针为了提高效率也有设计为2针的。

②挂肩部位的每次收针的针数：粗针机一般为1针，7～11G一般为2针，12G及以上一般为2～3针。每次收针针数要考虑生产速度、夹花效果、操作难度等因素。

③领部收针针数一般根据领型弧度和机号，通常设为1～3针。每次收针数太多会造成收针困难，也会使织物出现一个皱结。避免收多针出现皱结的方法是该段采用持圈收针。

④斜肩肩部收针针数：由于肩线斜度比较平坦，每次收针数较多，一般采用持圈收针法。

（2）确定循环数（ n_3 的值）。根据确定的每次收针针数，将该段内应收的总针数除以每次收针数即得。 n_3 =该线段内需要收针的针数 $\div n_2$ 。循环数应为整数，如果出现小数时，可转换成多段收、放针。

（3）设计每次收放针的转数（ n_1 ）=该线段内的转数 $\div n_3$ 。

①当 n_3 为整数时，该段线段的收或放针的规律可以直接写为 $n_1 \pm n_2 \times n_3$ 。

②当 n_3 为除不尽的数值时，则分成两段收或放针。

例如，GF段，其直线向内倾斜，说明此段线段为收针段。设其收针数为 m_1 ，总转数为 m_2 ，每次收针数为 n_2 ，则收针规律为 $n_1 - n_2 \times n_3$ ，其中 $n_3 = m_1 \div n_2$ ， $n_1 = m_2 \div n_3$ 。当 n_1 数值结果出现小数点时，说明不能按一段斜线完成，解决的方法：一是可以与前、后分段的转数进行整体修正使之成为整数；二是可以分成两段规律，如在腰部的收针，按 n_1 的数值结果的整数值进行上下分段。例如， $n_1 = m_2 \div n_3 = 2.41$ 转，把收针规律拆分两段：第一段每2转收一次针，第二段每3转收一次针，写成 $2 - n_2 \times n_{31}$ ， $3 - n_2 \times n_{32}$ 。其中， $n_{31} + n_{32} = n_3$ ，即 $2 \times n_{31} + 3 \times n_{32} = m_2$ 和 $2 \times n_2 + 3 \times n_2 = m_1$ ，解方程即得。

二、衣片成形工艺设计

以下成形工艺以衣片各部位为模块进行讲述，将各模块组合即可得到不同款式。衣片分为下摆罗纹、下摆平摇、腰节收针、腰节平摇、腰节以上放针、挂肩以下平摇、挂肩收针、挂肩平摇、收肩、前后领开领等模块的成形工艺设计。针织成形服装衣片各部位形状与轮廓如图3-6所示，将多种肩型（斜肩、背肩、插肩、马鞍肩）、领型（圆领、V领）、腰型（收腰型、直筒、收摆型、放摆型）、下摆罗纹（直型、自然收缩型）组合表示。

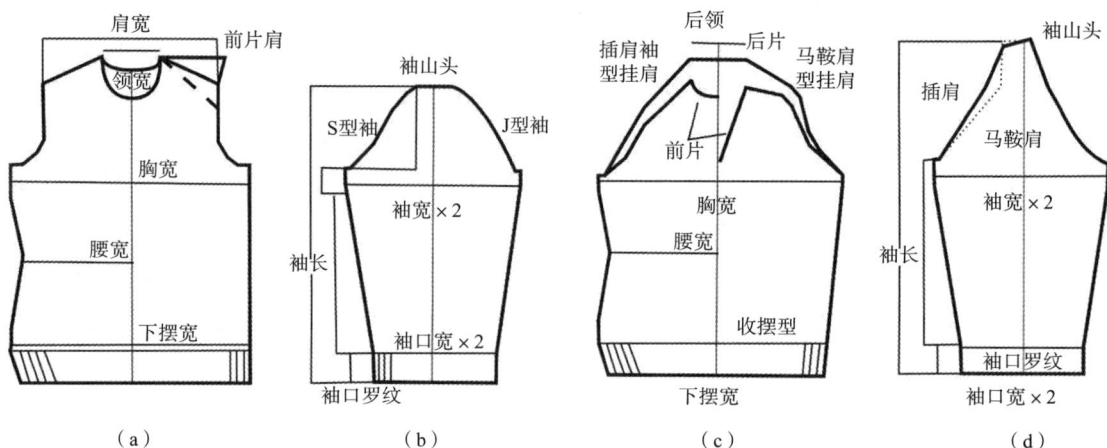

图3-6　针织成形服装衣片各部位形状与轮廓

（一）衣片各部位针数设计

1. 胸宽针数设计

为了使针织成形服装获得较好的外观造型和质量以及使肋部缝迹便于整理，通常采用穿板整烫，习惯使两边的肋缝折向后片，为此前片胸宽尺寸大于后片，折后的宽度称为后折宽，一般取1～2cm（两边共计）。设计时薄、中、厚型织物可取不同值。

（1）前胸宽针数计算。

$$前胸宽针数＝（胸宽+后折宽）×横密+缝耗针数×2$$

（2）后胸宽针数计算。

$$后胸宽针数＝（胸宽-后折宽）×横密+缝耗针数×2$$

缝耗是指合肋、绱袖、绱领时耗用的宽度针数，一般缝份宽为0.5～1cm，乘以横密得到针数。设计中也可以根据针型、纱线材料直接设计缝耗针数。

2. 腰宽针数计算

$$腰宽针数＝（胸宽-腰宽）×横密$$

3. 下摆宽针数设计

（1）直接度量下摆宽针数计算。

$$下摆宽针数＝胸宽针数-（胸宽-下摆宽）×横密$$

（2）度量下摆宽针数计算。

$$下摆宽针数＝下摆宽×下摆修正系数×横密$$

下摆修正系数根据罗纹类型、罗纹高度、加弹方式等因素取值，取值为1.1～1.2。

4. 肩宽针数设计

$$肩宽针数＝肩宽×肩宽修正系数×横密$$

肩宽修正系数又称肩膊修正系数，是考虑到毛衫衣片在套缝和在后整理工序过程中，受袖子拉力的影响使肩宽部位的线圈变形造成横密减小从而造成肩宽变宽的情况。肩宽修正系数适用于装袖型毛衫的肩部修正。肩宽修正系数根据袖型来定，无袖型或夹肩带类为1，有袖类为0.93~0.97，根据不同的机型、袖长以及织物组织结构、密度的情况来设计取值。一般情况设计装袖型毛衫前、后片的肩宽针数基本相等，另外对于不同的穿衣要求可进行相应的设计。

5.领宽针数设计

领宽测量方法有两种：线至线（不含罗纹）与里档量（含罗纹）。款式分为套衫与开衫。套衫的前后片领宽视作相等，开衫有门襟，前领宽小于后领宽。

（1）套衫类领型。

①线至线测量时，领宽针数计算。

$$领宽针数=（领宽×领宽修正系数-领缝耗×2）×横密$$

②含罗纹测量时，领宽针数计算。

$$领宽针数=[领宽×领宽修正系数+（领边宽-领缝耗）×2]×横密$$

③领缝耗是指上领的缝份，根据针型不同取值0.5~1cm，可直接设定针数。

④领宽受组织、密度、绱袖和领型等因素的影响会变宽，应进行预缩修正，领宽修正系数取0.93~1。

（2）开衫类前领宽针数。

①开衫类计算时考虑门襟宽度、绱门襟缝耗、绱领缝耗等因素。

②线至线测量时，前领宽针数。

$$前领宽针数=（领宽×领宽修正系数-门襟宽-领缝耗宽×2+门襟缝耗×2）×横密$$
$$=后片领宽针数-（门襟宽-门襟缝耗×2）×横密$$

（二）衣片各部位转数设计

（1）衣长转数。衣长转数设计分为罗纹下摆与折边形下摆。

①下摆为罗纹或袋编组织的衣长转数设计。

$$衣长转数=（总衣长-下摆罗纹高+衣长修正系数）×纵密+肩缝耗$$

衣长修正系数：根据人体结构前、后片的衣长一般取不同值，前片较后片长0.5~1cm。

肩缝耗：是指衣片缝合成衣时，肩缝处的缝耗。肩缝耗与其他纵行方向的缝耗一样，大小也根据缝迹种类而定，一般取1转数。

前、后片转数分配：平肩平袖型产品，通常前片尺寸比后片尺长1~1.5cm，以使肩缝折向后片，肩缝后搭0.5~1cm，肩缝易整理且改善外观。

插肩袖型产品，后片比前片长2~7cm，袖山头（袖尖）越大，差距也相应加大。

②下摆为折边时的衣片衣长总转数。

$$衣长总转数=（衣长+下摆折边长+测量差异）×纵密+肩缝耗+下摆缝耗$$

（2）收腰型下摆以上平摇转数。

$$下摆以上平摇转数=下摆平摇高×纵密$$

（3）收腰型腰以下收针转数。

$$腰以下收针转数=（衣长-下摆罗纹高-腰距-腰节高+2-下摆平摇高）×纵密$$

（4）腰距。腰距是指成衣内肩点到腰节的垂直距离。人体测量中后颈点到腰节的距离称为背长，如身高为160cm的人体背长取值为38cm，其他按身高取值，取值参数如表3-8所示。

表3-8　身长与腰距参考表

人体身高（cm）	150	155	160	165	170	175
成衣腰距（cm）	36	37	38	39	40	41

（5）收腰型腰节平摇转数计算。
$$腰节平摇转数=腰节高×纵密$$
（6）收腰型腰节以上放针转数计算。
$$腰节以上放针转数=腰节以上放针高度×纵密=（腰距-肩斜高-挂肩高-挂肩以下平摇高-腰节高+2）×纵密$$
（7）挂肩（夹圈）以下平摇转数计算。
$$挂肩以下平摇转数=挂肩以下平摇高度×纵密$$
（8）挂肩以下平摇是为了保持腋下的尺寸以满足胸宽尺寸度量的要求，胸宽尺寸度量一般在袖窿点（挂肩）下2～2.5cm处，平摇高度取值为3～5cm。

（9）挂肩高计算。挂肩高是指外肩点至袖窿点的垂直距离，通常用直角三角形求出，或用近似换算法设定：
$$\sqrt{挂肩^2-\left[（胸宽-肩宽）÷2\right]^2}=挂肩尺寸-（1～2cm）$$
（10）肩斜高计算。肩斜高是指内肩点到外肩点的垂直距离，设计中分为成衣肩斜高、衣片肩斜高。

①平肩平袖型前后片肩斜高计算。
$$平肩平袖型前后片肩斜高=单肩宽×肩斜系数=（肩宽-领宽）+2×肩斜系数$$
肩斜高与单肩宽的比值称为肩斜系数，保证了肩斜的一致性。肩斜系数取值为0.375。

②背肩型后片肩斜高计算。
$$背肩型后片肩斜高=单肩宽×肩斜系数×2=（肩宽-领宽）+2×0.75$$

（三）衣片各部位横编工艺设计

1.下摆开针与罗纹编织设计

下摆罗纹是衣片编织的开始部分，罗纹编织完成后翻针即成为大身部分（双面类不用翻针），其交界线上的织针数即为大身下摆的起针数，这种做法简单方便。另一种方法是要求下摆罗纹与下摆宽度差异小，需要下摆罗纹开针数多，翻针后经过缩针成为大身针数。下摆罗纹常用的组织结构为1×1罗纹、2×1罗纹、2×2罗纹、圆筒四大类，成形工艺设计时以成衣下摆尺寸、大身组织的横密计算出下摆总针数，再换算成罗纹的排针数。

（1）下摆1×1罗纹组织的编织设计。
罗纹下摆开针数=下摆宽度×毛坯横密×（1+回缩率）+缝耗针数×2（采用毛坯密度时）
=下摆罗纹宽度×大身横密×加放率+缝耗针数×2（采用罗纹宽度时）

=下摆宽度×大身横密+缝耗针数×2（采用成品密度时）

①毛坯横密是指衣片下机经揉缩等简单回缩处理后所得相对稳定的衣坯密度。

②横密、纵密是指成品横、纵密，经过全工艺洗水、缩绒处理后得到的成品稳定密度。

③回缩率是指毛坯至成品所需的回缩程度，不同原料、组织与编织密度有较大差异。

④加放率是指下摆尺寸采用下摆罗纹的尺寸、罗纹排针采用直接转换法时，下摆罗纹尺寸转换至大身下摆尺寸所需的加放度。

⑤不同的原料、下摆组织、编织密度、下摆罗纹高度和加弹与否均会造成较大的差异。回缩率、加放率在设计中以经验取值。

1×1罗纹循环数为2针，下摆开针数应根据编织的习惯、织物组织和缝合的要求进行修正。排针方式有面包底、底包面、斜角等，正面针床排针时比反面针床多一针即为面包底。下摆开针数大多修正为奇数，便于计算。面包底排针如图3-7所示。

IOIOIOIOIOIOIOIO　反面（反板）
IOIOIOIOIOIOIOIOI　正面（正板）

图3-7　1×1罗纹面包底排针示意图

直接换算法：下摆罗纹的开针数等于大身下摆的针数。

快放针法：快放针又称连放针、跑马针。编织套衫时，为获得较好的下摆或袖口式样，罗纹排针数可比大身少排4~6针，即每边快放针数为2~4针。快放针在翻针后常采用1转放1针，连放2~4次的方法，具体应根据成衣工艺方法与坯布结构而定。为使产品穿着舒适或下摆收缩感强烈，常用快放针法快速增大下摆尺寸。

下摆罗纹开针数=下摆宽度×横密+缝耗针数×2-快放针数×2

缩针法：下摆罗纹除圆筒组织外，罗纹组织编织后都会发生收缩，缩率大时会使下摆皱缩、两侧凸出而不美观。下摆编织采用罗纹多开针，翻针后向内均匀收缩针数，以达到罗纹与大片的宽度平直的效果。

（2）下摆2×1罗纹组织的编织设计。

下摆开针数=下摆宽度×横密+缝耗×2

2×1罗纹为2隔1排针，循环数为3，开针数的计算值应修正为3的整数倍，使条数完整。面包底排针方式如图3-8所示。2×1下摆罗纹快放时取值与1×1罗纹基本相同。

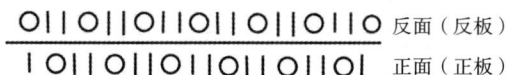

OIIOIIOIIOIIOIIO　反面（反板）
IOIIOIIOIIOIIOI　正面（正板）

图3-8　2×1罗纹面包底排针示意图

（3）下摆2×2罗纹组织的编织设计。

下摆开针数=下摆宽度×横密+缝耗针数×2

2×1罗纹为2隔2排针，循环数为4，前、后针床罗纹条数=开针数+4，因此开针数应做修正，其值应为4的整数倍，或正反面进行排针配合。面包底排针如图3-9所示。

$$|OO||OO||OO||OO|\ \text{反面（反板）}$$
$$\overline{O||OO||OO||OO||O}\ \text{正面（正板）}$$

图3-9　2×2罗纹面包底排针示意图

（4）圆筒下摆的编织设计。成形服装除了用罗纹下摆以外，女装产品常用圆筒组织做下摆，圆筒下摆高度一般为1～3cm。排针使用针对针（针槽相对）或斜角（针槽相错）的方式，排针方式如图3-10所示。

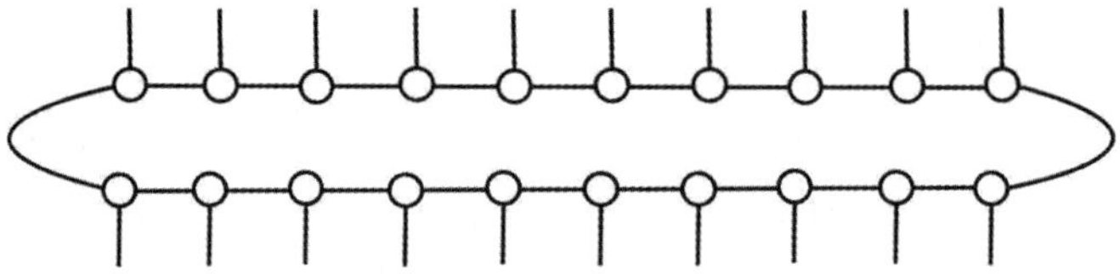

图3-10　圆筒组织排针示意图

下摆开针数=下摆罗纹开针数=下摆宽度×横密+缝耗×2

（5）空转设计。为了使罗纹下摆边缘饱满、圆顺、光洁、美观又有弹性，起底横列编织后进行起底空转设计，主要形式有0.5、1、1.5、2、2.5转等。细针机多采用1.5转、粗针机常采用1转，如空转1.5转时，织物正面多织0.5转，边口略微凸起视觉饱满。下摆罗纹常用排针方式、编织要求见表3-9。

表3-9　下摆罗纹常用的排针方式与编织要求

组织名称	机型	用途	循环数	排针方式	排针示意图		空转织法	密度
1×1罗纹	粗针机	下摆	2	正板多一针	正板|O|O|O|	反板|O|O|	正1转或正1.5转	正面略松
		不翻口袖口		正板多一针	正板|O|O|O|	反板|O|O|	正1转或正1.5转	正面略松
		翻口袖口		正板多一针	正板|O|O|O|	反板|O|O|	反1转或反1.5转	反面略紧
	细针机	下摆		正板多两针	正板||O|O|O|	反板|O|O|	正2.5转或正1.5转	正面略松
		不翻口袖口		正板多两针	正板||O|O|O|	反板|O|O|	正2.5转或正1.5转	正面略松
		翻口袖口		正板多两针	正板|O|O|O|	反板|O|O|	反2.5转或反1.5转	反面略紧
2×1排针	粗、细针机	下摆	3	底包面	正板O||O||O||O||O||O||O	反板|O||O||O||O||O||O||	正1转或正1.5转	正面略松
		不翻口袖口		底包面	正板O||O||O||O||O||O||O	反板|O||O||O||O||O||O||	正1转或正1.5转	正面略松
		翻口袖口		面包底	正板|O||O||O||O||O||O||	反板O||O||O||O||O||O||O	反1转或反1.5转	反面略紧

组织名称	机型	用途	循环数	排针方式	排针示意图		空转织法	密度
2×2排针	粗、细针机	下摆	4	底包面	正板〇||〇〇||〇〇||〇〇||〇〇|	反板|〇〇||〇〇||〇〇||〇〇|	正1转或正1.5转	正面略松
		不翻口袖口		底包面	正板〇||〇〇||〇〇||〇〇||〇〇|	反板|〇〇||〇〇||〇〇||〇〇|	正1转或正1.5转	正面略松
		翻口袖口		面包底	正板|〇〇||〇〇||〇〇||〇〇||	反板〇||〇〇||〇〇||〇〇||〇	反1转或反1.5转	反面略紧
圆筒	粗、细针机	下摆、袖口	1		正板〇||〇|〇|〇|〇|〇|〇||〇	反板|〇||〇|〇|〇|〇|〇|〇||		反面略紧

（6）下摆罗纹转数计算。

$$下摆罗纹转数=罗纹长度×罗纹纵密$$

$$圆筒下摆转数=罗纹长度×圆筒纵密×2$$

2. 下摆平摇设计

$$下摆平摇转数=下摆平摇高度×纵密$$

3. 腰节以下收针设计

腰节以下收针设计方法适用于收腰型、放摆型。

（1）腰节以下每侧收针数计算。

$$腰节以下每侧收针数=（下摆针数–腰宽针数）÷2$$

（2）每次收针针数设计。通常考虑收针效率与编织效果按每次收针为0.5cm计算，按机型进行换算为针数。腰节以下收针段通常收针转数多、收针针数少，设为每次收1针，记为n_1–$1×n_3$。

（3）腰节以下收针次数。

$$n_3=腰节以下每侧收针数÷每次收针针数$$

（4）每次收针的转数设计。

$$n_1=腰节以下收针转数÷（腰节以下收针次数–1）$$

n_1不是整数时按两段法收针，此处按人体曲线特征，收针规律为先陡后平（先缓后急）。注意：此处为下摆平摇后的收针，收针方式为先收针后摇转。

4. 腰节部位平摇设计

$$腰节部位平摇转数=腰节平摇高度×纵密$$

5. 腰节以上放针设计

衣片各部位结构如图3–11所示。放针方式设计方法适用于收腰型、收摆型的款式，收摆型放针自下摆至挂肩下平摇段。

（1）腰节以上放针针数。

$$放针针数=（胸宽针数–腰宽针数）÷2$$

（2）腰节以上放针次数。根据机器的编织特点，设每次放针数为1针。

$$放针次数 n_3 = 腰节以下每侧放针针数 + 1$$

（3）每次放针转数。

$$n_1 = 腰节以上放针转数 + 腰节以上放针次数$$

注意，此处为腰节平摇后的放针，放针方式为先放针后摇转，如图3-12所示。

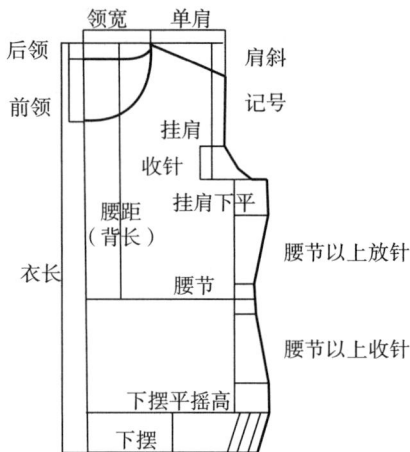

图3-11　衣片各部位解析图

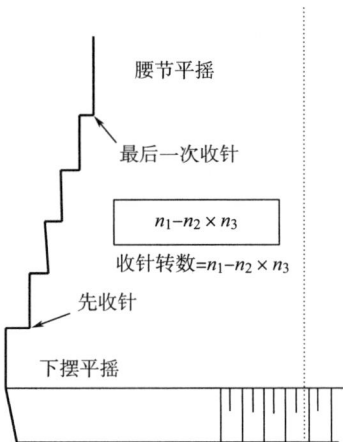

图3-12　收针转数计算示意图

6.挂肩（夹圈）以下平摇转数计算

$$挂肩以下平摇转数 = 挂肩以下平摇高度 \times 纵密$$

7.挂肩部位收针设计

挂肩部位收针情况如图3-13所示。其中，AD段为平收针，$DEFG$段为分段斜收针，GB为挂肩无放针时的平摇，GK段为挂肩有放针设计时的平摇，KB段为放针段。

（1）挂肩平收针设计。为了穿着舒适，使袖窿的圆弧度接近U形曲线，袖窿底部设计一段平收针设计，图中AD段为平收针长度，每边取值为1～3cm，根据不同款式和规格尺寸来定。对于某些服装考虑到款式的效果可不做平收针处理。

$$挂肩平收针针数 = 平收针长度 \times 横密$$

（2）挂肩斜收针设计。在工艺设计中一般先设计后片的收针规律，再在此基础上设计前片。前片尺寸一般大于后片（有后折宽时），两者肩宽针数相等、挂肩收针数不等。

（3）后片挂肩收针转数设计。

$$挂肩收针转数 = 挂肩收针高度 \times 纵密$$

后片挂肩收针高度取值设计有三种方法。

①比例设计法。

$$收针高度 = 收针长度 \times 挂肩收针比例系数$$

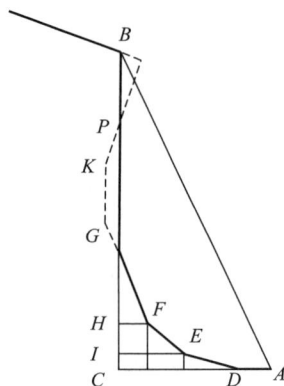

图3-13　挂肩收针示意图

挂肩收针比例系数是指挂肩收针高度与收针长度的比例，保证了挂肩收针曲线的适当性。其中：

$$收针长度=（胸宽–肩宽×肩宽修正系数）+2$$

②三分设计法。三分设计法适用于男、女装。根据服装袖窿结构特点，收针高度设计为挂肩高度的三分之一左右，即图3–13中的G点为挂肩高BC的三分之一。根据不同板型可以适当向下调整$0\sim2cm$。

③经验取值法。收针高度可以按经验取值，一般按男衫为$7\sim9cm$，女衫为$6\sim8cm$，童衫为$5\sim7cm$。根据产品号型取值。

（4）后片挂肩收针针数计算。

$$后片挂肩收针针数=（胸宽针数–肩宽针数）+2$$

（5）后片挂肩收斜针次数计算。

$$后片挂肩收斜针次数=（后片挂肩收针针数–挂肩平收针针数）+每次收针针数$$

（6）每次收针针数设计。挂肩收针段曲线下平上陡变化，曲线较平处则每次收针针数多，曲线较陡处则每次收针针数少。典型设计时挂肩处有夹花收针，因此设计为每次收针针数相同，或与两端夹花收针针数不同的组合。每次收针设计数：粗针机每次收1针，中型机号设计每次收2针，12针及以上每次收2或3针。每次收针针数的设计要根据机号、收针速度（效率）和外观要求来确定。尽量取一个定值，方便操作。

（7）后片挂肩每次收针转数。

①无平收针设计时。在挂肩处的收针是采用先收针，故后片挂肩收针次数应减去1。

$$后片挂肩每次收针转数=后片挂肩收针转数+（后片挂肩收针次数–1）$$

②有平收针设计时，先摇转再收针。

$$后片挂肩每次收针转数=后片挂肩收针转数+后片挂肩收针次数$$

（8）收针规律设计。收针规律的设计分为作图法与比例折线法。

①作图法。按服装制图法在纸上按1:1尺寸画出袖窿收针高与收针宽度，作出收针曲线图，在收针曲线上作$2\sim3$个点，将曲线分成$3\sim4$段折线。过点作水平、垂直辅助线，形成多个直角三角形。在图中直接量取各三角形的高与宽的尺寸，转换成针数与转数，解出各段的收针规律，按先后顺序以先平后陡的轨迹排列，即得出收针规律。

②比例折线法。分为两种方法，二三四法与三七法。二三四法是将GD曲线分成三段折线，如图3–13所示，取CG收针转数按比例$CI:IH:HG=2:3:4$，针数分为三等份，形成三个直角三角形，转换成针数与转数后，解出DE、EF、FG的收针规律，按先平后陡的原则汇总成收针规律。或采用三七法，将GD分成2段折线，取纵向二段比例为$3:7$，横向比例为$1:1$组成两个三角形，可快捷解出$3\sim4$个收针规律，略做调整即可，简便实用。

（9）前片的挂肩收针设计。通常做法是在后片的基础上按上述方法进行收针次数调整，不做单独设计，简化步骤。

（10）前片由于后折的关系比后片多$1\sim2cm$的针数。前片比后片多出的针数，设计在挂肩收针规律的第一、第二段中增加收针次数，将多余的针数收完。其他剩余的部分规律，如挂肩以上平摇、收肩可设计成与后片相同。当有精细要求时，挂肩收针规律可以参照后片的计算方法进行重新设计。前片比后片多织几次收针的转数，折合为0.5～1cm，合肩后使肩缝线可折后整烫。特殊情况下，也可取前、后片挂肩收针转数相同。

8. 挂肩以上平摇设计

（1）挂肩以上无放针设计。挂肩收针结束后进行平摇编织直到外肩点。平摇段较长，可以提高编织速度，符合针织组织结构的延伸性特点。平摇段形成的直线在装袖后由于袖子的拉力肩部会变宽，视觉上会形成劈势的弧线。

$$挂肩平摇转数=挂肩总转数-挂肩收针转数$$

（2）挂肩以上有放针方式设计。如果采用无袖型、肩带加固型或有上胸宽设计时，则在挂肩高度的上部三分之一至二分之一部段K点处开始放针处理，放针速率为每次放1针，如图3-14所示。

$$放针次数=放针针数+1$$

$$每次放针转数=放针转数+次数$$

放针结束后至少平摇2转，保证放针的稳定性。

9. 挂肩缝合记号点设计

为了绱袖准确，在挂肩的平摇段至少设计一个记号点，用来与袖子对位。平肩或背肩型的袖子为平袖型，即袖山顶部有平位，与袖山的收针段之间有一个明显点，利用此点进行绱袖对位，如图3-15所示。具体计算在袖子设计中叙述。衣片编织到图3-13中的P点位置时，在最边缘的两个线圈做一个1绞1处理，称为记号点。P点位置转数计算：

$$BP的转数=袖山头宽度+2×纵密$$

$$GP转数=挂肩平摇转数-BP的转数$$

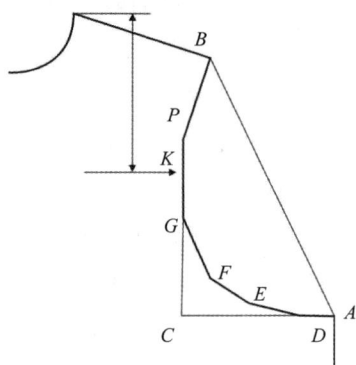

图3-14 挂肩收针设计示意图

10. 肩部收针设计

肩部收针设计是指计算肩部收针针数、收针转数、收针规律及肩部编织方式。

（1）肩部收针针数的计算。

$$肩部收针针数=（肩宽针数-领宽针数）+2$$

（2）肩部收针转数的计算。

$$肩部收针转数=肩斜高×纵密=单肩宽×肩斜系数×纵密$$

（3）肩部收针次数的计算。

平肩型产品：

$$肩部收针次数=肩部收针针数+每次收针转数$$

背肩型产品：

$$肩部收针次数=肩部收针转数+每次收针针数$$

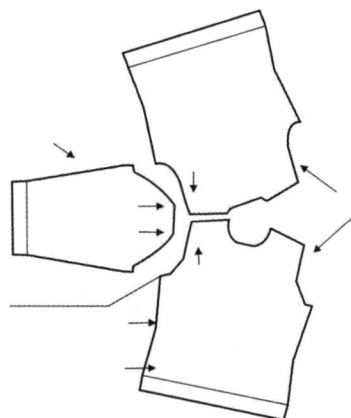

图3-15 缝合记号点示意图

（4）收针设计。

①平肩型产品肩部收针设计。肩部收针针数相对收针转数较多，通常采用每转收一次。

每次收针针数=肩部收针针数÷收针转数=（肩宽针数–领宽针数）÷收针转数

当不能整除时，按照方程式法分成较为接近的两段式收针，收针时应先陡后平。

②背肩型产品肩部收针设计。背肩型的前片肩部为水平线状，结束时直接采用废纱封口。后片的肩斜较陡，收针时先根据机型和收花的效果，确定每次收针针数后采用有边或无边方式直接收针。

收针次数=挂肩收针针数÷每次收针针数

每次收针转数=挂肩收针转数÷收针次数

当转数不能整除时，按照方程式法分成较为接近的两段式收针，两段收针应先陡后平。

11.前开领成形工艺设计

领子的成形工艺设计主要依据领宽、领深与领型，设计内容主要包括典型的圆领、V领及其他类型领等。

（1）前领深转数。

①圆领。具体的领深尺寸要根据平面款式图标示的测量方法来确定。

不含罗纹测量时：

前领深转数=（前领深尺寸–领缝耗宽）×纵密

含罗纹测量时：

前领深转数=［前领深尺寸+（领罗纹宽–领缝耗宽）×2］×纵密

②V领。

领深转数=（领深尺寸–领缝耗宽）×纵密

（2）前片圆领收针设计。根据圆领领深的变化分为浅圆领、圆领、U形领。领深尺寸约等于二分之一领宽时称为正圆领；当领深大于领宽的一半时称为U形领，高出部分设计为平摇；领深小于领宽的一半时称为浅圆领。

如图3–16所示为圆领示意图，AA'为领宽，AB为领深，OB为半领宽的对角线，OO'为领对称线，圆领的领弧线与对角线相交于C点（圆领的凹势点），挖领领型BC长取为$OB/4$；翻领领型BC长取为$OB/3$，易于翻领。挖领圆领开领设计操作步骤如下。

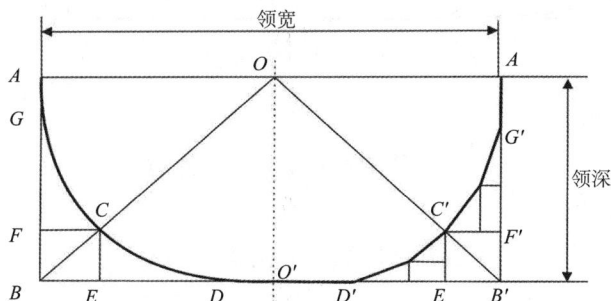

图3–16　领子收针取点示意图

领底平收针设计：领底弧形平坦，取DD'为领底平收针段，取值为1/3领宽左右。

取特殊点C：取对角线上C点为特殊点，图中过C点作水平、垂直辅助线交AB于F点，交BB′于E点，组成△DEC与△CFG。取AG为平摇段，AG=AB/3。

计算各段的转数与针数：其中OB为角平分线，C点位于OB长的1/4处，得BF=AB/4，BE=BO′/4，根据纵、横密计算BF、FG、GA、BE、ED、DD′段的转数与针数。

收针方法：根据△DEC与△CFG进行收针设计。例如，△DEC中，EF的长度表示针数，EC长度表示转数，每段可采用方程式法分配成一或二段式收针，整体再进行统一修正来得到收针规律，至少能得到四段收针规律。精确要求时可在领弧形上设定2～3个点，上述方法划分各点的水平、垂直辅助线得多个三角形，解出各段收针规律，再修正之。

（3）翻领领型特殊。C取为三分之一点，方法与挖领相同。

（4）V领领型开领收针设计。V领领型可视作一个△OAB，如图3-17所示，领弧线BA为一条直线。根据服装特点领弧线BA下端三分之一处E点应有一个凹势，取值为0.5～1cm；领子上端有DF平摇段，取为领深3～5cm。根据E点的位置有线段BE、EF，按三角形方法求出线段BE、FE的针数和转数，采用方程式法设计二段式收针，开领规律排列按先平后陡（先急后缓）。

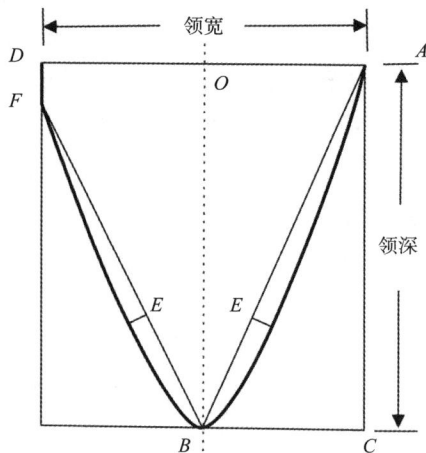

图3-17 V领收针示意图

12. 后领开领成形工艺设计

后领深较小，一般为2～2.5cm，后领深较大时则同前片圆领的开领方法。后开领领底平位较宽，开领领弧较平坦，使领圈受力均衡，如图3-18所示。为了提高编织效率，通常采用持圈收针法（铲针），收针后废纱封口落布开领。

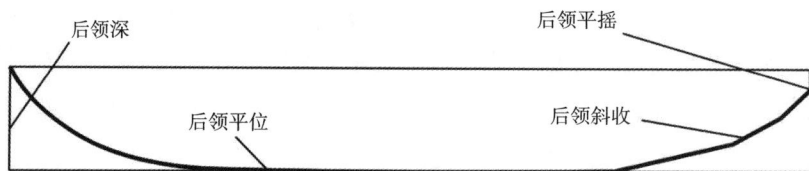

图3-18 后领收针示意图

（1）后领宽针数计算。

$$后领宽针数=领宽针数$$

（2）后领深转数计算。

$$后领深转数=后领深尺寸×纵密$$

（3）后领开领收针设计。

①后领平位收针针数设计：

$$后领平位收针针数=后领宽针数×后领平位收针系数$$

后领收针曲线比较平坦，后领平位收针系数设计为后领宽针数的70%～80%。

②收针设计：平位收针后，剩余针数的一半即为后领每侧的收针针数。设计时为分段斜收和一段平摇。平摇的转数一般先取1～3转，根据机型、后领深而定。

$$后领收针转数=领深转数-平摇转数$$

$$每次收针转数=后领收针转数+收针针数$$

设计多段收针，或根据领弧线分段取点进行设计，或按经验直接进行多段斜收针设计。

13. 开衫类成形工艺设计

开衫类是指前片或者后片全开的毛衫，编织时通常采用先织片再开剪的方式，有利于保持开衫两侧的衣片长度一致。若采用分片编织则由于衣片变窄而拉力不匀造成左、右两片长短差异较大而不易控制，且衣片编织效率更高。

开衫在成形工艺设计过程中，大体上与套衫设计相同，区别是开片横向的参数计算不同。横向参数相当于把套衫的衣片正中去掉门襟的宽度，加上缝耗，其他值不变。

（1）开衫的胸宽针数计算：

①装门襟开衫类胸宽针数设计与计算（前开片）：

$$前胸宽针数=（胸宽+后折宽-门襟宽）×横密+（门襟缝耗+肋缝耗）×2$$

$$后胸宽针数=（胸宽尺寸-后折宽）×横密+缝耗×2$$

②连门襟开衫类胸宽针数设计与计算（前开片）：

$$前片胸宽=（胸宽尺寸+后折宽+门襟宽）×横密+缝耗×2$$

$$后片胸宽=（胸宽尺寸-后折宽）×横密+缝耗×2$$

（2）开衫衣片。肩宽、领宽、腰宽、下摆针数计算与胸宽针数计算方法相同。

14. 衣片设计

衣片设计结束后需要进行各个部位的数据校对，尤其是衣长总转数的核对。将衣片各部位的转数相加应该等于衣长总转数，不相符时需要进行分段检查核对。

（四）袖片成形工艺设计

典型的毛衫袖型分为平袖型与插肩型，平袖型的形态如图3-19所示，插肩型的形态如图3-20所示。

1. 袖长转数计算

（1）平袖型袖子袖长转数计算。

$$袖长转数=（袖长-袖口罗纹高）×袖长修正系数×纵密+上袖缝耗$$

袖片编织时的排针数较身片少，所用横机的型号、纱线原料以及横机的弯纱深度都相同。在编织过程中，袖片所受的牵拉力使袖片纵向变形较大，再加上在缝合、缩绒等工序中，袖子所受到的还是纵向拉力，导致袖子的横密比身片横密大1%～5%，纵密比身片纵密小2%～8%，使袖子最终成品产生"横紧、直松"现象。

为了使袖子满足成品规格的要求，在袖片工艺计算中，通常取袖子横向密度比身片的横向密度大1%～5%，而袖子纵向密度比身片的纵向密度少2%～5%来进行设计与计

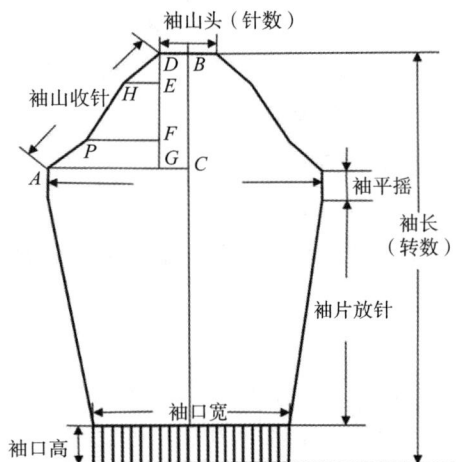

图3-19　平袖型袖片示意图

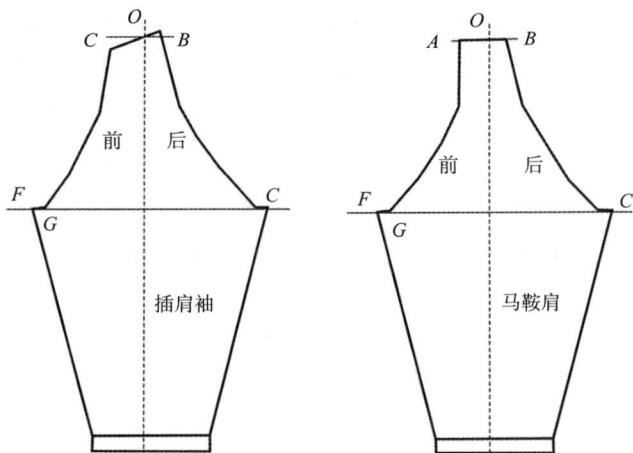

图3-20　插肩型袖片、马鞍肩型袖片示意图

算。或者使用与大身相同的密度，在尺寸上进行修正：将袖宽加大1%～5%，袖长减少2%～8%来进行设计。绱袖缝耗取1～2转。

（2）斜袖型袖子袖长转数计算：

①当袖长尺寸为从袖口边量至后领口中心时。

袖长转数=（袖长尺寸－袖口罗纹长度－1/2领宽－领边宽）×袖子纵密+上袖缝耗

②当袖长尺寸为从袖口量至领口缝份时。

袖长转数=（袖长尺寸－袖口罗纹长度）×袖长修正系数×纵密+上袖缝耗

2. 袖口针数设计

袖口尺寸确定方法有设计法与成衣测量法，两种方法的计算有较大区别。

（1）设计法。设计法是指袖罗纹与袖片交接处测量的尺寸，其数值是在大拇指骨第二节处，绕掌一周测量所得；某些尺寸表以此处测量尺寸，以此尺寸转换成袖口针数和罗纹开针数。

袖口针数=袖口尺寸×2×袖口修正系数×横密+袖边缝耗×2

袖口修正系数取值1.1～1.25。也可用快放针（跑马针）设计，达到较好穿着效果。袖边缝耗是指袖片在袖宽处的两侧缝合时的缝耗。

（2）成衣测量法。成衣测量法是指成衣后由于罗纹的收缩难以在罗纹与大身交界处准确测定，故采取在罗纹口或在罗纹中段进行测定袖口宽的方法，即将所得的尺寸按经验系数（袖口修正系数）放大后得到袖口尺寸。

袖口针数=袖口尺寸×2×袖口修正系数×横密+袖边缝耗×2

袖口修正系数受到大身组织、袖口罗纹类型、是否加弹力丝等因素影响，取值范围为1.25～1.35。

3. 袖口罗纹转数计算

袖口罗纹转数=袖口罗纹长度×成品罗纹纵密

4.袖挂肩以下平摇设计

袖挂肩以下为保持袖子的肥度和度量的要求，与大身片挂肩下平摇相似，需要设一定的平摇高度，通常平摇高度设为3~5cm，根据具体尺寸、款式确定。

挂肩以下平摇转数=袖挂肩以下平摇高度×纵密

5.袖山收针设计

袖山的收针设计要依据袖型来定。以平肩平袖型为例，袖山收针的设计需要确定袖山高、收针针数、每次收针数、缱袖效果等因素。

（1）袖山高设计。

①袖型分析。根据服装结构知识，袖型与袖山高度、袖子肥度、挂肩尺寸及成形编织要求等相关。编织时，袖山圆弧的顶部弧度小，收针转数少收针数多，根据纬编线圈的长度可转移性，将普通装袖型的袖山顶部设计成平顶，这个平顶称为袖山头。

裁剪类：图3-21为裁剪类服装袖山廓型，裁剪可使袖山曲线光滑、连续。

成形类：成形类袖山如图3-22所示，随着成形编织技术的进步，袖山的成形由直夹、人夹袖逐渐向弯夹袖（J型袖、S型袖）演变。

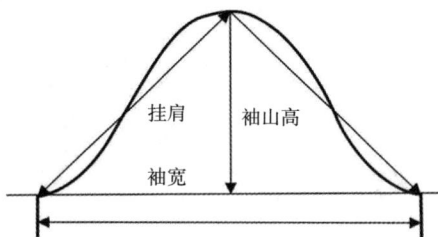

图3-21　裁剪类服装袖山廓型

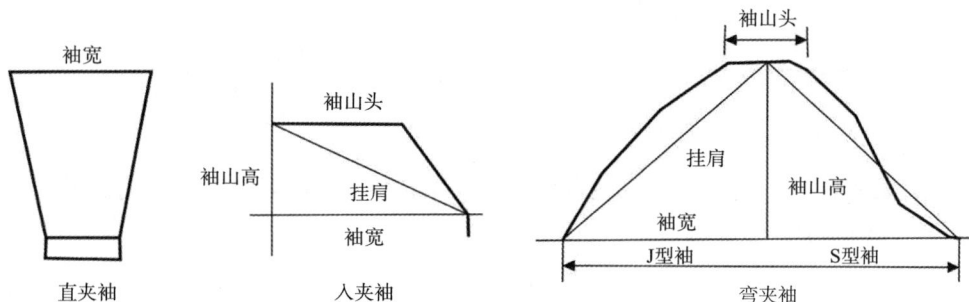

图3-22　成形类袖山示意图

②袖山缝合对位分析。袖山与大身缝合关系如图3-23所示，袖山头两侧的拐点（P'）作为一个对位点与大身P点对位缝合。图中PB等于袖山头宽度的一半。袖山头越宽，袖山则越低、编织规律越简单、编织速度就越快，袖子上抬，贴体性差；反之，贴体性好，如图3-24所示。

③袖山高计算。袖山高如图3-23所示，通过挂肩、袖宽、袖山组成的直角三角形进行计算。

袖山高=$\sqrt{挂肩^2+袖宽^2}$

对位缝合时会出现松紧现象，通常加1~2cm进行调整。

（2）袖山头宽度设计。袖山头宽度根据人体肩膀厚度、编织效率、袖山收针要求等因素进行设计，成人服装取值范围为7~9cm，其他根据号型进行适当调整。通常用挂肩

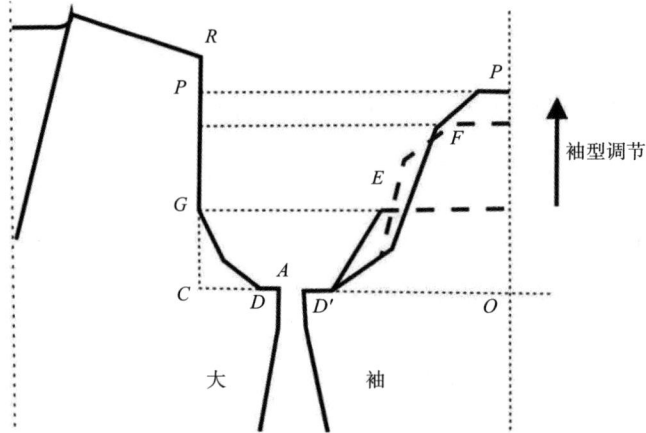

图3-23 袖子缝合对位示意图

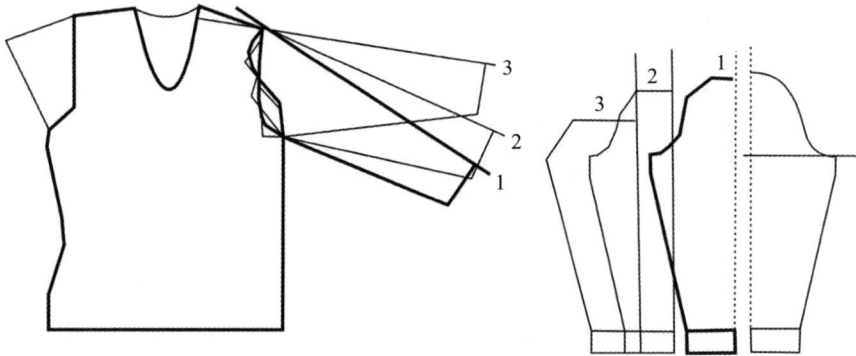

图3-24 袖与大片的对位示意图

高×缝合系数来表示，缝合系数一般取值为35%~45%，表示袖山头与挂肩的缝合度，根据不同的实际情况具体设计。

$$袖山头针数=袖山头宽度×横密+袖边缝耗×2$$
$$=挂肩高×缝合系数×横密+袖边缝耗×2$$

（3）袖山收针转数计算。

$$袖山收针转数=收针高度×纵密=（袖山高+修正系数）×纵密$$
$$=（\sqrt{挂肩^2-袖宽^2}+修正系数）×纵密（其中，修正系数取1~2cm）$$

（4）袖山收针针数计算。

$$每侧袖山收针针数=（袖宽针数-袖山头针数）÷2$$

（5）平袖型袖山收针设计。平袖型袖山收针方式有一段直线收针（直夹袖）和多段折线收针（弯夹袖）。

①一段直线收针（直夹袖）。直线斜收是指袖上收针轨迹为直线收针，收针规律为一段式，对应图3-23大身的AG段也为一段式收针，绱袖成形后称为直夹袖。

②多段折线收针（弯夹袖）。多段折线收针，是指袖山采用多段倾斜度不同的折线组合而成的收针轨迹。采用先平后陡再平的收针方式收针轨迹的称为S型袖；采用先陡后平

收针轨迹的称为J型袖。

③S型袖山收针设计。企业工艺师一般根据经验和试样的情况进行直接编写收针规律，也可以按照正常服装的袖子样板进行选点分段计算编写。

三段式简便收针设计方法：确定每次收针针数按大身挂肩方法确定，需考虑大身与袖子的夹花效果相对应。如图3-25左侧所示，各段收针针数、转数分配是将每边袖挂肩收

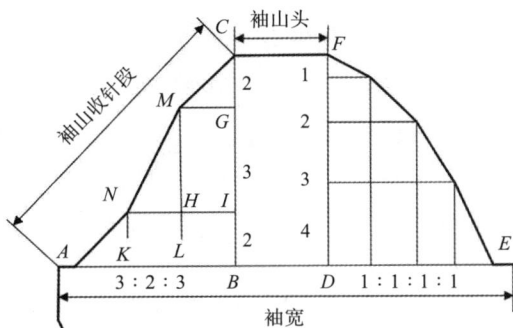

图3-25　弯夹袖袖山收针示意图

针数、收针转数分为三段，横向三段收针针数的比例参考值为 $AK：KL：LB=3：2：3$，纵向三段收针转数的比例参考值为 $CG：GI：IB=2：3：2$，按比例计算针数、转数，修正为整数略做调整，各段针数、转数组成三个三角形：$\triangle AKN$、$\triangle MNH$、$\triangle CMG$，解出三个三角形的收针规律，按三段先平后陡再平的顺序汇总排列，即得到了S型袖的收针规律。收针段调整时，如有夹花收针要求时，下部、中间段设为有边收针，最高处调整1~2个较平的收针段，使袖山头削角收窄，绱袖后平滑，袖山之处更为美观。调整段位于最上方，收针高度为1~2cm，此段为无夹花收针（无边收针）。

④袖山收针设计。同S型袖的收针方法，如图3-25所示右侧将横向DE段收针针数四等分，纵向DF段转数按从下向上比例为4：3：2：1分为四段，按对应段组成四个三角形，逐个解出收针规律，按自下而上收针先陡后平（先缓后急）的顺序进行汇总，在袖山头两侧调整收针规律进行削角处理即可。

6.袖身放针设计

袖身放针是指袖口罗纹以上至袖挂肩以下平摇段之间的部段。

（1）袖片放针针数计算。

放针针数=（袖宽针数-袖口针数）+2

（2）每次放针针数设计。由于袖片的放针转数比放针针数大很多，而在横机编织中上，同时放2针或多针比较困难，因此在普通放针部段大多采用每次放1针的方法。设：每次放针针数为1针。

（3）放针次数计算。袖山放针方式有三种：快放针+普通放针、普通放针（先放）、普通放针（先摇）。快放针是指罗纹结束后织袖身时先1转放1针连续2~3次的操作方法。剩余针数与转数按普通放针的方法进行计算放针规律。

放针次数=（袖宽针数-袖口针数）+2-每边快放针数+每次放针针数

（4）袖身放针转数计算。

袖身放针转数=袖长总转数-袖山收针转数-袖挂肩以下平摇转数-快放针转数

（5）袖身每次放针转数计算。

袖身每次放针转数=袖身放针转数+放针次数

以上计算方式中的式子除不尽时则分为两段式放针，放针轨迹先平后陡（先急后缓）。

三、插肩型服装成形工艺设计

肩袖合一是插肩型服装的特点，插肩袖插入领圈中，袖山头成为领圈的一部分。身片与肩袖的缝合线在前胸与后背形成一条直线、弧线或折线，使服装具有强烈的块面分割视觉感。缝合线显示为直线或弧线形的称为插肩袖型，块面分割视觉清晰、舒畅、柔美、对人体有收缩感，其正、背面视觉效果如图3-26所示。

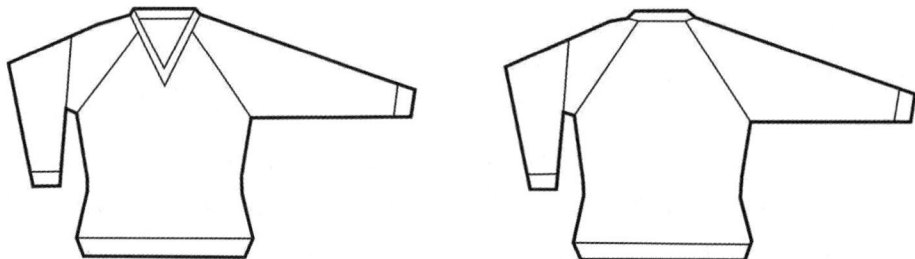

图3-26　插肩袖型服装平面款式图

缝合线为折线且顶部有一段平位的称为马鞍肩型，分割线形似马鞍，视觉上使人体有扩张感、魁梧感，外观潇洒、稳重，多用于男装。其正、背面平面视图如图3-27所示。插肩型服装搭配的领型主要有圆领和V领。

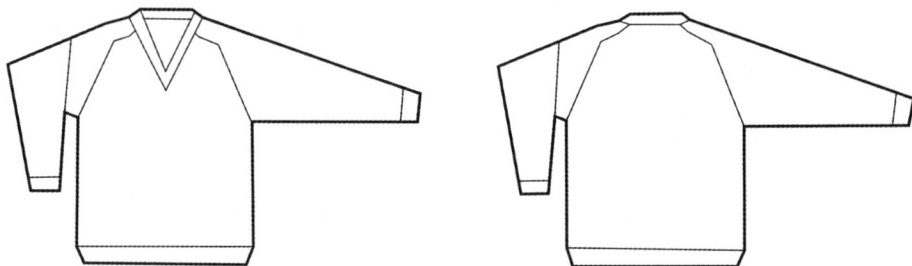

图3-27　马鞍肩袖型服装平面款式图

（一）插肩袖型服装的设计原理

插肩袖型服装与装袖型服装的不同之处在于肩袖一体，袖与大身的缝合线由肩侧转移到胸部的前、后面，形成了由领圈与袖窿点连成的一条连线，如图3-28所示。插肩袖成形设计的要点是对袖与大身分割线的设计，即领分割点"位置"的设计与分割线"形"的设计。

图3-28　插肩袖型分割线形状示意图

1.插肩型分割线形的设计

图3-29所示插肩型服装的肩袖与大身分割线的线形主要直线型、弧线型与马鞍型三大类型，不同的款式可选择不同的线形进行搭配。

2.插肩型分割线位置设计

袖与大身分割线的顶端处于领圈的上部，图3-29中领分割点B的位置处于圆领领弧线AO长的三分之一位置，视觉上符合黄金分割法则。分割点的位置根据款式变化不同，设计范围在弧线CD点之间，处于AO弧线长的四分之一至二分之一区间，不同的分割比例带来不同的视觉效果。

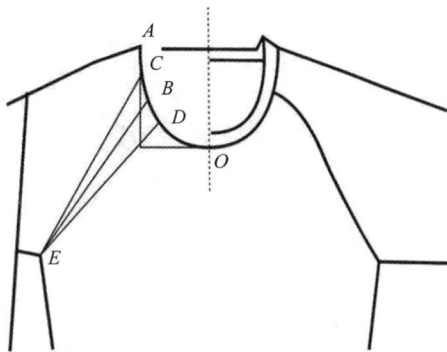

图3-29　插肩型分割点线设计

3.插肩型服装成形设计原理

插肩型服装成形设计，图3-30参照装袖型服装，设有肩宽与肩斜"虚位"设计。在设计插肩型服装时，肩袖合一导致袖与大身的缝线转移到领与袖窿点的连线上，此时设立肩宽与肩斜"虚位"为参照值，保证了插肩型成衣的肩部有足够的尺寸，改善了穿着时肩部紧、袖窿紧的现象。

图3-30（a）为裁剪类服装的插肩袖设计示意图，图中设置了肩宽、肩斜的尺寸，根据穿着的特点设计了弧形分割线，即在袖窿点与领分割点的连线上取三等分线段，在上等分线段中点取0.8~1cm的向上凸势，在下等分线段中点取0.5cm的凹势。

图3-30（b）为成形类插肩袖服装的示意图，表达了裁剪类服装与成形类服装尺寸的转换。

图3-30（c）所示为前片结构，鉴于领子尺寸的诸多变化，为方便设计，将前领分割点B与内肩点A的垂直距离称为"袖前折尺寸"。"袖前折尺寸"取值范围为4~7cm，或为袖山头宽度×袖前折系数，袖前折系数取值为0.65~0.7。分割点B位置的前领内侧偏移值取值范围为1~2cm，或根据领子尺寸、分割视觉效果通过计算得出。

图3-30（d）所示为后片结构，后领分割点B'与内肩点A的垂直距离称为袖后折尺寸（袖走后量），取值等于后领深尺寸；后领内侧偏移值取值等于后领斜收针的长度。

图3-30（e）所示为袖片结构，前后袖通过袖中线合一，其袖山内敛袖山头前低后高为倾斜状，袖身与普通袖子类型相同。设计为前袖山高等于前片挂肩高，后袖山高等于后片挂肩高。

（二）插肩袖型服装横编工艺设计

袖与大身的分割线线形为直线或弧线的称为插肩袖型，又称牛角袖、尖膊袖。

1.插肩袖型衣片结构分解

如图3-31所示，樽领插肩袖型套衫分解后由前片、后片、袖片、领片组成，制作时袖片不对称，分为左右片，领子为单层领。

2.插肩袖型后片成形工艺设计

对于插肩袖型后片的成形工艺设计，其挂肩以下的部分与普通装袖型服装的成形工

（a）裁剪类服装设计　　　　　　　　　（b）成形类服装设计

（c）前片成形设计　　　（d）后片成形设计　　　（e）袖片成形设计

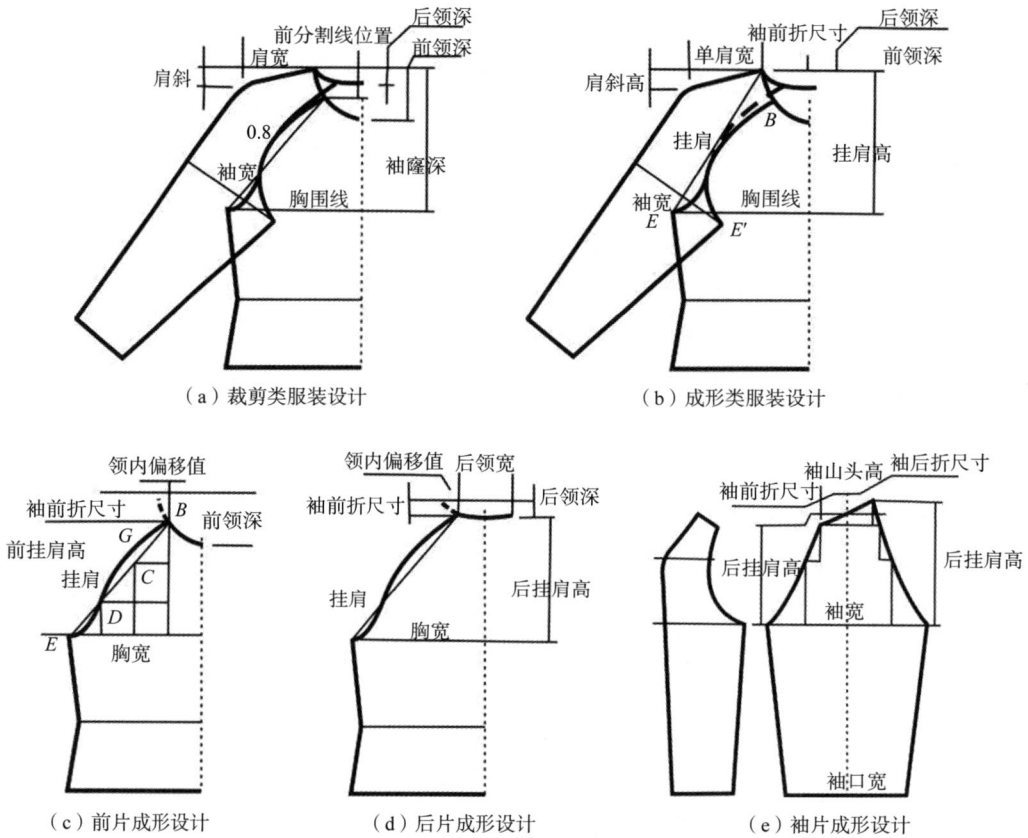

图3-30　插肩型服装成形设计示意图

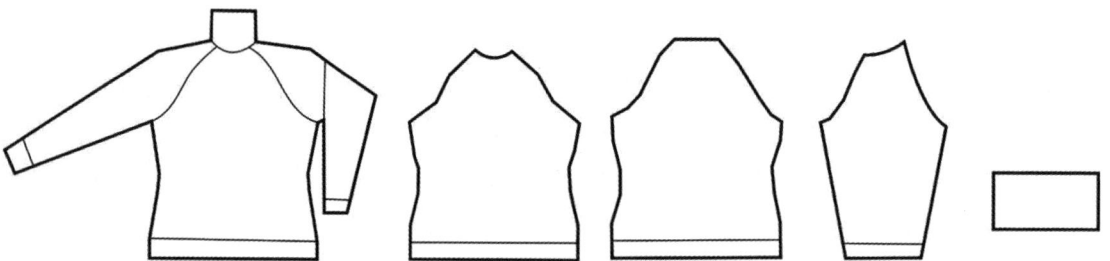

图3-31　樽领插肩袖型套衫结构分解图

艺设计相同，而挂肩以上则为插肩型，设计方法各异。

（1）后片挂肩高度转数设计。设计插肩袖型产品的挂肩收针转数时，一般存在两种情况：已知成衣的挂肩尺寸或成衣无挂肩尺寸。

①已知成衣挂肩尺寸时。成衣挂肩尺寸即成衣内肩点A到袖隆点E的斜量，通过直角三角形法可计算出成衣挂肩高的尺寸。后片的挂肩高转数可通过以下公式计算：

$$后片挂肩高转数=（成衣挂肩高-袖后折尺寸）×纵密$$

②如未给定成衣挂肩高的尺寸时。这种情况下可采用两种方法设计成衣挂肩高的尺寸：一是袖宽修正法：通过考虑袖宽（袖肥）与挂肩的差异，修正袖子倾斜度，常取袖斜

差为6~8cm；二是胸宽取值法：根据修正系数确定成衣挂肩高。

$$成衣挂肩高=1/3胸宽+修正系数（常取值为6~8）$$

（2）后片领宽针数设计。插肩袖的后袖山头替代了后领圈的斜收部分，因此后领的领宽近似等于后领平收针宽度。后片的领宽针数可通过以下公式计算：

$$后片领宽针数=后片领宽×横密$$

（3）后片挂肩以上收针针数与次数计算。

$$后片挂肩收针针数=（胸宽针数-领宽针数）+2$$

设计每次收针针数：根据外观效果、机器针型设计每次收针针数。

$$收针次数=（后片挂肩收针针数-平收针数）+每次收针针数$$

$$每次收针转数=（后片挂肩收针转数-平摇转数）+收针次数$$

（4）收针设计。根据产品要求的不同，挂肩部位收针设计为直线收针或曲线收针，前后片做法一致。

①直线收针法。此法简单易行，针脚遵循先陡后平规则，分割线呈近似直线。

$$每次收针转数=挂肩收针转数+收针次数$$

除不尽时分为两每次转数完全除尽即为一段式收针，若不能除尽则为两段式折线收针。虽然此法便利，但穿着效果略显不佳。

②J形曲线收针。将挂肩的收针曲线划分为多段，按比例1∶2∶3将转数分成三段，将针数等分为三段，然后分段解出收针规律。按先陡后平的方式排列成J形曲线，曲线两端适当处理以消除尖角。此种方式使成衣肩部宽松有扩张感，适用于男装设计。

③S形曲线收针。如图3-32所示，将挂肩分割线*AB*三等分，线段*BC*=*CD*=*DE*，*BD*线段中点*C*有凸势*P*点，中点凸出0.8~1cm。计算各段针数和转数，再向外向上偏移点并计算出偏移的针数和转数，解出S形曲线的收针轨迹。线段有凹陷时，调整为先平后陡两段收针规律。将三段曲线按照先平后陡再平的方式排列，形成S形曲线。此法使成衣贴体、线条柔和，适用于女装设计。

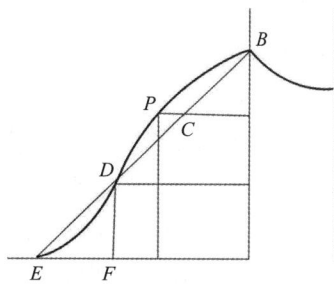

图3-32　S形曲线收针示意图

3. 插肩袖型前片成形工艺设计

（1）前片挂肩高转数计算。

$$前片挂肩高转数=（成衣挂肩高-袖前折尺寸）×纵密$$

（2）前片领宽针数计算。

$$前片领宽针数=（成衣领宽×领宽修正系数-领内侧偏移值×2）×横密$$

前领分割点*B*位置向领内侧偏移值为1~2cm，或根据领子尺寸、分割视觉效果通过计算得出。

（3）设计每次收针针数。根据外观效果、机器针型设计每次收针针数。

$$前片挂肩收针针数=（前片胸宽针数-前片领宽针数）+2$$

收针次数=前片挂肩收针针数+每次收针针数

每次收针转数=（前片挂肩收针转数–平摇转数）+收针次数

收针规律设计：同后片设计方法，根据要求设计直线型、J形或S形曲线的收针规律。

（4）前开领设计（圆领）。

领底平收针数设计：设圆领领底平收系数为0.33 ~ 0.35。

圆领领底平收针数=前领宽针数×前领底平收系数

领斜收针数=（前片领宽针数–前领底平收针数）÷2

领收针转数=（领深–袖前折尺寸–缝耗）×纵密

规律设计：找出特殊点，解出收针轨迹。

4.插肩袖型袖挂肩收针设计

袖挂肩收针设计包括袖山头宽度设计、袖山收针设计、袖山头收针设计三个部分，如图3–33所示。

（1）袖山头宽度设计。袖山头宽度设计共有三种方法。

①直接取值法。根据人体特征、不同的号型、穿着对象取值，范围7 ~ 9cm。

②设定袖前后折尺寸。直接设定袖前后折尺寸，袖前折尺寸根据号型、视觉效果设计取值范围为4 ~ 7cm；袖后折尺寸取值等于后领深（2 ~ 2.5cm）。袖山头宽度为两者之和。

③缝合系数法。设计袖山头宽度与挂肩的缝合关系，缝合系数取值范围为35% ~ 45%。

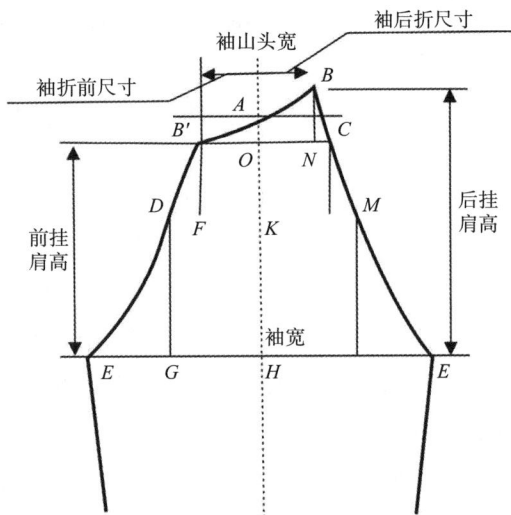

图3–33 插肩袖型袖片形状图

袖山头宽度=（袖窿深–肩斜高）×缝合系数=前后挂肩高之和+2×缝合系数

（2）袖山收针设计。袖山收针设计分为挂肩段和肩部段。挂肩段以虚拟外肩点为起点，根据图3–30（e）所示的尺寸标注进行计算。前挂肩的收针遵循先平后陡的顺序排列，直线形分割线的收针规律直接按解出的结果进行，以弥补肩部尺寸差异。前后袖挂肩的收针规律相同。

前挂肩的收针解出△DEG与△B'DF的收针规律，按先平后陡顺序排列。直线形分割线直接按EB解出，按先陡后平排列收针规律，弥补肩部的尺寸。此段收针设计前后袖挂肩相同。

（3）袖山头收针设计。袖山头BA段属于插肩袖折前领的部分，替代了前领圈左右侧的平摇段，收针较为平坦；AB'为袖折后部分，延伸到后领底部。BAB'线段按前后挂肩高度差和袖山头针数进行两段式收针；或AO段在2 ~ 3转内收完，AB'、CB段按图示轨迹采用多段斜收。

5.袖长设计

插肩袖与肩部合并后，对袖长的测量有领边测量法和后领中测量法这两种方法。

领边测量法：从领边缝线到袖口罗纹边缘的距离，相当于传统袖型的袖长，即单肩宽。

后领中测量法：从后领的正中心到袖口罗纹边缘的距离，相当于传统袖型的袖长，即半肩宽。这两种测量方法有所不同，需要在平面款式图中标注以示说明。

其他部位设计与装袖型服装设计方法相同。

（三）马鞍肩型服装成形工艺设计

马鞍肩服装可分为开衫与套衫两种款式，配有圆领或V领。它既可独立作为外衣穿着，也可作为中层衣物，与西装、大衣等外套搭配穿着。V领马鞍肩开衫是男装中相当典型的款式之一。

马鞍肩服装的特点是前衣片肩部有一段平直的部分，即前片顶部呈现平直段，后片领部通常是平直的。袖山头呈水平或倾斜状，袖山收针采用斜线或J形曲线。

1.男Ｖ领马鞍肩型长袖暗口袋开衫结构分解

V领马鞍肩型长袖暗口袋开衫由左右前片、后片、左右袖片、口袋嵌条、袋里片、门襟条组成，各衣片的廓型如图3-34所示。

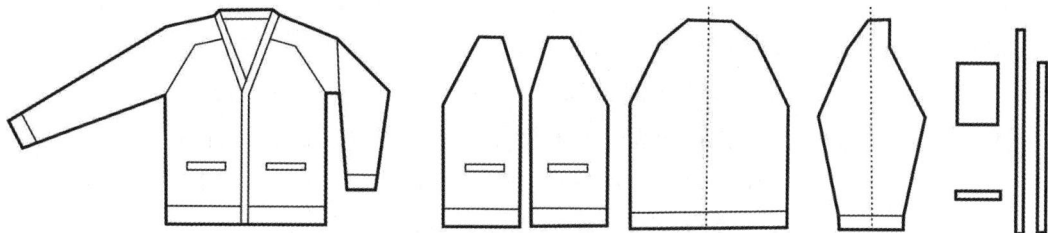

图3-34　马鞍肩型服装结构分解图

2.马鞍肩型后片成形工艺设计

为展示马鞍肩的扩张感，马鞍肩型后片成形设计如图3-35所示。后片的廓型设计类似于平肩型后片，挂肩以上分为两部分：收夹高与收肩高，分别对应类肩宽与后领宽，可采用直线型收针或J形曲线收针。

设计参数包括后折宽、袖前后折尺寸、类肩宽系数、挂肩高取值、肩斜高等。

（1）后片胸宽针数计算。

后片胸宽针数=（胸宽−后折宽）×
横密+缝耗×2

（2）后领宽针数计算。

后领宽针数=（领宽×领宽修正系数−
缝耗）×横密

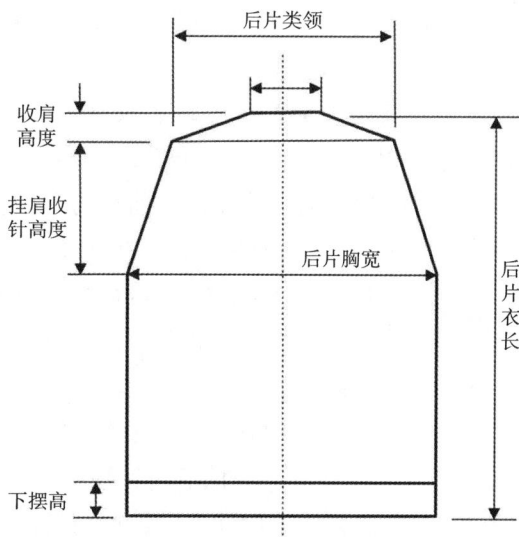

图3-35　马鞍肩型后片示意图

（3）后肩宽针数计算。

$$后肩宽针数=后片胸宽针数×类肩宽系数$$

马鞍肩型的后片有类似肩的结构，设类肩宽的宽度为胸围的0.6～0.8。

（4）后片长转数计算。

$$后片长转数=（衣长–下摆–袖后折尺寸）×纵密+缝耗$$

后片顶部长度与插肩袖相似，袖的后折尺寸作为后片长度的一部分，袖后折尺寸等于后领深，一般设计为2～2.5cm。

（5）后片收针转数计算。

$$后片收针转数=（袖肥+袖斜差）×纵密=（胸宽/3+修正系数）×纵密$$

同插肩袖型的挂肩高设计方法，采用袖斜差或胸宽取值法进行挂肩高的设计。

（6）后肩收针转数计算。

$$后肩收针转数=前后片长转数的差值=（袖折前尺寸–折后尺寸）×纵密$$

设计马鞍肩衣片后肩位置与前片顶点平齐，即后肩收针转数等于后片长与前片长之差。

（7）后片挂肩收针转数计算。

$$后片挂肩收针转数=挂肩高转数–肩斜高转数$$

$$肩斜高转数=肩斜高×纵密$$

（8）后片挂肩以下转数计算。

$$后片挂肩以下转数=后片长转数–后挂肩高转数$$

（9）每次收针数设计。根据机型、夹花效果要求等设计每次收针针数。

$$后片挂肩收针针数=（胸宽针数–类肩宽针数）+2$$

$$收针次数=挂肩收针数+每次收针针数$$

$$每次收针转数=收针转数+收针次数$$

挂肩收针规律设计：直线或J形曲线收针，按先陡后平顺序设计收针规律。

（10）后肩收针设计。同背肩型后片肩部的收针设计，后肩收针应按先陡后平顺序设计收针规律。

3. 马鞍肩型前片成形工艺设计

前片廓型有套衫型、半开衫型与开衫型，下面以开衫型为例。马鞍肩型前片如图3–36所示。

（1）前片胸宽针数设计。前片为开衫款式时采用左右衣片同片编织，衣片正中抽1针织后中间剪开分左右衣片。设后折宽为1～2cm，每边肋边缝耗0.5cm、门襟缝耗0.5cm。

$$前片胸宽针数=（胸宽+后折宽–门襟宽）×横密+门襟缝耗×2+肋边缝耗×2$$

（2）前片类肩宽针数设计。前片类肩宽取值同后片类肩宽，前片有门襟结构时，应减去门襟的宽度和缝耗。

$$前片类肩宽针数=（后肩宽针数–门襟宽）×横密+上门襟缝耗×2前片半肩宽针数$$
$$=前肩宽针数+2$$

（3）单肩宽针数设计。设计单肩宽值，单肩宽根据号型取值7～10cm，或按领宽、袖折前尺寸、类肩宽的设计进行计算得出。

单肩宽针数=单肩宽×横密

（4）前片领部收针针数计算。

前片领部收针针数=前片半肩宽针数－
单肩宽针数

（5）前片挂肩以下转数计算。取前片挂肩以下转数与后片相同。

（6）前片挂肩收针转数设计。设计前、后片挂肩收针转数相同。

前片挂肩收针转数+缝耗转数=后片挂肩
收针转数+缝耗转数

（7）前片长转数计算。

前片长转数=（挂肩高－袖前折尺寸）×
纵密+缝耗

（8）领深转数计算。

领深转数=（领深－开衫领深测量因素－袖前后折尺寸之差）×纵密－缝耗

V领开衫前领深度量在第一颗纽扣位置，考虑领深的测量因素，加长约1cm。

（9）前片挂肩收针设计。收针设计与后片相同，先陡后平，平摇结束。

（10）前领收针设计。设定每次收针针数，领下三分之一处有凹势，先平后陡，平摇结束。

开领点转数=前片长转数－领深转数

前领收针次数=前领收针针数+每次收针针数

每次收针转数=前领收针转数+收针次数

先平后陡收针。

（11）口袋成形工艺设计。

①口袋位置设计。设计口袋底位置与下摆罗纹上缘平齐。口袋横向位置设计在衣片正中位置，或根据具体设计位置而定。编织时在此位置做口袋嵌条两段的"X"记号。

口袋高度转数=口袋深×纵密+缝耗

②记号点设计。设计口袋位于左、右片的正中位置。

口袋嵌条针数=袋带长×横密

根据计算的转数与针数，在衣片相应位置做"X"记号，注明左、右前片的针数，如图3-37所示。

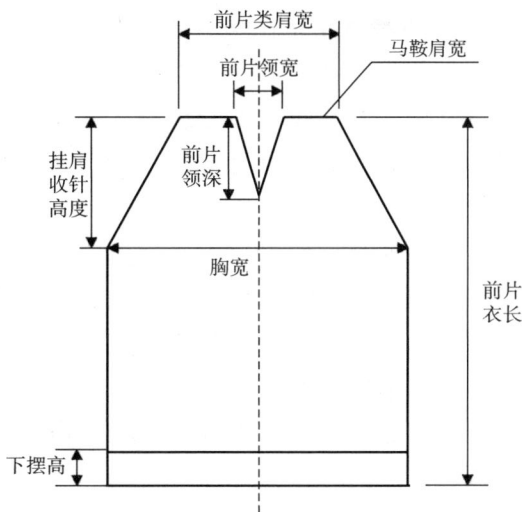

图3-36　马鞍肩型前片示意图

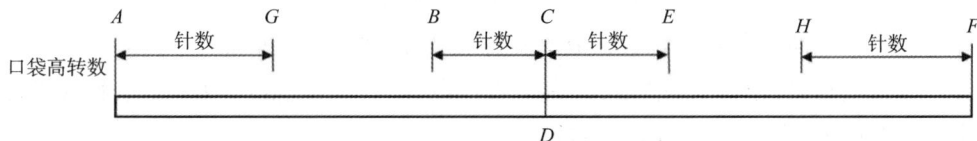

图3-37　口袋定位示意图

4. 马鞍肩型袖片成形工艺设计

袖片由袖口罗纹、上袖身、挂肩以下平摇段、挂肩收针段、马鞍头五部分组成，如图3-38所示。设计袖口修正系数、袖宽修正系数、袖长修正系数等参数。

（1）袖宽针数计算。

$$袖宽针数=袖宽×2×袖宽修正系数×横密+缝耗$$

（2）袖口针数计算。

$$袖口针数=袖口宽×2×袖口修正系数×横密+缝耗$$

（3）马鞍头（袖山头）的宽度值设计参照插肩袖型。

（4）马鞍底针数计算。

$$马鞍底针数=袖前折尺寸×2×横密+缝耗$$

（5）袖长转数设计。

① 从后领正中测量袖长。

$$袖长转数=（袖长尺寸-袖口罗纹长度-半领宽-领边宽）×袖长修正系数×纵密+缝耗$$

② 从领缝线（内肩点）测量袖长。

$$袖长转数=（袖长尺寸-袖口罗纹长度）×袖长修正系数×纵密+缝耗$$

（6）马鞍转数计算。

$$马鞍转数=马鞍肩宽×纵密+缝耗=马鞍高×纵密+缝耗$$

（7）袖挂肩收针转数设计。取袖子挂肩收针高与前后片挂肩收针高相同。

$$袖挂肩收针转数=前片挂肩收针转数=后片挂肩收针转数$$

（8）挂肩以下平摇转数。设挂肩以下平摇高度为3~5cm。

$$挂肩以下平摇转数=挂肩以下平摇高度×纵密$$

（9）袖子放针转数计算。

$$袖子放针转数=袖长转数-挂肩以上转数-挂肩以下平摇转数$$

（10）袖子放针设计。袖宽罗纹编织结束后进行快放针设计（称为跑马针），以便快速增加袖子肥度（跑马针可根据要求设计）；之后袖身则每次放1针。

$$每侧放针针数=（袖宽针数-袖口针数）÷2$$

$$放针次数=（每侧放针针数-快放针针数）+1$$

$$每次放针转数=袖放针转数-快放针转数$$

按方程式法解得每次放针转数，放针规律按先平后陡顺序排列。

（11）袖挂肩收针设计。挂肩底部有平收针设计时，为先摇后收；无平收针设计时则先收后摇，按成衣设计效果设计每次收针针数。

$$挂肩收针针数=（袖宽针数-马鞍底部针数）÷2-平收针针数$$

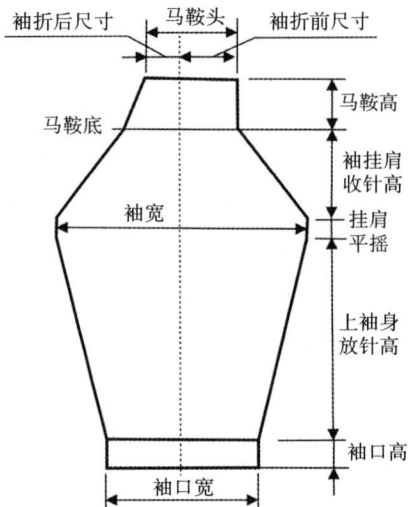

图3-38　马鞍肩型袖片示意图

$$收针次数=挂肩收针针数+每次收针针数$$

$$每次收针转数=（袖挂肩收针转数-收针后平摇转数）+收针次数$$

按直线形或曲线形解得收针规律，收针规律采用先陡后平的顺序排列。

（12）马鞍肩收针设计。

$$马鞍收针针数=马鞍底针数-马鞍头针数$$

$$收针转数=马鞍高转数$$

马鞍的前袖部位设计为平摇，后袖部位采用斜收针，收针结束平摇2转。后片按直线形收针方法解得收针规律，先摇后收、先陡后平（先缓后急）。

5.马鞍肩型门襟领条设计

根据不同的领型，开衫的门襟领条设计有所差异，主要分为圆领与V领两种典型领型。

（1）圆领款开衫的领条门襟设计。领条与门襟分开设计，套缝时先缝合门襟再缝合领条。

①领条设计。领条为一条，长度等于领圈长度加上两个门襟的宽度，根据领条横密法或套口机号转化法计算开针数。

②门襟设计。左右门襟通常等长，长度为前片领底至下摆罗纹边缘的长度，按照门襟条横密法或套口机号转化法计算开针数。

（2）V领款开衫的领条门襟设计。V领款的门襟与领条同条设计。由于领条连着门襟条，长度较长，因此分为两条设计，套缝时左右分开缝合，接缝在左后身袖缝线处，如图3-39所示。计算左右门襟领条的长度，按照横密法或套口机号转化法计算开针数；根据纵密度和领条门襟的高度计算领条宽门襟的编织转数。

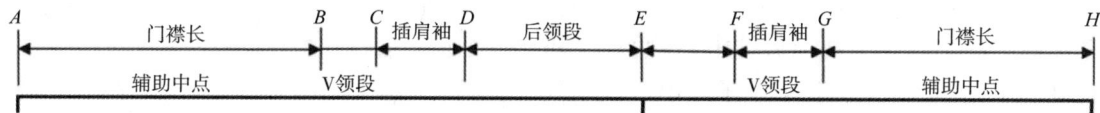

图3-39　领条门襟定位示意图

（四）T恤领开领设计

T恤领成形服装属于半开衫服装结构，衣片结构可以分解为前片、后片、袖片、领条、门襟片，如图3-40所示。前片采用半开衫结构，领子采用翻领领型。

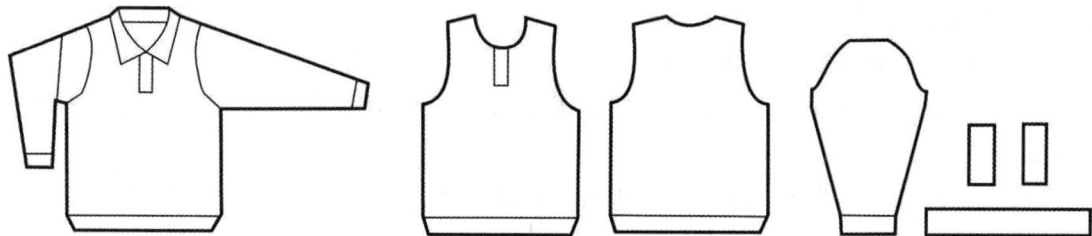

图3-40　T恤领平肩型长袖套衫结构分解示意图

1.T恤领成形工艺设计

各衣片下摆、挂肩以下的成形工艺设计参照平肩型成形衣片的设计方法。以下就T恤领开领进行设计描述。

（1）开门襟成形工艺设计。根据门襟的高度与宽度尺寸进行门襟高转数、门襟宽度针数设计与计算。

①门襟高转数计算。

$$门襟高转数=门襟高×纵密$$

②门襟宽针数计算。

$$门襟宽针数=门襟宽度×横密$$

（2）前开领成形工艺设计。

①领宽针数设计。设计领宽针数时，领子的类型不同对领宽修正系数取值有所不同。

$$领宽针数=领宽×领宽修正系数×横密-缝耗针数$$

②领底平收针针数设计。T恤领一般为圆领领型，按圆领类型收针，门襟针数含在领底平收针针数之中。

$$每侧领底平收针针数=（领宽针数×领底平收系数-门襟宽针数）+2$$

③领斜收针针数计算。

$$领斜收针针数=（领宽针数-领底平收针针数）+2$$

④领深转数计算。

$$领深转数=领深×纵密-缝耗转数$$

⑤领收针设计。图3-41为T恤领开领示意图，图中 O 为领中心，OA、OF 为半领矩形对角线，ACB 为领弧线，C 点为领弧线与对角线的交点。在翻领领型开领设计中，C 点位于对角线 OF 的下1/3位置，利于领子翻出、领型效果好。C 点为特殊点，根据三角形原理，线段 CD 的长度为 OA 的1/3；线段 CE 的长度为 AF 的1/3。计算出 C 点相对于 F 点的针数、转数，结合领深转数、斜收针针数，取 A 点以下平摇段为 AF 转数的1/3，解出 $\triangle CEG$ 与 $\triangle ACD$ 的收针规律，一般能得到4段规律，略做修正调整即可。

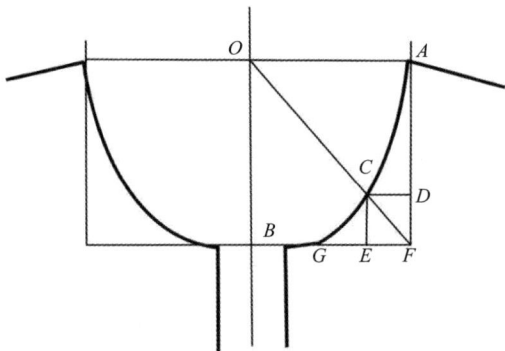

图3-41　T恤领开领示意图

2. T恤领型成形服装的缝合设计

为了保证门襟的挺括和平整，与主体部分的组织相匹配，门襟组织通常采用满针罗纹（四平）等双面组织。

缝合工艺流程设计按照以下顺序进行：封口→绱左门襟→绱右门襟→合门襟底→合肩→绱领→绱袖→合肋→拆纱→钩线头。

四、大类产品附件设计

主要包含领条、门襟、口袋、嵌条等的设计，即开针数和转数的计算与编织设计，是附件的设计要点。领条、门襟通常采用横向编织，以增加领子的弹性。有时为了提高效率、降低套口难度或长度限制，在不影响美观的前提下，也可以采用竖向编织。

（一）圆领领条工艺设计

圆领如图3-42所示。领条的设计是指按领条长度（领周长）、密度设计出领条开针数、转数、起口、封口和缝合对位点设置等。

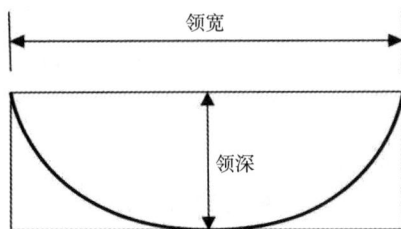

图3-42　圆领示意图

1. 圆领领条开针数计算

圆领领条开针数=领周长×领条横密+缝耗针数。

其中圆领周长计算分为两种情况：领深小于二分之一领宽，以及大于或等于二分之一领宽。

（1）领深小于二分之一领宽时领周长计算。

领周长=领深尺寸×π+2×（领宽+2-领深）+领宽=领深尺寸×π+2×（领宽-领深）

（2）领深大于或等于二分之一领宽时领周长计算。

$$领周长=领宽×\frac{π}{2}+2×（领深-\frac{领宽}{2}）+领宽=π×\frac{领宽}{2}+2×领深$$

2. 领条横密的确定

编织领条可采用满针、单面等编织方法，测量横向密度时通常使用试样测量法和缝盘机换算法。

（1）试样测量法。将编织好的一定针数的领条回缩处理后，横向拉开1.1~1.3倍，根据不同罗纹效果的要求确定长度，横向拉开的长度与针数的比值即为横向密度。套口时，首先封闭前后领底，将领圈各段长度转换为相应的罗纹针数，按照记号点进行套口。

（2）缝盘机换算法。根据选用的套口缝盘机的机号进行转换。选择缝盘机机号时，一般选用编织机机号加2~4号。例如，对于12针编织机，可选择14针或16针的缝盘机；对于7针编织机，可选择10针的缝盘机。计算领条的开针数。

（3）计算领条开针数。

$$领条开针数=领条长度（厘米）×缝盘机号（英寸）÷2.54$$

3. 领条记号设计

（1）记号点的设计在开衫的左、右肩缝以及后领正中位置，当有接头时，领条接头通常位于穿着时左肩接缝后方1.5~2cm处。

（2）圆领背后装拉链的记号点设计包括左、右肩缝和前领底平收针的交界点。

（3）套衫领条的记号设计包括前领底平收针的交界点、斜收针段以及左、右肩点或更多位置。

（二）V领套衫领条工艺设计

（1）V领套衫领条针数计算。

$$V领套衫领条针数=（前领深×2+领宽）×领条横密+缝耗针数$$

或按套口缝盘机机号转换法进行设计。

（2）记号设计。在左、右肩缝点做记号设计，高档产品可以增设前领中间点用拉线做记号。

（三）翻领领子工艺设计

（1）平翻领领子针数计算。

$$平翻领针数=领圈周长 \times 平翻领领条横密$$

（2）记号设计。左、右肩缝点，前左、右领底平收针界点。

以上领子的横密要根据不同的组织结构、套口方法来进行设计，使领子平整圆顺弹性好。

（四）袖边针数设计

（1）袖边针数计算。

$$袖边针数=（挂肩尺寸 \times 2+凹势修正因素）\times 袖边横密+缝耗$$

（2）记号设计。在肩缝点做记号设计。

（五）V（圆）领开衫门襟工艺设计

（1）开衫门襟针数计算。

$$开衫门襟针数=开衫门襟长度 \times 门襟横密$$

（2）开衫门襟长度计算。

$$开衫门襟长度=（片长 \times 2+后领宽+门襟宽+领缝耗）\times （1+门襟回缩率）$$

领子、门襟一般使用满针罗纹组织，横用。回缩率取值为8%左右。

（3）记号设计。根据门襟的长度设计多个记号点。

（六）口袋针数及转数计算

（1）袋口宽针数计算。

$$袋口宽针数=口袋宽 \times 横密+缝耗 \times 2$$

（2）口袋深转数计算。

$$口袋深转数=口袋深 \times 纵密+缝耗$$

（七）编织方法

起口后第一横列罗纹起底，空转一转，编织罗纹后放松半转，废纱封口，做挑孔记号。

五、成形工艺计算说明

在进行具体计算时，需根据毛衫款式的具体情况与要求来进行设计和计算，这里所述的成形工艺计算方法是针对常规大类品种而言的。工艺计算的顺序因具体工艺而定，一般先计算后片，再计算前片和袖子。

成形工艺计算方法以纬平针组织的大身和袖片为例，在计算时必须考虑由于抽条、绞花、挑孔等组织修正因素的差异对成品规格尺寸的影响。在进行工艺计算时，一般先确定衣片各部位的横向针数，然后确定纵向转数，最后设计和分配收针、放针部位的针数和转数。

　　为了便于操作，横向针数通常取单数，但在特殊情况下也可能有例外。在涉及下摆、腰节、肩部平摇等收针（放针）的情况下，通常是先收（放针）再平摇，而其他部位的收针、放针则是先摇后收针（或放针），在此过程中需要考虑转数的循环次数。

　　计算得出的针数和转数需要进行适当的修正，以确保达到所需的整数值，从而改善衣片的廓型并简化成形工艺。为了确保成衣的正确缝合，应在袖山头、前后片、挂肩、领条、门襟等各个部位设置一定数量的缝合记号点。

　　在操作工艺单中，需要注明横向拉密或纵向拉密的数据，例如，10支（10转）拉密值、衣片下机的尺寸、片重，作为半成品的质量检验依据。成形工艺设计得出的工艺应遵循：首样试织→修正工艺→修正样试织→中试→再修正工艺等过程，以减少不必要的损失。

第四节　横编针织服装工艺设计实例

一、开衫工艺设计

（一）半开襟衫工艺设计

1. 半开襟衫的基本形式

半开襟衫又称为T恤衫，其外形似字母T字，其实就是一种翻领半开襟服装，开襟的形式有装门襟式（图3-43）、连门襟式（图3-44）、装拉链式（图3-45），还有敞口式（图3-46）。

图3-43　装门襟式

图3-44　连门襟式

图3-45　装拉链式

图3-46　敞口式

尽管如今许多针织成形服装的门襟开口方向不再以男款或女款为依据，但传统上，男女装的门襟设计在工艺上有所不同。一般而言，男装的纽扣安置于右侧，开口在左侧；女装则相反，纽扣在左侧，开口在右侧。这里的左右指的是穿着时的左右方向。门襟通常位于前幅的中部，具体采用落纱还是套针，以及留出多少针的空位，则取决于款式要求，有时采用两侧留一支直上的方式来确定门襟的位置工艺。

落纱、套针以及留出多少空位都是由门襟的宽度所决定的。在安置门襟时，需要根据男女装的不同情况来决定门襟的位置。

2.门襟位置针数计算

（1）男装门襟位置针数计算。

$$机尾边右手边针数=\frac{胸阔针数/不记减针}{2}+\frac{门襟宽所占针数}{2}$$

$$机尾边左手边针数=\frac{胸阔针数/不记减针}{2}-\frac{门襟宽所占针数}{2}$$

（2）女装门襟位置针数计算。

$$机尾边右手边针数=\frac{胸阔针数/不记减针}{2}-\frac{门襟宽所占针数}{2}$$

$$机尾边左手边针数=\frac{胸阔针数/不记减针}{2}+\frac{门襟宽所占针数}{2}$$

需要注意的是，男装半开襟衫穿起来时左边部分少而右边部分多；女装半开襟衫穿起来时右边部分少而左边部分多。

（二）小翻领女开衫工艺设计

1.工艺设计要求

确定产品款式、测量部位及成品尺寸规格，见表3-10。

表3-10　小翻领女开衫成品规格（95cm）

编号	1	2	3	4	5	6	7	8	9	10	11
部位	胸宽	衣长	袖长	挂肩	肩宽	袖宽	下摆罗纹高/宽	袖口罗纹高/宽	后领宽	前领深/后领深	领口罗纹高
尺寸（cm）	49	58.5	54	21.5	37.5	16.5	6/37.5	6/8.5	18.5	8.5/2.5	7.5

确定横机机号、坯布组织结构和成品设计密度，见表3-11。

表3-11　横机机号、坯布组织结构和成品设计密度

规格（cm）	机号（E）	纱线		坯布组织			衣身成品设计密度	
		线密度（tex）	公支	前后身袖子组织	下摆袖口罗纹组织	领口罗纹组织	纵密（纵行数/10cm）	纵宽（cm）
100	12	41.7×2	24/2	纬平针	1×1罗纹	四平	56	8.5

2.编织操作工艺单

小翻领女开衫工艺设计如图3-47所示。图3-47（a）为前片工艺设计，图3-47（b）为后片工艺设计，图3-47（c）为袖片工艺设计，图3-47（d）为领口罗纹工艺设计。图3-47（e）为领包边工艺设计，图3-47（f）为四平毛带（门襟）工艺设计。

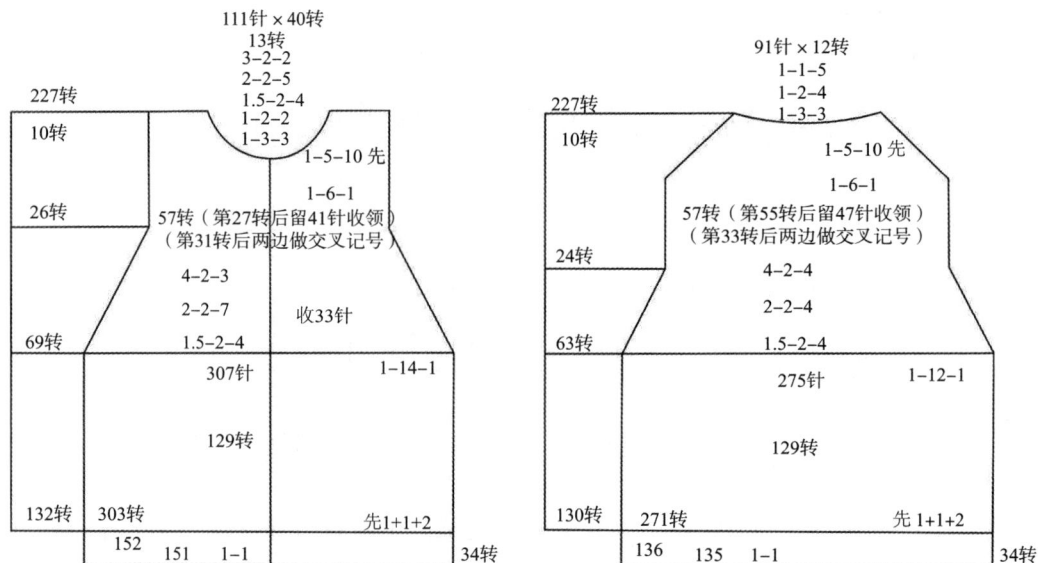

（a）前片工艺设计

111针×40转
13转
3-2-2
2-2-5
1.5-2-4
1-2-2
1-3-3
1-5-10 先
1-6-1
227转
10转
26转
57转（第27转后留41针收领）
（第31转后两边做交叉记号）
4-2-3
2-2-7
1.5-2-4
收33针
69转
307针
1-14-1
129转
132转　303转
先1+1+2
152　151　1-1
34转

（b）后片工艺设计

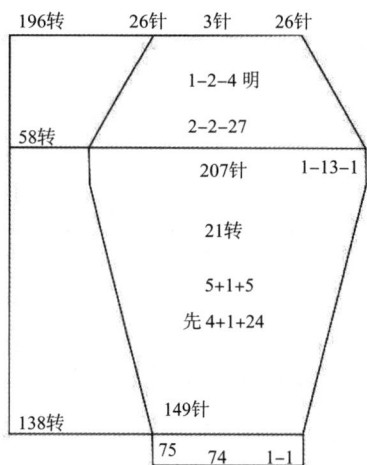

91针×12转
1-1-5
1-2-4
1-3-3
1-5-10 先
1-6-1
227转
10转
24转
57转（第55转后留47针收领）
（第33转后两边做交叉记号）
4-2-4
2-2-4
1.5-2-4
63转
275针
1-12-1
129转
130转　271转
先1+1+2
136　135　1-1
34转

（c）袖片工艺设计

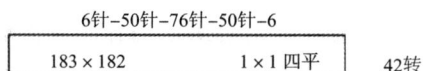

196转　26针　3针　26针
1-2-4 明
2-2-27
58转
207针
1-13-1
21转
5+1+5
先4+1+24
138转　149针
75　74　1-1

（d）领口罗纹工艺设计

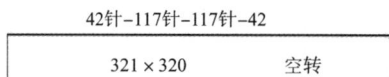

6针-50针-76针-50针-6
183×182　1×1四平
42转

（e）领包边工艺设计

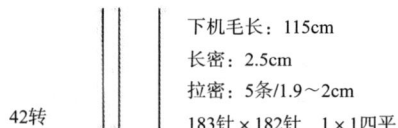

42针-117针-117针-42
321×320　空转
42转

（f）四平毛带（门襟）工艺设计

下机毛长：115cm
长密：2.5cm
拉密：5条/1.9～2cm
183针×182针　1×1四平

图3-47　小翻领女开衫工艺设计

3. 工艺说明

下机密度：大身与袖子11～11.1目/英寸（1英寸=2.54cm），下摆、袖口5条/2.5～2.6cm；领口罗纹5条/2.1～2.2cm。工艺中的"先"表示先收针或先放针。

（三）翻领绞花长袖男开衫工艺设计

1. 翻领绞花长袖男开衫款式和花型分析

（1）款式分析。此款绞花开衫采用了翻领对襟设计，领座与领面整合，总高16cm。前领自然翻折，而后领则对半翻折。前门襟设计宽度为3cm的罗纹，用黑色4眼扣装饰，共5粒。此外，该款衣服为插肩袖设计，袖口罗纹高度为8.5cm，衣身为直筒式，衫摆高度也为8.5cm（图3-48）。

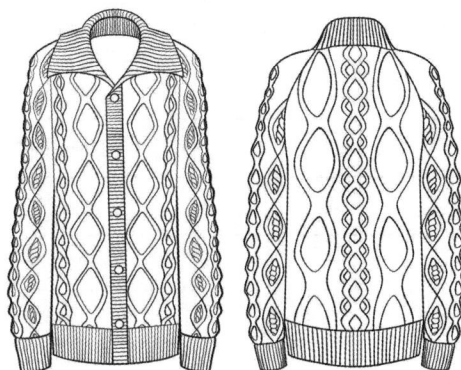

（2）花型分析。此款绞花长袖开衫在领子、衫摆、门襟和袖口等部位采用了2×2罗纹花型设计。前后衣身和袖身采用了不同的绞花设计，包括花编纽绳、菱形搬针以及菱形中互纽式纽绳等花型。通过采用纬平针反针衬托绞花花型，使绞花花型展现出更为立体的效果。

图3-48　翻领绞花长袖男开衫

（3）编织花型和用材分析。整件衣服采用全件纽绳搬针，为长袖开胸款式，领口为尖形。采用了深灰与浅灰的配色，其中领口、左袖和右前幅为深灰，右袖、后幅及左前幅为浅灰。选用了3针3条羊毛织料。此外，衣服采用了翻领、开胸设计，共装配5粒纽扣。前后衣摆均进行了处理。

2. 工艺分析

字码平方密度：确定毛料、针种、厚薄度。按原版组织，取出相关的字码平方密度，如图3-49所示。

图3-49　字码平方密度1

测量部位尺寸根据制单尺寸或者客户提供量出尺寸，见表3-12。

表3-12　编织工艺尺寸（M码）

序号	尺寸标签	度量方法	尺寸（cm）
1	胸宽	手工测量	50.00
2	肩宽	—	—
3	后领中至下摆长度	手工测量	64.50
4	夹宽斜度	手工测量	30.00
5	上胸围	手工测量	—
6	膊斜	手工测量	2.50
7	领宽	手工测量	20.00
8	前领深	手工测量	12.00
9	后领深	手工测量	2.50
10	腰宽	—	—
11	腰距	—	—
12	下脚宽	手工测量	50.00
13	领贴高	手工测量	14.00
14	衫脚高	手工测量	7.00
15	袖咀高	手工测量	7.00
16	袖口宽	手工测量	9.50
17	袖长领边度	手工测量	80.00
18	袖宽	手工测量	16.00
19	胸贴高	手工测量	3.50

3.编织工艺计算

编织工艺计算步骤与方法见表3-13～表3-15。

表3-13　前幅衣片计算步骤1

序号	前幅部位	计算方法	备注
1	前胸宽针数	后胸宽针数+2cm的针数-胸贴高+1.5缝耗	开胸款式根据胸贴的理论来计算
2	前领宽针数	（领宽-3cm）×横密	尖膊款式，前后领不一样，因为袖尾走前占直位多些
3	前领底平位针数	领宽针数×0.3	—

续表

序号	前幅部位	计算方法	备注
4	每边收针数	前领宽针数÷2	—
5	脚高转数同后幅	—	—
6	前身长转数	同后身长转数	—
7	前夹宽转数	夹宽×0.8×直密	0.8是根据勾股定理结合毛料的特性进行修改的因素
8	夹下转数	后身长转数−夹位转数	—

表3-14　后幅衣片计算步骤1

序号	后幅部位	计算方法	备注
1	袖尾走后	袖尾×0.35	一般走后1寸（1寸=3.33cm），走前2寸
2	袖尾走前	袖尾×0.65	—
3	后胸宽针数	（胸宽−折后1cm）×横密+缝耗	缝耗1~2支针
4	后领宽针数	（领宽−袖尾走后×2）×横密	必须减去走后的位置
5	—	此款式不做后领底平位	—
6	—	此款没有膊宽	—
7	每边收针数	（后胸宽针数−后领宽针数）÷2	—
8	脚高转数	脚高×脚直密	—
9	后身长转数	（身长−脚高−袖尾走后）×直密+缝耗	缝耗1~2转
10	—	此款没有膊斜	—
11	后夹宽转数	前夹宽转数+（袖尾走前−袖尾走后）	后夹转数比前夹转数多
12	夹下转数	后身长转数−夹位转数	—

表3-15　袖片计算步骤1

序号	袖子部位	计算方法	备注
1	袖宽针数	袖宽×2×横密×1.05	幅片小，易拉长变小，所以做大一点
2	袖脚宽针数	袖脚宽×2×横密×因素	因素约1.3，具体根据罗纹组织
3	袖尾宽针数	一般做7.5cm	直接定尺寸
4	袖加针数	（袖宽针数−袖脚宽针数）÷2	—
5	袖收针数	（袖宽针数−袖尾宽针数）÷2	—
6	袖脚高转数	袖脚高×脚直密	—

序号	袖子部位	计算方法	备注
7	袖长转数	（袖长−袖脚高）×直密×0.96	幅片小，易拉长变小，所以做短点
8	袖山高转数	分左右夹转数	一边照后夹，一边照前夹
9	袖底平位转数	一般做3.5	—
10	袖加针转数	袖长转数−袖山高转数−袖底平位转数	—

4.编织工艺指示

（1）按照步骤计算并写出工艺指示。

（2）后幅与前幅编织工艺指示如图3-50、图3-51所示。

（3）袖片与零部件编织工艺指示如图3-52、图3-53所示。

可按照图片与工艺指示完成详细步骤。

衫身共82转 39支

间纱完
2转
1-2-3（3支边）
2-2-18（3支边）
43转
衫身：纽绳搬针

衫脚：2×1 A色3条毛14转

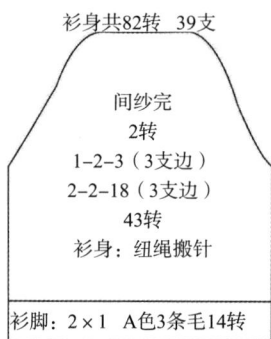

图3-50 后幅计算及工艺指示1

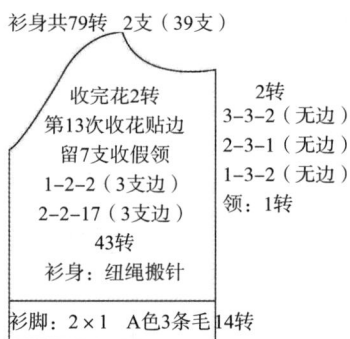

衫身共79转 2支（39支）

收完花2转
第13次收花贴边
留7支收假领
1-2-2（3支边）
2-2-17（3支边）
43转
衫身：纽绳搬针

2转
3-3-2（无边）
2-3-1（无边）
1-3-2（无边）
领：1转

衫脚：2×1 A色3条毛14转

图3-51 前幅计算及工艺指示1

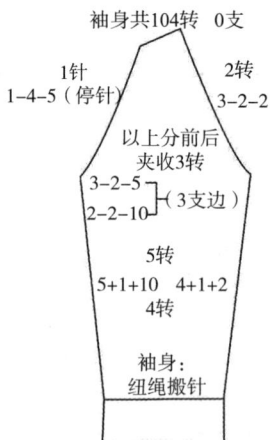

袖身共104转 0支

1针
1-4-5（停针）

2转
3-2-2

以上分前后
夹收3转
3-2-5
2-2-10 }（3支边）

5转
5+1+10 4+1+2
4转

袖身：
纽绳搬针

袖口：2×1 A色3条毛14转
结上梳，圆筒1转
袖：分左右织 开60支 面1支包

图3-52 袖片计算及工艺指示1

胸贴12针 A色3条毛
2×1 3支拉3英寸
间纱完 放眼半转，毛1转 6转

2×1 A色 3条毛
结上梳，圆筒1转

（2条）胸贴：开159支 面1支包

领贴12针 A色3条毛
2×1 3支拉3英寸

放眼半转，毛1转，间纱完 25转
2×1 A色 3条毛

（1条）领贴：开174支 面1支包结上梳

图3-53 零部件计算及工艺指示1

5.尖膊衫的形式与工艺

尖膊衫在毛织服装设计中的应用十分普遍。之前已经详细介绍了其工艺计算和制作方法。通过下面的图片，我们可以更直观地了解尖膊衫如何实现袖身到肩膀的编织花型整体统一，并在颜色上保持一致，具体情况请参考图3-54和图3-55。

图3-54　罗纹尖膊衫　　　　　　　　图3-55　绞花尖膊衫

尖膊衫工艺，主要是理解袖尾前肩落点（图3-56）和后肩落点（图3-57），通常情况下，袖尾尺寸为7.5cm，前后落点差值为1cm，如图3-58所示。

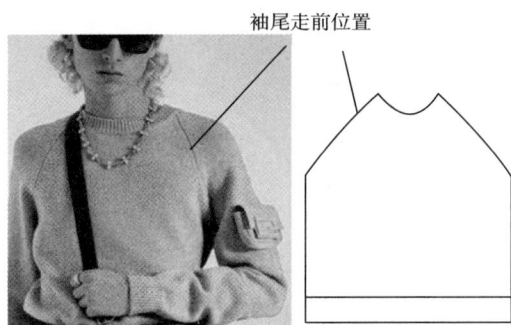

图3-56　袖尾前落肩点　　　　　　　　图3-57　袖尾后肩落点

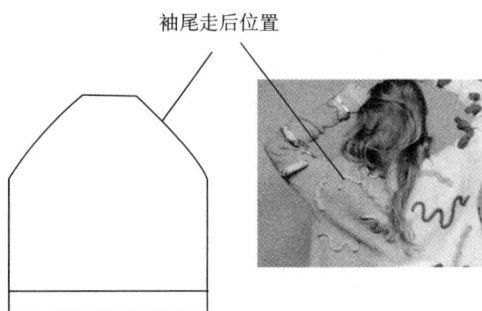

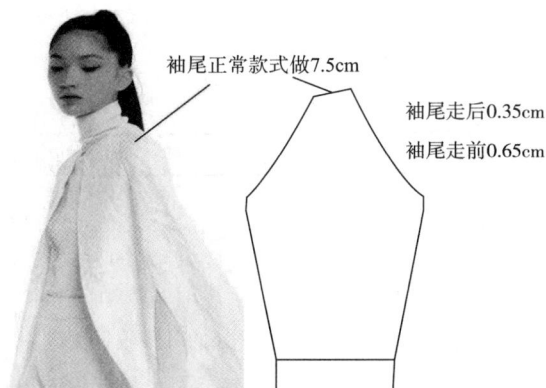

图3-58　袖尾常规工艺尺寸

尖膊衫与衣身连接处的分段收针法如图3-59所示。

尖膊工艺做法

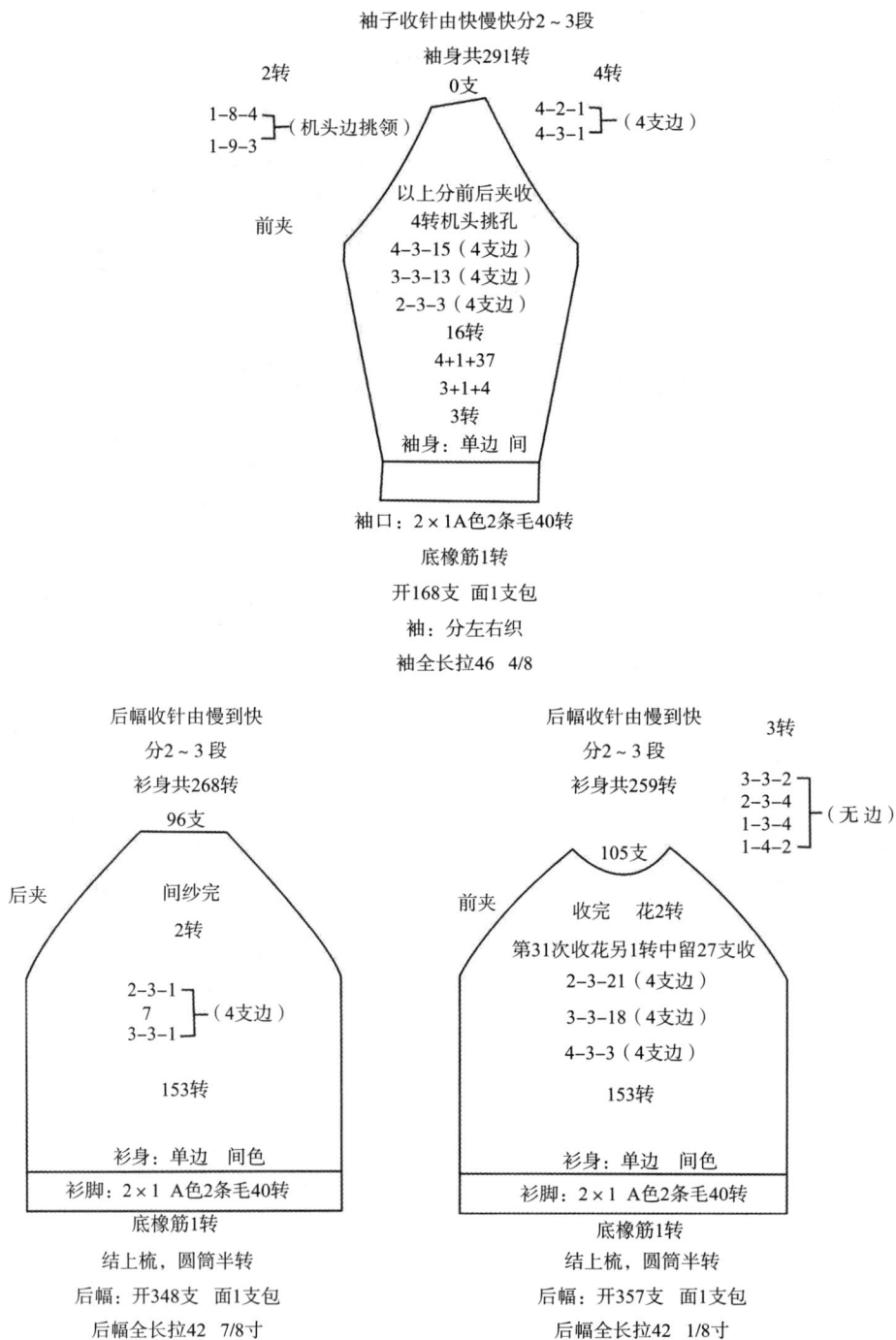

袖子收针由快慢快分2~3段

袖身共291转

2转　　　　　　　0支　　　　　　4转

1-8-4 ┓（机头边挑领）　　　4-2-1 ┓（4支边）
1-9-3 ┛　　　　　　　　　　4-3-1 ┛

前夹　　　　　以上分前后夹收
　　　　　　　4转机头挑孔
　　　　　　　4-3-15（4支边）
　　　　　　　3-3-13（4支边）
　　　　　　　2-3-3（4支边）
　　　　　　　16转
　　　　　　　4+1+37
　　　　　　　3+1+4
　　　　　　　3转
　　　　　袖身：单边　间

袖口：2×1A色2条毛40转

底橡筋1转

开168支　面1支包

袖：分左右织

袖全长拉46　4/8

后幅收针由慢到快　　　　　　后幅收针由慢到快　　　3转
分2~3段　　　　　　　　　　分2~3段　　　　　3-3-2 ┓
衫身共268转　　　　　　　　衫身共259转　　　2-3-4 ┃（无边）
　　　　　　　　　　　　　　　　　　　　　　1-3-4 ┃
96支　　　　　　　　　　　105支　　　　　1-4-2 ┛

后夹　　　间纱完　　　　前夹　　收完　花2转
　　　　　2转　　　　　　　第31次收花另1转中留27支收
　　　　　　　　　　　　　　2-3-21（4支边）
2-3-1 ┓　　　　　　　　　3-3-18（4支边）
7　　┃（4支边）　　　　　4-3-3（4支边）
3-3-1 ┛　　　　　　　　　153转

153转　　　　　　　　　　衫身：单边　间色

衫身：单边　间色　　　　衫脚：2×1 A色2条毛40转
衫脚：2×1 A色2条毛40转　底橡筋1转
底橡筋1转　　　　　　　　结上梳，圆筒半转
结上梳，圆筒半转　　　　后幅：开357支　面1支包
后幅：开348支　面1支包　后幅全长拉42　1/8寸
后幅全长拉42　7/8寸

图3-59　袖与衣身连接处的分段收针法

尖膊衫对位工艺如图3-60所示。

6. 翻领绞花长袖男开衫编织要求

收针夹型从前到后逐渐加快，而袖子的夹型则是从后到前逐渐加快，这样的夹型曲

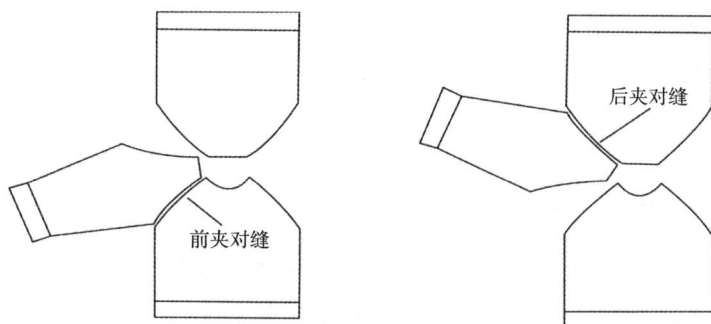

图3-60　尖膊衫对位工艺

线才能达到美观的效果。袖子的加针则是从后到前逐渐减慢，先织后加。肩部处理有两种方式：圆领处的收针从后到前逐渐减慢。首先确定袖口的尺寸，然后再确定袖口前移或后移的方程式。

（四）双层领直夹女开衫工艺设计

1.双层领直夹女装款式分析

这款双层领直夹女装采用V型领口设计，领子呈现上窄下宽的双层燕翅领造型，外领总高12.5cm，内领高10cm，领口与外领周长为75cm，内领周长为60cm。衣服的门襟采用金属拉链装饰，左右门襟与后领相连，采用2.5cm的四平组织。门襟处设计了领座，使领子更挺立。衣服为直夹长袖款式，袖夹线位置在肩膀到手臂10cm处，袖长能够盖住着装者的手腕，袖子采用罗纹组织。衣身为直筒形，衣摆和胯部设计了10cm高的罗纹。整体造型较为宽松，适合冬季穿着，是粗针针织成形服装的一种（图3-61）。

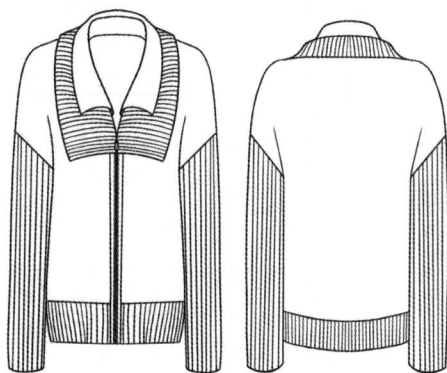

图3-61　双层领直夹女装

2.双层领直夹女装花型分析

图3-61中的双层领直夹女装采用粗针编织，主要采用了令士盅毛形式的花型设计。衣身部分使用了紫罗兰和浅紫色两种毛纱，采用了上下排纱的方式，通过正反针编织而成，形成了富有图案效果的花型设计。衫脚采用了5G的2×1罗纹组织，门襟则采用了5G的四平组织。内领为3G的四平花型，而外领和袖身则为3G的罗纹组织。这件服装采用粗针机器编织，盅毛和罗纹组织相结合，呈现出较为强烈的凹凸肌理效果。

3.双层领直夹女装用材分析

长袖开胸落肩款式。衣身采用令士盅毛，选用了宝蓝色羊毛和紫色光丝。领口为双层设计，并采用了拉链。前后衣脚使用了罗纹组织，以确保衣摆具有足够的弹性。袖子采用了2×1罗纹组织。内领采用了珠地双层包，而外领则为2×1单层，胸部贴辅以四平贴。

4.双层领直夹女装编织工艺计算

字码平方密度：确定毛料、针种、厚薄度，按原版组织取出相关的字码平方密度（图3-62）。

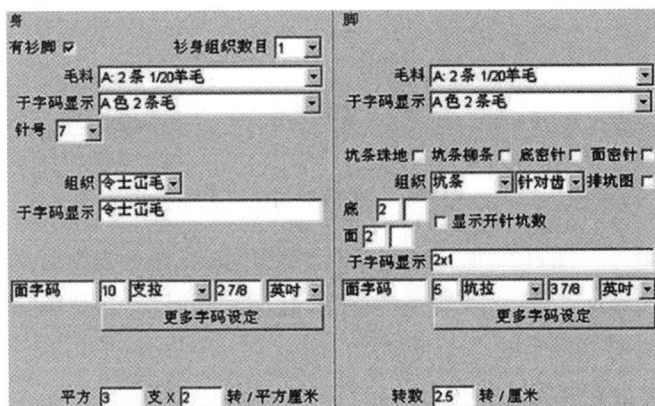

图3-62　字码平方密度2

测量原版部位尺寸，根据制单尺寸或者客户提供的原版量出各部位尺寸，见表3-16。

表3-16　编织工艺尺寸（M码）2

序号	尺寸标签	度量方法	尺寸
1	胸宽	手工测量	46.00
2	肩宽	手工测量	60.00
3	后领中至下摆	手工测量	50.00
4	夹宽斜度	手工测量	19.00
5	上胸围	—	—
6	膊斜	手工测量	2.50
7	领宽	手工测量	26.00
8	前领深	手工测量	21.00
9	后领深	手工测量	2.50
10	腰宽	—	—
11	腰距	—	—
12	下脚宽	手工测量	45.00
13	领贴高	手工测量	11.50
14	衫脚高	手工测量	10.00
15	袖嘴高	—	—
16	袖口宽	手工测量	10.00
17	袖长膊边度	手工测量	49.00
18	袖宽	手工测量	19.00
19	内领高	手工测量	9.50

编织工艺计算步骤与方法见表3–17～表3–19。

表3–17 前幅衣片计算步骤2

序号	前幅部位	计算方法	备注
1	前幅宽针数	后胸宽针数+2cm的针数	身侧骨走后，比后幅大
2	领宽针数	（领宽–2cm）×横密	领宽易烫大宜做小
3	前领底平位针数	取1～3支	V领取1～3支
4	膊宽针数	膊宽×横密×修正值+缝耗	修正值0.95
5	夹边加针数	（肩宽针数–胸宽针数）÷2	—
6	脚高转数	脚高×脚直密	—
7	前身长转数	后身长转数+1cm的转数	前肩骨走后，宜做大
8	膊斜转数同后幅	膊斜2.5cm高	根据单肩大小而定
9	前夹宽转数	后夹宽转数+1cm的转数	—
10	夹下转数同后幅	—	—

表3–18 后幅衣片计算步骤2

序号	后幅部位	计算方法	备注
1	后胸宽针数	（袖宽–折后1cm）×横密+缝耗	缝耗1～2支针
2	后领宽针数	（领宽–2cm）×横密	领宽易烫大宜做小
3	后领底平位针数	后领宽针数×0.7	—
4	膊宽针数	膊宽×横密×修正值+缝耗	修正值0.95
5	夹边加针数	（肩宽针数–胸宽针数）÷2	—
6	脚高转数	脚高×脚直密	—
7	后身长转数	（身长–脚高）×直密+缝耗	缝耗1～2转
8	膊斜转数	膊斜2.5cm高	根据单肩大小而定
9	后夹宽转数	夹宽直度×直密×修正值	修正值0.93
10	后领深转数	（后领深–0.5）×直密	肩骨走后需0.5

表3–19 袖片计算步骤2

序号	袖子部位	计算方法	备注
1	袖宽针数	袖宽×2×横密×1.05	幅片小，易拉长变小，所以做大一点
2	袖脚宽针数	袖脚宽×2×横密×因素	因素约1.3，具体根据罗纹组织
3	袖加针数	（袖宽针数–袖脚宽针数）÷2	—
4	袖脚高转数	袖脚高×脚直密	—
5	袖长转数	（袖长–袖脚高）×直密×0.96	幅片小，易拉长变小，所以做短点
6	袖底平位转数	一般做3.5cm	

5. 按照步骤计算写出工艺指示

衣片后幅、前幅编织工艺指示如图3-63、图3-64所示。

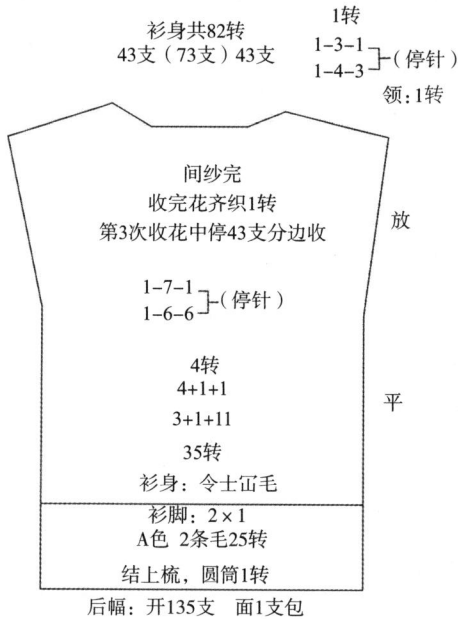

衫身共82转
43支（73支）43支
1转
1-3-1
1-4-3 }（停针）
领：1转

间纱完
收完花齐织1转
第3次收花中停43支分边收

1-7-1
1-6-6 }（停针）

4转
4+1+1
3+1+11
35转
衫身：令士冚毛

衫脚：2×1
A色 2条毛25转

结上梳，圆筒1转

放

平

后幅：开135支 面1支包

图3-63 后幅计算及工艺指示2

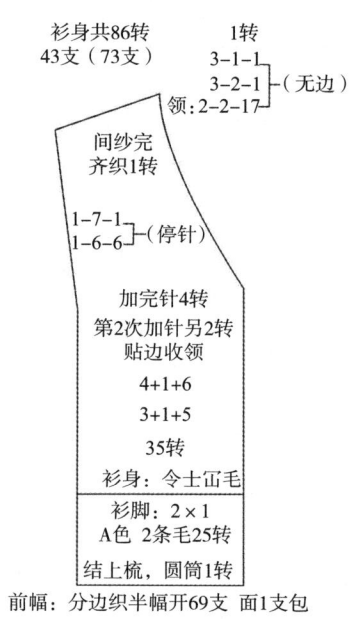

衫身共86转
43支（73支）
1转
3-1-1
3-2-1 }（无边）
领：2-2-17

间纱完
齐织1转

1-7-1
1-6-6 }（停针）

加完针4转
第2次加针另2转
贴边收领

4+1+6
3+1+5
35转
衫身：令士冚毛

衫脚：2×1
A色 2条毛25转

结上梳，圆筒1转

前幅：分边织半幅开69支 面1支包

图3-64 前幅计算及工艺指示2

袖片和零部件编织工艺指示如图3-65、图3-66所示。

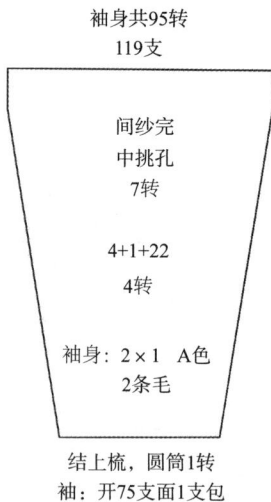

袖身共95转
119支

间纱完
中挑孔
7转

4+1+22
4转

袖身：2×1 A色
2条毛

结上梳，圆筒1转
袖：开75支面1支包

图3-65 袖片计算及工艺指示2

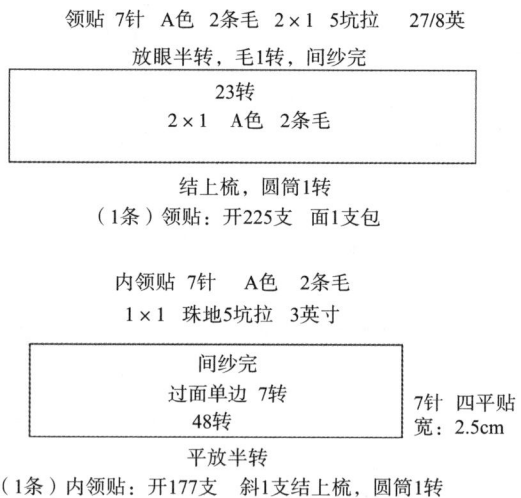

领贴 7针 A色 2条毛 2×1 5坑拉 27/8英
放眼半转，毛1转，间纱完

23转
2×1 A色 2条毛

结上梳，圆筒1转
（1条）领贴：开225支 面1支包

内领贴 7针 A色 2条毛
1×1 珠地5坑拉 3英寸

间纱完
过面单边 7转
48转

平放半转
（1条）内领贴：开177支 斜1支结上梳，圆筒1转

7针 四平贴
宽：2.5cm

图3-66 零部件计算及工艺指示2

6. 双层领面毛直夹女装编织要求

前后幅收针领：前幅左右分别织，后领停针处理。内领双层包，外领单线缝制，胸部贴布自然回缩后缝制。拉链使用平缝机车缝，确保不露齿。袖口对前后夹缝。

拉链长度计算：身长加上前领深度即为拉链长度。

（五）青果领开襟长袖男装工艺设计

1.青果领开襟长袖男装款式和花型分析

该款男装采用的是青果领开襟长袖的款式设计，领口的款式风格为翻领对襟，领座和领面与门襟相连为一体，后领的总高度为14.5cm，前领自然翻转折叠为驳领式，后领对半翻转折叠。前门襟的宽度为9cm，从领口的前领端翻领处到衣摆装有一条金属拉链。前身上有两个贴袋，袋身折出装饰贴条，袋盖采用开扣眼设计，扣子使用四眼树脂扣。衣袖为长袖，袖口采用8cm高的罗纹设计，衣身为直筒式，衣摆设计有8cm高的罗纹装饰（图3-67）。

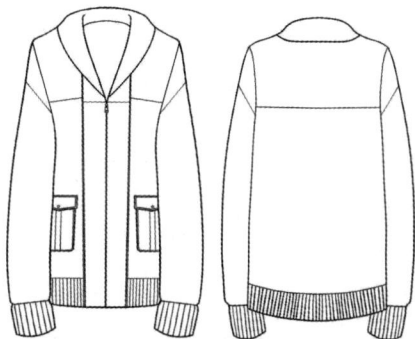

图3-67　青果领开襟长袖男装

该款男装采用了深灰和浅灰两种颜色进行设计，整体衣身为深灰色。然而，门襟、口袋和领底部分采用了浅灰色，领底的边缘露出一圈浅灰，这样的设计使领口的色彩呈现出变化，增加了装饰效果，类似于镶边的效果。

该款男装的领口采用了青果领开襟长袖设计，门襟部分采用了罗纹花型，领口处为底面异色空气层花型，衣身胸部以上采用了令士花型，胸部以下为纬平针花型，口袋采用了纬平针花型，衫摆和袖口处采用了罗纹花型。袖子的袖山部分与胸部连接处以上采用了令士花型，以下为纬平针花型。该款服装在花型外观上，空气层花型、罗纹和纬平针花型非常相似，胸部以上还设计了令士花型，使花型形式多样。

2.青果领开襟长袖男装编织花型和用材分析

整件服装采用了单边令士编织，弯夹式开胸口袋设计，口袋为六角明袋，平车缝合时采用了加里布做法。拉链使用了1.5针5条羊毛开胸车拉链。衣摆部分采用了罗纹做法，大身采用了直筒式设计。口袋采用了中折缝，以保持立体效果。口袋和胸贴为B色，大身为A色。衫脚做2×1。

3.青果领开襟长袖男装编织工艺计算

首先确定毛料、针种和厚度，然后按照原版组织，确定相关的字码和平方密度。衣身字码和平方密度如图3-68所示，衫脚字码和平方密度如图3-69所示。

图3-68　衣身字码和平方密度

图3-69　衫脚字码和平方密度

测量原版部位尺寸测量，根据制单尺寸或者客户提供的原版量出尺寸，见表3-20。

表3-20　苹果领开襟长袖男装尺寸（M码）

序号	尺寸标签	度量方法	尺寸（cm）
1	胸宽	手工测量	54.00
2	肩宽	手工测量	49.00
3	后领中至下摆长度	手工测量	70.00
4	夹宽斜度	手工测量	24.00
5	上胸围	—	—
6	膊斜	手工测量	2.50
7	领宽	手工测量	29.00
8	前领深	手工测量	21.00
9	后领深	手工测量	2.50
10	腰宽	—	—
11	腰距	—	—
12	下脚宽	手工测量	50.00
13	领贴高	手工测量	14.00
14	衫脚高	手工测量	6.00
15	袖咀高	手工测量	6.00
16	袖口宽	手工测量	10.00
17	袖长膊边度	手工测量	62.00
18	袖宽	手工测量	18.00
19	口袋宽	手工测量	14.00
20	口袋高	手工测量	15.00
21	口袋贴高	手工测量	5.50
22	胸贴高	手工测量	8.00

编织工艺计算步骤及方法见表3-21～表3-23。

表3-21　后幅衣片计算步骤3

序号	后幅部位	计算方法	备注
1	后胸宽针数	（袖宽-折后1cm）×横密+缝耗	缝耗1～2支针
2	后领宽针数	（领宽-2cm）×横密	领宽易烫大宜做小
3	后领底平位针数	后领宽针数×0.7	—
4	膊宽针数	膊宽×横密×修正值+缝耗	修正值0.95
5	每边收针针数	（后肩宽针数-膊宽针数）÷2	—
6	脚高转数	脚高×脚直密	—
7	后身长转数	（身长-脚高）×直密+缝耗	缝耗1～2转

序号	后幅部位	计算方法	备注
8	膊斜转数	膊斜2.5cm高	根据单肩大小而定
9	后夹宽转数	夹宽直度×直密×修正值	修正值0.93
10	夹花高转数	后夹宽转数÷2.5	一般在7.5cm左右
11	后袖尾缝位转数	后夹宽转数÷5	或根据袖尾来计算
12	夹中位转数	后夹宽转数-夹花高-后袖尾转数	—
13	夹下转数	后身长转数-膊斜-后夹宽转数	—
14	后领深转数	（后领深-0.5）×直密	肩骨走后，宜-0.5

表3-22　前幅衣片计算步骤3

序号	前幅部位	计算方法	备注
1	前胸宽针数	后胸宽针数+2cm针数-胸贴高×2+缝耗	身侧骨走后宜大
2	前领宽针数	后领宽针数-胸贴高×2+缝耗1cm	—
3	前领底平位针数	取1~3支	V领取1~3支
4	前膊宽针数	后肩宽针数-胸贴高×2+缝耗1cm	—
5	每边收针针数	（前胸宽针数-膊宽针数）÷2	—
6	脚高转数	脚高×脚直密	—
7	前身长转数	后身长转数+1cm的转数	前肩骨走后宜大
8	膊斜转数	膊斜2.5cm高	根据单肩大小而定
9	前夹宽转数	后夹宽转数+1cm的转数	—
10	夹花高转数	后夹宽转数÷2.5	一般在7.5cm左右
11	前袖尾缝位转数	后袖尾缝位转数+1cm的转数	—
12	夹中位转数	后夹宽转数-夹花高-后袖尾转数	—
13	夹下转数	后身长转数-膊斜-后夹宽转数	—
14	口袋记号宽	（口袋宽-0.5）×横密	两边各扭位做记号，所以要减小0.5
15	口袋记号高	（口袋宽-0.5）×直密	上下各扭位做记号，所以要减小0.5

表3-23　袖片计算步骤3

序号	袖子部位	计算方法	备注
1	袖宽针数	袖宽×2×横密×1.05	幅片小，易拉长变小，所以做大一点
2	袖脚宽针数	袖脚宽×2×横密×因素	因素约1.3，具体根据罗纹组织而定
3	袖尾宽针数	（前袖尾缝位转数+后袖尾缝位转数）÷直密×横密	或直接定尺寸
4	袖加针数	（袖宽针数-袖脚宽针数）÷2	—
5	袖收针数	（袖宽针数-袖尾宽针数）÷2	—
6	袖脚高转数	袖脚高×脚直密	—

序号	袖子部位	计算方法	备注
7	袖长转数	（袖长−袖脚高）×直密×0.96	幅片小，易拉长变小，所以做短点
8	袖山高转数	（后夹宽转数−后袖尾缝位转数）×因素	因素0.95，做小些
9	袖底平位转数	一般做3.5cm	—
10	袖加针转数	袖长转数−袖山高转数−袖底平位转数	—

4.编织工艺指示

按照步骤计算并写出工艺指示，如图3-70～图3-73所示。

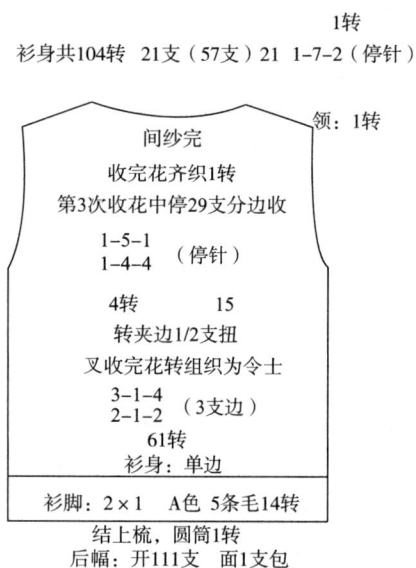

图3-70 后幅计算及工艺指示3

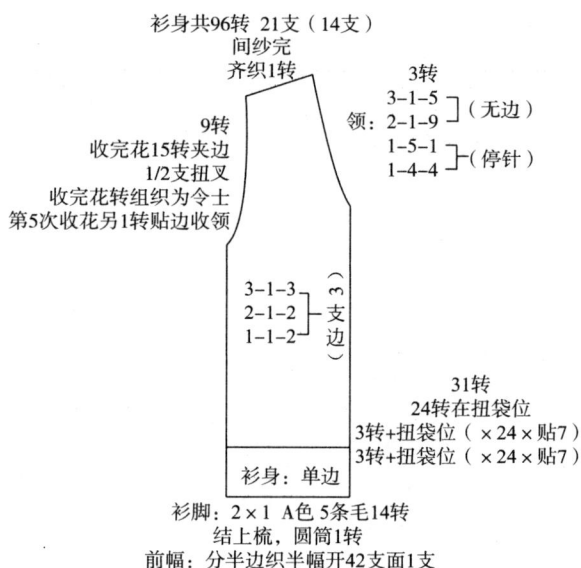

图3-71 前幅计算及工艺指示3

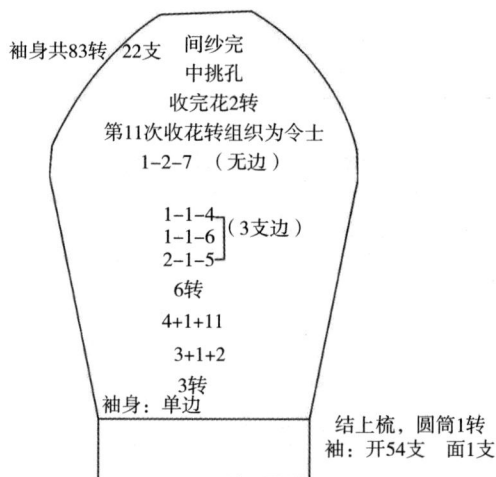

图3-72 袖片计算及工艺指示3

袋盖1.5针B色5条毛

单边5支拉23/8英寸

1转

1–5–2

1–4–1

6转

平半转

（2条）袋盖：开30支1×1上梳，圆筒半转

胸贴1.5针B色5条毛单

边5支拉23/8英寸

间纱完

放眼半转，毛1转

75转

2–1–3

3–1–5　（无边）

4–1–4

24转

4+1+3

3+1+5

2+1+4

75转　　240转

以上分左右收

平半转

（2幅）胸贴：开17支　1×1上梳，圆筒半转

衫袋1.5针B色5条毛

单边5支拉23/8英寸

间纱完

放眼半转，毛一转

1转

1–2–2

1–1–1　（无边）

21转

单边　中留6支抽空一支

平半转

（2幅）衫袋：开30支　1×1上梳，圆筒半转

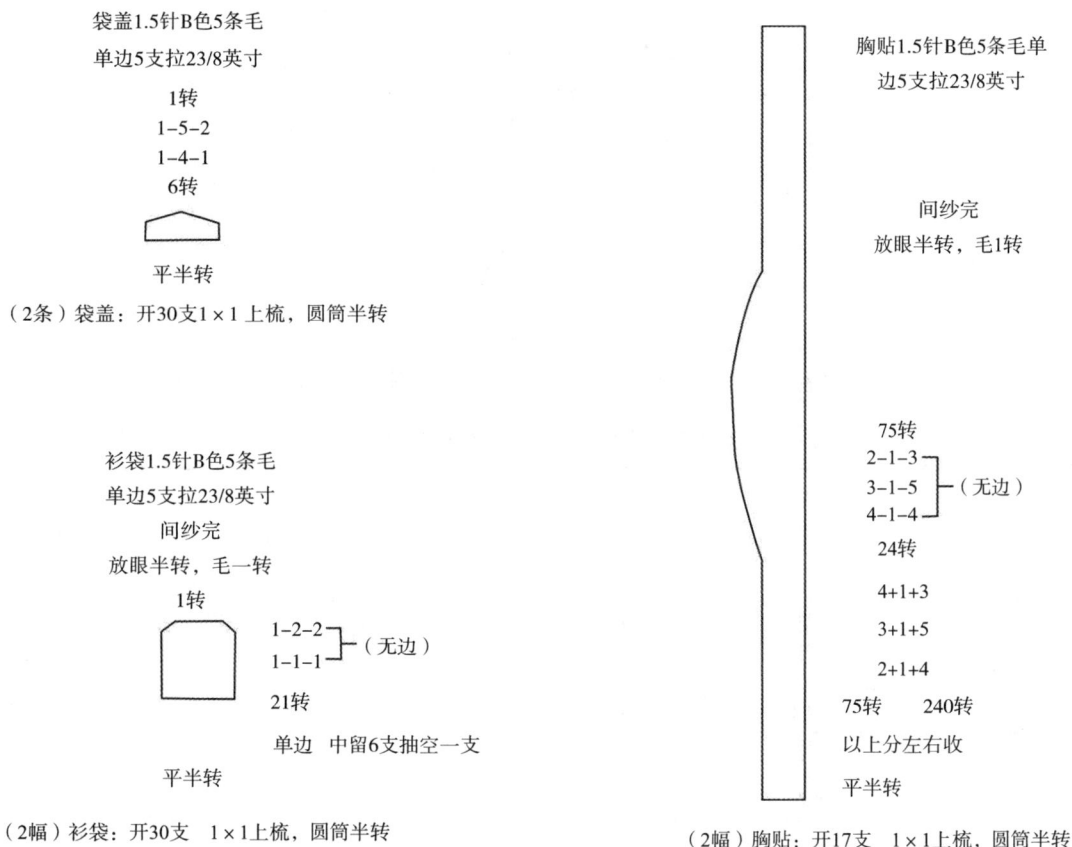

图3-73　零部件计算及工艺指示3

5. 青果领开襟长袖男装编织要求

夹收针的速度由快至慢，袖夹则由慢至快，这样的处理才能使夹型的弧度更美观。袖子的加针也是先慢后快的顺序，先编织后增加针数。肩膀的两种处理方式：采用铲针做法制作的衣服更为精致美观，但需要在缝合时进行锁眼处理，因此缝盘成本相对较高；而采用锁边做法制作的衣服相对不那么精致，但缝合过程更加方便，成本也更低。缝口袋时，内部使用了布料，采用了六角明袋的设计，口袋中的折缝增加了立体感。袋盖为尖角。胸贴和领口都进行了记号缝，拉链车法采用了露齿车法。开胸款式、肩部标记、夹下部分，以及衣摆部分都分别进行了缝合和水洗处理。

二、套头衫工艺设计

（一）女圆领平肩收腰型长袖横编针织服装工艺设计

1. 圆领平肩平袖横编针织服装款式与规格尺寸

圆领平肩平袖横编针织服装的平面款式如图3-74所示，规格尺寸见表3-24。要求：使用28/2公支羊绒纱线；12针机型；领子、下摆及袖口组织1×1罗纹，大身组织纬平针；下摆及袖口罗纹加150旦弹力丝；挂肩采用夹4支边收针，大身10转拉3.7cm。

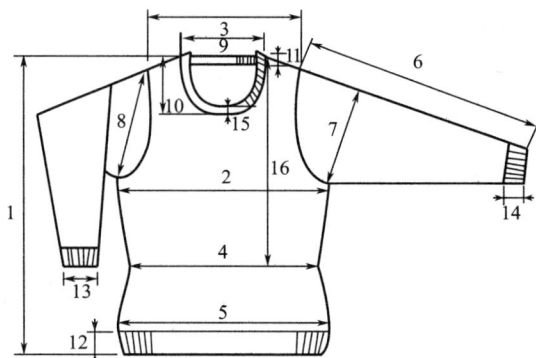

图3-74 女圆领平肩收腰型长袖横编针织服装平面款式图

表3-24 女圆领平肩收腰型长袖横编针织服装规格尺寸表 单位：cm

序号	部位名称	尺寸	序号	部位名称	尺寸
1	衣长	60	9	领宽	20
2	胸宽	48	10	前领深	11
3	肩宽	37	11	后领深	2
4	腰宽	45	12	下摆罗纹高	6
5	下摆宽	49	13	袖口罗纹宽	9
6	袖长	54	14	袖口罗纹高	6
7	袖宽	16	15	领条高	3
8	挂肩	20.5	16	腰距	36

2. 成衣测量方法

为了准确理解并掌握女装圆领平肩收腰型长袖纬平针横编针织服装的规格尺寸，需要仔细阅读尺寸表，并对照平面款式图上的尺寸标注，以理解和掌握每个部位尺寸的测量要求。

（1）成形服装的测量方法。首先，将成衣轻轻地自然摊开放在光滑的桌面上，注意不要过度拉伸。然后，使用标准的皮尺来测量以下各个部位的尺寸。

①衣长。从领肩缝线处（内肩点）垂直度量到下摆罗纹边缘的长度。

②胸宽。在袖窿点（挂肩底部）下2~2.5cm横量，测得的最大宽度。

③肩宽。测量左、右两侧肩与袖子缝线（外肩点）之间的宽度。

④腰宽。从内肩点垂直向下按腰距尺寸取得腰节的位置，在此位置横向量取的宽度。

⑤下摆宽。在下摆罗纹与大身交界处向上1~2cm处横量所得的最大宽度。

⑥袖长。从肩与袖子缝线（外肩点）直量到袖口罗纹边缘的长度。

⑦袖宽。从袖窿点到袖中线的垂直距离。

⑧挂肩。从袖窿点到外肩点的直线长度，称为挂肩斜量（度）。此处的量法另有垂直量和弯量，弯量是指沿着袖窿曲线度量袖窿点与外肩点的长度，对工艺要求最严谨。

⑨领宽。两侧领子与肩缝线之间的长度。

⑩前领深。内肩点与前领底缝线之间的垂直距离。

⑪后领深。内肩点与后领底缝线之间的垂直距离。

⑫下摆罗纹高。从下摆罗纹与大身交界线到罗纹边缘的垂直距离。

⑬袖口罗纹宽。袖口罗纹边缘的宽度（或有指定的袖口中部或上部交界线的宽度）。

⑭袖口罗纹高。从袖口罗纹与大身交界线到罗纹边缘的垂直距离。

⑮领高。是指领罗纹的高度。

（2）理解成形工艺要求。

①确认编织使用的纱线。大身使用28/2公支羊绒纱线，下摆、袖口使用150旦弹力丝。

②确认使用的横机机型为12针机型。

③确认使用的收针方式：挂肩采用夹4支边有边收针方式；其他未注明的使用无边收针。

3. 确认大身及领、袖、下摆组织及花型

确认成形服装的织物组织要求：领罗纹、袖口罗纹、下摆罗纹为1×1罗纹，大身为纬平针组织。

4. 确认织片密度

（1）试样制作。制作开针150针、罗纹20转、大身纬平针100转的试样，在12针机上试织样片，罗纹加弹力丝，使拉密值达到罗纹10转拉3.7cm，大身10转拉3.7cm。

（2）后整理处理。使用净洗剂209净洗10min，使用缩绒剂3%，浴比1∶15，水温35~40℃，缩绒时间15min，脱水时间3min，烘干温度65℃，烘干时间20min；轻微整烫。

（3）成形工艺参数测定。

①整体尺寸测量法。将后整理后的试样成品轻轻地放置在平整的桌面上，确保在纵、横方向不进行拉伸。使用直尺测量罗纹、大身织物中部的宽度和总高度，然后将开针数、转数分别除以宽度、高度的尺寸，得出横密（针/cm）、纵密（转/cm）的数据。这种方法能够有效地模拟衣片的自然状态，方便进行尺寸测量。

②长度固定测量法。将试样成品放置在平整的桌面上，使用直尺压住试样的中心部位。细针机使用10cm的长度，粗针机使用20cm的长度来测量纵、横向的线圈数，从而得出单位长度内的纵向行数或横向列数。

本例使用试样整体尺寸测量法测得：纬平针横密6.4针/cm，纵密4.6转/cm；罗纹纵密5.4转/cm；领罗纹纵密5.8转/cm。

5. 成形工艺设计

（1）款式分析与衣片结构分解。

①分析款式。这款成形服装采用了斜肩、收腰、装袖的设计，肩部呈倾斜状态，腰部结构收紧，袖子为平袖。

②衣片结构分解。根据平面款式图的特征，将成衣分为前片、后片、袖片、领条四个组成部分，详见图3-75。在设计过程中，清楚地了解衣片的外形轮廓对于制定衣片成形工艺至关重要。

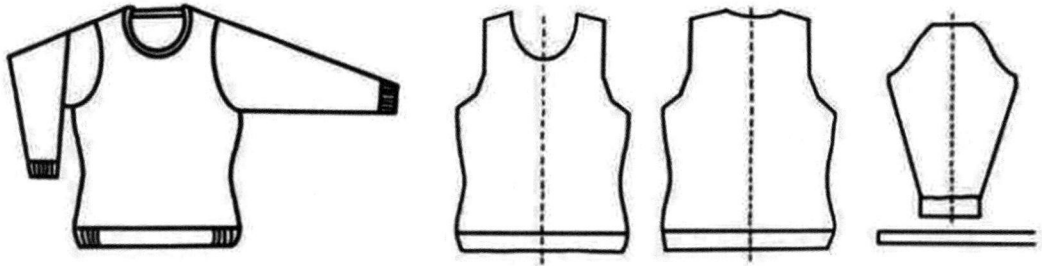

图3-75　女圆领平肩收腰型长袖横编针织服装衣片结构分解示意图

（2）后片成形工艺设计。设：衣片后折宽为1cm，边缝套口缝耗为2针，纵向缝耗为1转，肩宽修正系数为0.92，领宽修正系数为0.97，后领平收系数为0.7，下摆、腰节、挂肩以下平摇高均为3cm。

①胸宽针数=（胸宽−后折宽）×横密+缝耗针数×2=（48−1）×6.4+2×2=304.8（针），修正为305针。

②腰宽针数=胸宽针数−（胸宽−腰宽）×横密=305−（48−45）×6.4=285.8（针），修正为285针。

③下摆宽针数=胸宽针数−（胸宽−下摆宽）×横密=311（针）。

④肩宽针数=肩宽×肩宽修正系数×横密+缝耗×2=37×0.92×6.4+2×2=221.856（针），修正为221针。

⑤领宽针数=领宽×领宽修正系数×横密−缝耗×2=20×0.97×6.4−2×2=120.16（针），修正为121针。

⑥衣长总转数=（衣长−下摆罗纹高）×纵密+纵向缝耗=（60−6）×4.6+1=249.4（转），取249转。

⑦罗纹开针设计：下摆罗纹开针数采用下摆针数直接转换法设计。

下摆开针数=下摆宽针数=311针。

罗纹组织为1×1罗纹，针床针对针、面包底，前床153条、后床152条。

空转设计：罗纹起底后设计空转1.5转，使罗纹边口饱满、光洁、美观。

罗纹转数=下摆罗纹高×罗纹纵密=6×5.4=32.4（转），取32转。加弹力丝。

⑧下摆平摇转数=下摆平摇高×纵密=3×4.6=13.8（转），取14转。

⑨腰节以下收针设计。

腰节以下收针针数=（下摆宽针数−腰宽针数）÷2=（305−285）÷2=13（针）。

腰节以下收针转数=（衣长−下摆罗纹高−腰距−腰节平摇高÷2−下摆平摇高）×纵密=（60−6−36−1.5−3）×4.6=13.5×4.6=62.1（转），修正为62转。

设腰节以下每次收针针数为1针。收针次数=收针针数÷每次收针针数=13÷1=13（次）。

每次收针转数=收针转数÷收针次数。此处为下摆平摇后的收针，收针方式为先收后摇，收针循环数需要减去1次。每次收针转数=收针转数÷（收针次数−1）=62÷（13−1）≈5.167（转）。

收针规律设计：每次收针转数结果为5.167转，转数介于5与6之间，将之拆分为相邻的两段收针规律：

$$\begin{cases} 5-1\times n_{31} \\ 6-1\times n_{32} \end{cases} \rightarrow \begin{cases} n_{31+}n_{32}=13-1 \\ 5n_{31}+6n_{32}=62 \end{cases} \rightarrow \begin{cases} n_{31}=10 \\ n_{32}=2 \end{cases} \rightarrow \begin{cases} 5-1\times(10+1) \\ 6-1\times 2 \end{cases}$$

收针规律为5-1×9（先收）、6-1×3。此处按先陡后平收针。

⑩腰节平摇转数=腰节平摇高×纵密=3×4.6=13.8（转），取14转。

⑪腰节以上放针设计。

腰节以上放针针数=（胸宽针数–腰宽针数）÷2=10（针）。

腰节以上放针转数=放针高度×纵密=（腰距–肩斜高–挂肩高–挂肩以下平摇–

腰节平摇高÷2）×纵密

肩斜高=单肩宽×0.375=（肩宽针数–领宽针数）÷2÷横密×0.375

=（221–121）÷2÷6.4×0.375≈2.93（cm）。

挂肩高=$\sqrt{挂肩^2-\left[（胸宽–肩宽）÷2\right]^2}$=$\sqrt{20.5^2-\left[（48–37）÷2\right]^2}$≈19.75（cm）。

腰节以上放针转数=（36–3–19.75–2.93–1.5）×4.6=40.572（转），取40转。

放针设计：此处是在腰节平摇后放针，因此放针方式为先放后摇，每次放1针。每次放针转数=40÷（10–1）=4.44（转），分解为两段放针：

$$\begin{cases} 4+1\times n_{31} \\ 5+1\times n_{32} \end{cases} \rightarrow \begin{cases} n_{31}+n_{32}=10-1 \\ 4n_{31}+5n_{32}=40 \end{cases} \rightarrow \begin{cases} n_{31}=1 \\ n_{32}=8 \end{cases} \rightarrow \begin{cases} 4+1\times(5+1) \\ 5+1\times 4 \end{cases}$$

得放针规律为：4+1×6（先收）、5+1×4。此处按先平后陡放针。

⑫挂肩以下平摇转数=平摇高×纵密=3×4.6=13.8（转），取14转。

⑬挂肩收针设计。根据成形服装编织设计基本原理，将挂肩设计为平收针、斜收针及平摇三段。本例挂肩收针高度采用比例设计法。

挂肩收针针数=（胸宽针数–肩宽针数）÷2=（305–221）÷2=42（针）。

挂肩高转数=挂肩高×纵密=19.75×4.6=90.85（转），取91转。

挂肩平收针：在挂肩底部设计1.5cm的平收针段。平收针针数=平收针宽度×横密=1.5×6.4=9.6（针），取10针。

挂肩收针针数=挂肩收针针数–平收针针数=42–10=32（针）。

挂肩收针转数=收针长度×1.25×纵密=收针针数÷横密×1.25×纵密=42÷6.4×1.25×4.6≈37.73（转），取38转。

每次收针针数设计：本款在挂肩收针段做收针夹花（有边收针）效果，拟夹4支边收针。衣片采用12针（细针）机编织，设每次收2针。

收针设计：按比例法进行设计，拟分成3段收针，将38转数按2：3：4分成8转、13转、17转三段，横向32针分为10针、12针、10针三段得出三个三角形，针数不能均分时调整到中间段，尽量调整为每次收针数的倍数，多余针数放到第一段或最后一段再调整。

第一段收10针、摇8转：收针次数=收针针数÷每次收针针数=10÷2=5（次）。每次收针转数=收针转数÷收针次数=8÷5=1.6（转），分成两段收针，解得：1-2×2，2-2×3。

第二段收12针、摇13转：收针次数=12÷2=6（次），收针转数=13÷6≈2.17（转），分成两段收针，解得：2-2×5，3-2×1。

第三段收10针、摇17转：收针次数=10÷2=5（次），收针转数=17÷5=3.4（转），分成两段收针，解得：3-2×3，4-2×2。

按先平后陡的顺序将收针规律汇总得到四段收针规律：平收10针，1-2×2，2-2×8，3-2×4，4-2×2。

⑭挂肩以上平摇设计。本例挂肩以上不做放针设计，收针后平摇到外肩点。

挂肩以上平摇转数=挂肩高转数-挂肩收针转数=91-38=53（转）。

⑮上袖记号点设计。记号点位置距离外肩点的距离为袖山头宽度的一半。

设：缝合系数为45%。

记号点位置距离外肩点转数=袖山头宽度÷2×纵密=挂肩高×缝合系数÷2×纵密=19.75×45%÷2×4.6≈20.44（转），取20转。

记号点距离收针结束点转数=挂肩以上平摇转数-记号点位置距离外肩点转数=53-20=33（转）。

⑯收肩设计。

收肩针数=（肩宽针数-领宽针数）÷2=（221-121）÷2=50（针）。

收肩转数=肩斜高×纵密=2.93×4.6=13.478（转），取14转。

收针设计：肩部针数较多、转数较少，使用持圈收针（铲针）法，每次收针转数为1转。收针时在挂肩平摇之后，采用先收针方式，收针结束后平摇1转。

每次收针针数=收针针数÷收针转数=50÷14≈3.57（针），分为两段收针，肩部收针规律解得：1-3×6（先收），1-4×8，平1转。此处收针先陡后平。

⑰后领开领。

领底平收针针数=领宽针数×后领平收系数=121×0.70=84.7（针），取85针。

领边收针针数=（领宽针数-领底平收针针数）÷2=（121-85）÷2=18（针）。

开领转数=后领深×纵密=2×4.6=9.2（转），取9转。

收领规律设计：收针针数为18针、转数为9转，设收针后平摇1转、每转收1次。

每次收针针数=收针针数÷（收针转数-1）=18÷（9-1）=2.25（针），分为两段收针。

收针规律：按方程式法解出规律，为1-3×2（先摇），1-2×6。

汇总后开领编织规律：领底平收85针，1-3×2（先摇），1-2×6，平1转。

⑱转数校验。衣长总转数=下摆平摇转数+腰节以下收针转数+腰节平摇转数+腰节以上放针转数+挂肩以下平摇转数+挂肩收针转数+挂肩以上平摇转数+收肩转数=14+62+14+40+14+38+53+14=249（转），与设计值相符。

（3）前片成形工艺设计。设：衣片后折宽为1cm，边缝套口缝耗为2针，纵向缝耗为1转，肩宽修正系数为0.93，领宽修正系数为0.97，下摆平摇高、腰节平摇高、挂肩以下平摇高均为3cm。

①胸宽针数=（胸宽+后折宽）×横密+缝耗×2=（48+1）×6.4+2×2=317.6（针），修正为323针。

②腰宽针数=胸宽针数–（胸宽–腰宽）×横密=317–（48–45）×6.4=297.8（针），修正为297针。

③下摆宽针数=胸宽针数–（胸宽–下摆宽）×横密=323（针）。

④肩宽针数=后片肩宽针数=221针。

⑤领宽针数=后片领宽针数=121针。

⑥衣长总转数：考虑肩缝整烫的需要，应较后片长1cm。

⑦下摆罗纹编织设计。

罗纹开针设计：下摆罗纹采用下摆针数直接转换法设计。

下摆开针数=下摆宽针数=323针。罗纹为1×1罗纹，针床针对针、面包底，前床159条、后床158条。

空转设计：罗纹起底后设计空转1.5转，使罗纹边口饱满、光洁、美观。

罗纹转数=下摆罗纹高×罗纹纵密=6×5.4=32.4（转），取32转。加弹力丝。

⑧下摆平摇转数同后片，取14转。

⑨腰节以下收针规律同后片为7–1×9（先收），6–1×1。

⑩腰节平摇转数同后片，取14转。

⑪腰节以上放针规律同后片为4+1×6（先收），5+1×4。

⑫挂肩以下平摇转数同后片，取14转。

⑬挂肩收针设计同后片的设计方法。

前片挂肩收针针数=（前胸宽针数–肩宽针数）÷2=（317–221）÷2=48（针）。

较后片每侧收了6针，在后片收针规律基础上加上3次收针即可，同时使收针转数也增加，为了整烫时肩缝倒后，拟使前片挂肩以上转数比后片多1cm，即4～5转。在第1、第2次规律上增加次数。

后片规律为平收10针，1–2×3，2–2×6，3–2×5，4–2×2。

前片规律改为平收10针，1–2×4，2–2×8，3–2×5，4–2×2。

⑭挂肩以上平摇转数=后片转数=53（转）。

⑮记号点位置转数=后片记号点高度转数=71（转）。

挂肩收针结束至记号点高度转数=71–（38+5）=28（转）。

记号点以上平摇转数=后片记号点以上平摇转数+挂肩多收针转数=20+5=25（转）。

⑯收肩设计同后片，规律为1–3×6（先收），1–4×8，平1转。

前开领设计：

领宽针数=后领宽针数=121（针）。

领底平收针数=领宽针数÷3=121÷3，取41针。

每侧领收针针数=（领宽针数–领底平收针数）÷2=（121–41）÷2=40（针）。

前领深转数=前领深×纵密−上领缝耗转数=11×4.6−1=49.6（转），取50转。

转数校验：衣长总转数=下摆平摇转数+腰节以下收针转数+腰节平摇转数+腰节以上放针转数+挂肩以下平摇转数+挂肩收针转数+挂肩以上平摇转数+收肩转数=14+62+14+40+14+43+53+14=254（转）。

多了5转，前片挂肩以上长了1cm。

（4）袖子成形工艺设计。设：边缝套口缝耗为2针，纵向缝耗为1转，袖挂肩以下平摇高为3cm。袖长修正系数为0.95，袖宽修正系数为1.05，袖口修正系数为1.35，袖山高修正值为1.5cm，缝合系数为0.45。

①袖宽针数设计。

袖子开针数少，卷取拉力相对较大，编织后形成纵松横紧的现象。设袖宽修正系数为1.05。

袖宽针数=袖宽×2×袖修正系数×横密+缝耗×2=16×2×1.05×6.4+2×2=219.04（针），取219针。

②袖口针数计算。

根据平面款式图测量示意，袖口宽为罗纹口宽，需要进行修正，设修正系数为1.35。

袖口针数=袖口宽×2×袖口修正系数×横密+缝耗×2=9×2×1.35×6.4+2×2=159.52（针），取159针。

③袖山头针数设计。

袖山头针数=袖山宽度×横密+缝耗×2=挂肩高×缝合系数×横密+缝耗×2=19.75×0.45×6.4+2×2=60.88（针），取61针。

④袖山高收针转数计算。

$$袖山高转数=袖山高×纵密$$

袖山高收针转数=（袖山高+袖山高修正值）×纵密=（$\sqrt{挂肩^2+袖宽^2}$+袖山高修正值）×纵密=（$\sqrt{20.5^2+16^2}$+1.5×4.6=（12.81+1.5）×4.6=65.826（转），取66转。

⑤袖山收针设计。

袖挂肩平收针设计：取袖挂肩平收针数与大身相同，取10针。

袖山收针针数=（袖宽针数−袖山头针数）÷2=（219−61）÷2=79（针）。

每侧斜收针数=袖山收针针数−袖挂肩平收针针数=79−10=69（针）。

每侧收针转数=袖山高收针转数=66（转）。

收针设计：本款为女装，袖山采用S袖的收针方式，美观贴体。

将收针针数69针按3∶2∶3分成26、17、26三段，考虑夹花收针，将中间的奇数针调整，得26、16、27三段；纵向转数按2∶3∶2分成三段，考虑收针方式为先摇后收，最后平摇1转结束，转数分为19、27、19。解出三个三角形的收针规律：第一段18转收26针，得1−2×7.2−2×6；第二段27转收16针，得3−2×5.4−2×3；第三段19转收27针，得2−2×6.1−2×6.1−3×1。将三段收针规律按先平后陡再平的顺序汇总为平收10针，1−2×7.2−2×6，3−2×3，4−2×3，3−2×2，2−2×6.1−2×6（无边）、1−3×1（无边），平1转，夹4支边收针。

⑥袖挂肩以下平摇转数。

袖挂肩以下平摇转数=平摇高×纵密=3×4.6=13.8（转），取14转。

⑦袖身放针设计。

放针针数=（袖宽针数−袖口针数）÷2=（219−159）÷2=30（针）。

袖长转数=（袖长−袖口罗纹高）×袖长修正系数×纵密+上袖缝耗=（54−6）×0.95×4.6+1=210.76（转），取211转。

放针转数=袖长转数−袖山收针转数−袖挂肩以下平摇转数−袖山头缝耗=211−66−14−1=130（转）。

放针设计：袖放针采用袖口罗纹翻针后先放的方式，设每次放针转数为1针。

放针次数=每侧放针针数÷放针针数=30÷1=30（次）。

每次放针转数=放针转数÷（放针次数−1）=130÷（30−1）≈4.48（转）。

放针设计：分为两段规律放针。解得：4+1×16（先放），5+1×14。

⑧袖口罗纹编织设计。

罗纹开针设计：袖罗纹采用袖口宽针数直接转换法。

开针数=袖口针数=159针。下摆组织为1×1罗纹，针床相对针相错、面包底，前床79针、后床78针。

空转设计：罗纹起底后设计空转1.5转，使罗纹边口饱满、光洁、美观。

罗纹转数=袖罗纹高×罗纹纵密=6×5.4=32.4（转），取32转。加弹力丝。

⑨袖上头做记号。设计中前片挂肩以上比后片长了5转，折合约1cm，合肩后肩缝线后折约0.5cm，因此袖山头中点偏前0.5cm，合为4针。即袖中挑孔记号偏后4针：33v27，左右片对称。

⑩转数校验。

袖长总转数=袖身放针转数+挂肩以下平摇转数+袖山转数=130+14+66=210（转）。

袖山织完后主纱加1转用于缝合。

（5）领条成形工艺设计。

①领条长度计算。已知：本款成形服装领深11cm、领宽20cm，属于U形领。

领圈周长=领宽÷2×3.14+（领深−领宽÷2）+领宽=20÷2×3.14+11×2=31.4+22=53.4（cm）。

②选择缝盘机号。套口机机号选用比衣片编织机号大2~4个机号。本衣片采用12针横机进行编织，本例选用16机号，机号为每英寸16针，领条针数采用缝盘机计算法，计算时需要进行转换。

③开针数设计。

开针数=领条长÷2.54×套口机号=53.4÷2.54×16=336.4（针）。取开针数为337针。

④罗纹平摇转数设计。

罗纹平摇转数=领罗纹高×罗纹纵密=3×5.8=17.4（转），取17转。

⑤领条编织设计。开针339针，1×1罗纹，单层领，面包底，空转1.5转，平摇17转，翻针，松0.5转废纱封口，挑记号眼。

⑥记号点设计。

A.领条上法。领条为单层领，自成衣左肩缝线后1.5cm处开始套缝，至左肩缝线、前领左平摇段、左斜收段、领底平收段、右斜收段、右平摇段、右肩缝线、后领止，在上述线段两端设记号点。

B.计算各线段长度。领条长度分段如图3-76所示。

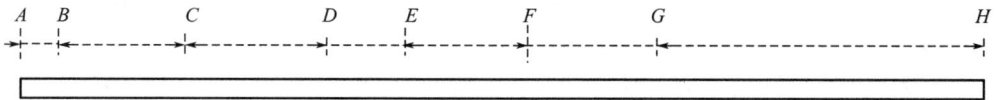

图3-76　领条记号位置示意图

A—领接头　BC—左前领平摇段　DE—前领底平摇针段　FG—右前领平摇段
B—左肩缝点　CD—左前领收针段　EF—右前领收针段　GH—后领宽-1.5cm

AB线段长设为1.5cm，AB=1.5÷53.4×339≈9.2（针），取9针。

BC为平摇段，共15转，BC=15÷4.6÷53.4×339≈20.70（针），取21针。

DE段为领底平收针41针，DE=41÷6.4÷53.4×339≈40.67（针），取41针。

后领宽GH取为领宽20cm，GH=（20-1.5）÷53.4×339≈117.44（针），取117针。

FG=BC=27（针）。

CD=EF=（开针数-AB-BC-DE-GH-FG）÷2=（337-9-27-27-41-117）÷2=58（针）。

挑记号顺序：9v26v57v40v57v26v116。

（6）各衣片工艺单。女圆领平肩收腰长袖横编针织服装工艺单如图3-77所示。

图3-77　女圆领平肩收腰长袖横编针织服装工艺单

6.缝制工艺设计

（1）套缝工艺流程。衣片封口→合肩→绱袖→合肋缝→绱领→手缝接头→拆废纱→钩线头。

（2）套口机机号与缝线。

①套口机号：16G。

②缝线：后领平位1条原身毛纱紧套，其他全部1条原身毛纱+1条PP线套缝。

（3）套缝要求。

①封口：后片、前领底、袖山头要求针对针封口，封口线在废纱下2横列。

②合肩：按挑孔记号处套斜，针对针合肩。

③绱袖：袖和大身收针下2横列（皮）起套。袖子中心记号对肩缝向前片移4支针。均套2支针，线迹松紧适宜，套夹边要求拉长套口，注意要有弹性。

④合肋缝：袖边及下摆罗纹高低对齐。袖窿点（腋下）交叉缝对齐，均套进2支针，线迹松紧适宜。

⑤绱领：领条按记号套上，套口时要求吃势均匀，斜位对称，平位套在封口线下2横列（皮）。均套2支针，对位准确，领子圆顺。

（二）圆领收腰女套衫服装工艺设计

1.工艺设计要求

（1）确定产品款式、测量部位及成品规格尺寸，见表3-25。

表3-25 圆领收腰女套衫成品规格

编号	1	2	3	4	5	6	7	8	9	10	11
部位	胸宽	衣长	袖长	挂肩	肩宽	袖宽	下摆罗纹高/宽	袖口罗纹高/宽	后领宽	前领深/后领深	领口罗纹高
尺寸（cm）	49	57.5	73	21	37	16	7.5/40	10.5/8.5	24.5	9/25	3.3

（2）确定横机机号、坯布组织结构和成品设计密度，见表3-26。

表3-26 横机机号、坯布组织结构和成品设计密度1

规格（cm）	机号（E）	纱线		坯布组织			衣身成品设计密度	
		线密度（tex）	公支（Nm）	前后身、袖子组织	下摆袖口罗纹组织	领口罗纹组织	纵密（纵行数/10cm）	横密（横列数/10cm）
100	12	41.7×2	24/2	纬平针	2+2罗纹	2+2罗纹	56	85

2.编织操作工艺单

图3-78（a）~（d）展示了圆领收腰女套衫的工艺设计。图3-78（a）描绘了该款服装前片的工艺设计，图3-78（b）则呈现了后片的工艺设计，图3-78（c）展示了袖片的工艺设计，而图3-78（d）则展示了领口罗纹的工艺设计。

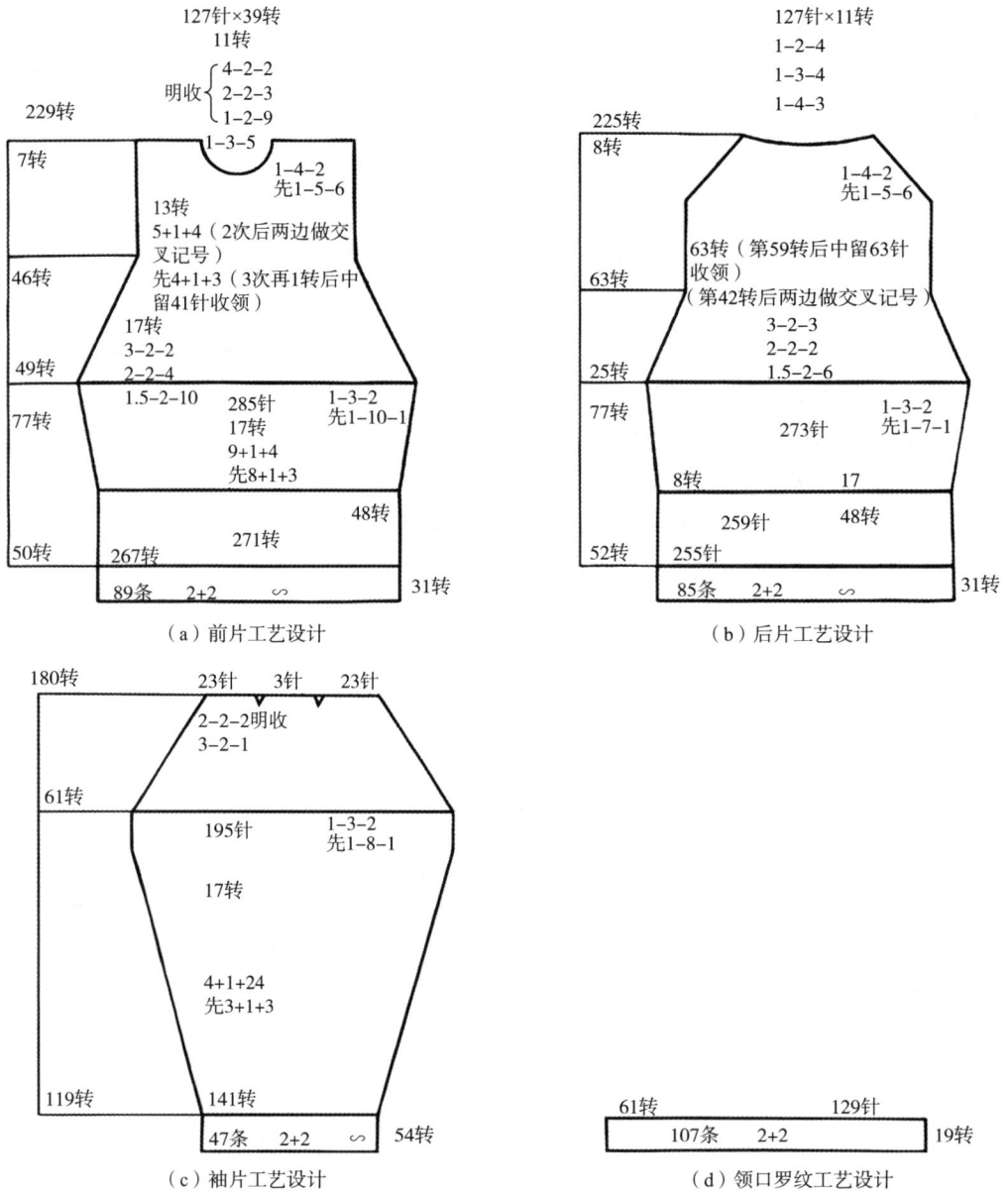

（a）前片工艺设计

127针×39转
11转
明收 { 4-2-2 / 2-2-3 / 1-2-9 }
1-3-5
229转
7转
13转
5+1+4（2次后两边做交叉记号）
先4+1+3（3次再1转后中留41针收领）
1-4-2
先1-5-6
46转
17转
3-2-2
2-2-4
49转
1.5-2-10
285针
17转
9+1+4
先8+1+3
1-3-2
先1-10-1
77转
50转
267转
271针
48转
89条 2+2 ∽ 31转

（b）后片工艺设计

127针×11转
1-2-4
1-3-4
1-4-3
225转
8转
1-4-2
先1-5-6
63转（第59转后中留63针收领）
（第42转后两边做交叉记号）
3-2-3
2-2-2
1.5-2-6
63转
25转
77转
273针
1-3-2
先1-7-1
8转
17
259针
48转
52转
255针
85条 2+2 ∽ 31转

（c）袖片工艺设计

180转
23针 3针 23针
2-2-2明收
3-2-1
61转
195针
1-3-2
先1-8-1
17转
4+1+24
先3+1+3
119转
141转
47条 2+2 ∽ 54转

（d）领口罗纹工艺设计

61转 129针
107条 2+2
19转

图3-78 圆领收腰女套衫工艺设计

3. 工艺说明

袖长的测量采用领口至袖口的方式；工艺单中的"∽"符号表示下摆或袖口使用与衣身或袖子颜色相同或相近的弹性丝（本款加2转）；下机密度为大身与袖子11～11.1目/英寸，下摆和袖口罗纹为3条/2.7～2.8cm，领口罗纹为3条/2.3～2.4cm；工艺中的"先"代表先收针或先放针。

关于下机密度的说明：

（1）下机密度是根据工艺要求来控制织物的松紧程度的指标，有多种操作方式，本工艺实例采用的是小拉密法。操作时，将织物沿纵向从正面折叠，用双手沿纵向拉起其反面，对准量尺的刻度，观察1英寸内织片共编织多少横行，1英寸内的编织行数越多，说明织物越紧密；反之则表示织物越松散。例如，工艺单规定的拉密为11～11.1目/英寸，表示使用一定的拉力将织物拉到11～11.1个横行，由于是手工操作，通常存在一定的误差，不会精确到某个数字，如11～11.1即留有一定的浮动范围。

（2）罗纹下机密度的控制，实例中的3条指的是2+2罗纹组织中的连续三组排针，每组排针为2针正1针反（如果是1-1罗纹组织，则每组为1针正1针反），三组即6针正3针反。操作时，在罗纹上选取连续的三组排针，双手拇指与食指各捏住两端对准量尺的刻度用力拉伸，拉伸至多少厘米，即是该罗纹的拉密（下机编织密度），拉密数字越大，织物越松散，反之则越紧密。例如，3条/2.7～2.8cm，表示2+2罗纹工艺要求将3条拉伸至2.7～2.8cm，若达不到或超出，则需要调整机器后重新编织。

（三）男V领背肩直筒型长袖横编针织服装成形工艺设计

男V领背肩直筒型长袖横编针织服装的平面款式图已在图3-79展示，规格尺寸表则呈现于表3-27。要求如下：选用28/2公支羊绒纱线；12针机型；领子和下摆采用2×1罗纹，大身采用纬平针组织；下摆和袖口罗纹需加入150旦弹力丝；挂肩使用夹4支边收针；大身以10转的拉力织出3.7cm的长度。

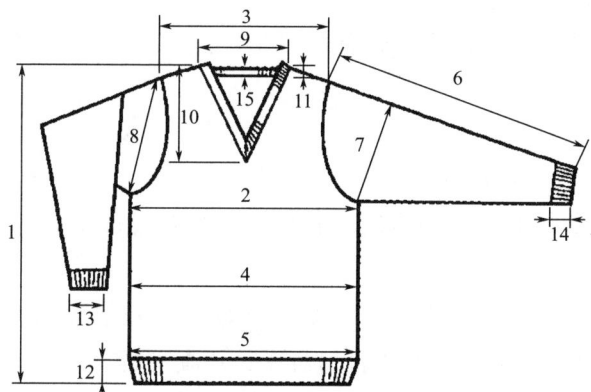

图3-79　男V领背肩直筒型长袖横编针织服装平面款式图

表3-27　男V领背肩直筒型长袖横编针织服装规格尺寸表

序号	部位名称	尺寸（cm）	序号	部位名称	尺寸（cm）
1	衣长	70	9	领宽	18
2	胸宽	50	10	前领深	18
3	肩宽	42	11	后领深	2
4	腰宽	50	12	下摆罗纹高	6
5	下摆宽	50	13	袖口罗纹高	10
6	袖长	58	14	袖口罗纹高	6
7	袖宽	17	15	领条高	3
8	挂肩	24			

1. 试样制作与密度测量

（1）试样制作首先进行，制作开针数量为150针、罗纹转数为20转、大身纬平针转数为100的试样。在12针机上，进行试织样片的制作，罗纹部分需要加入弹力丝，以确保拉密值达到罗纹10转拉3.7cm（5坑拉），大身部分需进行10转拉3.7cm（10支拉）的织造。

（2）后整理处理阶段，首先使用净洗剂209进行净洗，时间为10min，然后使用缩绒剂3%，浴比为1∶15，水温控制在35~40℃，缩绒时间为15min，脱水时间为3min，随后进行烘干处理，烘干温度设定为65℃，烘干时间为20min。最后进行轻微的整烫处理。

（3）成形工艺参数测定步骤包括将试样成品放置在光滑的桌面上，使用直尺测量罗纹和大身织物中部的宽度与总高度。将开针数和转数分别除以宽度和高度的尺寸，得出横向密度（针/cm）和纵向密度（转/cm）的数据。其中，纬平针的横向密度为6.4针/cm，纵向密度为4.6转/cm；罗纹的纵向密度为5.4转/cm；领口罗纹的纵向密度为5.8转/cm。确认成形服装的织物组织要求：下摆罗纹、袖口罗纹为2×1罗纹，领罗纹为1×1罗纹，大身为纬平针组织。

（4）成形工艺要求：

①确认编织使用的纱线。大身使用28/2公支羊绒纱线，下摆、袖口使用150旦弹力丝。

②确认使用的横机机型为12针机型。

③确认使用的收针方式。挂肩、后肩采用夹4支边有边收针方式；其他未注明的使用无边收针。

2. 成形工艺设计

（1）款式分析与衣片结构分解。

①款式分析。该款成形服装为直筒、背肩、装袖式设计，肩部具有倾斜度，袖子为平袖长袖。

②衣片结构分解。根据平面款式图的特征，将整件成衣分解为前片、后片、袖片、领条四个独立部件，详见图3-80。在设计过程中，清晰理解衣片的外廓十分重要，这有助于进行后续的衣片成形工艺设计。

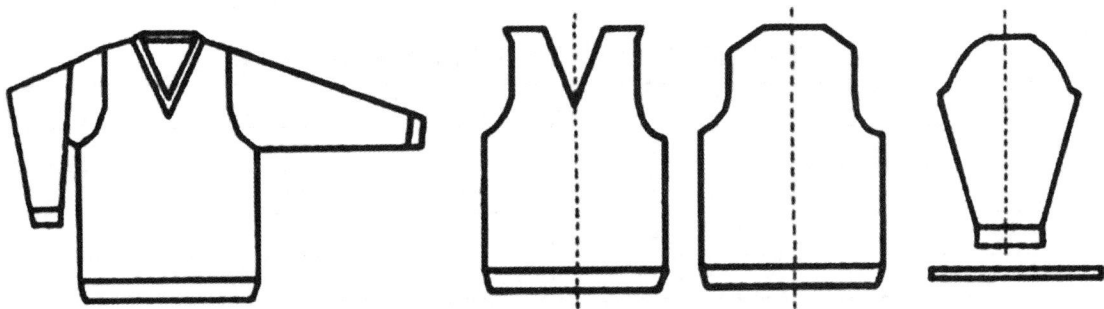

图3-80 男V领背肩直筒型长袖横编针织服装衣片结构分解示意图

（2）后片成形工艺设计。设：衣片后折宽为1cm，边缝套口缝耗为2针，纵向缝耗为1转，肩宽修正系数为0.95，领宽修正系数为0.97，后领底平收系数0.7。

①胸宽针数=（胸宽+后折宽）×横密+缝耗×2=（50-1）×6.4+2×2=317.6（针），修正为317针。

②下摆宽针数=胸宽针数-（胸宽-下摆宽）×横密=317（针）。

③肩宽针数=肩宽×肩宽修正系数×横密+缝耗×2=42×0.95×6.4+2×2=259.36（针），取259针。

④领宽针数=领宽×领宽修正系数×横密+缝耗×2=18×0.96×6.4+2×2=114.592（针），取115针。

⑤衣长总转数=（衣长-下摆罗纹高）×纵密+纵向缝耗=（66-6）×4.6+1=295（转）。

⑥下摆罗纹编织设计。

罗纹开针设计：下摆罗纹采用下摆针数直接转换法设计。

下摆开针数=下摆宽针数=317（针）。考虑到罗纹组织为2×1，罗纹循环数为3，修正为321针，胸围也修正为321针。

罗纹为2×1罗纹，针床相错、面包底，前床108条、后床107条。

空转设计：罗纹起底后设计空转1.5转，使罗纹边口饱满、光洁、美观。

罗纹转数=下摆罗纹高×罗纹纵密=6×5.4=32.4（转），取32转。加弹力丝。

⑦成衣肩斜高=单肩宽×0.375=（肩宽针数-领宽针数）÷2÷横密×0.375=（259-115）÷2÷6.4×0.375=11.25×0.375≈4.2（cm）。背肩型挂肩结构如图3-81所示，图中OB为成衣服装肩缝线，OK为后片肩线，OQ为前片肩线，KJ为后片肩斜高，BJ为成衣肩斜高，CK为后片挂肩高，BC为成衣挂肩高。

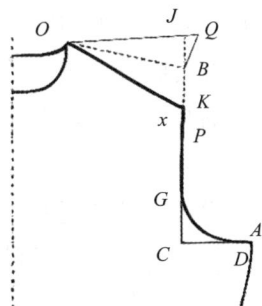

图3-81　背肩型挂肩示意图

因此，后片肩斜高=成衣肩斜高×2=4.2×2=8.4（cm）。

⑧成衣挂肩高=$\sqrt{挂肩^2-\left[（胸宽-肩宽）÷2\right]^2}=\sqrt{24^2-\left[（50-42）÷2\right]^2}≈23.66$（cm）。

后片挂肩高=成衣挂肩高-成衣肩斜高=19.46（cm）。

后片挂肩高转数=后片挂肩高×纵密=19.46×4.6=89.516（转），取89转。

⑨下摆以上挂肩以下平摇转。

平摇转数=衣长转数-（肩斜高+后片挂肩高）×纵密=276-（8.4+19.46）×4.6≈167（转）。

⑩挂肩收针设计。

挂肩收针针数=（胸宽针数-肩宽针数）÷2=（321-259）÷2=31（针）。

收针转数=收针高度×纵密。

设计：男装挂肩较大，收针高度采用三分设计法，即收针高度为三分之一成衣挂肩高。收针转数=挂肩高÷3×纵密=23.66÷3×4.6≈36.28（转），取36转。

收针设计：设挂肩底部平收2cm，后采用无边收针，细针机每次收2针。

平收针针数=收针长度×横密=2×6.4=12.8（针），取13针。

斜收针针数=挂肩收针针数−平收针针数=31−13=18（针）。

收针次数=斜收针针数÷每次收针针数=18÷2=9（次）。

收针设计方法：

三七法收针设计：按三七法将收针转数分成两段：11、25转，横向收针次数9次不能均分两段，分成4与5次，解出对应的三段收针规律为2−2×1，3−2×3，5−2×5。规律后边太陡且转数不连续，应增加一个4−2收针规律，向下略做调整，成为3−2×3，4−2×3，5−2×3。

二三四法收针设计：按2∶3∶4将收针转数分成三段：8、12、16转，横向收针次数分成均等三段：3、3、3次，解出对应的三段收针规律为2−2×1，3−2×2，4−2×3，5−2×2，6−2×1。

以上两种规律均可使用，前一种规律效率高，后一种规律曲线细腻，段数较多。取第一种规律作为本次设计，挂肩收针规律为平收13针，3−2×3，4−2×3，5−2×3。

⑪挂肩以上平摇转数=后片挂肩转数−收针转数=89−36=53（转）。

⑫记号点位置转数。设袖山头与挂肩的缝合系数为0.45。

袖山头宽度=挂肩高×挂肩缝合系数=23.66×0.45=10.647（cm）。

记号点高度转数=（挂肩高度−袖山头宽度÷2）×纵密=84.318（转），取84转。

挂肩收针后至记号点的平摇转数=记号点高度转数−收针转数=83−36=47（转）。

后片记号点以上平摇转数=后片挂肩转数−记号点高度转数=89−83=6（转）。

⑬收肩设计。

肩部收针针数=（肩宽针数−领宽针数）÷2=（259−115）÷2=72（针）。

肩部收针转数=后片肩斜高×纵密=8.4×4.6=38.64（转），取39转。

收针设计：为了增加肩部美感，此处采用有边收针，每次收2针，夹4支边。

收针次数=收针针数÷每次收针针数=72÷2=36（次）。

每次收针转数=收针转数÷收针次数=39÷36≈1.08（次），不能除尽，分为两段收针，收针在挂肩平摇之后，收针方式为先收，解得：2−2×4（先收），1−2×32，平1转。

后肩收肩规律：夹4支边，2−2×4（先收），1−2×28，1−2×4（无边），平1转。

⑭后开领设计。

领宽针数=后领宽针数=115（针）。

领底平收针针数=领宽针数×后领底平收系数=115×0.7=80.5（针），取81针。

领边收针针数=（领宽针数−领底平收针针数）÷2=（115−81）÷2=17（针）。

后开领转数=后领深×纵密=2×4.6=9.2（转），取9转。

后领收领规律解得：领底平收81针，1−3×1（先摇），1−2×7，平1转。

（3）前片成形工艺设计。

①胸宽针数=（胸宽+后折宽）×横密+缝耗×2=（50+1）×6.4+2×2=330.4（针），修正为333针。

②下摆宽针数=胸宽针数=333（针）。

③肩宽针数=后片肩宽针数=259（针）。

④领宽针数=后片领宽针数=115（针）。

⑤衣长总转数：考虑肩缝整烫的需要，应较后片长1cm。

⑥下摆罗纹编织设计。

罗纹开针设计：下摆罗纹采用下摆针数直接转换法设计。

下摆开针数=下摆宽针数=333（针）。

罗纹为2×1罗纹，针床相错、面包底，前床112条、后床111条。

空转设计：罗纹起底后设计空转1.5转，使罗纹边口饱满、光洁、美观。

罗纹转数=下摆罗纹高×罗纹纵密=6×5.4=32.4（转），取32转。加弹力丝。

⑦下摆以上平摇转数同后片，取167转。

⑧挂肩收针设计。男款服装特点是肩背部成倒三角形，前胸小而后背宽，本款拟将前胸每侧收窄1cm，使成衣贴体。每侧收针针数=前胸收窄宽度×横密=1×6.4=6.4（针），取6针。

前片挂肩收针针数=（前胸宽针数–肩宽针数）÷2=（333–259）÷2=37（针）。

每侧总收针针数=37+6=43（针）。

平收针针数=后片挂肩平收针数=13（针）。斜收针针数=每侧总收针针数–平收针针数=43–13=30（针）。

收针规律设计：为了整烫时肩缝倒后，拟使前片挂肩以上转数比后片多1cm，即4～5转，取5转。收针转数=36+5=41（转）。收针次数=收针针数÷每次收针针数=30÷2=15（次）。收针设计：按三七法将收针转数分成两段：12、29转，横向收针次数分成7与8次解出对应的三段收针规律为1–2×2，2–2×5，3–2×3，4–2×5。前片规律为平收13针，1–2×2，2–2×5，3–2×3，4–2×5。

⑨前片挂肩高度转数。前片的肩线为水平线，与内肩点同高。

前片挂肩高度转数=（成衣挂肩高+成衣肩斜高）×纵密=（23.66+4.2）×4.6=27.86×4.6=128.156（转），取128转。

⑩挂肩以上放针设计。肩部缝合时，考虑前后肩线近似等长，从挂肩上部进行适当的放针设计。

后片肩线长=$\sqrt{成衣单肩宽^2+后片肩斜高^2}$=$\sqrt{11.25^2+8.4^2}$≈23.66（cm）。

放针宽度=前胸收窄宽度+（后片肩线长–成衣单肩宽）=1+（14.04–11.25）=3.79（cm）。

考虑后肩收针为右边收针，收针后肩线较紧，前片纬平针较松，确定放针2cm。

胸上放针针数=放针宽度×横密=2×6.4=12.8（针），取13针。

放针高度设计：放针点取在挂肩上方的三分之一点开始，一直放针到顶。

放针转数=前片挂肩转数–成衣挂肩转数×2÷3×纵密=128–23.66×2÷3×4.6≈55.44（转），取56转。

放针设计：设每次放1针。放针次数=放针针数÷每次放针针数=13÷1=13（次）。每次放针转数=放针转数÷放针次数=56÷13≈4.3（转），分解为两段放针，先放，最后平摇5转，得4+1×10（先放），5+1×3，平5转。

⑪挂肩以上平摇转数=前片挂肩转数–前片挂肩收针转数–放针转数=128–41–56=31（转）。

⑫记号点位置：与后片记号点同高，记号点转数=83（转）。

⑬前开领设计。

领宽针数=后领宽针数=115（针）。

领底平收针针数：开领时领底挑1针。

每侧领收针针数=（领宽针数-领底平收针针数）÷2=（115-1）÷2=57（针）。

前领深转数=前领深×纵密-上领缝耗转数=18×4.6-1=81.8（转），取82转。

领收针设计：本例为挖领领型，V领结构。领平摇高度转数：取收针后平摇高度为4cm。领平摇高度转数=平摇高度×纵密=4×4.6=18.4（转），取18转。领收针转数=领深转数-平摇转数=82-18=64（转）。每次收针针数：设每次收针针数为2针。收针次数=收针针数÷每次收针针数=57÷2=28.5（次），取29次，最后一次收1针。每次收针转数=收针转数÷收针次数=64÷29≈2.2（转），分为两段收针，解得收针规律为2-2×23，3-2×5，3-1×1。凹势在领深的1/3处，折合为82÷3≈27（转），收针规律修正为1.5-2×14，2-2×3，3-2×11，3-1×1，平19转。

（4）袖子成形工艺设计。设：边缝套口缝耗为2针，纵向缝耗为1转，袖挂肩以下平摇高为3cm。袖长修正系为0.95，袖宽修正系数为1.05，袖口修正系数为1.35，袖山高修正值为1.5cm，缝合系数为0.45。

①袖宽针数=袖宽×2×袖宽修正系数×横密+耗缝×2=17×2×1.05×6.4+2×2=232.48（针），取为233针。

②袖口针数=袖口宽×2×袖口修正系数×横密+缝耗×2=10×2×1.35×6.4+2×2=176.8（针），取177针。

③袖山头针数=袖山宽度×横密+缝耗×2=挂肩高×缝合系数×横密+缝耗×2=23.66×0.45×6.4+2×2=72.1408（针），取72针。

④袖山高收针转数=（袖山高+袖山高修正系数）×纵密=（$\sqrt{挂肩^2-袖宽^2}$+袖山高修正系数）×纵密=（$\sqrt{24^2-17^2}$+1.5）×4.6=（16.94+1.5）×4.6=84.824（转），取85转。

⑤袖山收针设计。

袖挂肩平收针设计：取袖挂肩平收针数与大身相同，取13针。

袖山收针针数=（袖宽针数-袖山头针数）÷2=（233-72）÷2=80.5（针），取81针。

每侧斜收针针数=袖山收针针数-袖挂肩平收针针数=81-13=68（针）。

设每次收2针，收针次数=68÷2=34（次）。

每侧收针转数=袖山高收针转数=85（转）。

收针设计：袖山按J形曲线设计。将收针次数34次按4段均分成：9、8、8、9四段，纵向转数按1：2：3：4分成四段转数分为9、17、24、34转、平1转。解出四个三角形的收针规律，第一段：1-2×9；第二段：2-2×7，3-2×1；第三段：3-2×8，第四段：3-2×2，4-2×7。将四段中相同的收针规律合并，以先陡后平的顺序排列得：4-2×7，3-2×11，2-2×7，1-2×9，平1转。如进行夹4支边收针时，最后4次采用无边收针以利于缝合。袖挂肩收针规律为平收13针，4-2×7，3-2×11，2-2×7，1-2×5，1-2×4（无边），平1转。

⑥袖挂肩以下平摇转数=平摇高×纵密=3×4.6=13.8（转），取14转。

⑦袖身放针设计。

放针针数=（袖宽针数−袖口针数）÷2=（233−177）÷2=28（针）。

袖长转数=（袖长−袖口罗纹高）×袖长修正系数×纵密+上袖缝耗=（58−6）×0.95×4.6+1=228.24（转），取228转。

放针转数=袖长转数−袖山收针转数−袖挂肩以下平摇转数−袖山头缝耗=228−85−14=129（转）。

放针设计：采用罗纹翻针后先快放针3次（跑马针）方式，设每次放针转数为1针。快放针设计：1+1×3。放针次数=（每侧放针针数−快放针针数）÷放针针数=（28−3）÷1=25（次）。每次放针转数=（放针转数−快放针转数）÷放针次数（先摇）=（129−2）÷25=5.08（转）。放针设计：分为两段规律放针，解得：5+1×23，6+1×2。

⑧袖口罗纹编织设计。

纹开针设计：袖罗纹采用袖口宽针数直接转换法，开针数=袖口针数=177针。下摆组织为1×1罗纹，针床相对针相错、面包底，前床60条、后床59条。

空转设计：罗纹起底后，为了使罗纹边口保持饱满、光洁、美观，设计空转1.5转。

罗纹转数=袖罗纹高×罗纹纵密=6×5.4=32.4（转），取32转。加弹力丝。

⑨袖上头做记号：

方法1：已知后片记号点以上为6转，减去缝耗1转余5转，合1m，合为5针。

方法2：设计中前片挂肩以上比后片长了5转，折合约1cm，合肩后整个肩缝线后折约0.5cm，背肩后折4.2cm，共4.7cm，因此袖山头记号点偏后30针。

（5）领条成形工艺设计。

①领条长度计算。已知：本款成形服装V领领深18cm、领宽18cm。

领圈周长=领宽+$\sqrt{领深^2+半领宽^2}$×2=18+$\sqrt{18^2+9^2}$×2≈58.3（cm）。

领条长=领圈周长=58.3（cm）。

缝盘机号选择：本衣片采用12针横机进行编织，选用大2～4个机号的套口机机号，本例选用16机号。机号为每英寸16针，计算时需要转换。

开针数=领条长÷2.54×套口机号=58.3÷2.54×16≈367（针）。取开针数为367针。

罗纹平摇转数=领罗纹高×罗纹纵密=3×5.8=17.4（转），取17转。

②领条编织设计。开针367针，1×1罗纹，单层领，面包底，空转1.5转，平摇17转，翻针，松0.5转废纱封口，挑记号。

③记号点设计。

领条上法：领条为单层领，自成衣V领领尖开始套缝，至右肩缝线、左肩缝线至领尖止，共做两个记号点。

计算各线段长度：领尖至右肩缝线长=$\sqrt{18^2+9^2}$≈20.12（cm），合为127针。后领宽段，共18cm，合为113针。挑孔顺序：126v113v126。

（6）男V领背肩直筒型长袖纬平针横编针织服装工艺单，如图3-82所示。

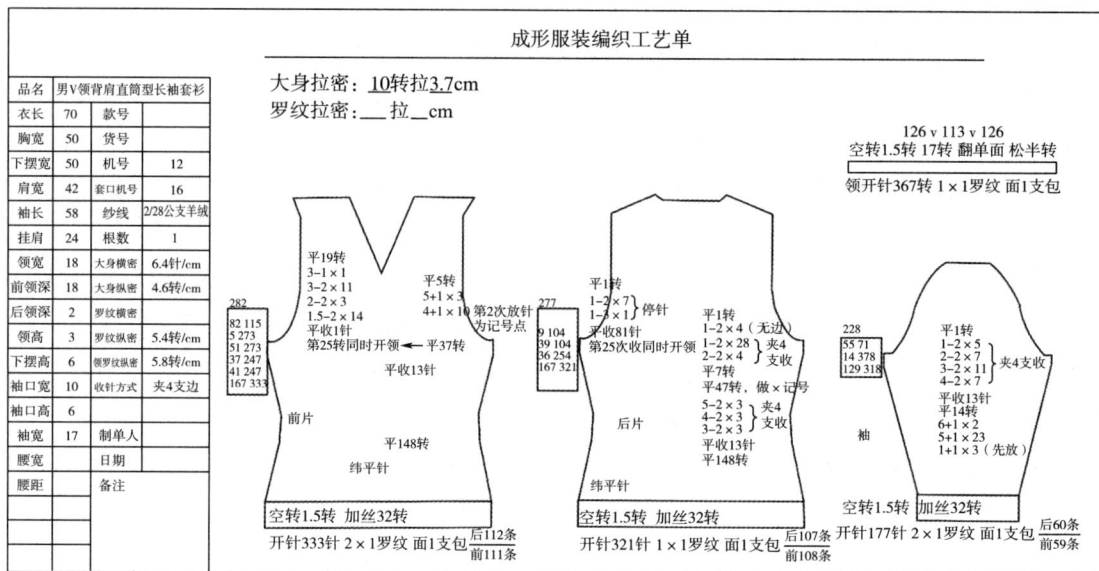

成形服装编织工艺单

大身拉密：10转拉3.7cm
罗纹拉密：___拉__cm

品名	男V领背肩直筒型长袖套衫		
衣长	70	款号	
胸宽	50	货号	
下摆宽	50	机号	12
肩宽	42	套口机号	16
袖长	58	纱线	2/28公支羊绒
挂肩	24	根数	1
领宽	18	大身横密	6.4针/cm
前领深	18	大身纵密	4.6转/cm
后领深	2	罗纹横密	5.4针/cm
领高	3	罗纹纵密	5.4转/cm
下摆高	6	领罗纹纵密	5.8转/cm
袖口宽	10	收针方式	夹4支边
袖口高	6		
袖宽	17	制单人	
腰宽		日期	
腰距		备注	

126 v 113 v 126
空转1.5转 17转 翻单面 松半转
领开针367转 1×1罗纹 面1支包

前片（左）标注：
282
82 115
5 273
51 273
37 247
41 247
167 333
平19转
3-1×1
3-2×11
2-2×3
1.5-2×14
平收1针
第25转同时开领 — 平37转
平收13针
平148转
纬平针
空转1.5转 加丝32转
开针333针 2×1罗纹 面1支包 后112条 前111条

前片（右）标注：
平5转
5+1×3
4+1×10 第2次放针
做×记号点
277
9 104
39 104
36 254
167 321
平1转
1-3×1} 停针
1-2×28 夹4支收
平7转

后片标注：
平1转
1-2×4（无边）
第25次收针同时开领
平47转，做×记号
5-2×3
4-2×3 } 夹4支收
3-2×3
平81针
平收13针
平148转
纬平针
空转1.5转 加丝32转
开针321针 1×1罗纹 面1支包 后107条 前108条

袖标注：
228
55 71
14 378
129 318
平1转
1-2×5
2-2×7
3-2×11 } 夹4支收
4-2×7
平收13针
平14转
6+1×2
5+1×23
1+1×3（先放）
空转1.5转 加丝32转
开针177针 2×1罗纹 面1支包 后60条 前59条

图3-82 男V领背肩直筒型长袖纬平针横编针织服装工艺单

3. 缝合要求

（1）套缝工艺流程。衣片封口→合肩→绱袖→合肋缝→绱领→手缝接头→拆废纱→钩线头。

衣片对位图如图3-83所示。

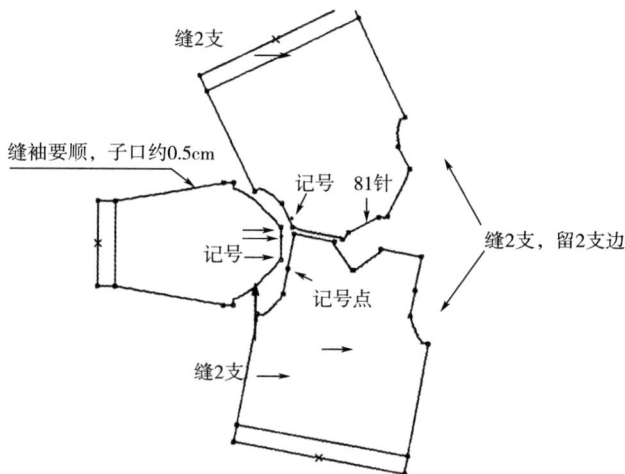

缝2支
缝袖要顺，子口约0.5cm
记号 81针
缝2支，留2支边
记号
记号点
缝2支

图3-83 背肩型套口缝合对位图

（2）套口机机号与缝线：

①套口机号：16G。

②缝线：在后领平位处，采用1条原身毛纱进行紧套缝，其余部位采用1条原身毛纱加1条PP线进行套缝。

（3）套缝要求：

①封口：前片的肩部和袖山头要求采用针对针的方式进行封口，封口线应位于废纱下方的第2横列。

②合肩：前片的肩部针对针上盘，后片的肩部与前片等宽地打开，均匀地上盘。

③绱袖：袖子和大身的收针下方的第2横列（称为"皮"）处开始套口。袖子的记号应对准肩缝，向后片移动30支针。每处套口应套入2支针，线迹的松紧度适宜，套夹边应拉长套口，并且需具有一定的弹性。

④合肋缝：袖边和下摆的罗纹应保持高度对齐。袖窿点（即腋下）的位置应交叉缝对齐，每处套口应套入2支针，线迹的松紧度适宜。

⑤绱领：领条应按照记号套上，套口时要求吃势均匀，斜位要对称，平位套在封口线下方的第2横列（皮）处。每处套口应套入2支针，对位准确，领子的尖端应该做成尖形。

（四）男T恤领背肩型长袖横编针织服装成形工艺设计

男T恤领背肩型长袖横编针织服装的平面款式图如图3-84所示，规格尺寸表如表3-28所示。要求：选用26/2公支羊绒纱线；横机机型为12针机型；大身为纬平针组织，袖口及下摆组织为2×1罗纹，领子为1×1罗纹组织；大身拉密10转拉3.7cm；下摆及袖口罗纹加150旦弹力丝；挂肩采用夹4支边收针。

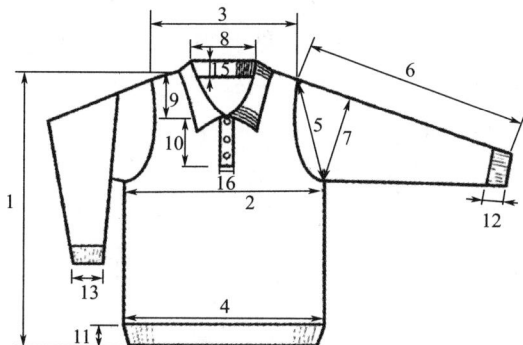

图3-84　男T恤领背肩型长袖横编针织服装款式图

表3-28　男T恤领背肩型长袖横编针织服装规格尺寸

序号	部位名称	尺寸（cm）	序号	部位名称	尺寸（cm）
1	衣长	66	9	前领深	9
2	胸宽	50	10	门襟高	12
3	肩宽	42	11	下摆罗纹高	4
4	下摆宽	50	12	袖口罗纹高	6
5	挂肩	24	13	袖口罗纹宽	9
6	袖长	58	14	后领深	2
7	袖宽	16	15	领条高	3
8	领宽	18	16	门襟宽	3

1. 样品或规格单确认

按照男T恤领背肩型长袖横编针织服装的规格尺寸表和平面款式图的尺寸标注，理解并掌握每个部位尺寸及测量要求。

（1）成形服装的测量方法。将成衣自然放置于光滑桌面上，整件成衣展开并轻轻拍平，注意不可拉伸！使用标准皮尺测量以下各部位的尺寸。

①衣长：从内肩点（领肩缝线处）垂直度量到下摆罗纹边缘的长度。

②胸宽：在袖窿点（挂肩底）下2~2.5cm横量测得的宽度。

③肩宽：测量左、右两侧外肩点（肩与袖子缝线）之间的长度。

④下摆宽：在下摆罗纹与大身交界处向上1~2cm横量所得的宽度。

⑤袖长：从外肩点（肩与袖子缝线）直量到袖口罗纹边缘的长度。

⑥袖宽：从袖窿点到袖中线的垂直距离。

⑦挂肩：从袖窿点到外肩点的直线长度，称为挂肩斜量（度）。

⑧领宽：两侧领子与肩缝线（内肩点）之间的长度，也称为线至线量法。

⑨前领深：内肩点与前领底缝线之间的垂直距离。

⑩后领深：内肩点与后领底缝线之间的垂直距离。

⑪下摆罗纹高：从下摆罗纹与大身交界线到罗纹边缘的垂直距离。

⑫袖口罗纹宽：袖口罗纹边缘的宽度。

⑬袖口罗纹高：从袖口罗纹与袖身交界线到罗纹边缘的垂直距离。

⑭领高：是指翻领罗纹的高度。

⑮门襟高：门襟底与圆领底的距离。

⑯门襟宽：门襟侧缝线至门襟边缘的距离。

（2）理解成形工艺要求。

①确认使用的纱线：大身使用26/2公支羊绒纱线，下摆、袖口使用26/2公支羊绒纱线加同色150旦弹力丝。

②确认使用的横机机型为12针机型。

③确认使用的收针方式：挂肩采用夹4支边有边收针方式，其他未注明的使用无边收针。

其他未注明的部分自行设计。

2. 确认大片及领、袖、下摆组织及花型

确认成形服装的织物组织要求：大身为纬平针组织，门襟为满针罗纹（四平）组织，下摆、袖口罗纹为2×1罗纹，领罗纹为1×1罗纹。

3. 确定织物密度

（1）试样制作。在12针机上制作开针150针、罗纹20转、大身纬平针100转的身片试样以及1×1罗纹领罗纹试样，罗纹加弹力丝，使拉密值达到平针10转拉3.7cm。

（2）后整理处理。使用净洗剂209净洗10min，缩绒剂含量3%，浴比1∶15，水温35~40℃，缩绒15min。脱水3min，烘干温度65℃，烘干20min；轻微整烫。

（3）成形工艺参数测定。

①试样整体尺寸测量法。将经后整理的试样成品放置在光滑桌面上，纵、横方向不可拉伸。用直尺量取罗纹、大身织物中部的宽度与总高度，将开针数、转数分别除以宽度、高度的尺寸，得出横密（针/cm）、纵密（转/cm）数据。这种方法可以较好地模拟衣片的自然状态，便于测量。

②固定长度测量法度。将试样成品放置于光滑桌面上，用直尺压住试样的中心部位，细针机使用10cm的长度、粗针机使用20cm的长度测量纵、横向的线圈数，得出单位长度内的纵行数或横列数。

本例使用试样整体尺寸测量法测得：纬平针横密6.4针/cm，纵密4.6转/cm；罗纹纵密5.4转/cm；领罗纹纵密5.8转/cm。

4. 成形工艺设计

（1）后片成形工艺设计。已知采用12针电脑横机进行成形编织，设：衣片后折宽为1cm，边缝套口缝耗为2针，纵向缝耗为1转，肩宽修正系数为0.93，领宽修正系数为0.93，领底平收系数，肩斜高3cm。

①胸宽针数=（胸宽−后折宽）×横密+缝耗×2=（50−1）×6.4+2×2=317.6（针），修正为318针。

②下摆宽针数=胸宽针数−（胸宽−下摆宽）×横密=318（针）。

③肩宽针数=肩宽×肩宽修正系数×横密+缝耗×2=42×0.93×6.4+2×2=253.984（针），修正为254针。

④领宽针数=领宽×领宽修正系数×横密−缝耗×2=18×0.93×6.4−2×2=103.136（针），修正为104针。

⑤衣长总转数=（衣长−下摆罗纹高）×纵密+纵向缝耗=（66−4）×4.6+1=286（转）。

⑥下摆罗纹编织设计。

罗纹开针设计：下摆罗纹设计采用下摆针数直接转换法。

下摆开针数=下摆宽针数=318（针）。罗纹为2×1罗纹，面1支包。

空转设计：罗纹起底后，为了使罗纹边口饱满、光洁、美观，设计空转1.5转。

罗纹转数=下摆罗纹高×罗纹纵密=4×5.4=21.6（转），取22转。加弹力丝。

⑦挂肩以下平摇转数计算。

挂肩以下平摇转数=挂肩以下平摇高×纵密=衣长总转数−挂肩高转数−肩斜高转数−缝耗。

肩斜高转数=肩斜高×纵密=3×4.6=13.8（转），取14转。

挂肩高转数=$\sqrt{挂肩^2−\left[（胸宽−肩宽）÷2\right]^2}$×纵密=$\sqrt{24^2−\left[（50−42×0.93）÷2\right]^2}$×4.6≈23.368×4.6≈107.49（转）。

挂肩以下平摇转数=277−107−14−1=155（转）。

⑧挂肩高收针转数计算。挂肩高收针转数=收针长度×1.25×纵密=（胸宽−肩宽×

0.93）÷2×纵密=（50–42×0.93）÷2×4.6=25.162（转），取25转。

⑨挂肩收针设计。

挂肩收针针数=（胸宽针数–肩宽针数）÷2=（318–254）÷2=32（针）。

挂肩平收针设计：设挂肩平收1.5cm，挂肩平收针针数=1.5×6.4=9.6（针），取9针。

挂肩斜收针针数=挂肩收针针数–挂肩平收针针数=32–9=23（针）。

挂肩收针设计：根据制作要求，夹圈挂肩为夹4支有边收针，设每次收2针。收针次数=斜收针针数÷每次收针针数=23÷2=11.5（次），设：第一次收针收3针。收针次数=（23–3）÷2=10（次）。设计第一次收针为2–3×1。每次收针转数=（挂肩收针转数–第1次收针转数）÷收针次数=（25–2）÷10=2.3（转），取2转。

分为两段收针：

$$\begin{cases} 2-2 \times n_{31} \\ 3-2 \times n_{32} \end{cases} \rightarrow \begin{cases} n_{31}+n_{32}=10 \\ 2n_{31}+3n_{32}=23 \end{cases} \rightarrow \begin{cases} n_{31}=7 \\ n_{32}=3 \end{cases} \rightarrow \begin{cases} 2-2 \times 7 \\ 3-2 \times 3 \end{cases}$$

挂肩收针规律记为平收9针，2–3×1，2–2×7，3–2×3，夹4支收。第一次收针向下降1转，收针弧度平坦：平收9针，平1转，2–3×1，2–2×6，3–2×4。

⑩挂肩平摇与记号点设计。

挂肩以上平摇转数=挂肩转数–收针转数=107–25=82（转）。

袖山头宽度设计：按照人体特征，将袖山头与挂肩缝合系数设计为0.4。

袖山头宽度=挂肩高×0.4=$\sqrt{24^2-\left[(50-42\times0.93)\div2\right]^2}$×0.4=23.37×0.4≈9.35（cm）。

记号点转数=（挂肩高–袖山宽÷2）×纵密=（23.37–9.35÷2）×4.6≈86（转）。

挂肩收针后平摇转数=记号点转数–收针转数=86–25=61（转）。

记号点以上转数=挂肩以上平摇转数–挂肩收针后平摇转数=82–61=21（转）。

⑪收肩设计。

肩部收针针数=（肩宽针数–领宽针数）÷2=（254–104）÷2=75（针）。

肩部收针转数=肩斜高转数=3×4.6=13.8（转），取14转。

肩部收针设计：肩部收针转数较收针针数少，设每1转收一次针，先持圈收针，最后齐织1转（缝耗）。

每次收针针数=收针针数÷收针转数=75÷14≈5.357（针），分为两段收。

收针规律解得：1–5×9，1–6×5，平1转。

⑫后开领设计。因后领较浅，先于领底平收针，后采用持圈收针法收针，设后领底平收系数为0.7。

后领领底平收针针数=领宽针数×领底平收系数=104×0.7=72.8（针），取72针。

后领斜收针针数=（领宽针数–后领底平收针针数）÷2=（104–72）÷2=16（针）。

后领收针转数=后领深×纵密=2×4.6=9.2（转），取9转。

后领收针设计：收针针数大于收针转数，先收针，后平播1转。

每次收针转数=收针针数÷（收针转数–1）=16÷（9–1）=2针，记为1–2×8，后开领收针规律为平收72针，1-2×8，平1转。结果后领弧度不够合理，调整修改收针规律为平收68针，1-3×4，1-2×4，平1转。

⑬转数校验。衣长总转数=下摆以上平摇转数+挂肩收针转数+肩收针以上平摇转数+收肩转数=155+25+82+14+1=277（转），符合设计要求。

（2）前片成形工艺设计。设前领底平收系数取0.35。

①胸宽针数=（胸宽−后折宽）×横密+缝耗×2=（50+1）×6.4+2×2=330.4（针），修正为330针。

②下摆宽针数=胸宽针数−（胸宽−下摆宽）×横密=330（针）。

③肩宽针数=后片肩宽针数=254（针）。

④领宽针数=后片领宽针数=104（针）。

⑤衣长总转数=后片转数=277（转）。

⑥下摆罗纹编织设计。同后片，开针数为330针。前111条、后110条，面包底。

⑦挂肩以下平摇转数=后片挂肩以下平摇转数=155（转）。

⑧挂肩收针设计。

挂肩收针针数=（胸宽针数−肩宽针数）÷2=（330−254）÷2=38（针）。

挂肩收针高转数：前片挂肩收针高转数=后片收针高度=25（转）。

挂肩平收针设计：同后片平收针针数，平收9针。

挂肩斜收针针数=挂肩收针针数−挂肩平收针针数=38−9=29（针）。

挂肩收针设计：设在后片收针第一次规律中增加二次收针，即收针规律为平收9针，平1转，2-3×3，2-2×6，3-2×4。收针转数比后片多了4转。

⑨挂肩平摇与记号点设计。

前挂肩收针以上平摇转数=后片挂肩收针以上平摇转数≈82（转）。

记号点转数=（挂肩高−袖山宽÷2）×纵密=（23.37−9.35÷2）×4.6≈86（转）。

挂肩收针后至记号点平摇转数=记号点转数−收针转数=86−（25+4）=57（转）。

记号点以上平摇转数=挂肩以上平摇转数−挂肩收针后至记号点平摇转数=82−57=25（转）。

⑩收肩设计：同后片收肩规律：1-5×9，1-6×5，平1转。

⑪前开领设计。

开门襟设计：在前片正中平收门襟底，后分领编织。

开门襟平收针针数=门襟宽×横密=3×6.4=19.2（针），取19针。

门襟高转数=门襟高×纵密=12×4.6=55.2（转），取55转。

领底平针收针设计。领底平收针针数=领宽针数×前领底平收系数=104×0.35=36.4（针），取37针。

领底两侧平收针针数=（领底平收针针数−门襟宽针数）÷2=（37−18）÷2=9.5（针），取10针。

每侧领斜收针针数=（领宽针数−领底平收针针数）÷2=（102−37）÷2=32.5（针），

取32针。

领深转数=领深×纵密−缝耗=9×4.6−1=40.4（转），取40转。

⑫转数校验。

衣长总转数=下摆平摇转数+挂肩收针转数+挂肩以上平摇转数+收肩转数=155+29+57+25+14+1=281（转），多了4转，前片挂肩以上长了1cm。

（3）袖子成形工艺设计。设：袖口修正系数为1.35，袖宽修正系数为1.03，袖长修正系数为0.95，袖挂肩以下平摇段为3cm，袖山高修正系数为0（本例大身挂肩收针数较少），缝合系数为0.40。

①袖宽针数=袖宽×2×袖宽修正系数×横密+缝耗×2=16×2×1.03×6.4+2×2=214.944（针），取214针。

②袖口针数=袖口宽×2×袖口修正系数×横密+缝耗×2=9×2×1.35×6.4+2×2=159.52（针），取162针。

③袖山头针数=袖山宽度×横密+缝耗×2=9.35×6.4+2×2=63.84（针），取66针。

④袖山高收针转数=（袖山高+袖山高修正系数）×纵密=（$\sqrt{挂肩^2−袖宽^2+0}$）×纵密=$\sqrt{24^2+16^2}$×4.6≈17.89×4.6≈82.29（转），取82转。

⑤袖山收针设计。

袖挂肩平收针设计：取袖挂肩平收针数与大身相同，取为9针。

袖山收针针数=（袖宽针数−袖山头针数）÷2=（210−66）÷2=72（针）。

每侧斜收针针数=袖山收针针数−袖挂肩平收针针数=72−9=63（针）。

每侧收针转数=袖山高收针转数=82（转）。

收针设计：袖山设计采用J袖的收针方式，袖挂肩采用夹4支收2针，收针后平2转结束（其中1转为缝耗）。

将纵向收针转数（82−2）转按4：3：2：1分成32、24、16、8转四段；考虑夹花收针，横向收针针数均分成17、16、16、16针四段，调整为18、16、16、15针四段。解出四个三角形的收针规律：第一段32转收18针，得4−2×5.3−2×4；第二段24转收16针，得3−2×8；第三段16转收16针，得2−2×8；第四段8转收15针，得1−3×1.1−2×5.2−2×1。将四段收针规律按先陡后平再平的顺序汇总为平收9针，4−2×5，3−2×12.2−2×9.1−2×5（无边），1−3×1（无边），平2转，夹4支边收针。

⑥袖挂肩以下平摇=平摇高×纵密=3×4.6=13.8（转），取14转。

⑦袖身放针设计。

放针针数=（袖宽针数−袖口针数）÷2=（210−162）÷2=24（针）。

袖长转数=（袖长−袖口罗纹高）×袖长修正系数×纵密+上袖缝耗=（58−6）×0.95×4.6+1=228.24（转），取228转。

放针转数=袖长转数−袖山收针转数−袖挂肩以下平摇转数=228−82−14=132（转）。

放针设计：袖放针采用袖口罗纹翻针后先放的方式，设每次放针转数为1针。放针次数=每侧放针针数÷放针针数=24÷1=24（次）。每次放针转数=放针转数÷（放针次数−1）=

132÷（24–1）≈5.7（转）。放针设计：分为两段规律放针。解得：5+1×7（先放），6+1×17。

⑧袖口罗纹编织设计：

罗纹开针设计：采用袖口宽针数直接转换法。

开针数=袖口针数=162（针）。下摆组织为2×1罗纹，针床相对针相错、面包底，前床55条、后床54条。

空转设计：为了使罗纹边口饱满、光洁、美观，罗纹起底后设计空转1.5转。

罗纹转数=袖罗纹高×罗纹纵密=6×5.4=32.4（转），取32转，加弹力丝。

⑨袖山头做记号。设计中前片挂肩以上比后片长了4转，折合约0.86cm，合肩后肩缝线后折约0.4cm，因此袖山头记号点偏移0.4cm，合为3针，即袖中挑孔记号偏后3针：34v31，左右片对称。

⑩转数校验。

袖长总转数=袖身放针转数+挂肩以下平摇转数+袖山转数=132+14+82=228（转），符合设计要求。

（4）领条成形工艺设计。

①领条长度计算。已知：本款成形服装领深9cm、领宽18cm，属于正圆领，采用双层领设计。领圈周长=领宽÷2×3.14+领宽=18÷2×3.14+18=31.4+22=46.26（cm）。

②选择缝盘机号。本衣片采用12针横机进行编织，本例选用16机号缝盘机，领条针数采用缝盘机计算法。

③开针数=领条长÷2.54×套口机号+缝耗=46.26÷2.54×16≈291（针）。

④罗纹平摇转数=领罗纹高×罗纹纵密=3×5.8×2=34.8（转），取35转。

⑤领条编织设计：开针291针，1×1罗纹，双层领，面包底，空转1.5转，平摇35转，翻针，松0.5转废纱封口，挑记号眼。

⑥记号点设计。

领条上法：领条为双层领，自成衣前领门襟右开始套缝，至右肩缝、后领、左肩缝、前领左门襟止，在右领底、右肩缝、后领领底平收针两侧、左肩缝、右领底等位置设记号点。

计算各线段长度及缝盘机分配的针数。领条分段如图3-85所示。

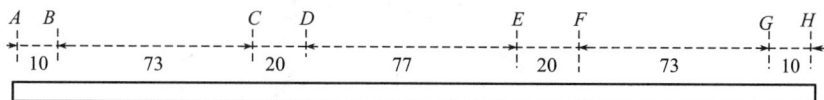

图3-85　领条记号位置示意图
AB—右前领底　C—右肩缝　DE—后领底平位　F—左肩缝　GH—左前领底

*AB*线段针数：*AB*=（领宽×0.35÷2–门襟宽）÷2.54×16=（18×0.35÷2–3）÷2.54×16≈1（针）。

*DE*段为领底平收针段，*DE*=领宽×0.7÷2.54×16=18×0.7÷2.54×16≈79（针）。

$CD=EF=$ 后领斜收长 $\div 2.54 \times 16=\sqrt{\text{后领斜收长}^2 + \text{后领深}^2} \div 2.54 \times 16$。

后领斜收长 $=$ （后领宽-后领底平收长度）$\div 2 = 18 \times 0.3 \div 2 = 2.7$ （cm）。

$CD=EF=\sqrt{\text{后领斜收长}^2 + \text{后领深}^2} \div 2.54 \times 16=\sqrt{2.7^2 + 2^2} \div 2.54 \times 16 \approx 21$ （针）。

BC 段前领圈斜收与平摇段，$BC=FG=$ （开针数$-AB-CD-DE-GH-EF$）$\div 2=$ （289-10-10-79-21-21）$\div 2 \approx 74$ （针）。

挑孔顺序：10v73v20v77v20v73v10。

（5）工艺单。各衣片工艺单汇总，如图3-86所示。

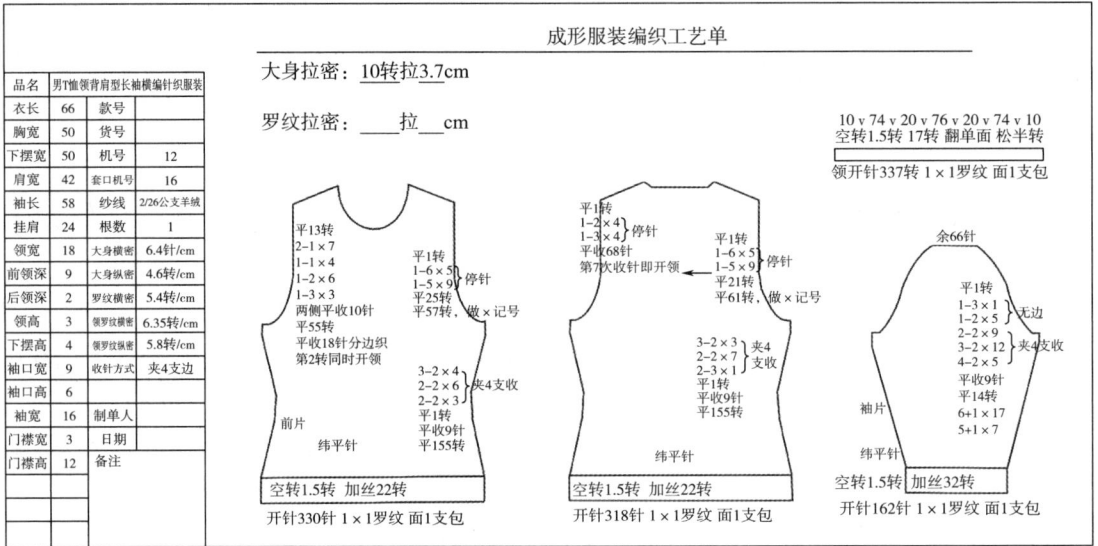

图3-86 男T恤领背肩型长袖横编针织服装工艺单

（五）女樽领插肩收腰型长袖横编针织服装成形工艺设计

女樽领插肩收腰型长袖横编针织服装的平面款式图如图3-87所示，规格尺寸如表3-29所示。要求：使用26/2公支羊绒纱线；横机机型为12针机型；大身组织、下摆及袖口组织为2×1罗纹，领罗纹为1×1罗纹；下摆及袖口罗纹需加150旦弹力丝；挂肩采用夹4支边收针；大身领子转10拉3.7cm。

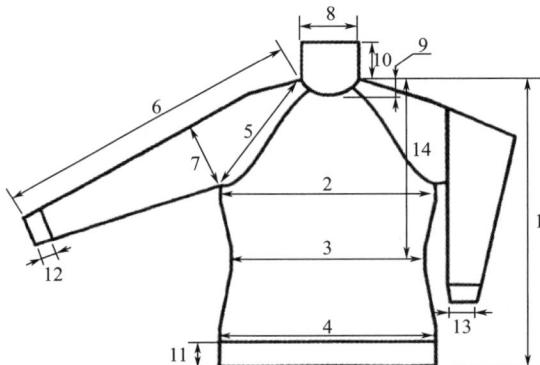

图3-87 女樽领插肩收腰型长袖横编针织服装款式图

表3-29 女樽领插肩收腰型长袖横编针织服装规格尺寸

序号	部位名称	尺寸（cm）	序号	部位名称	尺寸（cm）
1	衣长	58	8	领宽	18
2	胸宽	43	9	前领深	10
3	腰宽	40	10	领高	20
4	下摆宽	44	11	下摆罗纹高	5
5	挂肩	22	12	袖口罗纹宽	5
6	袖长	63	13	袖口罗纹宽	8
7	袖宽	14.5	14	腰距	36

1. 样品或规格单确认

仔细阅读女樽领插肩收腰型长袖横编针织服装的规格尺寸表和平面款式图的尺寸标注，理解和掌握每一个部位尺寸及测量要求。

（1）成形服装的测量方法：将成衣自然放置在光滑桌面上，整件成衣展开并轻轻拍平，注意不可拉伸。使用标准皮尺测量以下各部位的尺寸。

①衣长：从领肩缝线处（内肩点）垂直度量到下摆罗纹边缘的长度。

②胸宽：在袖窿点（挂肩底）下2～2.5cm横量，测得的宽度。

③腰宽：从内肩点按腰距（背长）向下量至腰节位置，再横向测量的宽度。

④下摆宽：在下摆罗纹与大身交界处向上1～2cm处横量所得的最大宽度。

⑤挂肩：从袖窿点到内肩点的直线长度，称为挂肩斜量（度）。

⑥袖长：从袖与领子的缝线处（内肩点）直量到袖口罗纹边缘的长度。

⑦袖宽：从袖窿点到袖中线的垂直距离。

⑧领宽：两侧领子与肩缝线之间的长度，也称为线至线量法。

⑨前领深：内肩点与前领底缝线之间的垂直距离。

⑩领高：是指领罗纹的高度。

⑪下摆罗纹高：从下摆罗纹与大身交界线到罗纹边缘的垂直距离。

⑫袖口罗纹宽：袖口罗纹边缘的宽度。

⑬袖口罗纹高：从袖口罗纹与袖身交界线到罗纹边缘的垂直距离。

⑭腰距：从内肩点量到腰节处的垂直距离。

⑮后领深：内肩点与后领底缝线之间的垂直距离。

（2）理解成形工艺要求。

①确认使用的纱线：大身使用26/2公支羊绒纱线，下摆、袖口使用26/2公支羊绒纱线加同色150旦弹力丝。

②确认使用的横机机型为12针机型。

③确认使用的收针方式：挂肩采用夹4支边有边收针方式；其他未注明的使用无边收针。

2.核对大片及领、袖、下摆组织及花型

核对成形服装的织物组织要求：大身、下摆组织、袖口罗纹组织为2×1罗纹，领罗纹组织为1×1罗纹。

3.确定织物密度

（1）试样制作。在12针机上制作150针、罗纹20转、大身纬平针100转的身片试样以及1×1罗纹领试样，罗纹加弹力丝，拉密值为平针10转拉3.7cm。

（2）后整理处理。使用净洗剂209净洗10min，缩线剂含量3%，浴比1:15，水温34~40℃，缩绒时间15min。脱水3min，烘干温度65℃，烘干20min；轻微整烫。

（3）成形工艺参数测定。

①试样整体尺寸测量法。将经后整理的试样成品放置在光滑桌面上，纵、横方向不可拉伸。用直尺量取罗纹、大身织物中部的宽度与总高度，将开针数、转数分别除以宽度、高度的尺寸，得出横密（针/cm）、纵密（转/cm）数据。这种方法可以较好地模拟衣片的自然状态，便于测量。

②固定长度测量法。将试样成品放置在光滑桌面上，用直尺压住试样的中心部位，细针机使用10cm的长度、粗针机使用20cm的长度测量纵、横向的线圈数，得出单位长度内的纵行数或横列数。

本例使用试样整体尺寸测量法测得：大身罗纹横密：6.4针/cm，纵密4.6转/cm；下摆、袖口罗纹纵密5.8转/cm；领罗纹横密7.09针/cm，纵密5.8转/cm。

4.成形工艺设计

（1）工艺参数设计。本例为女樽领插肩收腰型长袖横编针织服装，在工艺设计中所涉及的工艺参数有衣片后折宽、横向套口缝耗、纵向缝耗、肩宽修正系数、领宽修正系数、肩斜高、前后领平收针系数、前领内侧偏移值、下摆、腰节、挂肩以下平摇高、袖山头缝合系数、插肩袖前后折尺寸、袖宽修正系数、袖口修正系数、袖长修正系数等。

①插肩袖前折尺寸设计。根据插肩袖设计原理，袖与前片分割线位于圆领半领弧长1/3处的B点，如图3-88所示。

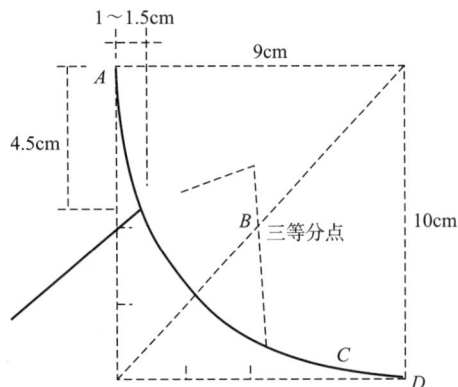

图3-88 插肩分割线示意图

图3-88中领深为10cm、半领宽为9cm，量取领弧AD总长为15.2cm，平分成三等份，每段弧长为5.04cm，即AB=BC=CB。自内肩点A向下量弧长5.04cm到B点，测得AB的垂直距离为4.5cm，水平距离为1.3cm，B点的内侧偏移值即AB的水平距离随着领深的不同而不同，领深越小则数值越大，取值范围在1~2cm内。B点的位置可上下移动，不同的取点需计算不同的位置尺寸。

②各工艺参数设定。已知采用12针电脑横机进行成形编织，设：衣片后折宽为1cm，边缝套口缝耗为2针，纵向缝耗为1转，肩宽修正系数为

0.93，领宽修正系数为0.93，肩斜高为3cm，后领底平收针系数取为0.7，前领底平收针系数为0.35，下摆、腰节、挂肩以下平摇高为3cm。袖后折尺寸为2cm，袖前折尺寸为4.5cm。领内侧偏移值为1.5cm。袖山头缝合系数为0.45，袖宽修正系数为1.05，袖口修正系数为1.35，袖长修正系数为0.95。

（2）后片成形工艺设计。

①胸宽针数=（胸宽−后折宽）×横密+缝耗×2=（43−1）×6.4+2×2=272.8（针），修正为273针。

②下摆宽针数=胸宽针数−（胸宽−下摆宽）×横密=279（针），修正为3的倍数。

③腰宽针数=胸宽针数−（胸宽−腰宽）×横密=253.8（针），修正为255针。

④领口宽针数=领口宽×后领平收针系数×横密+缝耗×2=18×0.7×6.4+2×2=84.64（针），修正为81针。

⑤后片总转数=（衣长−下摆罗纹高−袖后折尺寸）×纵密=（58−5−2）×4.6=234.6（转），取235转。

⑥下摆罗纹编织设计。

罗纹开针设计：采用下摆针数直接转换法设计。

下摆开针数=下摆宽针数=279（针）。罗纹为2×1罗纹，针床相错、面包底，面1支包。

空转设计：设计罗纹起底后空转1转。

罗纹转数=下摆罗纹高×罗纹纵密=5×5.4=27（转），加弹力丝编织。

⑦下摆平摇转数=下摆平摇高×纵密=3×4.6=13.8（转），取14转。

⑧腰节以下收针设计。

腰节以下收针转数=（衣长−下摆罗纹高−腰距−腰节高÷2−下摆平摇高）×纵密=（58−5−36−3÷2−3）×4.6=57.5（转），取57转。

腰节以下收针针数=（下摆针数−腰宽针数）÷2=（273−255）÷2=9（针）。

腰节以下收针设计：设每次收1针，收针次数=9÷1=9（次）。先收。

每次收针转数=腰节以下收针转数÷收针次数=57÷（9−1）=7.125（转），分为两段收针。解得：8−1×2（先收），7−1×7。

⑨腰节、挂肩以下平摇转数：腰节、挂肩以下平摇转数=下摆平摇转数=14（转）。

⑩挂肩高设计：已知胸宽、领宽、挂肩的尺寸，以直角三角形法计算挂肩高。挂肩高转数=$\sqrt{挂肩^2-\left[（胸宽-领宽）÷2\right]^2}$×纵密=$\sqrt{22^2-\left[（42-18）÷2\right]^2}$×4.6=18.44×4.6≈84.8（转），取85转。

后挂肩高转数=挂肩高转数−袖后折尺寸转数=85−2×4.6=75.8（转），取76转。

⑪腰节以上放针设计。

腰节以上放针转数=后片转数−后挂肩高转数−下摆、腰节、挂肩以下平摇转数−腰节以下收针转数=235−75−14×3−57=61（转）。

腰节以上放针针数=（胸宽针数−腰宽针数）÷2=9（针）。

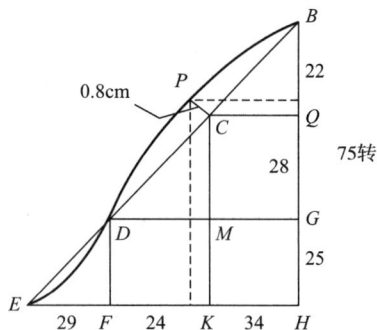

图3-89 挂肩收针示意图

腰节以上放针设计：设每次放1针、先放。

每次放针转数=放针转数÷放针次数=61÷（9-1）=7.625（转）。分为两段放针。

解得：7+1×4（先放），8+1×5。

⑫挂肩收针设计。

挂肩平收针：已知挂肩平收1cm，挂肩平收针数=收针长×横密=6.4（针），取7针。

挂肩收针转数=后挂肩高转数=75（转）。

挂肩收针转数=（胸宽针数-领宽针数）÷2-平收针针数=（273-81）÷2-9=87（针）。

收针设计：已知款式为女装，拟设计为S形曲线收针，曲线如图3-89所示。

将挂肩直线EB分成三等份，即ED=DC=CB，后作水平、垂直辅助线，得BQ=QG=GH=1/3BH，EF=FK=KH=1/3EH，将纵向转数三等分，得25、25、25转，横向针数三等分得29、29、29针。设计P点向上凸势取0.8cm，折合针数为5针、转数为3转，换算得针、转数：△BCQ为34针/22转、△CDM为24针/28转，△EFD为29针/25转。

考虑到大身的组织为2×1罗纹，挂肩夹4支边，罗纹需要整条收针才能显示条纹的效果，2×1罗纹一个循环为3针，设每次收3针，总收针数为87针，合为29次按次数调整到各三角形。△BCQ为11次/22转、△CDM为9次/27转、△EFD为9次/24转。

解△BCQ为11次/22转得2-3×11，△CDM为9次/28转，得4-3×1，3-3×8，△EFD为9次/25转得：2-3×2，3-3×7。调出最后平2转，按先平后陡再平排列的收针规律为平收7针，平1转，2-3×3，3-3×6，4-3×1，3-3×8，2-3×11，夹4支边，平2转。

⑬转数校验。后片转数=下摆平摇转数+腰节以下收针转数+腰节平摇转数+挂肩以下平摇转数+挂肩高转数=14+57+14+61+14+75=235（转），符合衣长设计。

（3）前片成形工艺设计。根据插肩袖的分割线位于圆领半领弧长1/3处，设领内侧偏移值为1.5cm。

①胸宽针数=（胸宽+后折宽）×横密+缝耗×2=（43+1）×6.4+2×2=285.6（针），修正为285针。

②下摆宽针数=胸宽针数-（胸宽-下摆宽）×横密=291（针），修正为3的倍数。

③腰宽针数=胸宽针数-（胸宽-腰宽）×横密=265.8（针），修正为267针。

④领宽针数=（领宽-领内侧偏移值×2）×横密+缝耗×2=（18-1.5×2）×6.4+2×2=100（针），修正为99针。

⑤前片总转数=（衣长-下摆罗纹高-袖前折尺寸）×纵密=（58-5-45）×4.6=223.1（转），取223转。

⑥下摆罗纹编织设计。

罗纹开针设计：采用下摆针数直接转换法设计。

下摆开针数=下摆宽针数=291（针）。罗纹为2×1罗纹，针床相错、面包底，面1支包，前板96条、后板95条。

空转设计：设计罗纹起底后空转1转。

罗纹转数=下摆罗纹高×罗纹纵密=5×5.4=27（转），加弹力丝编织。

⑦挂肩以下工艺同后片。

⑧挂肩收针设计。

挂肩收针转数=前片长转数－挂肩以下转数=223－160=63（转）。

挂肩收针针数=（胸宽针数－前领宽针数）÷2=（285－99）÷2=93（针）。

挂肩平收针针数=后挂肩平收针针数=7（针）。

挂肩斜收针数=93－7=86（针）。

收针设计：根据罗纹设计每次收针3针，前片顶端为尖角，86针中最后余2针，与收领余针合成，考虑夹4支边以防止编织中断纱，一般余5针左右。

收针针数=86－2=84（针）。

收针次数=84÷3=28（次），根据协议调整为整数次。

针数分配：按三角形解法将收针次数分为9、8、11三段。

转数分配：将转数分成三段21、21、21，根据凸势调整为20、25、17转（第一次收针前平1转，最后余2转）。

收针规律第一段为2－3×7，3－3×2；第二段为3－3×7，4－3×1；第三段为1－3×5，2－3×6，按先平后陡再平的编织顺序编写挂肩成形工艺规律。

前挂肩收针规律为：平收7针，平1转，2－3×7，3－3×2，4－3×1，3－3×7，2－3×6，1－3×3，夹4支边，1－3×2（无边），平2转。

⑨开领设计：

领底平收针针数=领宽针数×前领平收针系数=99×0.35=34.65（针），取35针。

每侧领斜收针针数=（领宽针数－领底平收针针数）÷2=32（针）。

前领深转数=（领深－袖前折尺寸）×纵密=（10－4.5）×4.6=25.3（转），取25转。

收针设计。设收针最后余3针、2转，则斜收针针数=32－3=29（针）。

收针转数=前领深转数－2=25－2=23（转）。

每次收针针数设计：收针针数较多、转数较少，设每次收2针。

收针次数=收针针数÷每次收针针数=29÷2=14.5（次）。取第一次收针为3针。

每次收针转数=23÷14≈1.6（转），分两段收针，解得：1－3×1，1－2×4，2－2×9。

收领规律：平收35针，1－3×1，1－2×4，2－2×9，平2转。

收针规律优化：平收35针，1－3×1，1－2×6，2－2×5，3－2×2，平2转，余3针。

（4）袖子成形工艺设计。插肩袖的袖山呈倾斜状，编织时左右片分开编织。

①袖宽针数=袖宽×2×袖宽修正系数×横密+缝耗×2=14.5×2×1.05×6.4+2×2=198.88（针），取198针。

②袖口针数=袖口宽×2×袖口修正系数×横密+缝耗×2=8×2×1.35×6.4+2×2=142.24（针），取142针。

③袖山头针数=（袖前折尺寸+袖后折尺寸）×横密+缝耗=（2+4.5）×6.4+2×2=45.6（针），取46针。

④袖挂肩以下平摇转数=挂肩以下平摇高×纵密=3×4.6=13.8（转），取14转。

⑤袖长转数：（袖长–袖罗纹高）×袖长修正系数×纵密=（63–5）×0.95×4.6=253.46（转），去253转。

⑥袖挂肩高设计。袖子袖山分别与大身前后挂肩缝合，前后分割线不等长，通过缝合关系得出：前袖挂肩高等于前片挂肩高，袖后挂肩高等于后片挂肩高。

袖前挂肩高转数=前片挂肩高转数=63（转）。

袖后挂肩高转数=后片挂肩高转数=75（转）。

袖子袖山高转数=（袖前挂肩转数+袖后挂肩转数）÷2=（63+75）÷2=69（转）。

⑦上袖身放针设计。

放针针数=（袖宽针数–袖口针数）÷2=（198–142）÷2=28（针）。

放针转数=袖长转数–袖山高转数–挂肩以下平摇转数=253–69–14=170（转）。

放针设计：设每次放1针。放针次数=放针针数÷1=28（次）。

每次放针转数=放针转数÷放针次数=170÷（28–1）=6.30（转），分为两段放针。解得：6+1×20（先放），7+1×8。

（5）领子成形工艺设计。已知领子为樽领，单层使用，一片编织，接缝在左侧后肩缝线上。

①领圈长度=领宽尺寸÷2×π+2×领深=18÷2×π+10×2=48.26（cm）。

②领子开针数计算。已知领罗纹试样测得横密为7.09针/cm、纵密为5.8转/cm。领子开针数=领圈长度×罗纹横密=48.26×7.09≈342.16（针），取341针。

③领罗纹转数=领高×纵密=20×5.8=116（转）。

④记号点设计。领子缝合对位点：后左缝线、前左缝线、前领底平位两侧、前左缝线、后左缝线、后领共6个记号点。

插肩占用领条的针数：插肩袖设计中，插肩袖后折部分占用了0.3后领宽，袖前部分占用了1/3前领圈，以此计算插肩袖所占用领子的针数。两侧插肩用领条的针数：［领宽×0.3+（领宽÷2×π+领深×2–领宽）÷3］÷领条长×领条针数=113.6（针），取114针。每侧各52针。

前领底平位占用领条的针数=领宽×0.35÷领条长×领条针数=44（针）。

后领占用领条的针数=领宽×0.7÷领条长×领条针数=89（针）。

前领斜收股针数=（领子开针数–左前后缝线之间针数×2–前领底平位针数–后领针数）÷2=（341–114–44–89）÷2=47（针）。

领于机号点。将结果进行汇总，得出领条记号点为52v47v44v47v52v89，如图3–90所示。

（6）工艺单。将各衣片和各段成形工艺汇总后，得出工艺单，如图3–91所示。

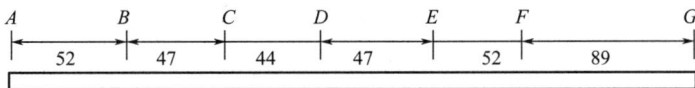

图3-90　领子各分段分配的针数示意图

图3-91　女樽领插肩收腰型长袖横编针织服装工艺单

（六）半高领男套衫工艺设计

1. 工艺设计要求

（1）确定产品款式、测量部位及成品规格尺寸，见表3-30。

表3-30　半高领男套衫成品规格（110cm）

编号	1	2	3	4	5	6	7	8	9	10	11
部位	胸宽	衣长	袖长	挂肩	肩宽	袖宽	下摆罗纹高/宽	袖口罗纹高/宽	后领宽	前领深/后领深	领口罗纹高
尺寸（cm）	55	68	58	25	2.5	9	6/40	6/8.5	18	8.5/3	4

（2）确定横机机号、坯布组织结构和成品设计密度见表3-31。

表3-31　横机机号、坯布组织结构和成品设计密度2

规格（cm）	机号（E）	纱线		坯布组织			衣身成品设计密度	
		线密度（tex）	公支	前后身袖子	下摆袖口	领口罗纹	纵密（纵行数/10cm）	横密（横列数/10cm）
110	7	41.7×2	24/2	纬平针	1-1罗纹	四平	38	60

2. 编织操作工艺单

半高领男套衫工艺设计如图3-92所示。图3-92（a）为前片工艺设计图，图3-92（b）为后片工艺设计图，图3-92（c）为袖片工艺设计图，图3-92（d）为领口罗纹工艺设计图。

（a）前片工艺设计

（b）后片工艺设计

（c）袖片工艺设计

（d）领口罗纹工艺设计

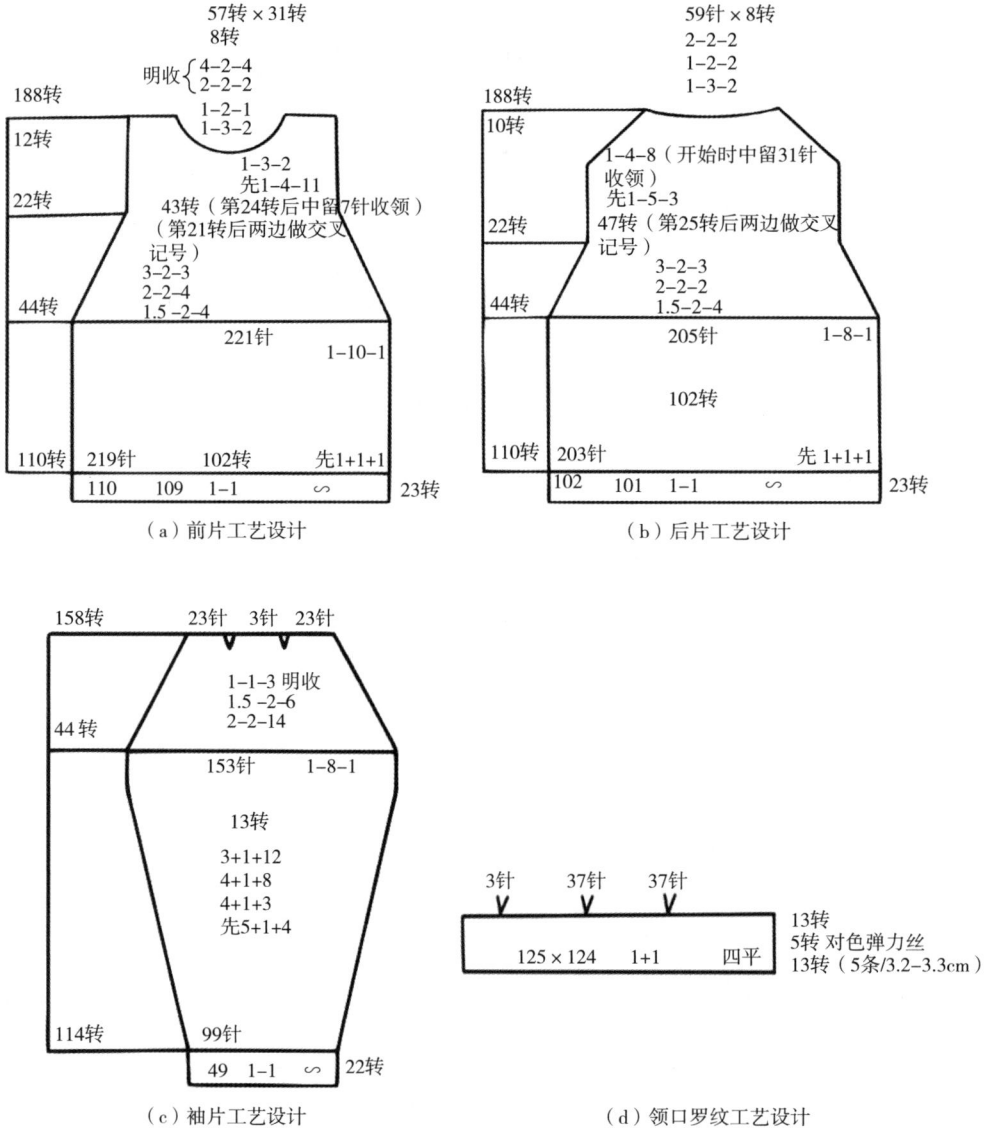

图3-92　半高领男套衫工艺设计

3. 工艺说明

下机密度：大身与袖子17.8～18目/cm，工艺单中"∽"符号表示下摆或袖口加对色弹力丝（此款加4转），下摆、袖口5条3.7～3.8cm。

工艺中的"先"表示先收针或先放针。

（七）圆领蝙蝠衫工艺设计

1. 工艺设计要求

（1）确定产品款式、测量部位及成品规格尺寸，见表3-32。

表3-32 圆领蝙蝠衫成品规格（100cm）

编号	1	2	3	4	5	6	7	8	9	10	11
部位	胸宽	衣长	袖长	挂肩	肩宽	袖宽	下摆罗纹高/宽	袖口罗纹高/宽	后领宽	前领深/后领深	领口罗纹高
尺寸（cm）	58.5	51.5	57	21	—	18	8.5/36.5	5/9.5	19.5	10.5/2.5	1.5

（2）确定横机机号、坯布组织结构和成品设计密度，见表3-33。

表3-33 横机机号、坯布组织结构和成品设计密度3

规格（cm）	机号（E）	纱线		坯布组织			衣身成品设计密度	
		线密度（tex）	公制支数（公支）	前后身袖子	下摆袖口	领口罗纹	纵密（纵行数/10cm）	横密（横列数/10cm）
100	12	41.7×2	24/2	纬平针	—	—	58	87

2. 编织操作工艺单

圆领蝙蝠衫工艺设计如图3-93所示。图3-93（a）为前片工艺设计图，图3-93（b）为后片工艺设计图。

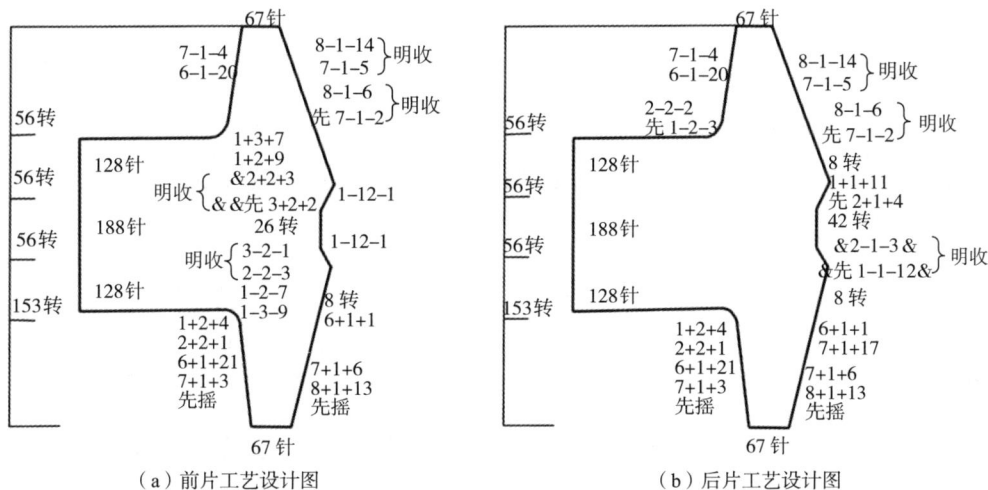

（a）前片工艺设计图　　　　　　　　（b）后片工艺设计图

图3-93 圆领蝙蝠衫工艺设计图

3. 工艺说明

编织方法为横向编织。

（八）小翻领男套衫工艺设计

1. 工艺设计要求

（1）确定产品款式、测量部位及成品规格尺寸，见表3-34。

表3-34 小翻领男套衫成品规格（110cm）

编号	1	2	3	4	5	6	7	8	9	10	11	12	13
部位	胸宽	衣长	袖长	挂肩	肩宽	袖宽	下摆罗纹高/宽	袖口罗纹高/宽	后领宽	前领深/后领深	领口罗纹高	门襟高	门襟宽
尺寸（cm）	54	70	80	23	42.5	19	6/42	6/8	17.5	9/2.5	8	15	22

（2）确定横机机号、坯号组织结构和成品设计密度见表3-35。

表3-35 横机机号、坯布组织结构和成品设计密度4

规格（cm）	机号（E）	纱线		坯布组织			衣身成品设计密度	
		线密度（tex）	公制支数（公支）	前后身、袖子组织	下摆、袖口罗纹组织	领口罗纹组织	纵密（纵行数/10cm）	横密（横列数/10cm）
110	12	41.7×2	24/2	提花	1-1罗纹	四平空转	前片：57 后片：65	前片：62 后片：67

2. 编织操作工艺单

小翻领男套衫工艺设计如图3-94所示。图3-94（a）为前片工艺设计图，图3-94（b）为后片工艺设计图，图3-94（c）为袖片工艺设计图，图3-94（d）为领口罗纹工艺设计图。

3. 工艺说明

这是一款提花横编针织服装，字母"G"代表主色，配色略。前、后衣片提花组织不同，下机密度也不同：后片、袖子10条/2.7~2.8cm，前片10条/3.2cm，下摆、袖口5条/2.5~2.6cm。

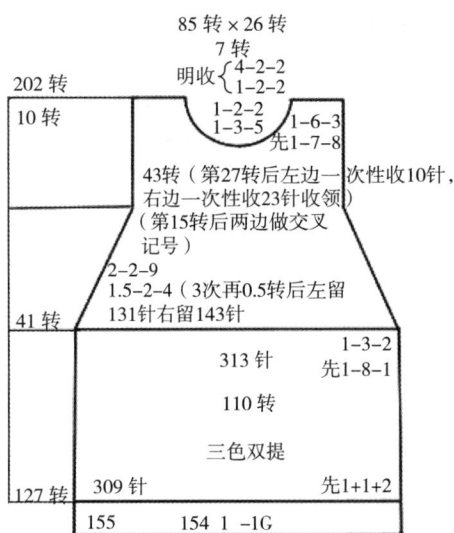

（a）前片工艺设计图　（b）后片工艺设计图

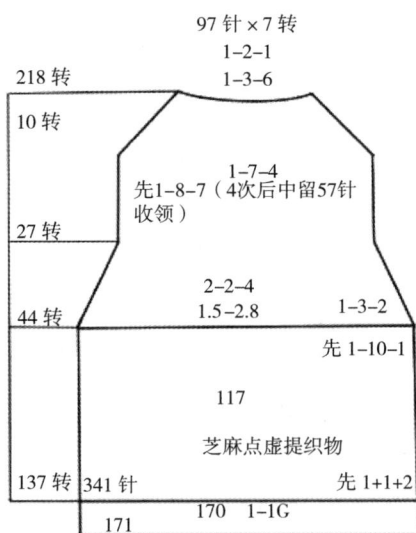

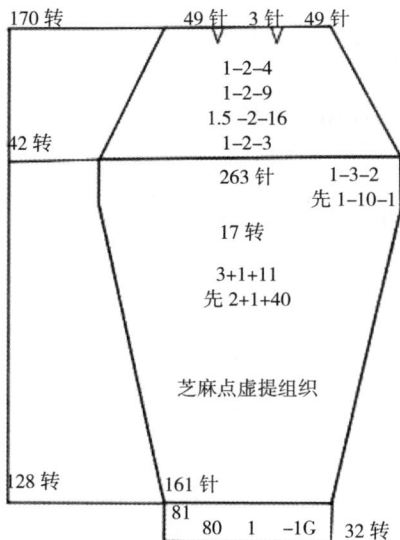

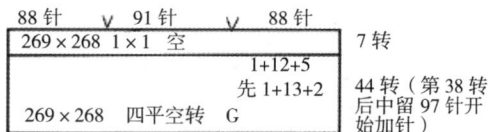

（c）袖片工艺设计图　　　　　　　　　　（d）领口罗纹工艺设计图

图3-94　小翻领男套衫工艺设计图

注　扩针是工人使用的一种特殊收针手法，一般在一次性收很多针时使用，收针的同时锁边。

（九）翻折领遮肩袖横编针织裙工艺设计

1.设计说明

（1）组织结构。此款横编针织裙采用满针罗纹与在满针罗纹基础上形成的挑花（图3-95）编织而成。大身采用满针罗纹换色编织条纹，翻领主要采用在满针罗纹基础上编织挑花（移圈）组织。

（2）色彩。此款横编针织裙采用深灰色与白色纱线编织而成，深灰色与白色分别给人一种沉静和纯洁无瑕的感觉，胸部以下则以较宽的深灰色条纹与较窄的白色条纹交织，将穿着者优雅、稳重、淡定的气质体现得淋漓尽致，同时，在领边用黑色的吊坠做装饰，展现一种灵动的美感。

（3）款式。此款横编针织裙为中长裙，分两片，大身与领子合为一体编织；腰部收针，可展示穿着者的身材曲线；肩袖部采用无袖、窄肩；领口开口较大，并在肩上放针编织较大的领宽与领高，穿着后可将领子翻至肩上，使领肩袖合为一体，视觉上有披肩的效果。此款横编针织裙设计简单、不呆板，给人以平静、高贵、温馨之感。

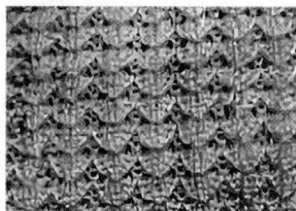

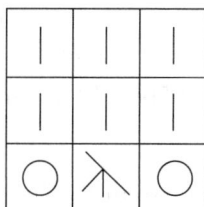

（a）花纹实物图　　　　　　　　　（b）花纹意匠图

图3-95　领肩部挑花花纹

2. 成品规格及测量部位

翻折领遮肩袖横编针织裙成品规格见表3-36，测量部位如图3-96所示。

表3-36　翻折领遮肩袖横编针织裙成品规格　　　　　　　　　　　单位：cm

编号	1	2	3	4	5	6	7
部位	胸宽	衣长	肩宽	挂肩	领口宽	领开口宽	下摆宽
规格	40	90	38	19	34	42	45
编号	8	9	10	11	12	13	14
部位	腰宽	臀宽	腰高	臀高	领高	领满针罗纹部位高	领挑花部位高
规格	36	45	38	58	12	3	9

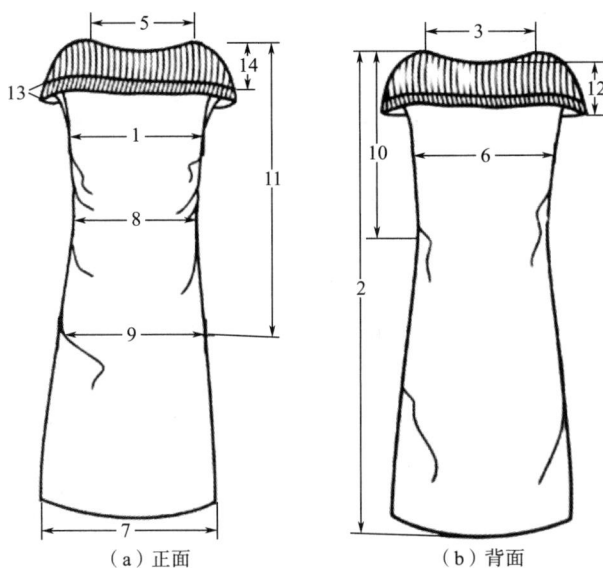

图3-96　翻折领遮肩袖横编针织裙成品款式图与测量部位

3. 原料与编织设备

（1）原料。该款翻折领遮肩袖横编针织裙采用的原料为35.71tex×2（28公支/2）腈纶纱线。

（2）编织设备。

①普通横机，机号9针/25.4mm。

②成品所用工时：横机编织60min，套口20min，手缝20min。

4. 编织工艺单

（1）横编针织裙的成品密度见表3-37。

表3-37　横编针织裙织物成品密度

密度	满针罗纹	挑花组织
成品横密（纵行/10cm）	50	43
成品纵密（转/10cm）	38	42

（2）计算工艺单。翻折领遮肩袖横编针织裙的前后片形态及工艺单的计算部位如图3-97所示。计算过程见表3-38、表3-39。

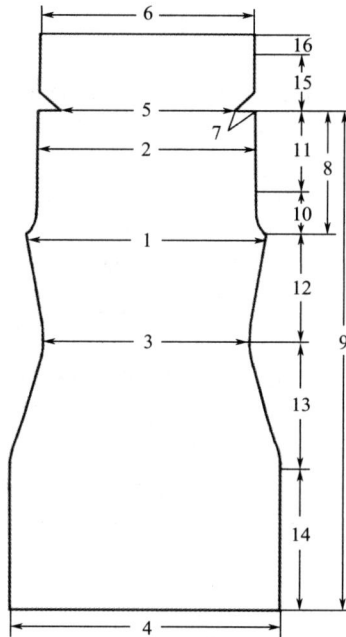

图3-97　前后片形态及工艺单的计算部位

表3-38　裙后片工艺计算

序号	指标	计算过程	结果
1	胸宽针数	40×5=200（针）	取201针
2	肩宽针数	38×5×0.98=186.2（针）	取185针
3	腰宽针数	35×5=175（针）	取175针
4	下摆宽针数	45×5=225（针）	取225/225针，斜角排针起口
5	领口针数	34×5=170（针）	取169针
6	领开口针数	42×4.3=180.6（针）	取181针
7	单肩宽针数	（185−169）÷2=8（针）	取8针
8	挂肩转数	19×3.8=72.2（转）	取72转
9	衣长转数	90×3.8=342（转）	取342转
10	挂肩收针转数	19×1/3×3.8=24.1（转）	取24转
11	挂肩平摇转数	72−24=48（转）	取48转

序号	指标	计算过程	结果
12	腰节以上放针转数	（38-19）×3.8=72.2（转）	取72转
13	腰节以下收针转数	（58-38）×3.8=76（转）	取76转
14	臀位以下转数	342-72-72-76=122（转）	取122转
15	翻领处挑花转数	9×4.2=37.8（转）	取38转
16	翻领处罗纹转数	3×3.8=11.4（转）	取11转
17	下摆收针分配	每边收针针数=（225-175）÷2=25（针），收针转数为76转	平8转 3-1-20 2-1-5（先收）
18	下摆放针分配	每次放针针数=（201-175）÷2=13（针），放针转数72转	平8转 5+1+8 4+1+5（先放） 平8转
19	挂肩收针分配	每次收针针数=（201-185）÷2=8（针），收针转数为24转	12-2-2 套针4针
20	领放针分配	每次放针针数=（181-169）÷2=6（针），收针转数49转	平43转 1+1+6

表3-39　裙前片工艺计算

序号	指标	计算过程	结果
1	胸宽针数	（40+2）×5=210（针）	取211针
2	肩宽针数	同后片	取185针
3	腰宽针数	（35+2）×5=185（针）	取185针
4	下摆宽针数	（45+2）×5=235（针）	取235/235针，斜角排针起口
5	领口针数	同后片	取169针
6	领开口针数	同后片	取181针
7	单肩宽针数	同后片	取8针
8	挂肩转数	19×3.8=72.2（转）	取72针
9	衣长转数	90×3.8=342（转）	取342针
10	挂肩收针转数	19×1/3×3.8=24.1（转）	取24转
11	挂肩平摇转数	72-24=48（转）	取48转
12	腰节以上放针转数	（38-19）×3.8=72.2（转）	取72转
13	腰节以下收针转数	（58-38）×3.8=76（转）	取76转
14	臀位以下转数	342-72-72-76=122（转）	取122转
15	翻领处挑花转数	9×4.2=37.8（转）	取38转
16	翻领处罗纹转数	3×3.8=11.4（转）	取11转
17	下摆收针分配	每边收针针数=（235-185）÷2=25（针），收针转数76转	平8转 3-1-20 2-1-5（先收）
18	下摆放针分配	每边放针针数=（211-185）÷2=13（针），放针转数72转	平8转 5+1+8 4+1+5（先放） 平8转

续表

序号	指标	计算过程	结果
19	挂肩收针分配	每边收针针数=（211－185）÷2=13 （针），收针转数为24转	$\begin{cases} 6\text{-}2\text{-}4 \\ 套针5针 \end{cases}$
20	领放针分配	每边放针针数=（181－169）÷2=6 （针），收针转数为49转	$\begin{cases} 平43转 \\ 1+1+6 \end{cases}$

（3）上机工艺图。翻折领遮肩袖横编针织裙的上机工艺图如图3-98所示。

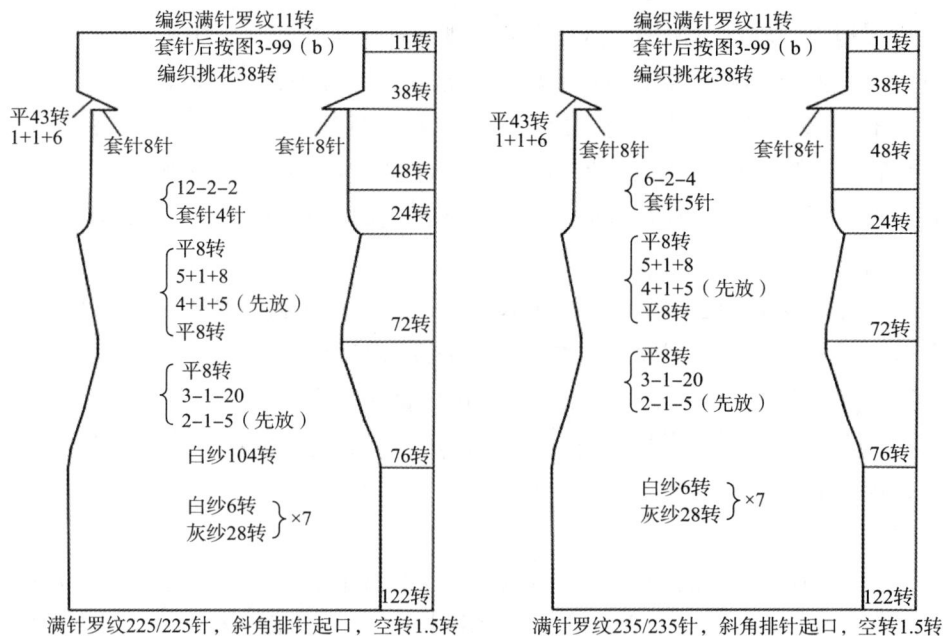

图3-98　翻折领遮肩袖横编针织裙的上机工艺图

5. 生产工艺

（1）编织。

①据工艺要求选择横机的类型和机号。

②根据织物的下机密度调试横机大货生产密度。

③核准纱线是否使用正确，按照工艺单正确编织。

④注意收放针要美观，有利于套口。

⑤尽量避免编织过程中造成疵点。

（2）验片。

①通过将下机后的衣片进行全长拉密和横向10个线圈拉密，检验衣片编织转数和针数是否符合要求。

②检验收放针部位的收放针次数与转数。

③检验衣片密度及密度均匀度、挑花领长度、漏针、破洞、豁边、单丝等。

（3）套口。

①套大身。先将前后片侧边上横条纹对齐，然后对条套缝。

②合肩缝和领子。先将衣片边两行对齐套口，然后紧沿领边一行进行套口，防止缝合量过厚而不美观。

（4）手缝。将下摆侧缝缝合口、腋下缝合、肩部开口和结束点等都进行手缝加固，防止纱线脱散。

（5）缝制。领开口处需要用平缝机钉黑色吊坠，赋予衣服灵动的效果。

（6）灯检。将缝制好的衣服进行照灯检查，检查织片上有无漏针、破洞等情况。

（7）水洗。首先将横编针织服装浸泡在含洗涤剂的水中10~15min，然后进行漂洗、脱水，接着浸泡于柔软剂溶液中，进行柔软处理，最后进行脱水、烘干。

（8）烘干。将横编针织裙放于烘干机中，温度设定为70~80℃，直至烘干为止。

（9）钉标。按照客户要求，将主标在后领中明钉四点。

（10）整烫。大身整烫时，需要将两边对齐合并整烫，使衣身外观平整、美观；在整烫翻领过程中，只需要整烫领开口边，以免损坏挑花部分的凹凸效果。整烫时，必须按照横编针织裙规定的规格尺寸进行整烫。

（11）检验。即成品的复测，首先量取横编针织裙各部位的尺寸，然后再次观察横编针织裙的收放针的针数是否正确，织物的密度是否均匀。

（12）包装。按照客户的要求将横编针织裙折叠放入规定的包装袋中。

（13）出货。按客户指示做好装箱单，并注意各码各色的装箱，等待出货。

（十）高领斗篷肩裙

1. 设计说明

（1）组织结构。此款高领斗篷肩裙胸部和下摆采用2+2罗纹；后身采用满针罗纹与2+2罗纹；前身在满针罗纹抽针基础上，采用同针床上的线圈进行移圈挑花，形成凹凸图案，也有部分2+2罗纹。花纹有一定的立体感。

（2）色彩。根据该裙的适用季节挑选较柔和的色彩，配合挑花形成的凹凸花纹图案以及2+2罗纹的凹凸纵条效果，让这款裙装显得更有时尚感。

（3）款式。在款式上，胸部以上的肩袖部分合为一体设计编织制作而成，像一个合身的斗篷；大身与遮肩不完全拼合，以适应人体穿着效果，款式新颖独特；不留挂肩缝，使服装整体效果浑然一体，还能将穿着者的身体曲线美充分展现出来。

2. 成品规格及测量部位

高领斗篷肩裙成品规格见表3-40，测量部位如图3-99所示。

表3-40 高领斗篷肩裙成品规格

编号	1	2	3	4	5	6	7
部位	肩宽	腰宽	领宽	臀宽	衣长	胸部2+2罗纹高	下摆2+2罗纹宽
规格（cm）	44	36	24	42	84	10	34
编号	8	9	10	11	12	13	14
部位	臀高	肩斜高	领高	袖口宽	斗篷长	上衣2+2罗纹高	下摆2+2罗纹高
规格（cm）	56	7	11	10	18.5	2	4.5

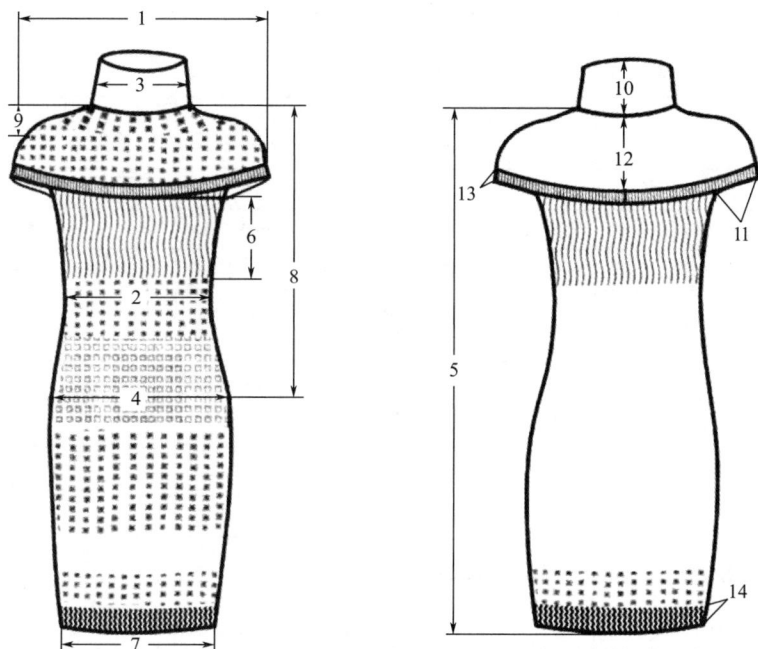

图3-99　高领斗篷肩裙成品款式图与测量部位

3．原料与编织设备

（1）原料。该款高领斗篷肩裙采用的原料为18tex（32英支）淡紫色涤纶纱和18tex（32英支）棉纱混合编织。衣服重量为496g，尺码为L号。

（2）编织设备。普通横机，机号9针/25.4mm。

4．编织工艺单

（1）确定织物成品密度。高领斗篷肩裙的成品密度见表3-41。

表3-41　高领斗篷肩裙织物成品密度

密度	2+2罗纹	满针罗纹	裙摆部位花纹	裙腰部位花纹	肩斜部位花纹
成品横密（纵行/10cm）	30对	50	50	45.2	45
成品纵密（转/10cm）	50	35	23.2	36	36

（2）计算工艺单。高领斗篷裙的前后片形态及工艺单的计算过程见表3-42和表3-43，计算部位如图3-100所示。

表3-42　裙后片下片工艺计算

序号	指标	计算过程	结果
1	后片腰宽针数	36×5=180（针）	取179针，翻成2+2罗纹60/59对，面包底1对
2	后片臀宽针数	42×5=210（针）	取209针
3	后片下摆针数	（34+3）×5=185（针），取185针	取62/61对，面包底1对

169

序号	指标	计算过程	结果
4	胸部2+2罗纹转数	10×5=50（转）	取50转
5	2+2罗纹以下平摇转数	（36-18.5-10）×3.5=26.25（转）， 此处36为腰节高	取26转
6	臀部以上收针转数	（56-36）×3.5=70（转）	取70转
7	臀部以下放针转数	（84-56-4.5）×3.5=82.25（转）	取82转
8	下摆罗纹转数	4.5×5=22.5（转）	取22.5转
9	臀部以上收针分配	每边收针针数=（209-179）/2=15（针）， 收针转数=70（转）	4-1-15（先收） 平14转
	臀部以下放针分配	每边放针针数=（209-185）/2=12（针）， 放针转数=82（转）	平5转 7+1+6 6+1+6（先放） 平5转
10	领宽针数	（24-2）×5=110（针）	取111针
11	肩宽针数	44×5×0.98=215.6（针），取215针	取2+2罗纹72/71对， 面包底1对
12	2+2罗纹的转数	2×5=10（转）	取10转
13	斗篷肩平摇转数	9.5×3.5=33.25（转）	取33转
14	肩斜高转数	7×3.5=24.5（转）	取25转
15	肩部收针分配	每边收针针数=（215-111）/2=52（针）， 收针转数=25（转）	套针2针 平摇1转 1-2-25（套针先套）

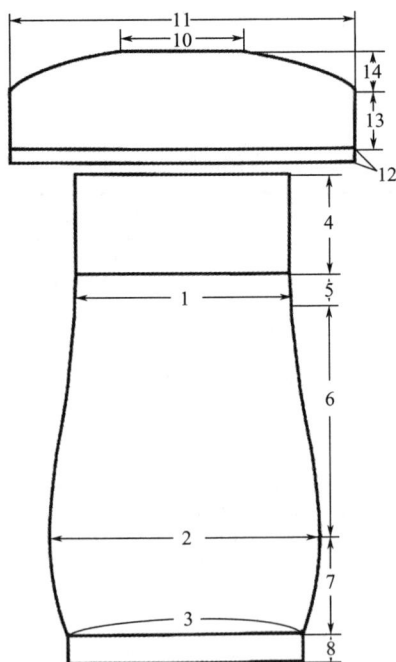

图3-100 前后片形态及工艺单的计算部位

表3-43　裙前片下片与附件工艺计算

序号	指标	计算过程	结果
1	前片腰宽针数	（36+2）×5=190（针）	取191针，翻成2+2罗纹64/63对，面包底1对
2	前片臀宽针数	26.5×4.52+（42+2-26.5）×5=207.28（针）	取207针
3	前片下摆针数	（34+2+3）×5=195（针），取197针	取66/65对，面包底1对排针起口
4	胸部2+2罗纹转数	同后片	取50转
5	2+2罗纹以下平摇转数	（36-18.5-10）×3.6=27（转）	取27转
6	臀部以上收针转数	5×3.6+15×3.5=70.5（转）	取71转
7	臀部以下收针转数	12.5×3.6+5.5×2.32+（28-4.5-12.5-5.5）×3.5=77.01（转）	取77转
8	下摆罗纹转数	同后片	取22.5转
9	臀部以上收针分配	每边收针针数=（207-191）÷2=8（针），收针转数=71（转）	9-1-8（先收） 平8转
	臀部以下放针分配	每边放针针数=（207-197）÷2=5（针），放针转数=77（转）	平4转 17+1+5（先放） 平5转
10	领宽针数	同后片	取111针
11	肩宽针数	（44+2）×5×0.98=225.4（针），取227针	取2+2罗纹76/75对，面包底1对排针起口
12	2+2罗纹的转数	2×5=10（转）	取10转
13	斗篷肩平摇转数	9.5×2.32=22.04（转）	取22转
14	肩斜高转数	7×3.6=25.2（转）	取25转
15	肩部收针分配	每边收针针数=（227-111）/2=58（针），收针转数=25（转）	套针4针 平摇1转 1-3-10（套针） 2-3-8（先套）
16	小翻领的转数	24×2×5=240（转）	取240/240针，斜角排针起口
17	小翻领转数	11×3.5=38.5（转）	取39转

（3）上机工艺图。高领斗篷肩裙的上机工艺图如图3-101所示。

5.生产工艺

（1）编织。

①据工艺要求选择横机的类型和机号。

②根据织物的下机密度调试横机大货生产密度。

③按照工艺单核准纱线是否使用正确，正确编织。

④注意收放针要美观，有利于套口。

⑤尽量避免编织过程中造成疵点。

（2）验片。

①通过将下机后的衣片进行全长拉密和满针罗纹横向10个线圈拉密、2+2罗纹横向5个完全组织拉密，检验衣片编织转数和针数是否符合要求。

②检验收放针部位的收放针次数与转数。

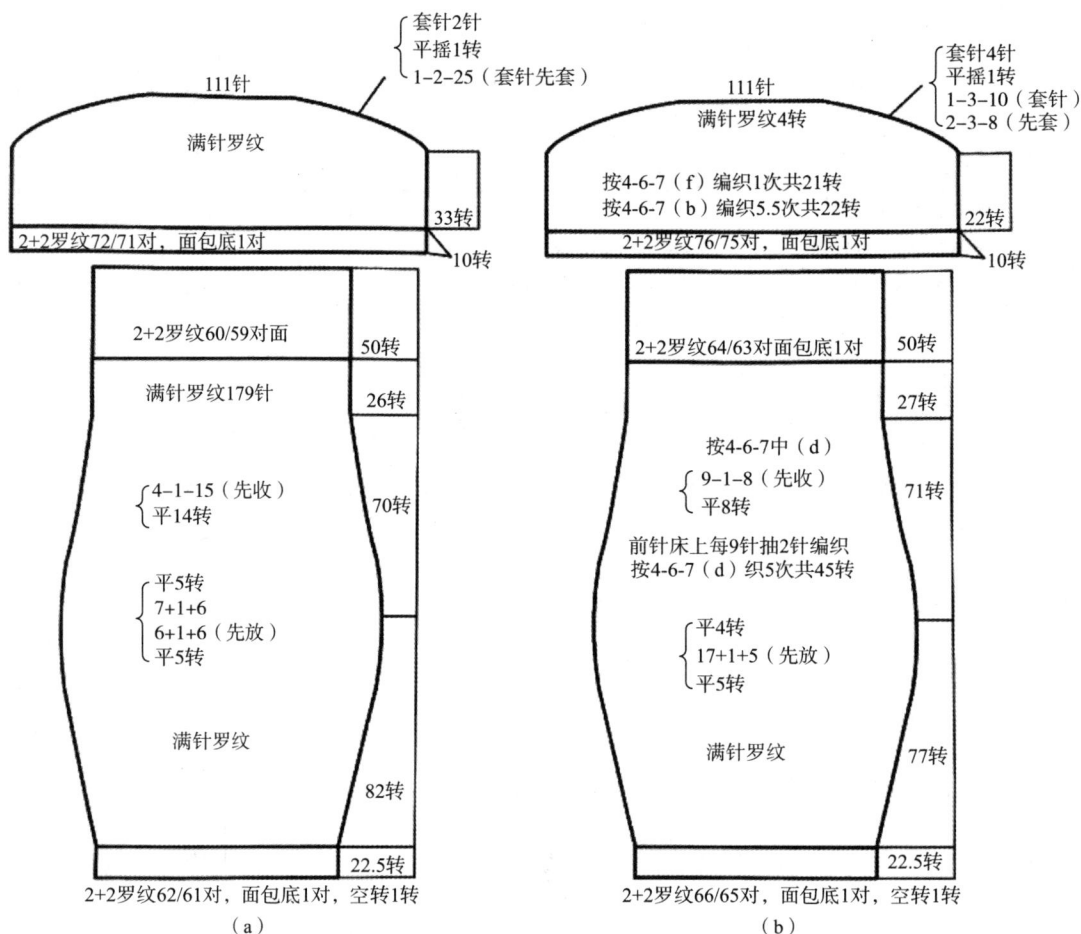

图(a)部分:

套针2针
平摇1转
1-2-25（套针先套）

111针
满针罗纹

33转

2+2罗纹72/71对，面包底1对
10转

2+2罗纹60/59对面 — 50转

满针罗纹179针 — 26转

4-1-15（先收）
平14转 — 70转

平5转
7+1+6
6+1+6（先放）
平5转

满针罗纹 — 82转

22.5转

2+2罗纹62/61对，面包底1对，空转1转

（a）

图(b)部分:

套针4针
平摇1转
1-3-10（套针）
2-3-8（先套）

111针
满针罗纹4转

按4-6-7（f）编织1次共21转
按4-6-7（b）编织5.5次共22转

22转

2+2罗纹76/75对，面包底1对
10转

2+2罗纹64/63对面包底1对 — 50转

27转

按4-6-7中（d）
9-1-8（先收）
平8转 — 71转

前针床上每9针抽2针编织
按4-6-7（d）织5次共45转

平4转
17+1+5（先放）
平5转

满针罗纹 — 77转

22.5转

2+2罗纹66/65对，面包底1对，空转1转

（b）

图3-101　高领斗篷肩裙上机工艺图

③检验衣片密度及密度均匀度、漏针、破洞、豁边、单丝，前片花纹是否错花。

（3）套口。将前后片上衣与下衣套缝，上衣2+2罗纹左右两边各留出15对作为袖口开口，下衣2+2罗纹左右两边各留出6对不缝合；合肩缝；绱领；合下衣侧缝，注意不能有搭丝、漏针等；对套好的衣服进行扒扣，看是否有针未套住。

（4）套检。对半成品进行检验，查看各个部位是否套得匀称。

（5）手缝。将毛头别进去，使表面看不出毛头，并修补漏针。

（6）灯检。将衣服置于白光灯下，查看是否有疵点。

（7）水洗。使用平滑剂、柔软剂对衣服进行水洗。

（8）烘干。将衣服置于烘干机内烘干。

（9）钉标。确定商标，在规定的位置将主标和洗标钉好。

（10）整烫。按照规格尺寸表对成衣进行整烫。

（11）检验。检验成衣是否有疵点，规格尺寸、钉标位置是否准确。

（12）包装。根据客户要求进行包装。

（13）出货。在规定的时间内出货。

（十一）扇贝肩短袖裙

1. 设计说明

（1）组织结构。此款扇贝肩短袖裙采用满针罗纹、4+4罗纹、空气层组织及双面挑花组织（花纹实物与意匠图如图3-102所示）编织而成。胸部采用空气层组织编织，中间抽紧，满足胸部曲线要求，胸口上部采用4+4罗纹编织，起到紧致胸部的效果。前片胸部以下在满针罗纹基础上，进行绞花与挑花编织；肩部采用双面挑花组织编织，具有孔眼效应；大身后片采用满针罗纹。

（2）色彩。纯白与黄的搭配，给人一种活泼而又不失稳重的感觉。

（3）款式。此款裙装肩部在前胸处打褶缝合，并用中国结缝合，渗透出古典美；胸口处空气层组织抽紧，使胸部丰满，彰显摩登之美；肩片上的挑花孔使该裙轻盈不厚重；前片大身处挑花的孔眼效应与绞花的扭曲效应和缠绕效果相结合，使该裙时髦而不单调。在双肩满针的基础上挑花，展现出一种飘逸之感，在肩片与下摆边缘处用空气层进行点缀，使该裙整体更加贴合、舒适。

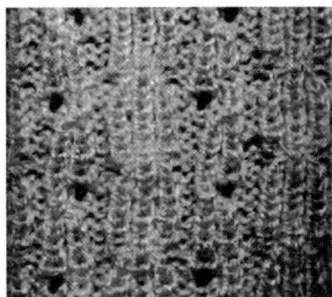

（a）前片挑花花纹实物图　　　　　（b）前片挑花花纹意匠图

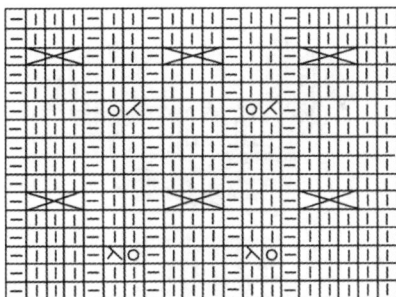

（c）肩袖片挑花花纹实物图　　　（d）肩袖片挑花花纹意匠图

图3-102　花纹实物与意匠图

2. 成品规格及测量部位

扇贝肩短袖裙成品规格见表3-44，测量部位如图3-103所示。

表3-44 扇贝肩短袖裙成品规格

编号	1	2	3	4	5	6
部位	胸宽	腰宽	臀宽	肩片长	肩片宽	下摆空气层高
规格（cm）	40	35	46	34	18	1
编号	7	8	9	10	11	12
部位	4+4罗纹高	腰节高	臀位	衣长	肩片间宽	胸部空气层高
规格（cm）	6	21	39	60	24	10

3. 原料与编织设备

（1）原料。该款扇贝肩短袖裙采用的原料为66.67tex×2（15公支/2）混纺纱线，30%羊毛、70%腈纶。

（2）编织设备。

①普通横机。机号6针/25.4mm。

②成品所用工时。横机编织210min，套口10min，手缝15min。

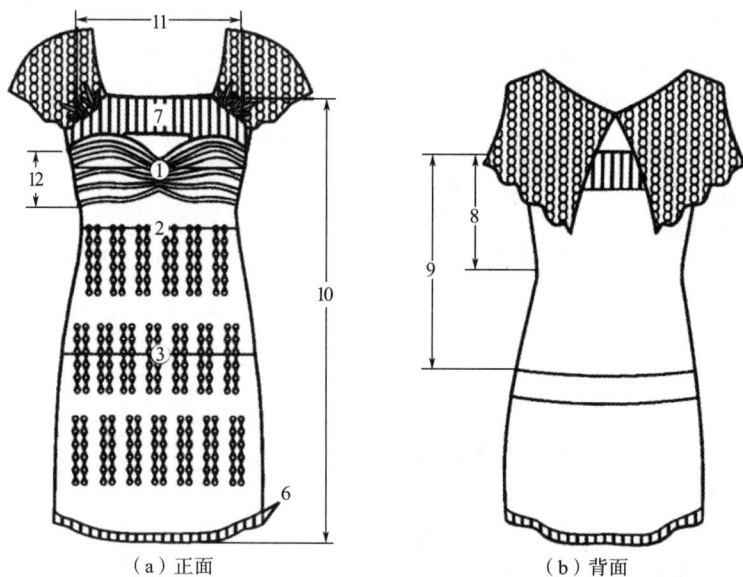

（a）正面 （b）背面

图3-103 扇贝肩短袖裙成品款式图与测量部位

4. 编织工艺单

（1）确定扇贝肩短袖裙织物成品密度。测试出的成品密度见表3-45。

表3-45 扇贝肩短袖裙织物成品密度

密度	4+4罗纹	满针	肩片挑花	下摆空气层	胸部空气层
成品横密（纵行/10cm）	—	30	28	18	—
成品纵密（转/10cm）	35	25	25	50	40

（2）计算工艺单。

①前后片。扇贝肩短袖裙的前后片形态及工艺单的计算部位如图3-104所示，计算过程见表3-46和表3-47。

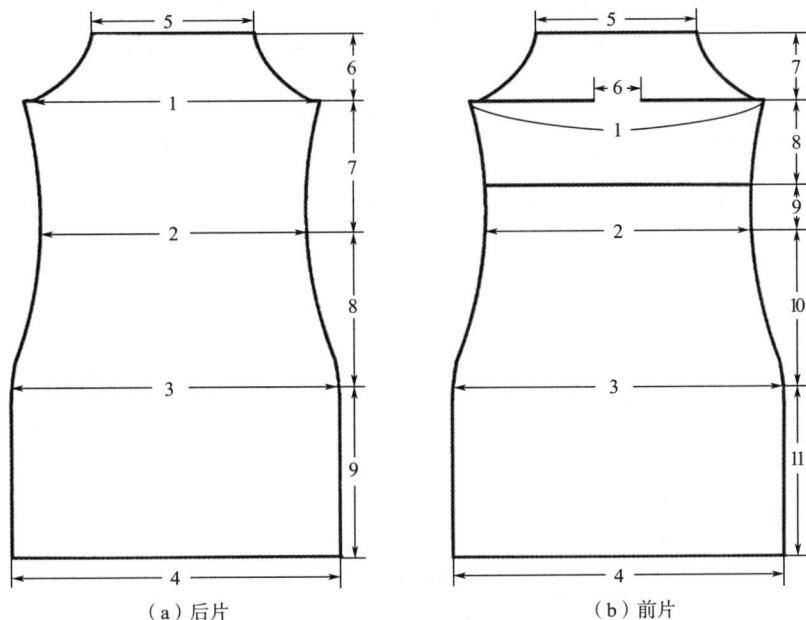

（a）后片　　　　　　　　　　（b）前片

图3-104　扇贝肩短袖裙的前后片形态及工艺单的计算部位

表3-46　后片工艺计算

序号	指标	计算过程	结果
1	后片胸宽针数	40×3=120（针）	取121针
2	后片腰宽针数	35×3=105（针）	取105针
3	后片臀宽针数	46×3=138（针）	取139针
4	裙摆针数	同臀宽针数	取满针罗纹139/139针，斜角排针起口
5	肩片之间针数（外侧）	24×3=72（针）	取73针
6	胸部4+4罗纹转数	6×3.5=21（转）	取21针
7	后片腰节以上放针转数	（21-6）×2.5=37.5（转）	取38针
8	臀位以上收针转数	（39-21）×2.5=45（转）	取45转
9	臀位以下转数	（60-39-1）×2.5=50（转）	取50转
10	后身腰节以上放针分配	每边放针针数=（121-105）÷2=8（针），放针转数=38（转）	平5转 4+1+8（先放） 平5转
11	臀位以上收针分配	每边收针转数=（139-105）÷2=17（针），收针转数=45（转）	平3转 6-2-7 6-3-1（先收）

序号	指标	计算过程	结果
12	挂肩收针分配	每边收针转数＝（121−73）÷2=24（针），收针转数=21（转）	3-2-1 2-2-9 套针4针

表3-47　前片工艺计算

序号	指标	计算过程	结果
1	前片胸宽针数	（40+2）×3=126（针）	取127针
2	前片腰宽针数	（35+2）×3=111（针）	取111针
3	前片臀宽针数	（46+2）×3=144（针）	取145针
4	裙摆针数	同臀宽针数	取满针罗纹145/145针，斜角排针起口
5	肩片之间针数（外侧）	24×3=72（针）	取73针
6	平拷针数	12×3=36（针），取36针	从中间往两边各套针18针
7	胸部4+4罗纹转数	6×3.5=21（转）	取21针
8	空气层转数	10×4=40（转）	取40针
9	腰节以上空气层下转数	（21−10−6）×2.5=12.5（转）	取12针
10	臀位以上收针转数	同后片	取45转
11	臀位以下转数	同后片	取50转
12	腰节以上放针分配	每边放针针数＝（127−111）÷2=8（针），放针转数=12+40=52（转）	平5转 6+1+8（先放） 平5转
13	臀位以上收针分配	每边收针针数＝（145−111）÷2=17（针），收针转数=45（转）	平3转 6-2-7 6-3-1（先收）
14	挂肩收针分配	每边收针针数＝（127−73）÷2=27（针），收针转数=21（转）	3-2-1 2-2-9 套针7针

②肩袖片：扇贝肩短袖裙的肩袖片工艺计算过程见表3-48。

表3-48　肩片工艺计算

序号	指标	计算过程	结果
1	肩片长针数	34×2.8=95.2（针）	取满针罗纹95/95针，斜角排针起口
2	肩片宽转数	18×2.5=45（转）	取45转

（3）上机工艺图。扇贝肩短袖裙的上机工艺图如图3-105所示。

5.生产工艺

（1）编织。

①大货生产时，由计划员规定生产计划，安排一定数量的横机在规定时限内完成衣

片编织，同时将考虑废片与清机的时间损失计算在内，将生产所用的纱线按照缸号分别摆放。

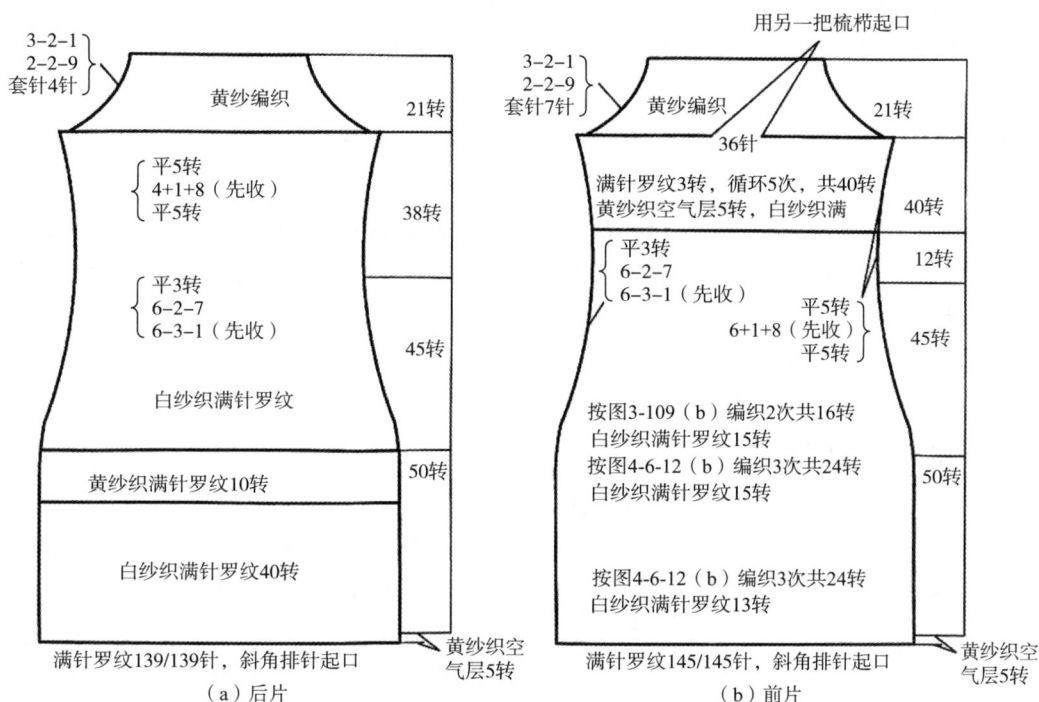

图3-105　扇贝肩短袖裙上机工艺图

②在大货生产时，尽量避免人为因素引起的损耗，如穿纱不正确、边簧未取出等。要经常测量衣片的密度，控制好衣片的下机尺寸，把密度和牵拉值调整到合适范围。尽量避免撞针。

③下机后的衣片要按批次包装好，通常以10件为一包，每包都挂有一个吊牌，吊牌上记录横机工的姓名、机台号、货号、尺码，以便发现问题时能及时更正。

（2）半成品检验。

①检验单片的长度、罗纹长短、夹档转数、收针次数等，检验织物是否有漏针、花针、豁边、单丝、边缘处是否有分散性包针现象等。

②采用纵向全长拉密与横向10个线圈拉密，检验衣片的密度、规格。

（3）缝制。

①在套口机上合侧缝。套缝时不能有搭丝、漏针等。

②缝制两肩袖片与盘扣。

（4）套检。对半成品进行检验，查看各个部位是否套得匀称。

（5）手缝。将毛头别进去，使表面看不出毛头，修补漏针。

（6）水洗。使用平滑剂、柔软剂对衣服进行水洗。

（7）烘干。将衣服放置于烘干机内烘干。

（8）钉标。在规定的位置将主标和洗标钉好。

（9）整烫。按照规格尺寸表对成衣进行整烫。

（10）成品检验。产品出厂前的一次综合检验。检验项目有复测、整理、分等三个专门工序，包括外观质量（尺寸公差、外观疵点），物理指标（单件重量、针圈密度），内、外包装等。

在整理过程中，对于不属于返退范围的少量疵点，如可以清除的油污渍、残留草屑、脱缝等通常可随时修复。

（11）包装。经检验后的衣服需分批包装，通常以10件为一包。包装时，要注意尺码的区分，线头不能过长，还要检查有无其他疵点。将包装好的衣服装箱，箱外要写明货物编号、件数、出货日期、出货对象，然后将其放入仓库等待出货。

（12）出货。在规定的时间内出货。

三、无袖高领背心工艺设计

（一）无袖原身出高领女装款式与花型分析

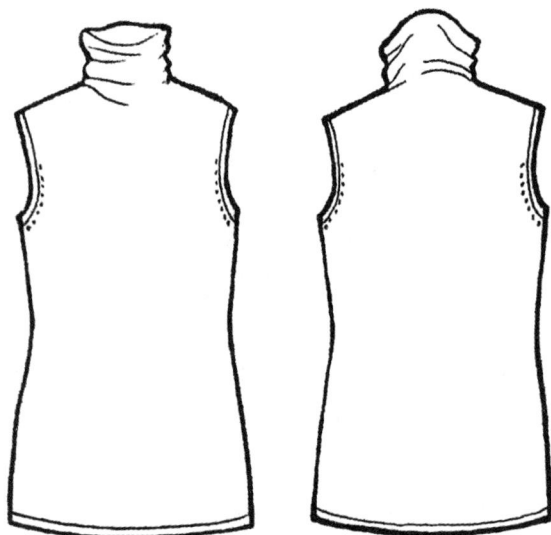

图3-106　无袖原身出高领女装款式图

1. 无袖原身出高领女装款式分析

该款无袖原身出高领女装（图3-106）从名称上可知该款式的基本结构是高领、无袖，产品的实际造型为合体X型，衣身长至臀线上方，肩部为露手臂设计，袖夹底贴近腋窝，避免穿着者露出文胸的部分。领子设计为原身出高领，其高度设计为12cm长（肩顶点至领口线）。穿着时，不加任何处理，则为高撑领造型；将领高略做收缩，则成堆堆领；将领向外翻折为小翻领；向里翻折则为小立领。

2. 无袖原身出高领女装花型分析

该款女装全身采用纬平针花型设计，领口为2cm内折边设计，衣摆设计为2cm圆筒边，既确保两者维持边缘整齐，又防止卷边变形。袖夹边缘选用1.2cm的三平设计，既不易变形又整齐美观，还能省略缝盘工序。毛织具有良好的弹性，领口处无须开合设计即可穿戴。

（二）无袖原身出高领女装编织工艺分析

1. 组织和材料分析

（1）全件单边，夹位贴三平组织边。

（2）12针1条羊毛冚100旦高弹。

（3）原身出高领，收腰款式。

2.编织工艺分析

（1）衫脚圆筒组织，夹贴原身三平组织。

（2）大身为单边收腰加腰做法。

（3）领是原身出的平针组织。

（三）无袖原身出高领女装编织工艺计算

1.字码平方密度

根据客户的要求确定毛料、针种、厚薄度，再按照原版组织，取出相关的字码平方密度。

2.原版部位尺寸测量

根据制单尺寸或者客户提供的原版量出尺寸，见表3-49。

表3-49　各部位尺寸（M码）

序号	尺寸标签	度量方法	尺寸（cm）
1	胸宽	手工测量	41.00
2	肩宽边量	手工测量	31.00
3	衣长	手工测量	60.00
4	夹宽斜度	手工测量	17.00
5	上胸宽	—	—
6	膊斜	手工测量	2.50
7	领宽	手工测量	18.00
8	前领深	—	—
9	后领深	—	—
10	腰宽	手工测量	38.00
11	腰距	手工测量	37.00
12	下脚宽	手工测量	41.00
13	领贴高	手工测量	12.00
14	衫脚高	手工测量	2.00
15	袖咀高	—	—
16	袖口宽	—	—
17	袖长膊边度	—	—
18	袖宽	—	—
19	夹贴高	手工测量	1.20

3.编织工艺计算

编织工艺计算步骤和方法见表3-50、表3-51。

表3-50　后幅衣片编织工艺计算步骤

序号	后幅部位	计算部位	备注
1	后胸宽针数	（胸宽-折后1cm）×横密+缝耗	缝耗1～2支针
2	后领宽针数	领宽×横密	此款领为原身出，按实际尺寸做起
3	领高转数	领高×直密	注意：领贴反缝要做多包边分量
4	膊宽针数	膊宽×横密×修正值+缝耗	修正值0.95
5	每边收针数	（后胸宽针数-膊宽针数）÷2	—
6	脚高转数	脚高×脚直密	—
7	后衣长转数	（身长-脚高）×直密+缝耗	缝耗1～2转
8	膊斜转数	膊斜2.5cm高	根据单肩的大小而定
9	后夹宽转数	夹宽直度×直密×修正值	修正值0.93
10	夹花高转数	后夹宽转数÷2.5	一般在7.5cm
11	夹下转数	后身长转数-膊斜转数-后夹宽转数	—
12	后腰宽针数	（腰宽-折后1cm）×横密+缝耗	—

表3-51　前幅衣片编织工艺计算步骤

序号	前幅部位	计算部位	备注
1	前胸宽针数	后胸宽针数+2cm的针数	身侧骨走后，所以要比后幅做大
2	领宽针数同后幅	参见表3-50	—
3	领高转数同后幅	参见表3-50	—
4	膊宽针数同后幅	参见表3-50	—
5	每边收针数	（前胸宽针数-膊宽针数）÷2	—
6	脚高转数同后幅	参见表3-50	—
7	前衣长转数	后身长转数+1cm的转数	前肩骨走后，所以要比后幅做大
8	膊斜转数同后幅	参见表3-50	—
9	前夹宽转数	后夹宽转数+1cm的转数	—
10	前腰宽针数	后腰宽针数+2cm的针数	—

4.编织工艺指示

按照计算步骤写出工艺指示。

（1）后幅工艺编织要点指示图，如图3-107所示。

（2）前后衣片编织工艺指南，如图3-108所示。

（四）无袖原身出高领女装编织要求

（1）前后夹位先平套再收夹，前夹比后夹多套1cm。

（2）夹位三平组织边，收针注意不要松行。

（3）领包边反缝。

衫身共303转192支

间纱完　放眼半转
毛1转
17转
结字码

此领包边为了突出领的挺度
必须做结字码

（单边10支拉12/8）
42转　放眼半转
膊边放眼半转，1转
1-4-10（停针）
33转

两边膊针停针后，间纱落下
领位针数继续织上

4-2-4
3-2-4　12支边（9支三平直上）
2-2-3
2转
两边各套针6支
13转第10转夹边顶15支三平直上
8+1+4
7+1+5
13转

原身出夹贴，为了夹边不会卷
边夹底 3 转开始做三平
并且夹位收针保持三平直上

7-1-7
8-1-2　无边
25转
衫身：单边

衫脚：圆筒1条 凸1条 22转
后幅：开248/247支 面1支包结上梳

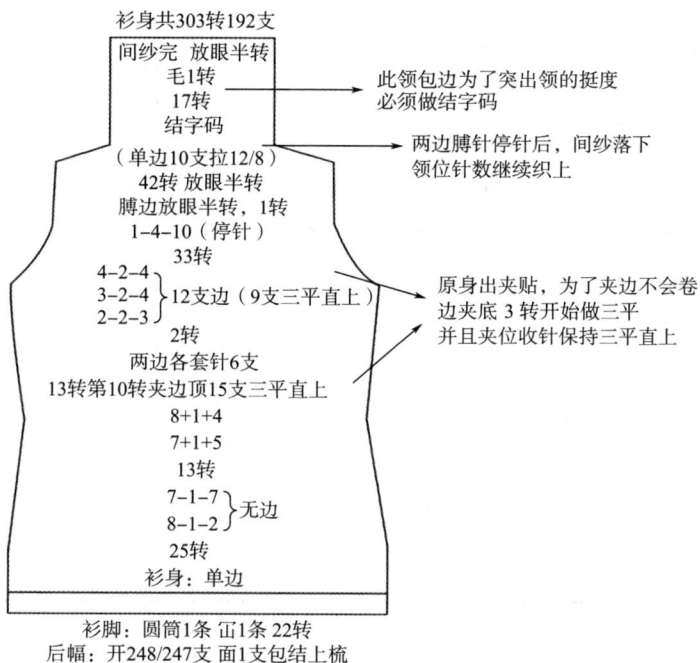

图3-107　无袖原身出高领女装后幅工艺指示

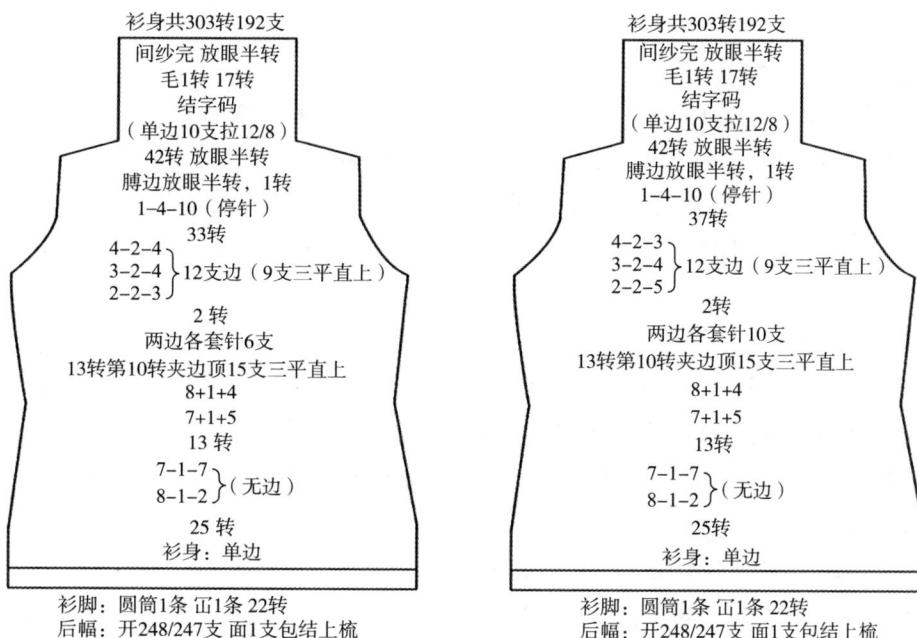

衫身共303转192支

间纱完 放眼半转
毛1转 17转
结字码
（单边10支拉12/8）
42转 放眼半转
膊边放眼半转，1转
1-4-10（停针）
33转

4-2-4
3-2-4　12支边（9支三平直上）
2-2-3
2 转
两边各套针6支
13转第10转夹边顶15支三平直上
8+1+4
7+1+5
13 转

7-1-7
8-1-2　（无边）
25 转
衫身：单边

衫脚：圆筒1条 凸1条 22转
后幅：开248/247支 面1支包结上梳

衫身共303转192支

间纱完 放眼半转
毛1转 17转
结字码
（单边10支拉12/8）
42转 放眼半转
膊边放眼半转，1转
1-4-10（停针）
37转

4-2-3
3-2-4　12支边（9支三平直上）
2-2-5
2转
两边各套针10支
13转第10转夹边顶15支三平直上
8+1+4
7+1+5
13转

7-1-7
8-1-2　（无边）
25转
衫身：单边

衫脚：圆筒1条 凸1条 22转
后幅：开248/247支 面1支包结上梳

图3-108　无袖原身出高领女装前后衣片编织工艺

四、羊毛长裤工艺设计

1. 款式特征

羊毛长裤主要用来在春、秋与冬季御寒，因此保暖性是其重要的指标。春、秋季的长裤，一般用平针组织及其他单面花色组织编织，而冬季的长裤，则常用满针罗纹、1+1罗纹、半畦编、畦编等一些保暖性好的组织。本款羊毛长裤以20.8tex×2（48公支/2）纯棉羊毛为原料，使用16针机进行编织，裤腰采用双层1+1罗纹组织，裤身采用纬平针组织。羊毛长裤样品如图3-109所示。

2. 编织工艺

（1）工艺测量方法。羊毛长裤的测量示意图如图3-109所示。

（2）成品规格。羊毛长裤的成品规格见表3-52。

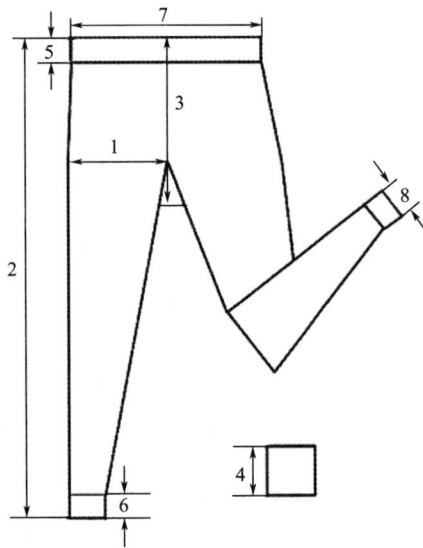

图3-109　羊毛长裤

表3-52　羊毛长裤的成品规格

编号	1	2	3	4	5	6	7	8
部位	横裆	裤长	直裆	方块裆	腰罗纹宽	裤口罗纹高	腰宽	裤口宽
规格（cm）	25	107	35	12	3	10	35	12

（3）工艺参数。

①机号。16针/25.4mm。

②成品密度。P_A=70纵行/10cm，P_B=118横列/10cm（59转/10cm）。

③下机密度。P_A''=71.5纵行/10cm，P_B''=120横列/10cm（60转/10cm）。

④原料。20.8tex×2（48公支/2）羊毛纱。

⑤织物组织。裤门襟、裤口罗纹、裤腰采用1+1罗纹组织，裤身、方块裆采用纬平针组织。

（4）工艺计算。

①直裆转数。直裆转数=（35-3-12×$2^{1/2}$/2）×5.9=（32-8.5）×5.9=138.65（转），取139转。式中12×$2^{1/2}$/2为正方形方块裆所占的直裆长度。

②裤长转数。裤长转数=（107-10-3）×5.9=554.6（转），取555转。

③裤裆放针分配。

横裆针数=25×2×7+4=354（针），取354针。

腰宽针数=35×7+4=249（针），取250针。

需收针数=354-250=104（针），则每边需收52针，收针转数为139转。

每次收2针，则收针次数为52÷2=26次，取收针后平摇3转，则每次的收针转数为136÷26=5$\frac{3}{26}$。可设收针分配式为：

$$\begin{cases} 5-2\times y \\ 6-2\times x \end{cases} \Rightarrow \begin{cases} 5y+6x=136 \\ y+x=26 \end{cases} \quad \begin{cases} y=20 \\ x=6 \end{cases}$$

裤裆部段的收针分配确定为：

$$\begin{cases} 平摇3转 \\ 5-2\times 20 \\ 6-2\times 6 \end{cases}$$

④裤腿部放针分配。

裤口针数：$12\times 2\times 7+4=172$（针），取172针。

裤腿：裤腿放针针数$=354-172=182$（针）。每边需放$182\div 2=91$（针），取快放针$1+1\times 1$，则还余90针。次放2针，刚放针次数为$90\div 2=45$次。

裤腿长转数$=555-139=416$（转）。取放针后平摇14转，则每次放针转数为（$416-14$）÷$45=8.93$（转），取9转。裤腿部放针分配为：

$$\begin{cases} 平摇14转 \\ 9+2\times 45 \\ 1+1\times 1（快放） \end{cases}$$

⑤裤腰、裤口罗纹转数。

裤腰罗纹转数$=3\times 2\times 7.5+1=46$（转）。裤腰罗纹纵密为150横列/10cm（75转/10cm）。

裤口罗纹转数$=10\times 2\times 6.25+1=126$（转）。裤口罗纹纵密为125横列/10cm（62.5转/10cm）。

⑥附件。

裤门襟：

门襟宽针数$=3\times 6.2+1=19.6$（针），取20针。门襟罗纹横密为62纵行/10cm。

门襟转数$=10\times 6.25+1=63.5$（转），取64转。

门襟罗纹纵密为125横列/10cm（62.5转/10cm）。

方块裆：

方块裆针数$=12\times 7+4=88$（针）。

编织转数$=12\times 5.9+2=72.8$（转），取72转。

（5）操作工艺图。操作工艺如图3-110所示。

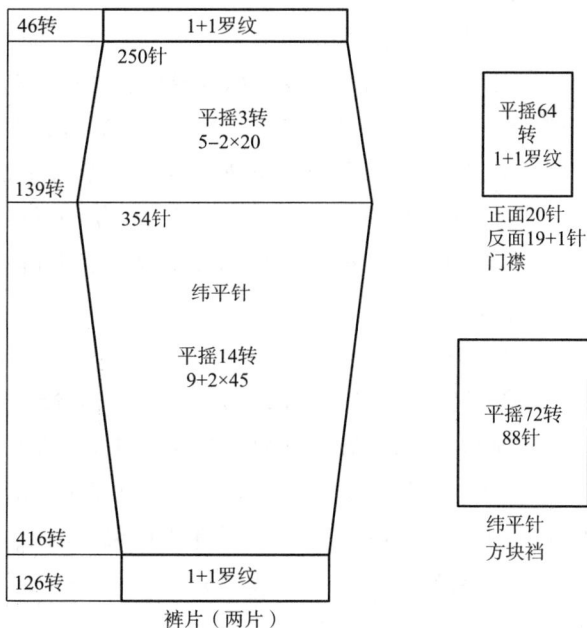

图3-110　羊毛长裤编织操作工艺图

683

五、裙工艺设计

（一）直筒裙工艺设计

1. 款式特征

直筒裙的形状为筒状，其型多为短窄，直筒裙通常给人充满活力生机的感觉。在裙装款式中，直筒裙是较为简单的一种款式。直筒裙常常用来与机织西装或者和横边针织西服一起搭配。直筒裙的面料应该采用不容易变形的织物组织来进行编织，如罗纹半空气层组织、罗纹空气层组织等。

2. 编织工艺

（1）工艺测量方法。直筒裙尺寸的测量图如图3-111所示。

（2）成品的规格。直筒裙的成品规格如表3-53所示。

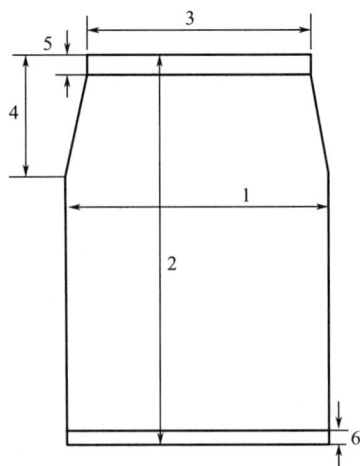

图3-111 直筒裙

表3-53 直筒裙成品规格

编号	1	2	3	4	5	6
部位	臀宽	裙长	腰宽	臀长	腰头宽	裙底边宽
规格（cm）	45	53	35	12	3	2

（3）工艺参数：

①机号。9针/25.4mm。

②针织完成品的密度。P_A=45纵行/10cm，P_B=57横列/10cm（57转/10cm）。

③下机密度=P_A''=45纵行/10cm，P_B''=56横列/10cm（60转/10cm）。

④腰罗纹的纵密为86横列/10cm（43转/10cm）。

⑤原料。48.4tex×2（20.5公支/2）精纺毛纱。

⑥织物组织。裙子腰带部分（双层）为1+1罗纹组织，裙子其余部位为三平组织（一转一横列）。

（4）工艺计算：

①臀宽针数。臀宽针数=45×4.5+4=206.5（针），取正面207针，反面206针。

②腰宽针数。腰宽针数=35×4.5+4=161.5（针），取正面161针，反面160针。

③裙长转数。裙长转数=（53-0.2-3）×5.7+2=285.86（转），取286转。起口空转取0.2cm。由于采用三平组织，无卷边现象，因此，裙长的转数不考虑折边量。

④腰头转数。腰头转数=3×2×4.3+2=27.8（转），取28转。腰头为双层折边，故为单层3cm的2倍。

⑤臀部收针分配。

臀部收针针数=207-161=46（针），每边需收23针。

臀部收针转数=12×5.7=68.4（转），取68转。

可采用拼凑法得臀部收针分配为：

$$\left\{\begin{array}{l} 平摇4转 \\ 4-1\times1 \\ 6-2\times11（先收） \end{array}\right.$$

（5）操作工艺图。操作工艺如图3-112所示。

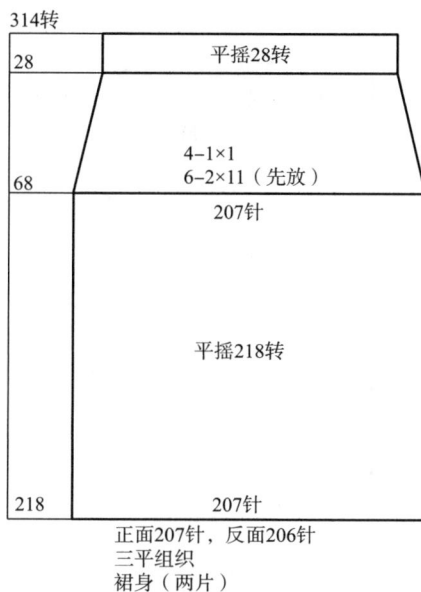

图3-112　直筒裙编织操作工艺图

（二）扇形摆裙工艺设计

1.扇形摆裙工艺计算

扇形摆裙（包括上衣、裙摆、喇叭袖）工艺计算见表3-54。

表3-54　扇形摆裙裙片工艺计算

序号	指标	计算过程	结果
1	裙腰宽针数	$36\times7.4=266.4$（针）	取267针
2	裙左侧提花结束处至右侧针数	$38.5\times7.4=284.9$（针）	取285针
3	裙右侧提花放针针数	$1.2\times7.4=8.88$（针）	取9针
4	裙左侧提花以下针数	$88\times6.5=572$（针）	取572针
5	裙底提花针数	$2\times7.4=14.8$（针）	取15针
6	裙腰部右侧提花高转数	$39\times4.5=175.5$（转）	取176针
7	裙腰部左侧提花高转数	$19.5\times4.5=87.75$（转）	取88针
8	提花以下扇形摆围转数	$129\times4.3=554.7$（转）	取555针
9	裙腰边高转数	$2\times4.5=9$（转）	取9针
10	裙右侧提花部分放针分配	放针针数=（285-267）÷2+9=18（针）， 放针转数=176（转）	$\left\{\begin{array}{l} 10+1+16 \\ 9+1+2（先放） \\ 平7转 \end{array}\right.$

序号	指标	计算过程	结果
11	裙左侧提花部分放针分配	放针针数＝（285－267）÷2＝9（针），放针转数＝88（转）	平9转 9+1+2（先放） 平7转
12	裙腰提花局部编织分配	局部编织转数＝285+9－15＝279（针），局编转数＝176－88＝88（转），其中裙摆边缘提花针数为15针	1－1－35 1－2－10 1－4－10 1－5－6 1－7－4 1－9－4 1－7－4 1－5－7 1－3－9（先收）
13	裙摆放针分配	放针针数＝572－285－9＝278（针），取277针，放针转数＝555（转）	平1转 2+1+277（先放） 平2转
14	裙摆局部编织分配	局部编织起始针数取120针，局部编织结束针数＝572－92＝480（针），局部编织转数＝555（转）	1－16－30 1－16－30 1－15－30 1－15－30 1－14－30 1－14－30 1－13－30 1－13－30 1－12－30 1－12－30 1－11－30 1－11－30 1－10－30 1－9－30 1－9－30 1－9－30 1－8－30 1－8－30 1－8－15

2. 上机工艺图

喇叭袖短装与扇形摆裙的上机工艺图如图3-113所示。

3. 生产工艺

（1）编织。

①首先运用计算机软件进行绘制，将袖子部分的挑花花纹以及裙腰的提花花纹、袖口和下摆提花的花纹、左部领口挑花花纹、右部领口挑花花纹等组织的意匠图绘制出来，在软件的指示视窗中编辑导纱针、密度、摇床、速度、回转距等项目。

②将已经编辑好的样编织程序保存进U盘中，插入电脑自带的横机读盘，选择已编辑

完成的小样程序，选择导纱器、编织时的针数等。

③用所需要的纱线按原定的密度，上机编织需要的织花纹小样。

④计算所需要编织的小样密度，与样衣的密度做比较，若松紧度有差异，就将横机更改张力，让其保持在一个合适密度，并保存此张力，以便产品的批量生产。

⑤制订上机操作所需要的工艺单。

⑥编辑扇形摆裙所对应的上机程序。

⑦将横编针织服装前片、后片、袖片两片、裙片两片进行编织。

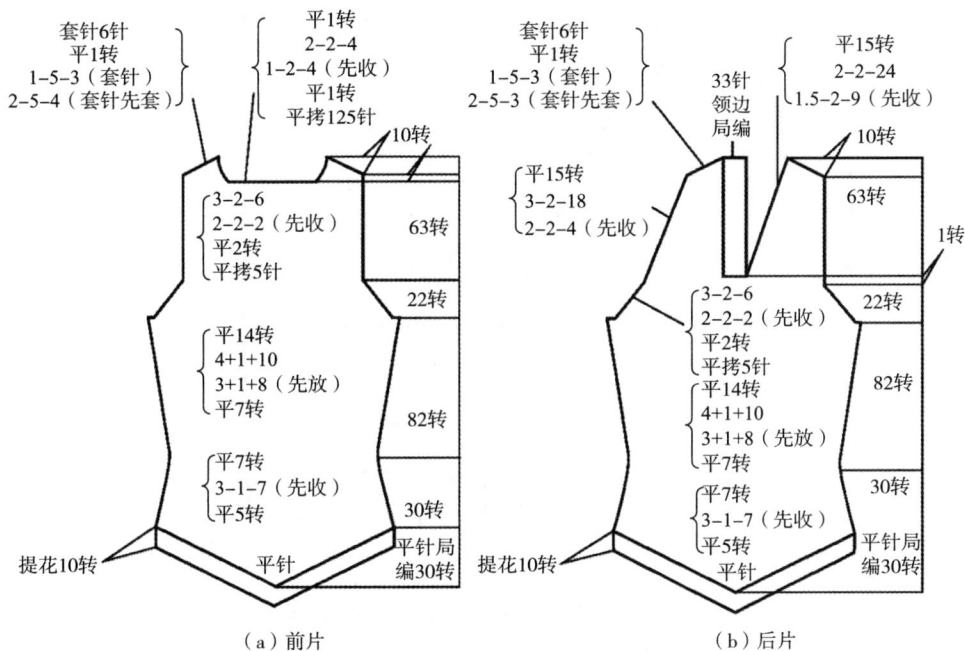

（a）前片　　　　　　　　　　　　（b）后片

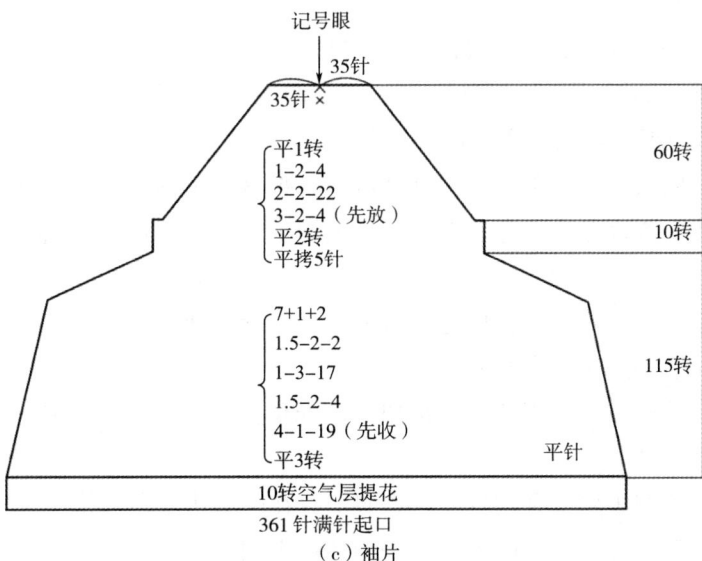

（c）袖片

图3-113

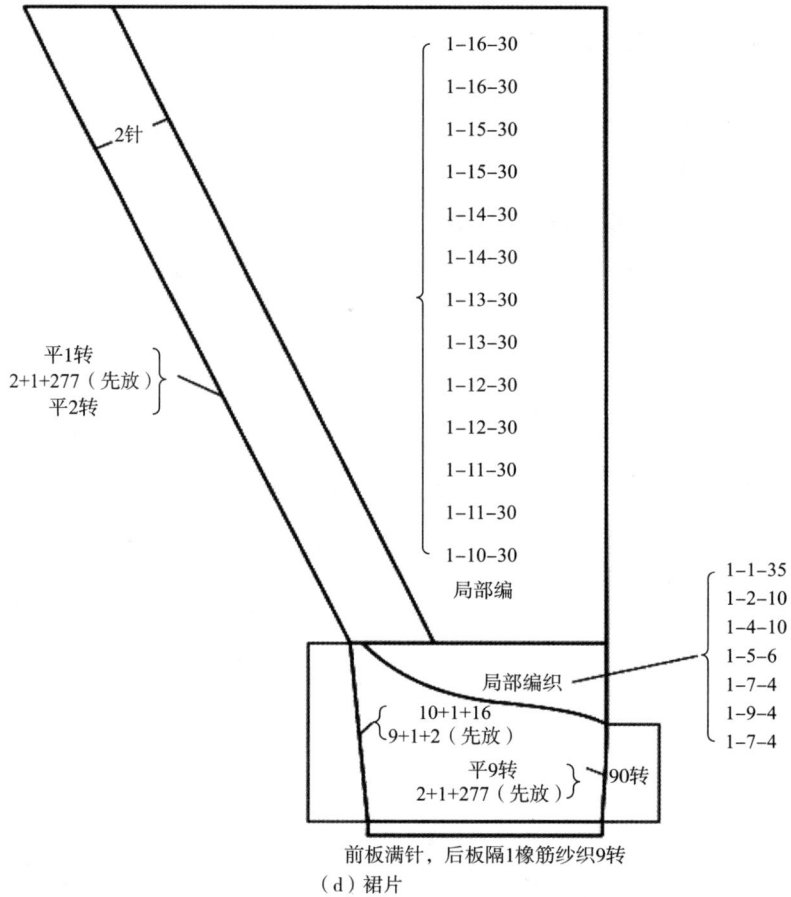

图3-113　喇叭袖短装与扇形摆裙上机工艺图

（2）验片。

①检查测验所编织的衣片数目是否正确。

②拉密法检查测验规格尺寸，将衣片横向的10个线圈拉密与纵向全长拉密和检验衣片编织的针数与编织转数是否正确。

③检查测验收放针的部位收放针针数与转数是否正确。

④检查测验衣片上是否存在有漏针、破洞、花针、烂片等疵点。

（3）套口。

①喇叭袖款式的短装。合肩缝、绱袖、合侧缝与袖底缝。

②扇形轮廓的摆裙。合裙两边侧缝。

③对套好的横编针织服装进行扒扣，检查测验是否有针未套住。

（4）手缝。

①将废纱检查去除，利用钩针将衣服上存在的毛头隐藏起来。

②运用手工缝针对袖底的十字缝进行加强巩固。

③手工缝制中国盘扣。

（5）照灯检验。将已经完成的横编的针织服装套在照灯设备上，检查横编针织服装是否存在疵点，如漏针、破洞等。

（6）水洗。将横编针织服装放于已经添加柔软剂的清水中，完全浸泡20min后，放入脱水机中进行脱水。

（7）烘干。将已经完成水洗后的衣服脱水后，放入烘箱内烘干。

（8）钉标。准确找到钉标的位置，将领部的中间位置钉商标、尺码标；在大身右下缝距下摆10cm位置，依次钉上水洗标、注意标、生产地址标。

（9）整烫。按工艺的需求进行整烫定型。整烫时，横编针织服装所确定的尺寸要达到指示尺寸，要注意烫匀烫平，服装表面不可以起皱。上衣荷叶边领、喇叭袖口、裙摆需要烫平整。

（10）检验。

①检查测验服装的规格尺寸是否符合规定的要求。

②检查测验服装是否存在有漏针、包针、稀路针等。

③检查测验服装商标位置是否缝合正确。

（11）包装。

①按客户的指示要求，挂好服装的吊牌，装入包装袋内，并放入服装干燥剂。

②将服装包装好后，放入检针器进行检针。

（12）出货。按客户所提出的要求装箱，等待服装出货。

六、配件工艺设计

（一）成形帽工艺设计

1. 款式特征及结构设计

（1）款式特征：针织帽的款式丰富多样，从儿童到老年的消费者均有适合穿戴的款式，其样式也是随着时代的发展不断推陈出新，使其不仅具有单纯的保暖功能，更有时尚穿搭的效果。款式包括针织翻折滑雪帽、针织贝雷帽、针织鸭舌帽、针织护耳帽、针织头巾帽及创意性针织帽等品种（图3-114）。成形针织帽中最经典的款式为翻折滑雪帽。

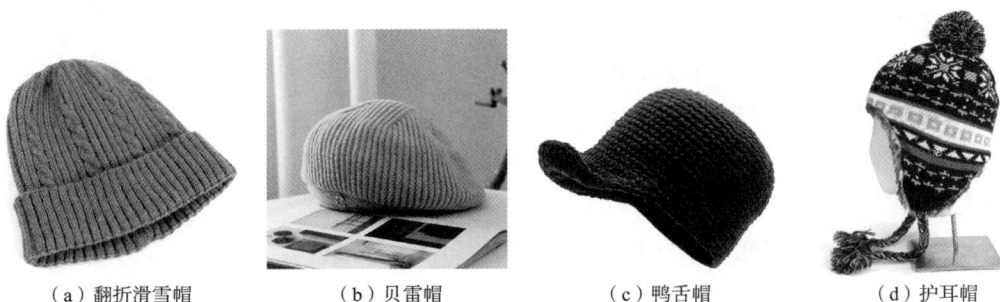

| （a）翻折滑雪帽 | （b）贝雷帽 | （c）鸭舌帽 | （d）护耳帽 |

图3-114 针织帽款式分类

（2）结构设计。普通成形针织滑雪帽结构相对于其他帽子款式来说较为简单，可以将其织一个长方形的织物片，然后再缝合成圆筒形，并抽紧其中一端形成帽顶，最后在帽顶或帽边做需要的装饰即可。有些较复杂的帽子，由于造型需要，常常对帽子顶部进行分片设计，通过加减针织出若干个三角形织片，最后通过手工缝合而成。此外还有帽舌、护耳片等局部细节设计。

2. 测量部位及成品规格

（1）测量部位。六角帽款式与测量方法如图3-115所示。

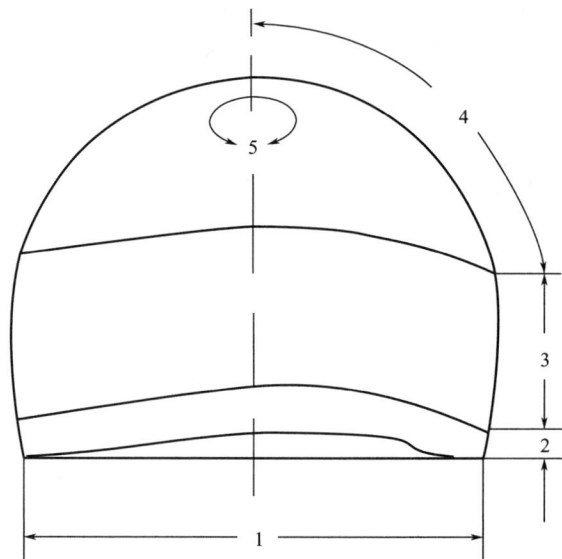

图3-115　六角帽测量方法

（2）成品规格。选用女式中号规格，成品规格尺寸如表3-55所示。

表3-55　中号女式六角帽成品规格尺寸

编号	1	2	3	4	5
部位	帽身宽	帽边高	帽身高	帽顶长	帽顶围
规格（cm）	24	2.5	10	8.5	3

3. 组织及成品密度

（1）织物组织。帽边采用1+1罗纹，其他部位采用纬平针组织。

（2）成品密度。P_A=34纵行/10cm；P_B=56横列/10cm。

（3）下机密度=P_A''=21纵行/10cm；P_B''=42横列/10cm。

（4）帽边罗纹纵密。P_B'=70横列/10cm。

（5）空转。帽边罗纹起口空转1-1。采用明收针。

4. 原料及编织设备

编织机机号为6针/25.4mm。编织用原料为2×83tex×1（12公支/1×2）白色兔毛针织绒。

5.编织工艺计算

（1）帽身宽针数=帽身宽×2×P_A+缝耗=24×2×3.4+2=165.2（针），取164针。

（2）帽顶围针数=帽顶围×P_A+缝耗=3×3.4+8=18.2（针），取18针，式中8为总的缝耗。将帽顶分成6份，则每份帽顶针数为：18÷6=3（针）。

（3）帽身转数=帽身高×P_B÷2=10×2.8=28（转），取28转。

（4）帽顶转数=帽顶长×P_B÷2=8.5×2.8=23.8（转），取24转。

（5）帽边罗纹转数=（帽边高−空转长）×P_B'÷2=（2.5−0.2）×3.5=8.05（转），取8转。

（6）帽身宽针数分配。将整个帽身分成6份，每份针数为164÷6=27.33，取每份为27针。余下的2针，作为帽侧边的快收针（两边各收1针）。

（7）帽顶收针分配。六等份中的每份收针针数为27−3=24（针），每边需收12针。收针总转数为24转，取最后平摇为1转，则余下的收针转数为23转。

取每次收1针，则需收12次。每次收针转数为：23÷12=1.92，介于1～2转之间，则最终收针分配式可确定为：

$$\begin{cases} 平1转 \\ 2-1\times11 \\ 1-1\times1 \end{cases}$$

6.工艺操作图

女式六角帽的操作工艺如图3−116所示。

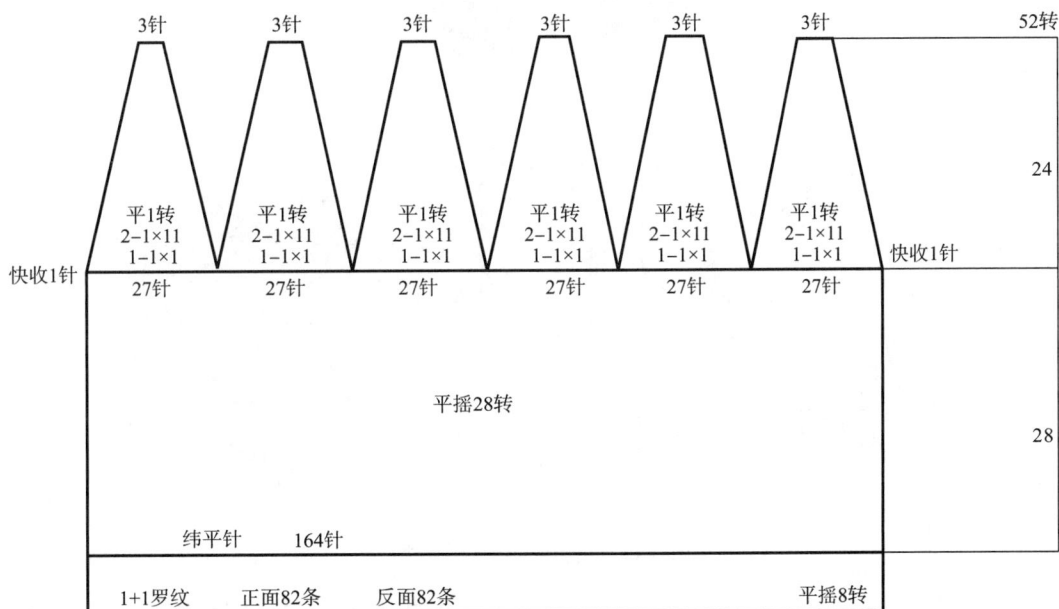

图3−116　女式六角帽操作工艺图

7. 缝纫工艺

（1）手缝。手工缝制帽边和帽顶。

（2）整烫定型。按成品规格的需求进行汽蒸定型。

（3）整理、分等。按标准检查测验并且分等。

（二）成形围巾工艺设计

1. 款式特征及结构设计

（1）款式特征。针织围巾的款式丰富多样，可以根据形状，将其分为长围巾、方巾、三角巾、斜脚巾、披肩巾等。其中尺寸较大的可以披在肩上，或者将其垂到脚踝，尺寸较小的围巾一般系在颈部，可选择单色、花色，粗针织或细针织。款式包括缠绕式、披肩式、套头式等（图3-117）。常常使用造型样式、组织变化、配色花型等不同的设计元素。一般使用抽穗、平边、包缝边、荷叶边、牙边、钩边等巾边样式。针织围巾的色彩变化多端，可以很好地适应不同服装款式的需要。

图3-117　针织围巾款式分类

（2）结构设计。针织围巾有经编围巾与纬编围巾两大类。经编围巾多为轻盈薄透的纱巾，纬编围巾多为平整厚重的毛围巾，使用横机或双反面机编织。围巾一般由巾身和围巾两端的流苏（穗档）构成，巾身可设计为不同组织结构，常用组织有四平组织、单罗纹组织、畦编与半畦编组织、波纹组织、双反面组织等。其花色主要为横条、绣花、印花、提花等。

2. 测量部位及成品规格

（1）测量部位。围巾款式和使用的测量方法如图3-118所示。

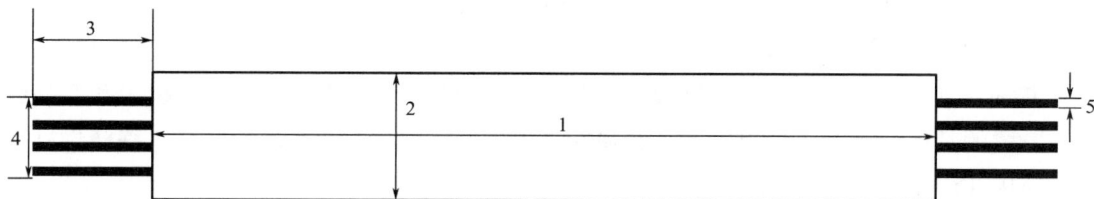

图3-118　针织围巾测量方法

（2）成品规格。以腈纶畦编拉毛加长型围巾为例，其成品规格如表3-56所示。

表3-56　腈纶畦编拉毛加长型围巾成品规格尺寸

编号	1	2	3	4	5
项目	长	宽	每档穗长	每端穗档	每档根数
规格	170cm	35cm	6cm	37档	8根

3. 组织及成品密度

（1）组织选择。畦编组织。

（2）成品密度。P_A=20纵行/10cm；P_B=44横列/10cm。

（3）下机密度=P_A''=21纵行/10cm；P_B''=42横列/10cm。

（4）空转。起口空转-1。

4. 原料及编织设备

针织横机编织围巾常用原料有羊毛、羊仔毛、羊绒纱、毛混纺纱等。精纺毛纱线密度为（56tex×2）~（28tex×2）[（18公支/2）~（36公支/2）]；粗纺毛纱线密度为83~63tex（12~16公支）或（83tex×2）~（63tex×2）[（12公支/2）~（16公支/2）]。本产品使用2×38.5tex×2（26公支/2×2）白色腈纶针织绒，在6针/25.4mm普通手摇横机上编织。

5. 编织工艺计算

（1）起针数计算。起针数=围巾宽×P_A=35×2=70（针），取正面70针，反面69针。

（2）编织转数计算。编织转数=（围巾长-空转长）×P_B=（170-0.2）×4.4=747.12（转），取747转。

（3）空转一般取0.2cm，横机一转编织一个畦编组织横列。

6. 工艺操作图

腈纶畦编拉毛加长型围巾操作工艺如图3-119所示。

平747转

正面70针
反面69针

图3-119　腈纶畦编拉毛加长型围巾操作工艺

7. 缝纫工艺

（1）手工锁边。对围巾末端的线圈横列进行手工锁边，以防脱落散开。

（2）蒸片。温度50～60℃，汽蒸1min左右。

（3）拉毛。轻拉绒，对照标样进行。

（4）装穗。8根一档，每端为37档，每档穗长为6cm，穗用木梳进行梳理。

（三）成形手套工艺设计

横机编织手套在横编针织服装的搭配中也是不可缺少的部分。横机编织手套产品和同类款式的其他织物的产品相比，具有弹性强、延伸性好、手感柔软、舒适、保暖性好等优点，因此深受广大消费者的喜爱。

1. 款式特征及结构设计

（1）款式特征。手套的品种较为丰富，按手指式样一般可分为五指手套、无指手套、半指手套和独指手套等（图3-120）。其花色主要为绣花、印花、镶皮等。

图3-120 手套款式分类

（2）结构设计。手套可以在手套编织机上编织，也可以在一般横机上编织；可以采用圆筒状编织法（但是只能编织单面织物），也可以采用成片编织法（既可以编织单面织物，又可以编织双面织物）。下面以女式独指手套在一般横机上编织为例，来阐述说明针织手套的设计方法。

2. 测量部位及成品规格

（1）测量部位。测量部位及方法如图3-121所示。

1为手掌围：手掌最宽处的围度尺寸。

2为手尖围：食指、中指及无名指的围度尺寸。

3为拇指围：拇指根部的围度尺寸。

4为拇指长：拇指根部到拇指指尖的长度。

5为筒口长：从筒口线到大掌的长度。

6为大掌长：筒口大掌连接处到拇指根部的长度。

7为收口长：从小拇指指尖到中指指尖的垂直距离。

8为手套总长：从手筒口线到中指指尖的垂直距离。

（2）成品规格。选用女式大号规格，成品规格尺寸如表3-57所示。

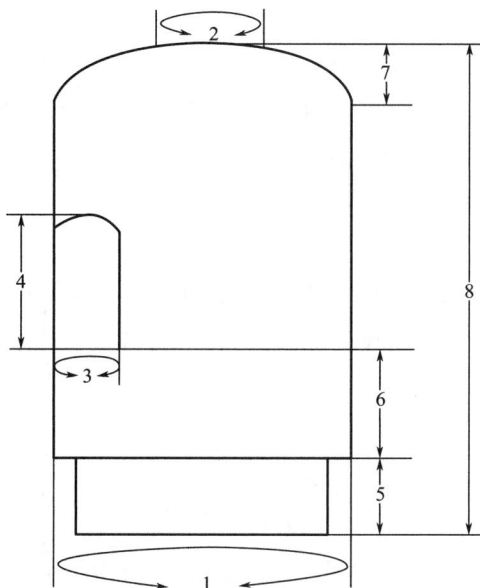

图3-121　女式独指手套测量部位

表3-57　女式独指手套成品规格尺寸

编号	1	2	3	4	5	6	7	8
部位	手掌围	手尖围	拇指围	拇指长	筒口长	大掌长	收口长	总长
尺寸（cm）	18	9	7.4	5.5	6	6	3	25

3. 组织及成品密度

（1）组织选择。手套筒口采用2+2罗纹组织；手套其余部位采用罗纹半空气层组织。

（2）空转。手套筒口罗纹起口空转为1-1。

（3）成品密度。P_A=27纵行/10cm；P_B=30（反面）横列/10cm。

（4）下机密度。P_A''=27纵行/10cm；P_B''=28横列/10cm。

（5）筒口纵向密度。P_B'=74横列/10cm。

4. 原料及编织设备

原料采用2×27.8tex×2（36公支/2×2）腈纶针织绒线，选择6针/25.4mm普通横机，缩片方法为搋缩，收针方式为明收针。

5. 编织工艺计算

（1）手掌宽针数计算。手掌宽针数=手掌围×P_A+缝耗=18×2.7+2=50.6（针），取50针。

（2）手套尖部宽针数计算。手套尖部宽针数=手尖围/2×P_A=9/2×2.7=12.15（针），取13针。

（3）拇指嵌线宽针数计算。拇指嵌线宽针数=拇指围/2×P_A-缝耗=7.4/2×2.7-1=8.99（针），取9针。

（4）筒口排针计算。2+2罗纹对数为：50÷3=16.33，取16对。余2针作为大掌快放针（两边各放1针）。

（5）筒口转数计算。筒口转数=（筒口长-起口空转长）×P_B'/2=（6-0.2）

×3.7=21.46（转），取22转。

（6）大掌长转数计算。大掌长转数=大掌长×P_B=6×3=18（转），取18转。

（7）大掌以上平摇转数计算。大掌以上平摇转数=（总长-筒口长-大掌长-收口长）×P_B=（25-6-6-3）×3=30（转），取30转。

（8）手套尖部收口长转数计算。手套尖部收口长转数=收口长×P_B+缝耗=3×3+1=10（转），取10转。

（9）手套尖部收针分配。需收针25-13=12（针），每边需收6针。总收针转数为10转。取收针完后的平摇为1转；余下的收针转数为9转。取每次收1针，需收6次。

总的收针分配式为：

$$\begin{cases} 平—转 \\ 2-1\times4 \\ 1-1\times2（先收） \end{cases}$$

（10）大拇指编织针数计算。大拇指编织针数=拇指围×P_A+缝耗=7.4×2.7+2=21.98（针），取22针。

（11）大拇指编织转数计算。大拇指编织转数=（拇指长-起口空转长）×P_B=（5.5-0.2）×3+2=17.9（针），取18转。

6.操作工艺图

女式独指手套的操作工艺图如图3-122所示。

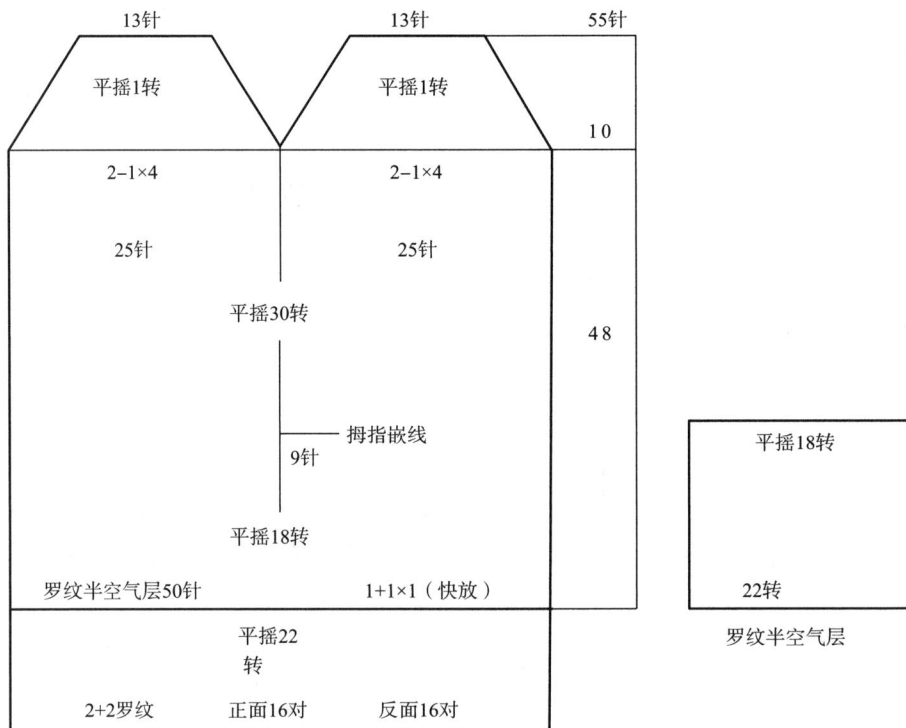

图3-122 女式独指手套操作工艺图

7. 缝纫工艺

（1）合缝。用缝纫机缝合手套的边缝。

（2）手缝。手工缝制手套的尖部，手工缝制手套的大拇指并用线抽紧指尖部位。

（3）蒸烫定型。按成品需求的规格进行汽蒸定型。

（4）整理、分等。按标准检验并分等。

（5）包装。每双手套装进入手套专用塑料袋。

（四）斗篷工艺设计

1. 立领花朵流苏斗篷

（1）基本信息。

①成品尺寸：胸围98cm、背肩宽37cm、衣长60cm、衣宽64、下摆周长128cm。

②密度：横密为22针/10cm，纵密为25行/10cm。

（2）衣片分解。立领花朵流苏斗篷衣片分解如图3-123所示。

2. 连帽A型斗篷

（1）基本信息。

①成品尺寸：胸围98cm、下摆周长228cm、衣长68cm、领围68cm。

②密度：13.5针/10cm，13行/10cm。

（2）衣片分解。连帽A型斗篷衣片分解图如图3-124所示。

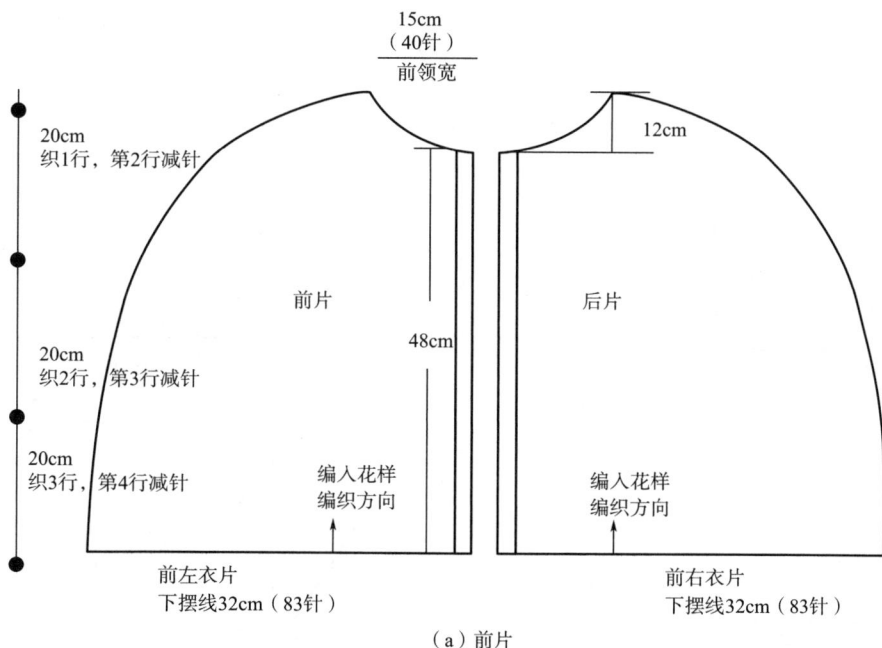

（a）前片

图3-123

30cm
（80针）
后领宽

20cm
织1行，第2行
减针

20cm
织2行，第3行减针

20cm
织3行，第4行减针

50cm

后片

编入花样
编织方向

64cm（166针）

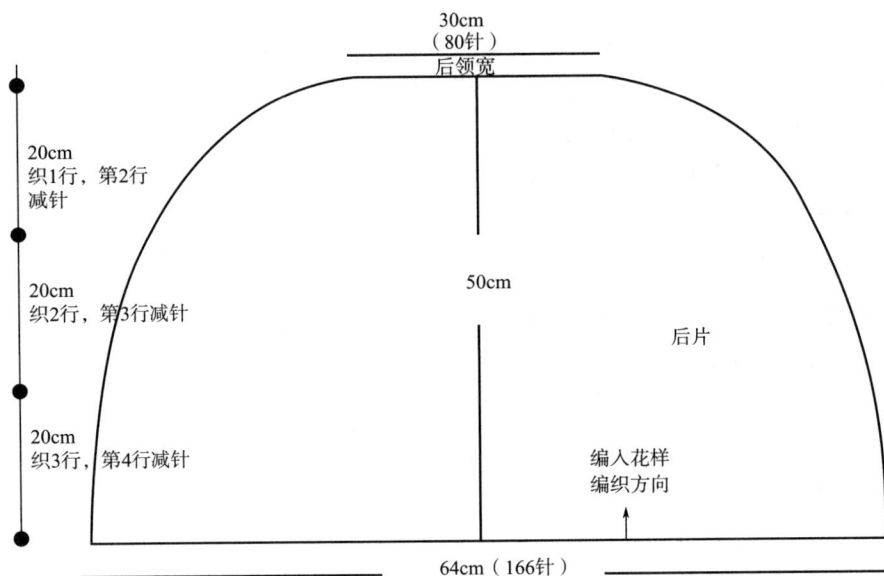

图3-123 立领花朵流苏斗篷衣片分解图

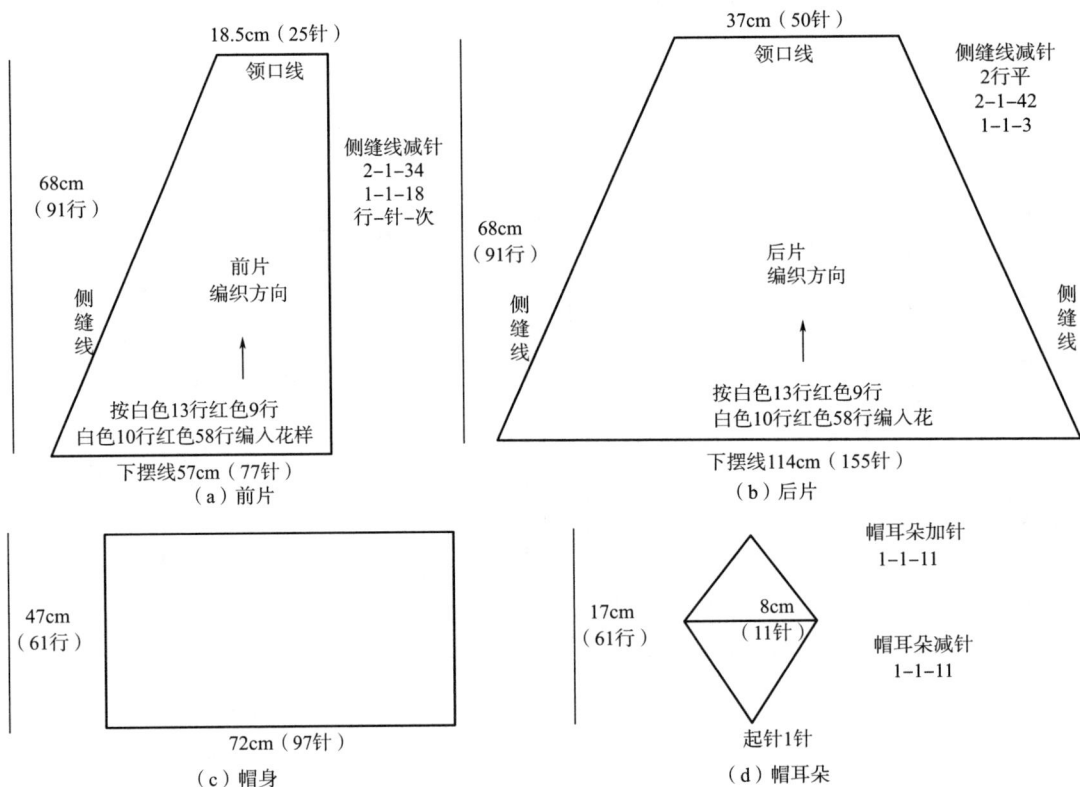

18.5cm（25针）
领口线

68cm
（91行）

侧缝线减针
2-1-34
1-1-18
行-针-次

前片
编织方向

侧缝线

按白色13行红色9行
白色10行红色58行编入花样

下摆线57cm（77针）
（a）前片

37cm（50针）
领口线

侧缝线减针
2行平
2-1-42
1-1-3

68cm
（91行）

后片
编织方向

侧缝线

按白色13行红色9行
白色10行红色58行编入花

下摆线114cm（155针）
（b）后片

47cm
（61行）

72cm（97针）
（c）帽身

帽耳朵加针
1-1-11

17cm
（61行）

8cm
（11针）

帽耳朵减针
1-1-11

起针1针
（d）帽耳朵

图3-124 连帽A型斗篷衣片分解图

第四章　横编针织服装生产工艺

第一节　横编针织服装工艺流程与要求

一、针织服装生产工艺流程

（一）制订生产工艺流程的意义

横编针织服装工艺的生产流程规划制订是否合理，对于企业来说，与生产成本的控制、提高服装生产效率、缩短服装生产周期，都有直接的影响。需要严格把握服装生产流程中每一个对应的环节，按规定的需求生产是企业产品质量的保障，企业针织服装工艺的生产流程所带来的影响，在市场竞争中也发挥着非常重要的作用。所以了解横编针织服装的生产工艺流程是必不可少的。

（二）生产工艺流程的要求与作用

横编针织服装生产工艺流程从上蜡工序起，一直到装箱发货，共有13个对应的环节。

1. 上蜡

在进行横编针织服装的编织程序之前，需要给纱线上蜡，目的是促使纱线顺滑，避免编织时断纱，从而降低材料的损耗，同时还可以提高编织的速度。

2. 织片

根据服装的款式特点与生产工艺设计，生产操作者需要按要求编织前片，从起口、罗纹转纬平针及收夹花、开领、落片等程序，包括织物组织都在织片过程中完成。最简单的套头衫有前身、后身各一片，左袖、右袖各一片，领罗纹一片，一共织五片。

3. 缝合

用横编针织服装缝合专用的缝盘机来进行缝合。根据织片的横机型号选择对应的缝盘机，将织片缝制成具有立体感的横编针织服装。

4. 挑撞

挑撞是指缝合后将间纱进行拆除，埋线头，缝领、脚（下摆位置）、袖口，补漏针、豁边、破洞等。大型针织横编针织服装企业一般会专设挑撞车间。

5. 洗水

洗水一般包括缩绒、去除污渍、使服装柔顺软化三个环节，通过洗水可以使羊毛织物更具有光泽与柔软的手感，具有良好的服用性能。

6. 脱水

洗水后的服装直接放入离心脱水机或洗缩机中脱水。使织物在4min左右脱去所含水分，脱水后的含水率在20%～35%，之后再进行烘干比较适合。

7. 烘干

烘干的目的是加快织物的干燥速度。棉纱产品一般用高温烘干40～45min，不用过冷风。羊毛、羊仔毛、雪兰毛、兔毛等混纺产品一般用中温烘干20～25min，也不用过冷风。人造毛、丝绒产品一般低温烘干15～18min，需过冷风5min。

8. 照灯

照灯的目的是对横编针织服装缝合后进行检查，通过亮光可以检查出织物的线圈部分是否存在着漏针的问题，尤其是羽状毛纱必须采用照灯这一手段检查。若发现脱圈，需要用与横编针织服装织物色差较大的线头进行标记。

9. 查补

根据检查结果标记的符号，全部进行手工修补和整理。大型横编针织服装企业需要专门设置查补车间。

10. 熨衣

按规格尺寸来选择对应板型，用蒸汽熨斗定型熨烫与整理。

11. 钉附件（车唛）

这一环节是装钉拉链、钉上纽扣，以及缝制商标和配饰等。

12. 小包装

检验每一件成品是否有生产工艺上的缺陷及疵病，通过检验的配上服装吊牌，之后每件成品需要衬上夹纸板，折放整齐后装入塑料袋。

13. 大包装

装箱多以单色单码，也有单色杂码或多色单码的形式。根据客户提出的需求选择其一。

对于有特殊装饰工艺的横编针织服装款式，如绣花、补花工艺，要在片状时进行。如果是烫钻工艺，可在成衣熨烫与整理后进行。按工艺要求可行性来插入上述某环节之间。

横编针织服装生产工艺流程有三次查衫修正（上述4、8和9环节），也有的在片状时就要查一次，那么总共就四次检查整理，这样是为了确保横编针织服装的质量。

（三）成衣工艺流程与要求

成衣的工艺流程和工艺要求，是根据成形针织服装的产品质量的要求、款式的特点和生产产品所需要的原料、服装的服用性能、织物组织的结构编织衣坯的针织机号和现有成衣设备生产能力确定的。

1. 成衣工艺流程

成衣工艺流程的制订一般包括裁剪、缝合、整烫、修饰、清杂、检验、包装等内容，产品的品种不同，成衣工艺的内容也不同，但各工序应根据产品协调、合理地排列，尽可能采取流水线作业，防止流程倒流。现介绍几种常用品种的成衣工艺流程，其中（1）～（6）为各种领型的收针、缩绒横编针织服装产品。

（1）V领男开衫及V领男开背心。

套口→整烫领子→裁剪→平缝→链缝（24KS）→手缝→半成品检验→缩绒→裁剪→

平缝→烫门襟→画扣眼→锁扣眼→钉纽扣→清除杂质→熨衣→钉商标→成品检验→包装

（2）V领男套衫及V领男套背心。

套口→裁剪→平缝→链缝（24KS）→手缝→半成品检验→缩绒→清理杂线→熨衣→钉商标→成品检查测验→服装包装

（3）圆领或樽领男套衫。

套口→裁剪→绱领→链缝（24KS）→手缝→半成品检验→缩绒→清理杂线→熨衣→钉商标→成品检查测验→服装包装

（4）圆领女开衫。

套口→烫领→裁剪→绱领→链缝（24KS）→手缝→半成品检验→缩绒→裁剪→平缝→烫门襟→画扣眼→锁扣眼→钉纽扣→清除杂质→熨衣→钉商标→成品检查测验→服装包装

（5）圆领或樽领女套衫。

套口→绱领→链缝（24KS）→手缝→半成品检验→缩绒→清除杂质→熨衣→钉商标→成品检查测验→服装包装

（6）圆领拉链女套衫。

套口→绱领→链缝（24KS）→剪裁→平缝→手缝→熨衣→钉商标→成品检查测验→服装包装

（7）男式长裤（收针、缩绒）。

套口→平缝→半成品检验→缩绒→清理杂线→蒸烫→钉商标→成品检查测验→服装包装

（8）V领男开衫，翻领女开衫（各种肩型，横门襟，拷针，裁剪，不缩绒）。

蒸片→裁剪→平缝→包缝→套口→画扣眼→锁扣眼→钉纽扣→手缝→钉商标→熨衣→成品检查测验→包装

（9）V领童开衫（化纤，拷针、裁剪、不缩绒）。

裁剪→包缝→套口→平缝→画扣眼→锁扣眼→手缝→钉商标→半成品检验→熨衣→成品检查测验→服装包装

（10）棉线素袜。

缝制袜头→检查测验→染色→整烫→整理→产品包装

（11）锦纶丝袜。

缝制袜头→检查测验→初步定型→染色→复定型→整理→产品包装

以上工艺流程可以根据产品品类、设备的条件及企业现存的具体情况而变化，但对质量的要求没有变化，有些产品可以先进行缩绒后来缝制附件。链缝采用24KS缝机（或称小龙头去刀缝纫机）缝合，在羊绒等高档产品中，此工序通常采用套口机完成。

2. 成衣工艺要求

（1）缝迹与缝线。缝迹的定义就是由若干线迹连接而成的衣缝。而线迹是两个相邻针眼之间相对应的缝线形式，常用的有链式线迹、仿手工线迹、锁式线迹、多线链式线迹、包缝线迹和覆盖式线迹6种。

缝迹要与缝制衣片所需要的原料、织物组织及在成形针织服装使用中所受拉伸的条件要求一致，密度、厚度不同的成形针织服装，其相对应的线迹要求也不相同。为了保持良好的拉伸性和弹性，除了门襟带外，其部位所需要的拉伸率达到130%。线迹密度必须符合工业生产规定，要保证缝合牢度。原则上要求缝线应尽量与成形针织服装的原料、颜色、纱线线密度相同。粗纺毛纱成形针织服装的缝线及机缝面线应采用精纺毛纱；平缝、包缝用的底线，其捻度不可过高，要柔顺细软、弹性大、光滑且有足够的强力。

（2）缝口质量的一般要求。成衣的外观质量很大部分是由缝口所体现的质量决定的，缝制产品时，对缝口质量应该进行严格的要求和控制。确切来说，成形针织服装缝口应该符合以下要求。

①牢度：缝口应该具有一定的牢固度，可以承受一定范围内的拉力，来确保服装缝口在穿戴过程中不容易出现破裂、脱纱等现象，尤其是在活动较多、活动幅度较大的部位，例如，袖窿、裤裆部位，缝口一定要牢固。决定缝口牢度的指标有缝迹强度、延伸度、耐受牢度及缝线耐磨性。

缝迹强度：指垂直于线迹方向拉伸，缝口破裂时可以承受的最大负荷。影响缝迹强度的因素有很多，例如，缝线强度、缝迹的种类、服装面料的性能、线迹收紧程度及线迹密度等。

缝迹的延伸度：指沿着缝口长度和具体方向进行拉伸，缝口破裂时的最大伸长量。缝迹延伸的原因是缝线本身具有一定的延伸度。对于服装容易受到拉伸的部位，例如，裤子后裆部，首先要考虑采用弹性性能好的线迹种类及缝纫线，否则，缝迹的延伸度不够，会造成相应部位的缝口纵向断裂开缝。

缝迹耐受牢度：由于服装在穿着时经常会受到反复拉伸的力量，所以需要测量制定缝口被反复拉伸时的所能够承受的耐受牢度。它包括两个方面：

其一，在限定拉伸幅度（3%左右）的情况下，缝口在拉伸过程中出现无剩余变形（完全弹性变形）时的最大负荷或最多拉伸次数；

其二，在限定拉伸幅度为5%~7%的情况下，平行或垂直于线迹方向反复拉伸，缝口破损时的拉伸次数。实验结果表明，采用缝迹耐受牢度评价缝口牢度是相对比较合理的指标。因此，一般通过耐受牢度实验来确定合适的线迹密度，以确保服装穿着时缝口的可靠性，即具有一定的强度和耐受牢度。

缝线的耐磨性：指缝线不断被摩擦至发生断裂时的摩擦次数。服装在穿着时，缝口经常会受到皮肤或其他服装及外部物体的摩擦，尤其是在拉伸幅度大的部位。实际穿用表明，缝口开裂往往是因为缝线被磨损断裂而发生线迹脱散，因此，缝线的耐磨性对缝口的牢度是一个影响较大的因素，因此需要选用耐磨性较高的缝线。

②舒适性：舒适性即要求缝口在穿用时应比较柔软、自然、舒适，尤其是内衣和夏季服装的缝口，一定要保证舒适柔软，适宜穿着，不能太厚、太硬，不然容易导致人体舒适感较低。对于不同场合与用途的服装，要选择合适的缝口。这种缝制方式只能用于软薄

面料；较厚面料应在保证缝口牢度的前提下，尽量减少布边的折叠。

③对位：对于一些有图案或条格的衣片，缝合时应当注意缝口处对格对条，使成品美观平整。

④美观：缝口应具有良好的外观，不能出现皱缩、歪扭、露边、不齐等现象。

⑤线迹密度及线迹收紧程度：缝口处的线迹密度，应按照技术要求执行。线迹收紧程度可用手拉法进行拉力强度检测。垂直于缝口方向（应在看不到线迹的内线）施加适当的拉力，当沿着缝口纵向拉紧时，线迹不应断裂。

（3）成衣各工序工艺要求。

①定型：定型是指成衣前坯片的预定型，一般有两种方式。

蒸片：羊毛类成衣蒸片温度在90℃以上，时间8~10min，视织物厚度而异，以蒸透衣片为宜。

蒸坯：羊毛类成衣蒸坯温度为100℃、腈纶类成衣蒸坯温度为70~75℃、毛/腈类成衣蒸坯温度为85~90℃，时间为30s；就次数而言，羊毛类成衣蒸坯1~3次，腈纶类、毛/腈类成衣均1次。

②裁剪：衣片裁剪分小裁与大裁两种。

小裁：指收针成形衣片的剖门襟、裁领等。要求剖门襟中间针纹倾斜不得超过1针，裁领口要圆顺，按照样板，左右歪斜不超过0.5cm，裁罗纹弹力衫两边条子应相等。按工艺要求裁配丝带，用划粉线作记号。丝带长L（cm）的计算公式为：

$$V领开衫（背心）：L=身长-领深+缝耗（3cm）+回缩$$

圆领开衫：$L=身长-领深+罗纹边宽+缝耗（2.5m）+回缩$，丝带回缩取0.5~1cm。

大裁：指对拷针成形衣片按样板裁领、肩、挂肩等处。要求夹裆品种前后身、袖子对齐；不夹裆品种摆缝长短不得超过1cm。裁挂肩时，前身按样板挖进，后身比前身多放出1.5~2cm。按样板裁领深、肩宽不得超过0.5cm。

③套口：套口时横列要求对针套眼、不能吃半丝。套口辫子清晰，底线、面线均匀，缝迹拉伸率不小于130%。毛纱缝线（俗称缝毛）选用27.8tex×2（36公支/2）或33.3tex×2（32公支/2）精纺毛纱。套口缝耗视横机机号、缝合部位、线圈纹路方向（纵向、横向）等而定，套耗要均匀。

④平缝：平缝缝迹密度为10~12针迹/2.54cm，底线、面线均匀，缝迹拉伸率为120%，缝毛织物时用27.8tex×2（36公支/2）对色毛线，缝其他织物时用10tex×3（60英支/3）对色棉纱线。

⑤包缝：三根缝线的张力要适当。采用14tex×3（42英支/3）或10tex×3（60英支/3）棉线等包边；缝合时，缝线用7.3tex×4（80英支/4）棉线或涤纶线，大小弯针用对色27.8tex×2（36公支/2）或31.2tex×2（32公支/2）羊毛线和32.2tex×2（31公支/2）腈纶线；刀门0.4cm，拷缝0.3cm，缝耗0.7cm。缝迹密度一般为10~12针迹/2.54cm、拼肩缝为12~14针迹/2.54cm。缝迹拉伸率为130%。上下层叠齐、拷耗均匀，松紧适宜，起止回针加固。

⑥链缝：可使用24KS缝机，缝羊毛类织物时用对色27.8tex×2（36公支/2）或31.2tex×2（32公支/2）羊毛线；缝腈纶织物品种时用32.2tex×2（31公支/2）腈纶线。起止回针2cm。

⑦画扣眼、锁扣眼：通常规定男衫画在左襟，女衫画在右襟。扣眼通常为一字眼或凤凰眼。

一字眼：纽孔开刀眼为平直型，光缝后将孔切开孔。缝迹为锁眼机的直针和摇梭形成表面曲折的锁式线迹，并呈现封闭的长方框形状，为了使纽扣眼更加坚固牢靠，两端需加几个套结，然后在缝迹框中间切孔而成纽扣眼孔。门襟丝带的纽扣眼比纽扣直径小0.4cm，不装丝带的纽扣眼比纽扣直径小0.6cm，包扣的纽扣眼比纽扣大0.2cm。一般横纹门襟锁横扣眼，直纹门襟锁直扣眼或横扣眼。扣眼画于衣衫正面门襟上。

凤凰眼：由直针和摇梭形成表面曲折的线迹，整个缝迹呈凤凰羽毛形的半封闭线框，用切刀在框中间切孔形成纽扣眼，头尾交接处留有线头，需要用手工将线头勾在夹层中间。

⑧手缝：

缝领边、挂肩边：要翻向正面折叠并进行手工缝制，直纹针路需要对齐，压过24KS的链缝迹0.1～0.2cm。每眼回针缝，缝迹清晰、均匀。缝门襟时按门襟规格封闭两端，边口与罗纹平齐。

缝罗纹：1转缝1针，缝耗为半条辫子。下摆与小于8cm的袖口罗纹在反面缝合，8cm及以上的袖口罗纹在正面缝合。摆、袖交叉处回针加固。

缝口袋：口袋带缝前先抽出夹口纱，然后自下袋口边一端回针缝至另一端。缩毛品种口袋带长要另加缩毛因素。袋头缝合时袋夹里一边需要与袋口边针数对齐，按单面组织走针，针针相缝，松紧与大身接近。缝袋底时，夹里的另一边要按袋口针数对齐，与大身隔针缝在同一纹路上，缝迹拉伸率与下摆罗纹相同。最后袋带两端需要进行封口加固。

钉纽扣：男衫需要钉在右门襟，女衫需要钉在左门襟，用7.3tex×4（80英支/4）的棉线对色缝制。

缝光拉链头：拉链两端布边折进后退进罗纹边口0.2cm。

钉商标：钉于指定部位。商标两边各虚折1～1.5cm。

⑨半成品检查测验：在缩毛前检查布面、缝纫和手缝质量，发现洞眼、漏缝、细节毛、杂色线头等需要及时处理。

⑩熨衣：羊毛类产品按规格套烫板（架）。用蒸汽熨斗或烫机蒸汽定型，温度在100℃以上。腈纶类产品用60℃左右的低温蒸汽定型。为了防止服装软烂和极光，确保符合弹性和规格款式要求。熨衣定型后务必待产品干燥冷却后才能再进行产品包装。

⑪成品检查测验：按法定的标准进行检验，及时处理问题进行回修，然后分等。

⑫包装：分等包装，可分为销售包装和运输包装两种。要按照法定包装要求标明品号、品名、产地等内容。销售包装不仅要保护产品，而且要宣传产品，具有合法、明

了、实用等特点，同时还应具有吸引力。运输包装尤其要注意便于装卸和运输，并保护产品。

总之，成衣工艺设计应包括确定缝合方式、选定辅料修饰，并安排工种、工艺要求及生产工艺流程。成衣加工是成形针织服装的关键。

3.成衣工艺举例

（1）71.4tex×2（14公支/2）驼绒V领男开衫。

①套口：在12针合缝机上，缝线用同色28tex×2羊毛线，合肩、装袖从收针花（收针辫子）外第6横列起套，纵向套1针（正面保持3针），横向套在第3横列的线圈中。

②烫领（小烫）：烫平前身领口。

③裁剪（小裁）：按前身记号眼裁顺领口。

④平缝：在平缝机上，面线用同色17tex×3棉线或16tex×3涤纶线，底线用同色28tex×2羊毛线缝制。领口卷边从前身右领尖起，沿后领肩缝至左领尖止，领襟缝在第3针中。门襟放在前身衣片正面，对准下摆、袋、V领口、后领作标记线，从右襟下摆边口起缝到左襟下摆边口止，缝耗控制在3~4针，门襟缝半条针纹，起始、结束加固回针2cm。

⑤链缝：在24KS缝纫机上缝合，缝线用28tex×2羊毛线，合大身缝和袖底缝，缝耗控制在2~3针，起始、结束加固回针2cm。也可在12针合缝机上合大身缝和袖底缝。

⑥手缝：用同色28tex×2羊毛线作为缝线。缝下摆罗纹、袖口罗纹，按工艺要求缝袋底，缝袋带先抽出袋口夹纱（机头纱），由袋的一端均匀缝至另一端，两端高低应相等；按门襟宽窄规格缝门襟两端，边口与罗纹平齐；腋下接缝交叉处加固回针5~6cm。

⑦半成品检验：用灯柱进行检验，防止缝纫点漏入后工序。

⑧缩绒：温度35℃左右，浴比1∶30，助剂用209净洗剂，用量为1.5%，时间为5~8min照绒度标样，过清水两次，脱水后在圆筒干机中烘干。

⑨裁剪（小裁）：剖开前身抽针处，裁配丝带（丝带长=衣长−领深+3cm+丝带回缩0.5~1cm），并按规定画标记线。

⑩平缝：在平缝机上，用17tex×3同色棉线作面线，用28tex×2同色羊毛线作底线绱丝带，绱丝带时两端各留出1cm，丝带两端对齐标记线折进至罗纹边口0.2cm，外侧退入门襟带抽针，针迹缝在第一条针纹里。

⑪熨门襟（小烫）：覆盖湿布、烫平门襟，便于画线、锁纽扣眼。

⑫画、锁纽扣眼：按扣眼数在左门襟反面画线，在领深规格处画第一处标记线，下摆罗纹居中处为最后一处标记线，中间均匀等分画线；采用凤眼式锁纽扣孔机锁孔，以29tex×6嵌线，同色17tex×3棉线作锁眼线。

⑬钉纽扣：在右门襟上手工缝钉26号四眼扣（5粒）。

⑭清除杂质：清除草屑和杂毛。

⑮熨衣：按规格套烫板，用蒸汽熨斗或蒸烫机汽蒸定型。熨烫温度为100~200℃，注意成品造型及规格。

⑯钉商标：按规定钉商标及尺码、加带。

⑰成品检验：核对标样，检验成品规格并分等。

⑱包装：按要求分等级包装。

（2）35.7tex×2（28公支/2）羊绒圆领女套衫。

①套口：在14针合缝机上，用同色35.7tex×2强捻羊绒线（或同色28tex×2羊毛线）作为缝线，合肩、绱袖、缝摆缝和袖底缝，绱领。

②手缝：用同色35.7tex×2强捻羊绒线（或同色28tex×2羊毛线）为缝线，缝下摆罗纹和袖口罗纹，缝领边接缝，腋下接缝交叉处加固回针5~6cm。

③半成品检验：用灯柱进行检验，防止缝纫疵点漏入后工序。

④缩绒：温度38~40℃，浴比1：30，助剂用M-22型枧油和E-22型柔软剂，用量各为3%，时间为5~8min，缩绒前浸泡10min，参照绒度标样，过清水两次，脱水后在圆筒烘干机中烘干。

⑤清除杂质：清除草屑和杂毛。

⑥熨衣：按规格套烫板，用蒸汽熨斗或蒸烫机汽蒸定型，熨烫温度为100℃左右，注意成品款式及规格。

⑦钉商标：按规定钉商标及尺码。

⑧成品检验：核对标样，核验成品规格并分等。

⑨包装：按要求分等级包装。

（3）28tex×2（36公支/2）羊毛V领男套背心。

①套口：在14针合缝机上，用同色28tex×2羊毛线作为缝线，合肩、绱领、绱挂肩带、缝摆缝。

②裁剪：在前身抽针处按样板裁顺V领。

③手缝：用同色28tex×2羊毛线作为缝线，缝下摆罗纹，缝V领领尖和挂肩带边缝。

④半成品检验：防止缝纫疵点漏入后工序。

⑤缩绒（轻缩）：温度30℃左，浴比1：30，助剂为209净选剂，用量为0.4%，时间为3min，参照绒度标样进行，过清水2次，脱水后经圆筒烘干机烘干。

⑥清除杂质：清除草屑和杂毛。

⑦熨衣：按规格套烫板，用蒸汽斗或烫机蒸定型，温度100℃左右，注意成品款式及规格。

⑧钉商标：按规格钉商标及尺码。

⑨成品检验：核对标样，检验成品规格并分等。

⑩包装：按要求分等级包装。

（4）2×62.5tex×2（16公支/2×2）毛/腈男长裤：

①套口：在8针合缝机上，用同色62.5tex×2毛/腈线为缝线，缝合内侧摆缝。

②手缝：用同色62.5tex×2毛/腈线作为缝线，缝方块裆、直裆、裤门襟、缝腰罗纹并穿2.5cm宽的松紧带，缝裤口罗纹。

③半成品检验：防止缝纫疵点漏入后道工序。

④缩绒：温度34～36℃，浴比1：30，助剂为209净洗剂，用量为1.5%，时间为10～15min（缩绒前浸泡15min），参照绒度标样，过清水2次，脱水后在圆筒烘干机中烘干。

⑤清除杂质：清除草屑和杂毛。

⑥熨烫：按规格套烫板，用压平机低温（70～80℃）蒸汽定型，避免坏布太软，注意成品款式和规格。

⑦钉商标：按规定钉商标及尺码。

⑧成品检验：核对标样，检验成品规格并分等。

⑨包装：按要求分等级包装。

（5）55.6tex×2（18公支/2）牦牛绒喇叭裙。

①套口：在12针合缝机上，用同色28tex×2羊毛线作为缝线，合裙摆缝。

②手缝：用同色28tex×2羊毛线作为缝线，缝腰罗纹并穿2.5cm宽的松紧带，加固各交叉点。

③半成品检验：防止缝纫疵点漏入后工序。

④缩绒：温度38～40℃，浴比1：30，助剂用M-22型枧油和E-22柔软剂，用量各为3%，时间为5～8min，缩绒前浸泡10min，参照绒度标样，过清水2次，脱水后在圆筒烘干机中烘干。

⑤清除杂质：清除草屑和杂毛。

⑥蒸烫：用蒸汽熨斗或蒸烫机汽蒸定型，熨烫温度为100℃左右，注意成品款式及规格。

⑦钉商标：按规定钉商标及尺码。

⑧成品检验：核对标样，检验成品规格并分等。

⑨包装：按要求分等级包装。

二、针织工艺单的书写格式

工艺单是描述横编针织服装生产工艺过程的重要技术参数、工艺技巧、款式特点及相关数据的图纸，对生产工艺来说具有重要指导作用。按照新产品的生产时间顺序分为两种不同的工艺单，先要填写样板生产通知单，然后填写样板生产工艺单，每个企业形式虽各有不同，但表述的内容相对来说差别不大，所以通过以下参数可以具体解释两种工艺单的技术指标和填写方式的不同，以便更好地了解和填写工艺单。

（一）样板生产通知单

样板生产通知单主要包括六大方面内容：单头（最上面），单尾（最下一横列），部位尺码（左侧），款式名称、毛纱品质、成品重量及针型数量等（右上五横列），款样、色号及配料（右中左、右两栏），工艺说明（右下栏），具体内容可参见表4-1男装圆领入夹格子长袖衫生产通知单。

表4-1 男装圆领入夹格子长袖衫生产通知单

单号：ORDER NO. _____
款号：STYLE NO. _____

XX针织厂有限公司——样板生产通知单（初）　　发单日期：DATE. _____

部位POSITION	尺码		款式名称（Description）男装圆领入夹格子长袖衫—两色挂毛	
	M	L	毛纱品质（Quality）32/2公支100%棉	客名（Client）
1.衫长（领边至衫脚）Body length–HSP to bottom edge	65		成品重量（weight）18-3/16磅（lbs）/打（Doz）	客号（Client no.）
2.胸宽（夹下1寸度）Chest Width –1" Below armhole	52		交货日期（ship date）　年　月　日	针型（Gauge）7G 缝盘（Sewing）8G
3.肩宽（缝至缝）shoulder Width–Seam to Seam	41		交毛日期（Yarn delivery date）　年　月　日	数量（Quantity）1件 批版（sample）800打
4.肩斜（领边至肩缝）shoulder slope–HSP to Seam	3			色号（Color NO.）
5.腰长（领边至腰细处）Wasit length–from HSP to the most Thin waist				A蓝色
6.脚宽（衫脚顶度）Bottom Width–edge to edge	52	底度	款样（Style）	B米白色
7.脚高（衫脚罗纹高）Bottom rib height	5	2×1A色		C
8.夹深（缝至缝垂直度）Armhole Width–Vertical/seam to seam	21			D
9.装袖长（肩缝至袖边）Sleeve length–From shoulder point to seam	36			配料（Accessories）
10.插袖长（后领中过肩至袖边）Sleeve length–3–Point（CBN–shoulder point–cuff）	56			
11.袖宽（袖夹下1寸度）Sleeve Width–1" Below armhole	17			备注（Remarks）

续表

部位POSITION	尺码		款式名称（Description）男装圆领入夹格子长袖衫—两色挂毛	
	M	L	毛纱品质（Quality）32/2公支100%棉	客名（Client）
12.袖口宽（罗纹顶度）Sleeve Cuff Width–at the top of the rib	11			
13.袖口高（袖罗纹高）Sleeve Cuff height	5		工艺说明（Remarks） 　1.大身前片A/B两色挂毛，大身后片A色单边。 　2.领、衫脚、袖口为2×1罗纹。 　3.前片、后片、袖有收花工艺。 　4.格子31针、两边43针、28转换色。	
14.后领宽（骨至骨）Back neck width–edge to edge	18.5			
15.后领深（领边至骨）Back neck drop–HSP to Seam	2			
16.领贴高（侧边度）Neck Trim height–From side	6			
交板日期（delivery） 　年　月　日	制单人： PREPARED BY		主管： DIRECTOR	复核： APPROVED BY

1.单头

样板生产通知单首先由客户发给加工横编针织服装的企业，部分对外订单的生产通知单需要用英文来表达，并且附上中文解释。样板生产工艺单是企业生产的用单，样板生产通知单与样板生产工艺单的单头需要保持一致，但两单也有一定的差别，即单号。单号是指该单款样在某企业第一次生产时对应的编号，如果需要二次生产，虽型号一样，但它们的订单号是不同的。发单日期是指客户发给某企业该单的时间，企业一般会在一周内完成初步的制板，单位交板日期一定要比发单日期晚一周，而单头"初"字表示加工横编针织服装的企业给客户的第一次样板单，待客户再发回来，会直接在订单的规格尺寸上重写数据，或在样板生产工艺单上另附评语及具体改进说明，还有的会在样衣上附上改进意见。

2.单尾

"制单人"要填上该款式工艺计算师傅的姓名，与样板生产工艺单上"制单人"是一个工艺师傅。"主管"一般指工艺计算室的总负责人，即样板间的主要管理者。"复核"是指负责生产管理的总负责人，即企业生产管理的总经理。

3.部位尺码

部位尺码通常由客户提供，工艺师傅也会根据客户的产品要求制定更具体的规格尺寸，并逐一写出款式各零件的尺寸数据，通常以厘米（cm）为单位，也可以用英寸表示。

4.款式名称、毛纱品质、成品重量及针型数量等

（1）款式名称，首先说明产品使用者的性别，其次以款式造型，领、夹或肩、袖型、收腰以及织物组织特点的顺序起名。

（2）毛纱线密度，通常是公制支数（公支）写在"/"前，填充的股数写在"/"后。毛纱筒内均有标签，可以直接参考。其后再写出含棉或含毛比例和毛纱的中文或英文名称。毛纱通常用公制支数（公支）表示，有需要的地方常用国际单位制特克斯（tex）。

例1：48/2公支100%精纺羊毛（wool）。

例2：28/2公支55%羊绒（cashmere）45%棉（cotton）。

（3）成品重量是落机重量+消耗毛重量。落机重量是所有落机织片的重量总和。消耗毛是指纱线水分损耗、过蜡飞纱损耗、编织过程飞纱损耗。各类款式消耗毛也不尽相同。一般单边罗纹组织增加6%的消耗毛，如果是收假领要增加8%，满针四平或横条间色组织消耗毛增加10%，易断的纱也要加10%或12%，提花组织高达15%的消耗毛。

（4）交货日期指客户审批企业发回的样板生产工艺单后，企业按客户要求，开始大批量生产，待完成后的交货时间。

（5）交毛日期。我国大中型针织企业均属于来料来样加工型，因此一批大货做好后，剩余的毛纱需交还客户，一般与交货日期时间相同。长期合作的也有将剩余毛纱留在企业的，待此款样再生产时使用。

（6）客名是指外单商家或某贸易公司的名称。

（7）客号是指外单商家或某贸易公司的名称代码。

（8）机型是指该款式用横机的型号，与样板生产工艺单上机型标注相同。

（9）缝盘标明用几号缝盘做该样板生产通知单上的款式。

（10）数量和件批板之间写数字"1"，是指一件样衣。批板后的数字为客户批准样衣后大货的生产数量。

5. 款样及色号、配料

（1）款样是此单款式平面图，通常用铅笔、钢笔或CorelDraw制图软件表现。

（2）色号。客户给样衣是一个颜色，而批板也许还有二、三、四种颜色，需要企业自备毛纱的，外单客户通常提供毛纱色样，分别在A、B、C、D色样后标出生产的数量。

（3）配料。逐一写清楚款式需配的拉链、机织布、花边或扣子等，没有可不填。

6. 工艺说明

工艺说明即阐述客户针对某一款式提出的总体工艺要求，其主要内容有组织要求、大身和脚（指衣摆）、袖口、领片的收花位置和针数，间色要求（具体到几转换什么色的描述），膊（指肩）加配色棉带，全件重量的控制，字码与手感，纽扣、拉链及装饰工艺要求。

下面是一件女樽领长袖衫的工艺要求描述。

（1）服装全件需要做单边。

（2）夹圈收花、缝完面见2支（针）边针。

（3）领、袖口及衫脚部位需作手挑。

（4）后胳膊处需要作收花。

（5）重量需要控制在180g/件。

（6）手感要保持柔软。

（二）样板生产工艺单

样板生产工艺单主要包括以下五个方面内容。左上部分的四格描述公制支数、根数、织物组织、横拉密度英寸值、毛纱品质与密度等；左中部分需要含有落机重量、竖拉密度英寸值、收花数与生产数量；左下部分为工艺与操作说明；右上部分两横列需要包括款名、机型与缝盘、制单人、客名、客号等；右下部分为工艺计算。

1.公制支数、根数、织物组织、横拉密度英寸值和毛纱品质及密度

（1）公制支数、根数、织物、横拉密度英寸值和毛纱品质的填写。第一横格在"/"前填写毛纱支数，在"/"后填写股数。"毛"和"条"之间是指需要的服装款式所用的毛纱根数的总和。随后填大身和袖的组织名称"大身"和"脚"常用纬平针组织，俗称"单边"。所谓单边，只在横机前针板操作，"底"字要划掉。"支拉"是指该款所用单边10针横拉密度的英寸值。一般3.5～9G机型以10针计算，12G以上细机型以15针计算。那么，此处用7G横机制作，即在10针范围内用力横拉到极限，再测量得2-6/8英寸，如数填上。"毛纱品质"另一行表述即可，参考附录横编针织服装常用织物组织书面语、企业用语及英文对照。

第二横格是对所需服装款式的"脚和袖口"进行填写。20/2，毛4条均同上。脚、袖口采用罗纹。"坑"是指罗纹正、反针的一个循环，由于1×1罗纹5坑是10针，而2×1罗纹的5坑是15针，因此以"坑"为单位更准确。罗纹属于双层织物，"底、面"两字保留，用"5坑拉3-3/8英寸"来表示。随后还是"毛纱线密度"，同上表述。

（2）密度的填写。第三横格通常填"身和袖"密度数值，三个数值顺序是横密针数×纵密转数×拉力值。前两个数表示1cm²内所用组织的横密针数和纵向转数，第三个数"拉力值"是指衫片落机后纵向拉到极限所测量的英寸数值，它再除以衫片总转数得到的就是纵向拉力值，通常小数点后保留两位。

前片拉力值（40-1/8英寸）÷167转=0.24011976≈0.24

后片拉力值（39-7/8英寸）÷166转=0.23915663≈0.24

袖片拉力值（34-3/8英寸）÷143转=0.23986014≈0.24

第四横格密度是指衫脚、袖口、领罗纹样片1cm²内的转数记录。

2.落机重量和各片拉力值及收花数

（1）落机重量：是指衫片刚下机时的所产生的片状重量，按前片、后片、袖、领分别称重。横编针织服装行业有着非常专业的对应的称重秤，外圈是千克（kg）、中间是磅（lb）、里圈是盎司（oz）。大多数内销品以"克（g）"为单位，外销品以"磅""盎司"为单位。

每件衫重是指上述所有片落机重量之和。

例如，前片182.7g+后片182.1g+袖188.6g+领47.7g=601.1g。每打衫重是指12件落机重量的总和，即601.1g×12=7213.2g。已知每打衫重，即可按照落机重量+消耗毛重量求得成品重量。成品重量=7213.2g+（7213.2g×15%消耗毛）=8295.18g。成品重量用"磅"表示，将克换算成磅（见附录9横编针织服装有关单位的换算），即8295.18g÷28.3495≈292.6盎司，292.6盎司÷16≈18-3/16磅。

（2）全长。这里记录的"全长"即"纵向拉力值"，已在"密度的填写"中阐述。

（3）收花数。收花属于横编针织服装工艺技术，由于其具体展示多呈现于外观，具有非常显著的艺术效果，因此客户很重视其技术体现，有明确的要求，比如，12G横机单边组织常以"面"见2支花表示，缝耗2支，因此共4支边；较粗纱线可以设计3支边，因缝耗是1支，"面"还余2支花，表4-2的男装圆领入夹格子长袖衫就是3支边。更粗的机型设计2支边也可以。总之，根据横机型号与缝耗变更，并标注"面"留几针更准确。

表4-2　男装圆领入夹格子长袖衫生产工艺单

单号：ORDER NO.　_____
款号：STYLE NO.　_____
发单日期：DATE.　_____

××针织厂有限公司--样板生产工艺单

20/2公支，毛4条，单边，袖面10针拉，2-6/8英寸，100%棉			款名：男装圆领入夹格子长袖衫			针型：7G	缝盘：8G	制单人：
20/2公支，毛4条，2×1罗纹，衫脚、袖口、底、面5坑拉，3-3/8英寸，100%棉			客户名称：				客号：	备注：

密度	身、袖3.75×2.75×0.24	
	衫脚、袖口、领1cm²织3转	

落机重量（g）	拉力值（英寸）	收花数
前片	182.7	40-1/8	收夹3支边
后片	182.1	39-7/8	收领　支边
袖	188.6	34-3/8	收膊　支边
贴			生产数量
袋			S	200打
带			M	200打
每件衫重：601.1g		L	200打
每打衫重：7213.2g		XL	200打

工艺与操作说明：
1.该款为肩缝；
2.领、袖口、衫脚为2×1罗纹；
3.前片、后片、袖3支边收花；
4.格子31×31，针对针；
5.所有缝线不可过紧。

2×15坑拉3-4/8英寸
放眼半转，圆筒1转，间纱完顶密针织圆筒1转
2×14条毛32转
（1条）领：开182针斜角1针圆筒1转

4-718英寸
1-4/8英寸
6/8英寸
10针缝双层领18英寸
3-1/8英寸
2-3.5/8英寸

袖身共143转针52针
中挑孔 42
2转
1-3-2
1-2-4
2-2-4　（3支边）
3-2-1
2-2-9
1-2-3
9转
4+1+11　（无边）
13+1+16
3转 101
单边
脚：2×1 A蓝 15转
袖：开98针斜1针圆筒1转
袖全长拉34-3/8英寸

衫身共166转41针(66针)41针
收完领花再织1转完领 68
1-1-3
1-2-5　（无边）
3转中留54针收假领
16转夹边挑孔
21转夹边1/2扭叉
2-1-5
夹：2-2-5　（3支边）
1-2-4
平织98转
单边
脚：2×1 A蓝 15转
后片：开194针，斜1针，圆筒1转
后片全长拉39-7/8英寸

衫身共167转 44
41针(66针)41针
8转 13转
17转夹边挑孔 领
中留30针收领 3-2-1（无边）
19转夹边1/2扭叉 2-2-3
1-3-4
3-2-4 25
2-2-4　（3支边）
1-2-4
98转 98
过梳后=204针
中间面38针排出，两边面45
针衫身：38×38针对针
每28转循环挂毛
单边
脚：2×1 A蓝 15转
前片：开203支，斜1针，圆筒1转
前全长拉40-1/8英寸

3. 工艺与操作说明

"工艺与操作说明"与"样板生产通知单"中的工艺说明表示相近，是指工艺计算师对横机操作者的工艺技术指导。常对肩、夹结构，罗纹，提花等作具体说明。

以表4-2男装圆领入夹格子长袖衫生产工艺单为例，工艺与操作说明如下。

（1）该款为肩缝。

（2）领、袖口、脚用2×1罗纹。

（3）前片、后片、袖3支边收花。

（4）格子31针×28转，两边43针。

（5）所有缝线不可过紧。

4. 款名、客名、客号和制单人

此项全部与样板生产通知单一致。

5. 工艺计算

工艺计算俗称"吓数"。通常先徒手按公式计算好，相当于草稿，然后在Photoshop中找到所需款式"空板型"，填好吓数计算后，保存jpg格式图片。样板生产工艺单是在Word中做，利用界面"插入"窗口，点击左键找出"图片""来自文件"，其后找到保存的jpg格式图片吓数计算文件，点击，再插入"样板生产工艺单"右下位置即可，清晰工整。圆领、V领、插肩、马鞍肩各种空板型均要在附录中备份。

（1）工艺计算写法。具体内容的格式要求，在"空板型"中一定由下向上填写，与横编针织服装生产加工程序需一致，以便于工艺操作者进行阅读。前片、后片、袖片、领贴等分别填写。开针数填写在衫片下。如表4-2中，前片203支，斜1支，圆筒1转。罗纹位置内标注1×1或是2×1，以及编织总转数。

衫大身位置"单边"组织首先填好，相同的操作需要在一横列以内写完。起首字左面对齐。"收花"不论分几段都要囊括在括号内，其后标注"3支花"或"4支花"。"无边"是指在织物边缘采用"移圈式明减针"的工艺操作。"1/2扭位"是指衫身的第一针与第二针移圈调换位置，视觉与触觉都呈现较硬的感受，作为袖和身连接时的记号。"挑孔"也是记号，与"扭位"的作用相同，通常应用在后领窝和袖中的记号。

"放眼半转，毛1转"是指抽字码卡用半转，使织物稀松一些，便于上盘缝合，再用正式毛线编织1转。"纱"是指缝合时要拆掉的纱线，也称"间纱"，由于电脑横机可一个程序反复编织，不必重新起口，因而产量高，"间纱"起到片与片之间连接的作用。

"中空1支直上"通常用在开衫前片和帽片上。开衫前片和帽片左右两片呈对称形，若分两次起口浪费时间，还像套头衫一样左右一起编织，中心1针不工作一直向上编织，中心呈现稀松横线，即"中空1支直上"，待缝合时剪开分别缝，省工且快捷。

"英寸的表示"，比如1-4/8英寸或12.5/8英寸；前者用"-"，后者用"."，只要一张单中的表示方法统一就好。衫片外侧的数不标注单位，一般是指转数。大身中心上是领窝针数、两侧为肩针数，大多以支表述，见附录3横编针织服装生产工艺与工艺单缩写汉英对照。

（2）领窝的英寸标注。领窝下为前领平位2-3.5/8英寸，上为后领窝平位4-7/8英寸，左上是后领斜位1-4/8英寸，左中是前领直位6/8英寸，左下是前领斜位3-1/8英寸。中心记录缝盘号型及领片总长英寸数值。如此标注的目的是使领片与领窝缝合时对应控制，避免松紧不均匀。

三、样片的制作步骤

平方密度（简称"密度"）计算和样片制作是横编针织服装生产的第一步，如果样片密度计算不准确，成衣尺寸难以保证，产品质量会受到直接影响。所以，平方密度计算在整个横编针织服装生产中起着关键作用，掌握平方密度计算与样片质量是工艺师、设计师必备的基本技能。

（一）密度的定义及单位

平方密度是指1cm²或1平方英寸内，横向密度的针数和纵向密度的转数。其单位表示为针/cm、转/cm，行业内常以针/英寸、转/英寸表示。

（二）样片的制作步骤

1. 线质与针型

首先要根据纱线所需的粗细去确定横机针型，粗线选择粗针机，细线选细针机。一般来说，5G以下为粗针机，7G、9G属于中等针型机，12G以上为细针机。也常根据纱线合股的情况再选择针型。

2. 确定压针刻度

压针刻度即织物密度的调节，俗称字码。由于手摇横机制造精密度不高，通常用扑克牌厚度的字码卡片作上下调节，如图4-1所示为字码卡片。织物稀松，压针刻度上调加字码卡片一张（图4-1），织物过紧，压针刻度下调，抽出一张字码卡片，直到织物行与行、针与针之间疏密保持一致。

3. 样片洗水和手感

要制作30cm×30cm的正方形样片，将织好的样片锁边封口，然后按大货要求进行洗水、烘干和熨烫。熨烫不要用力过大，确保样片手感柔软度适宜。

4. 样片测量与计算

样片测量一定放在平整的工作台面，再测量横向30cm内的针数、纵向30cm的转数。然后分别除以30，小数点后保留三位小数，得到的即是1cm的纵、横密度值。横向拉力值测量，"单边"取10针用力横向拉到极限，测得英寸数值，便是横向拉力值，例如，10支1-2/8英寸。如果以英寸计算密度，首先测量12英寸织物内的横向针数，再测量12英寸的纵向转数，之后分别除以12，得到的才是1平方英寸内织物纵、横密度值。再以同样的方法测量横向拉力值。

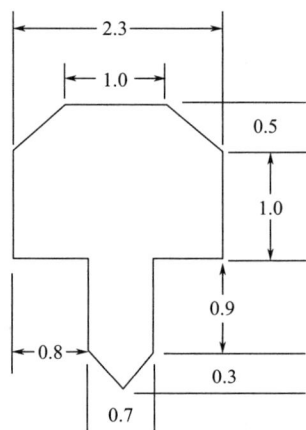

图4-1　字码卡片

第二节　横编针织服装生产过程

一、编织前的准备

（一）基本工具

梳栉和钢丝、重锤、边钩和边锤、扫针器和过梳器、各种机型罗纹起口推针板、各种机型收针柄、字码卡片20片、手持小毛刷、松紧带、螺丝刀、剪子。

（二）准备工作

1. 上蜡

在绕线机上上蜡的同时，将线绕成塔形或柱形之后，放在横机架上抽出线头。

2. 穿线步骤

图4-2为穿线示意图。

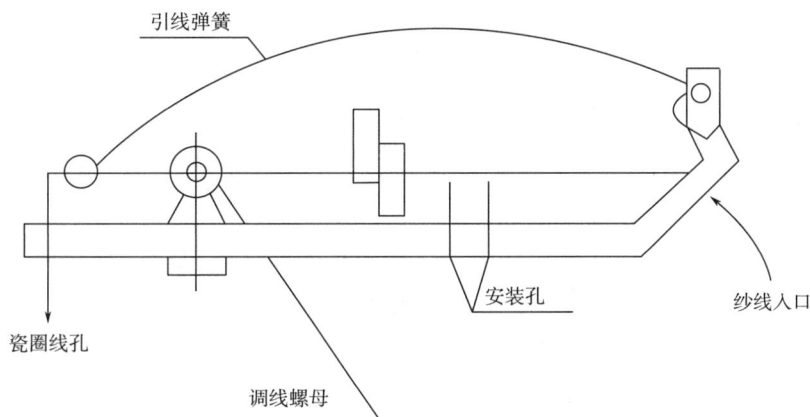

图4-2　穿线示意图

（1）先将线穿进纱线入口圆孔，再穿入安装孔。

（2）压到调线螺母斜口中（调节张力）。

（3）再经过引线弹簧。

（4）从瓷圈线孔中出。

（5）将线穿入横机矮纱嘴架的引线板中。

（6）直下矮纱嘴中，再入两针板间，系在前针板右腿柱上固定。

（三）横机检查

（1）旋转驱动棘轮，检查其是否能带动机头自如滑动。

（2）弯纱三角字码是否在所需要的刻度位置，编织过程中准备随时抽取与添加。

（3）起针三角是否全部打开，三角座滑动是否自如。

（4）织针有无损坏，织针舌盖开启、关闭是否灵活。

二、减针与加针的操作方法

（一）夹平位套针锁边

"夹平位"套针是指身片夹边连续减针的位置，一般高档横编针织服装用这种套针方法，夹平位套针锁边如图4-3所示。其步骤如下。

（1）先织第二针［图4-3（a）］。

（2）将成圈的第二针套在第一针上［图4-3（b）］。

（3）第一和第二针一起收为一针［图4-3（c）］。

（4）将收针的线圈套到第二针上，第一针已成空针，退出工作区，重复（1）～（4）步骤［图4-3（d）］。

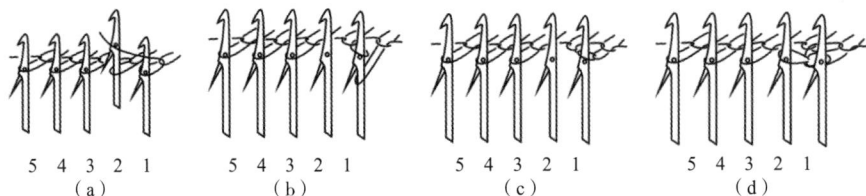

图4-3　夹平位套针锁边

低档横编针织服装用落纱方法，即直接将织针从线圈中抽出，操作快捷，但这种横编针织服装里面不光滑。

（二）减针

减针目的是降低编织的服装产品宽度，改变原来的固有形态，从而达到设计所要求的尺寸，常用的减针方式有移圈式和持圈式两种。

1. 移圈式减针

移圈式减针又分明减针和暗收花两种。

（1）移圈式明减针。明减针常用在男女横编针织服装收领、腰部和袖山高两侧的无边段减针。持一眼或两眼收针柄向内套1针或2针，再将衫两边织针退到不工作的位置，这种减针方式可使织物正面无辫子，俗称"无边"，移圈式明减针如图4-4所示。

①用一眼收针柄套住边针钩住后拉［图4-4（a）］。

②向前退出，使线圈移到收针柄上［图4-4（b）］。

③带线圈收针柄钩住第二针向上翻［图4-4（c）］。

④待线圈套在第二针后，将边针退出工作位置［图4-4（d）］。

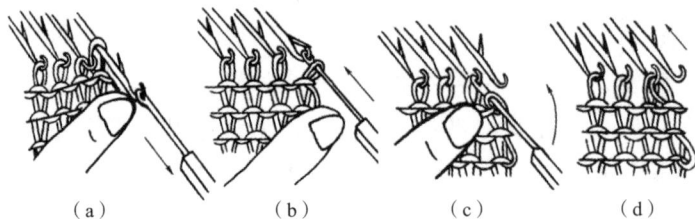

图4-4　移圈式明减针

（2）移圈式暗收花。暗收花一般常用在男女横编针织服装夹和袖山及男式横编针织服装背肩缝款式中。如图4-5所示，移圈式暗收花是12G横机男式横编针织服装夹位工艺。必须用7眼收针柄一次性向内移3针，3针空针退到不工作的位置，即完成1次减3针，边针余4针的操作。2转后重复2次只完成了第一段减针；再拉3转减3针重复4次，完成第二段；再拉4转减3针，重复2次，即完成夹位全部收花。这种减针方法织成的服装从正面有明显凸起的人字形状和辫子形状，具有明显的线条感。所谓4支边是适应12G横机以上细横编针织服装缝耗2针的。如果是7G横机缝耗1针可以将工艺设计为3支边，即用5支眼收针柄，向内压2针余3针空针，正面还是可见2针辫子。

对于夹位工艺设计成2、3、4、5支边，要根据款式设计工艺确定操作方法，以满足设计目的，达到艺术效果。

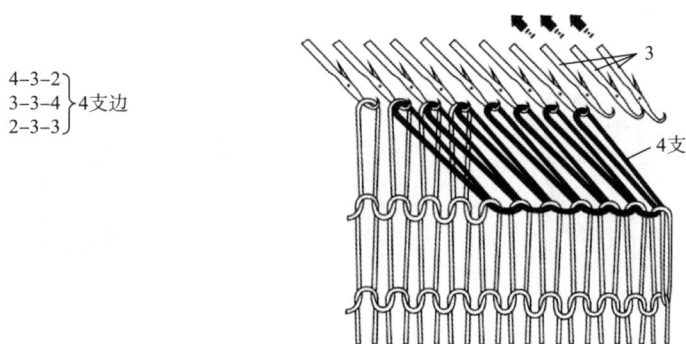

图4-5　移圈式暗收花

2. 持圈式减针

持圈式减针是在具有休止功能横机上应用的，把持有线圈的织针推向最高停织位置，只要将休止栓打开，就停止了编织，一般用于横编针织服装肩斜部位（图4-6）。肩部工艺计算采用先快后慢才能和人体造型相匹配，一般工艺计算能一段收针最好，两段完成就必须采用先快后慢两段收针工艺。还要考虑1针缝耗。如7G横机，单肩41针，要在6转收完。如图4-6（a）所示是一段式持圈减针工艺，好记且便于操作，但去掉1针缝耗后，余5针颈点造成过尖，图4-6（b）（c）都是分两段工艺，图4-6（b）缓解了颈部造型的尖形去掉1针还余6针，图4-6（c）去掉1针缝耗，使颈部饱满许多。肩斜工艺计算原则显而易见，在先快后慢的基础上，两段收针次数差距宜小，那么图4-6（c）是最理想的工艺计算。

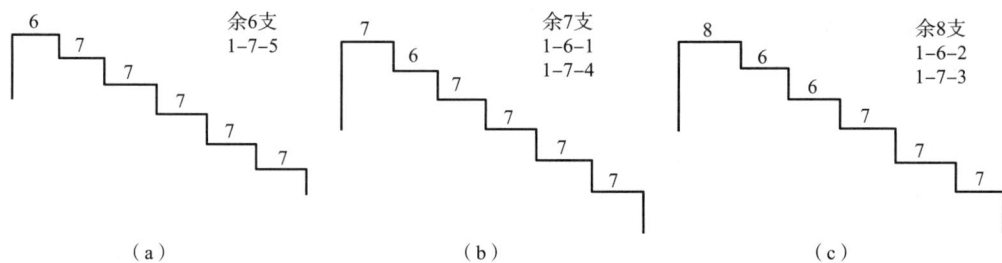

（a）　　　　　　　　　　（b）　　　　　　　　　　（c）

图4-6　持圈式肩斜收针

（三）加针

加针的目的是使编织的衣片宽度增加，从而达到预期的宽度尺寸。常用加针方式分明加针和暗加针两种。

1. 明加针

明加针是指在织物边缘直接推空针一针到工作区，移动机头编织半转，如图4-7所示。一般用于男女横编针织服装腰部侧缝和袖子两侧部位。同时推针，几转后织物幅面增宽。

2. 暗加针

暗加针俗称"勾耳仔"。暗加针是将衫边若干针依次向外移，若移动3针，原来的第3针成为空针。待编织时空针位置自动加针会出现孔洞，为避免此现象，从旁边织针线圈挑起挂到空针位置，再继续编织，如图4-8所示。

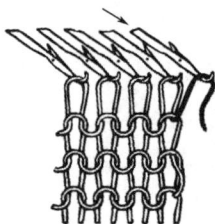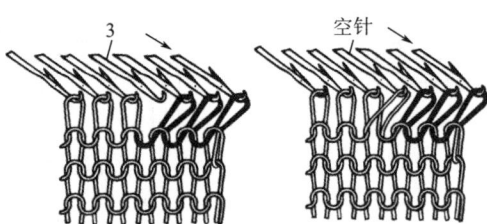

图4-7　明加针　　　　　　图4-8　暗加针

三、添纱组织起口的操作方法

（一）添纱组织的功能作用

为避免纱线罗纹出现散口而添加锦纶、氨纶编织，使之具有弹性，需换上添纱梭嘴（俗称冚毛纱嘴）（图4-9）。纱嘴眼1穿入氨纶、纱嘴眼2穿入毛纱。由于喂纱顺序与角度不同，氨纶在织物反面，毛纱在织物正面，不影响外观效果。操作无区别，圆筒后编织3~5转便可调节罗纹散口弊端。

（二）添纱梭嘴的用法

横编针织服装设计若考虑添纱梭嘴功能，可以安装两个添纱梭嘴，如图4-9所示，梭嘴眼1穿蓝色，梭嘴眼2穿红色，织物正面就可以有两种色纱。另一个梭嘴穿法与其相反，两个梭嘴轮流编织，还可以用两个添纱梭嘴穿四种色纱，再采用不同排针，织物正面呈现四色花纹与效果。

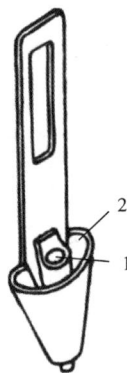

图4-9　添纱梭嘴

四、1×1罗纹起口转换纬平针的操作方法

（一）准备工作

按横机型号选择梳栉、罗纹1×1推针板和翻针柄，其余与"三、添纱组织起口的操作方法"相同。

1. 排针

先将前、后针板针托推至工作位置后（图4-10），再用1×1推针床将前针床不工作织针下滑到不工作位置。之后，排后针床织针，按要求1×1罗纹起口针应是1针隔1针距，俗称"针对针、齿对齿"排列。编织前不带纱嘴架三角座空拉2转，以便舌盖打开。

2. 查三角

查看起针三角是否全部打开。弯纱三角刻度除2号刻度在5位置外，其余是否在密度所需的位置上。

（二）1×1罗纹编织步骤与方法

图4-10　针托推至工作位置示意图

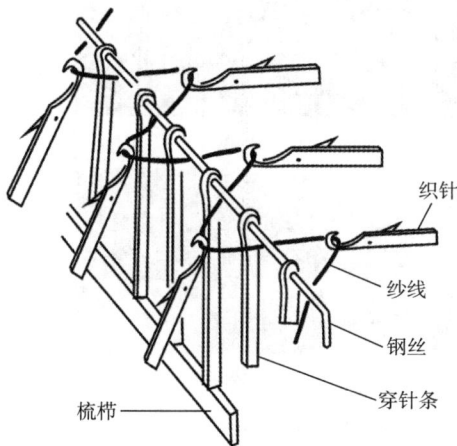

1. 上梳

轻轻将三角座从右（机尾）拉向左（机头），随着三角座的移动纱线被垫放到针钩上。左手拿梳栉中心孔，在前后针床间由下向上升，当梳栉高于针床齿并对准针床0位时，右手铁丝旋转穿入每个梳板上针圈内，随即铁丝回钩向下插入前、后两针床间，左手再松开梳栉，梳栉已压在两针床间的纱线上，如图4-11所示为上梳完成示意图。之后梳栉两端分别挂重锤（图4-12），再关闭2、4起针三角，使之分别编织前、后针床。

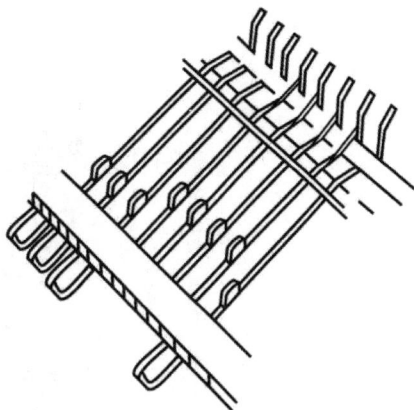

织针
纱线
钢丝
穿针条
梳栉

图4-11　上梳完成示意图

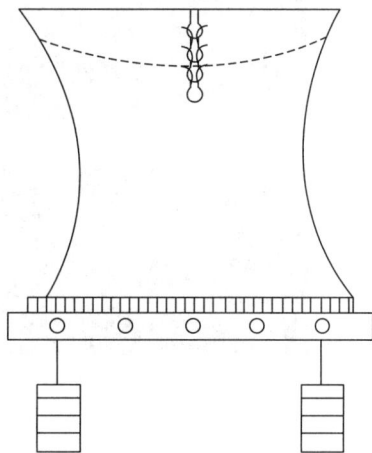

图4-12　梳板下挂重锤

2. 空转

编织前面织针（面针），拉机要慢推稳进，当三角座到右时，将2号弯纱三角刻度下调到与其他三个弯纱三角保持一致。机头左行，编织后针床织针（底针），圆筒一转完，打开2、4起针三角，再抽2、3号字码卡各1张。

3. 平摇

已完成起口全部动作。正常编织1×1罗纹若干转，当转换纬平针前半转三角座到右边时，抽前针板1号字码卡1张。织物线圈放大便于过梳，所谓过梳，即把后板织针线圈翻到前针板，为编织纬平针做过梳准备（图4-13）。

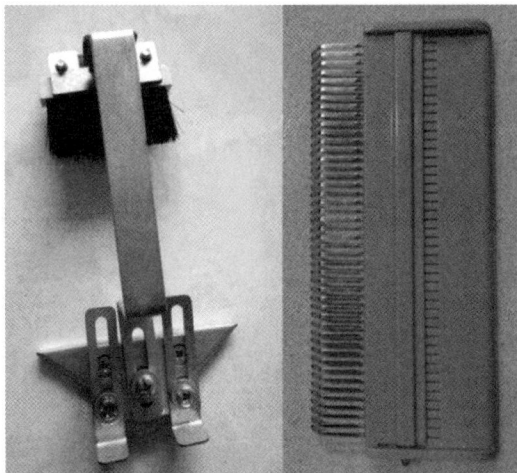

图4-13　扫针器与过梳器

（三）过梳步骤

过梳步骤如图4-14所示。

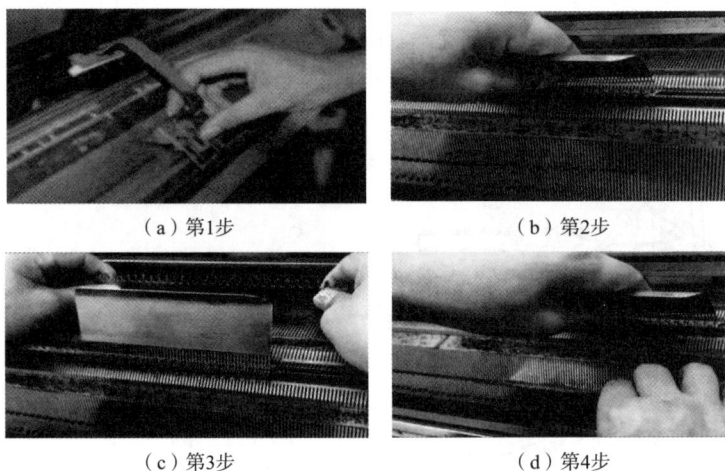

（a）第1步　　　　　　　　　　　　（b）第2步

（c）第3步　　　　　　　　　　　　（d）第4步

图4-14　过梳步骤

（1）用扫针器在前、后针床上由左至右慢慢移动两转，将前、后针床的织针盖依次刷开。

（2）左手拿过梳器，勾住后针床已被打开的针钩。同时上提，当针钩里的线圈过了针盖时，右手用推针板下退针，使线圈完全过渡到过梳器上。

（3）拿推针板的右手回到前针床，将前针床的针推到过梳器两针间，即"针对齿"，并与过梳器针平行，左手向左或向右将过梳器上的线圈挂到前针床的针钩上。

（4）右手将前针床的针下压到工作位置，左手的过梳器在此过程中退出。注意，不要只挂单毛。

五、2×1罗纹起口转换纬平针的操作方法

（一）准备工作

用2隔1推针板在前、后针床上相错斜角排列，如图4-15（a）所示，起针三角全部打开。横机左下方"凸轮手柄"上抬到最高，为后针床左移做好准备。

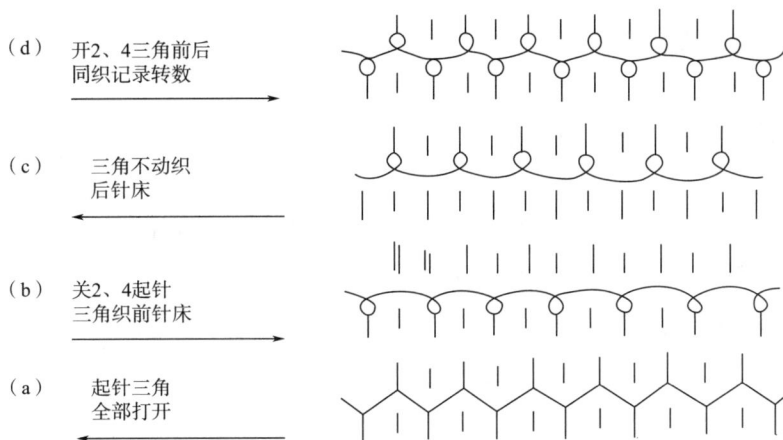

（d）开2、4三角前后
同织记录转数 →

（c）三角不动织
后针床 ←

（b）关2、4起针
三角织前针床 →

（a）起针三角
全部打开 ←

图4-15　1×1罗纹操作步骤

（二）编织步骤

编织步骤如图4-15所示。

（1）上梳。"斜角"排针，左行，纱已垫放在前、后织针上。

（2）空转。关2、4起针三角，先编织前针床，后编织后针床［图4-15（c）（d）］。

（3）平摇。先将后针床向左移位1针，前后针床工作针与空针形成骑马状对应，俗称"针对齿"，如图4-15（d）所示。再打开2、4起针三角，这时前、后针床同时编织，开始记录转数。

六、圆筒起口转换纬平针的操作方法

（一）准备工作

满针排列，前针床两侧各多1针，俗称"面1支包底"。将1、4号密度调好，2、3号密度比1、4号密度略紧半个刻度，4个字码各加2片字码卡。再将2号密度抬高到刻度5集圈位置，由此后针床升高倾斜向前，两针床距离缩短，使织物起口线圈紧密饱满，俗称"结上梳"。三角座在前、后针床上空滑动2～3转，舌针盖打开，再带动"矮纱嘴架"准备编织。

（二）编织步骤

（1）上梳。三角座由右拉向左，纱已垫在织针上，穿梳栅，挂重锤，关2、4号起针三角。

（2）空转。三角座拉向右，落下2号字码与3号字码一致，随后拧紧。

（3）空转。三角座拉向左，空转1转完成，4个字码卡各抽1片，继续编织约2cm的高度，当三角座在右时，打开4号起针三角。

（4）平半转。前后针板一起编织四平针。

（5）平摇。三角座在右准备拉向左时，将后针板针全部翻到前针板，抽1、4字码卡1片，关3号起针三角。

（6）平摇。编织纬平针，开始记录转数。

七、纬平卷边纱起口的操作方法

（一）准备工作

梳板穿好铁丝，将后针床织针满针排列，2、3号字码放松。

（二）编织步骤

（1）左手拿梳板上升到过针床齿，慢慢将三角座从机尾拉到机头（左）。

（2）拉回到机尾（右）接毛（接横编针织服装正式用的毛线）。

（3）三角座到机头（左）将后针上全部线圈翻到前针床，并向左移错位1针，俗称"倒钩上梳"，此法使卷边待拆掉间纱后不脱圈。

（4）右行且往复若干转。

（5）到机头（左）将2号字码调圆筒松紧字码刻度，"放眼"约2片，右行后恢复原字码。

（6）左行1转或2转，间纱，落片。

八、扭位和挑孔的操作方法

（1）扭位，也称"扭叉"，是在前后身的收夹后开领前，将衫片边第一针和第二针线圈调换位置，形成绞花组织结构，作为上袖尾起点到结束的记号，如此一来，袖与身缝合时容易辨认。

（2）挑孔，行业表述为"挑吼"。常用在后领窝、肩端点或袖中的记号。肩斜的第二针线圈移动到边针上，带机头继续编织就出现一个孔，作为缝合肩斜端点的记号，适用缝耗2针的情况。如果是1针缝耗，就用"挂毛"手法做记号。

（3）挂毛，是用与毛纱相对比的色纱挂在需要做记号的针上。

九、衫身落片的操作方法

横编针织服装衫片结束时，织3~4转间纱后机头停在右边，先将衫片两侧边锤、边钩、重锤取下，左手抓住衫身片，使之具有一定牵拉力，右手逆时针旋转"驱动器棘轮"，右手再推动三角座脱离矮纱嘴架，慢慢向左边拉。当三角座拉过后衫片就落下，剪断纱线头顺手捆绑在横机腿上，以免起口时重新穿线。

十、袖片的操作方法

（1）按工艺单上所要求的针数及起口，编织罗纹若干转。

（2）纬平针开始用明加针方法，先快后慢加到夹下2.5cm的位置，之后为不加不减的直线板型，参见工艺单，编织若干转。

（3）按要求准备袖山高平位套针。

（4）袖山减针先慢后快，与衫片同样4支边或3支边。

（5）无边位置采用移圈式明减针法。

（6）间纱之后落片，如上述"衫身落片"。

十一、开领的操作方法

开领有两种做法，高档横编针织服装领的两侧分别采用移圈式明减针方式编织，虽省线但费工时，俗称"开真领"；低档横编针织服装的领两侧一起编织，沿领窝边采用移圈式明减针方式编织，中心抽针，俗称"做假领"，虽省时省力，但费线。下面分别介绍。

（一）开真领做法与步骤

如图4-16所示为7G横机开真领工艺步骤。

（1）机头在左，中心套21针，作为领平位，领右侧针翻后针板，先织左侧。

（2）左边连续移圈式明减针，1转减2针，反复5次，共收完10针，完成第一段收针工艺。

（3）2转后，机头在左，移圈式明减2针，反复3次，共收6针，完成第二段收针工艺。

（4）3转，机头在左，移圈式明减2针，反复2次，共收4针，完成第三段收针工艺，减针到第二次，同时左边1/2扭位作为肩端点记号。

（5）平6转即不减不加针，之后间纱3转。

（6）将后板织针翻到前针板，在右手边接纱线。

（7）1转机头在右，移圈式明减2针，反复5次，共减10针，完成第一段收针工艺。

（8）2转，机头在右，套减2针，反复3次，共减6针，完成第二段收针工艺。

（9）3转，机头在右，移圈式明减2针，反复2次，共收4针，完成第三段收针工艺，同时右边1/2扭位作为肩端点记号。

（10）拉6转完成领右侧减针，间纱3转。

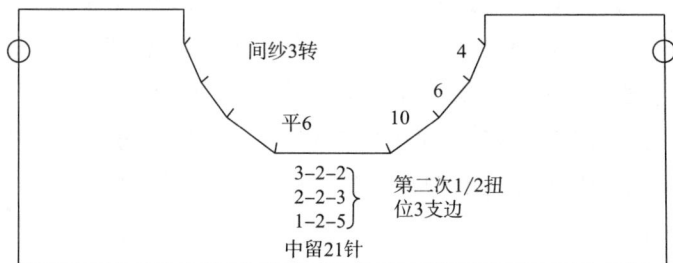

图4-16　7G横机开真领工艺步骤

（二）开假领工艺与步骤

如图4-17所示，开假领的要点是沿领窝位置隔1、2针抽空1针，线圈挂到相邻针上，织物呈现明显稀疏的状态。待绱领时剪掉领窝纱线，包缝不影响外观，操作省工省时。

（1）机头在左，中心49针的两侧抽空1针的线圈挂到左、右邻针上，隔2针，反复将领平位抽空针。

（2）1转机头在左，隔2针抽空1针的线圈挂到左、右邻针上；再1转，反复3次，完成第一段减针。

（3）2转机头在左，隔2针抽空1针的线圈挂到左、右邻针上；反复5次完成第二段减针。

（4）4转机头在左，隔2针抽空1针的线圈挂到左、右邻针上；反复3次完成第三段减针。

（5）3转，机头在左，完成挑孔工艺。

（6）13转，机头到右，完成落片工艺。

注意，如果是1-2-3，中心若是减2针，就隔1针抽空1针。图4-17中领总针数不够，只是表达中心隔2针抽空1针，达到减3针的操作工艺。

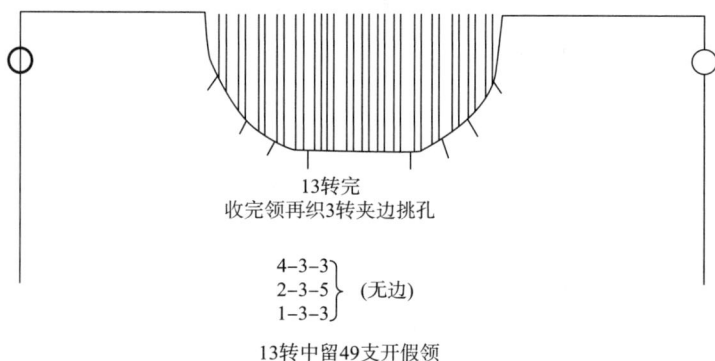

13转完
收完领再织3转夹边挑孔

4-3-3
2-3-5 ｝（无边）
1-3-3

13转中留49支开假领

图4-17　开假领工艺步骤

十二、开领总针数的计算方法

（1）开领三尺寸。开领需要三个尺寸，分别为前领深6cm、后领宽18.5cm、后领深2cm。按原理图画出领部原理图并标上数据，如图4-18所示为领窝原理图与尺寸标注。

（2）领窝尺寸换算。领窝的尺寸由cm换算成英寸，即10G表示缝盘每英寸有10根针，12G表示缝盘每英寸是12根针，以此类推。如7G织片，用10G缝合。将领窝周长换算成英寸，便可得知领片总开针数。那么，前领平位6.17cm=2-3/8英寸，后领平位12.33cm=4-6/8英寸，后斜位3.9cm=1-4/8英寸，前领直位2cm=6/8英寸，前领斜位7.9cm=3-2/8英寸，如图4-18所示领窝原理图与尺寸标注。

（3）计算开针数。（前领斜位×2）+（前领直位×2）+（后领斜位×2）+前领平位+后领平位=（18.1英寸×10）+1（缝耗）=182针。由于是双层领片，需松一些，所以10G缝盘针够用，缝耗可以只加1支。

（4）选择排针方式。领片2×1罗纹182针，先用182÷3，当余2针时，应选择"斜角1支"，领围去掉2针缝耗，刚好保持了2×1排针的规律，如图4-19所示。

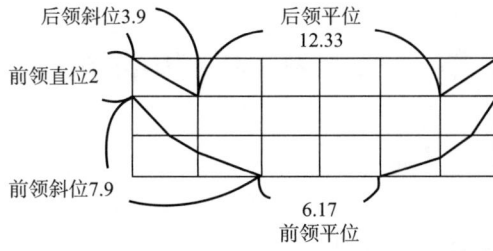

图4-18 领窝原理图与尺寸标注（单位：cm）

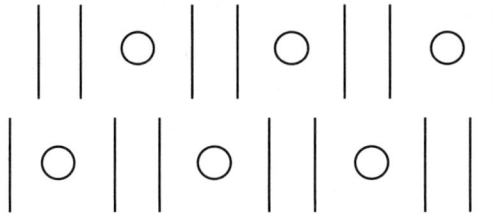

图4-19 2×1罗纹斜角1针

第三节　针织服装的缝合

一、缝合机器介绍

（一）套口机机号选择与缝耗确定

套口机需根据横编针织服装衣片所对应的横机机号的大小来选定，横编针织服装衣片编织下机后发生回缩，为了使缝合后的织物平整且缝线具有一定的伸缩弹性，一般套口机机号应选取比横机机号高2~4号，其相互间的配合关系如表4-3所示。

表4-3　套口机机号与横机机号的配合

横机机号（常用机型）	套口机机号	横机机号（常用机型）	套口机机号
3	4~6	11	12~14
5	6~8	12	14~16
7	8~10	14	16~18
9	10~12	16	18~20

套口缝合需要缝耗，横向套耗为1~2针，纵向套耗为1~3横列。套口纱选用强力较好的股纱，通常情况下采用横编针织服装衣身的纱线与同色的涤纶线一起缝合，来增加缝合强度。套口时不允许出现针纹歪斜或搭针现象。

（二）常用的套口操作方法

1. 纬平针的套口操作

上机时，右手在上左手在下，右手拇指和食指握住布的前端，无名指和手掌握住布的后端，中指辅助，拇指和食指可以调节布的松紧度，拉开1.2~1.3倍，在线圈的横向密度与套口针的间距相等时将线圈分段依次套入套口针上，操作手法如图4-20所示。

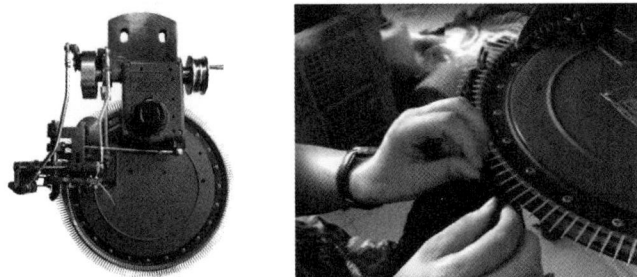

图4-20　缝盘机套针手形与缝合操作图

上机后，反过来左手在上右手在下，逆圆盘运动方向挂针。套口时要分清线圈的针编弧（俗称上眼皮）和沉降弧（俗称下眼皮），将针编弧套在套口针上，如图4-21所示。平针组织套口时将所有线圈全部针对针套入套口针中，如果有遗漏则将会造成线圈的脱散。

2.1×1罗纹套口操作方法

1×1罗纹由一个正面线圈纵行和一个反面线圈纵行配置而成，因此套口时将每个线圈一正一反按次序套在套口针上，1×1罗纹领套缝时，领子在上方，套缝方法如图4-22所示。

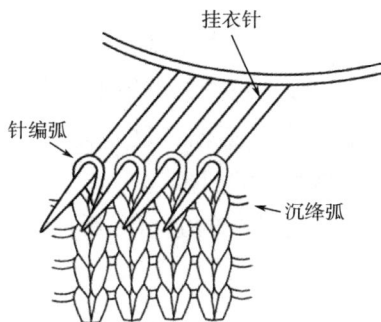

图4-21　平针套口示意图　　　　图4-22　1×1罗纹套口示意图

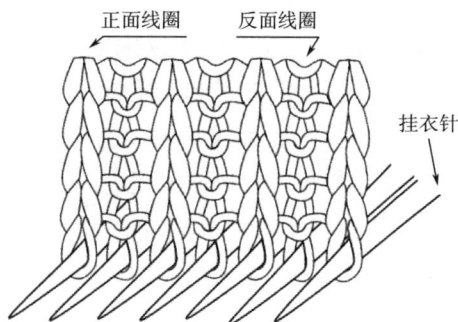

上领套口机号的选择：

例如，有1×1罗纹领长36 cm，开针数为129针，正面65条、反面64条，一正一反套口，求套口机机号。

根据1×1罗纹的特点，横密=针数÷领长=129÷36=3.58（针/m），采用上述套口方法，套口时线圈需拉开1.1~1.3倍，这样套口容易操作，因此，套口机号=罗纹横密÷（1.1~1.3）=3.58÷（1.1~1.3）=2.75~3.25（针/cm）。

套口机号是指每英寸（2.54cm）内所具有的针数，所以套口机的机号为：

套口机号=（2.75~3.25）×2.54=6.99~8.25（针/英寸）。

根据计算结果采用7针或8针机。

3.2×1罗纹套口操作方法

2×1罗纹为2隔1排针的2+2罗纹，织物弹性好，尺寸相对稳定。为了保持罗纹的特性，2×1罗纹织物套口时一般采用两种方法：

（1）2隔1套口法。按罗纹结构样式，第一针套正面线圈纵行，第二针为一个正面线圈纵行再叠一个反面线圈纵行，第三针为反面线圈纵行，如此三针一个循环依次套口。为了方便套口，企业常采用先翻针成单面再套口的方式，使重叠线圈易于套口。

（2）2隔2套口法。采用二正二反的套口方式，将领子拉开，按2+2罗纹的结构，正面2个纵行线圈和反面2个纵行线圈依次套在针上。

以上两种方法由于循环针数不同，领子的长度也不相同。2隔1套法罗纹领的纹理紧密、视觉细腻，需要领长较长。2隔2套法纹理拉开弹性差，视觉粗犷，所需领子长度较短。

4.2隔1排针的2+2罗纹套口操作方法

采用二正二反的套口方式，回缩性不如2×1罗纹，套口后纹理清晰、粗犷。

（三）套口缝份类型与套口方法

横编针织服装与普通服装的最大区别为缝份结构。横编针织服装的面料相比普通服装粗犷，纹理质地清晰，因此横编针织服装直视的重要部位（如领子、门襟等）的缝份均采用针对针套口缝合。套口缝合采用单针单链的线迹结构，正面缝线的颜色、粗细与大身相同，视觉效果无差别，视为无缝，这是横编针织服装的重要特征。

1. 横编针织服装缝份类型

（1）双面光洁型。缝合处正反两面效果一致，无明显的缝合痕迹，过渡均匀。此种类型有两次针对针套口，效率低，质量高。主要用于绱领、门襟，也用于合肩、绱袖等。

（2）单面光洁型。正面无明显的缝合痕迹，过渡均匀、光洁，反面有多余的织物边。套口时只有一次针对针，操作速度提高。主要应用于绱领、绱门襟。

（3）并缝型。两片衣片的边缘并合缝合，就像普通平车的缝份。无须针对针操作，速度快，缝份不美观。主要用于绱袖、合肋、拼片的缝合。

2. 套口方法

（1）叠套法。指领子单层叠在大身的正面之上的套法。一般采用 $1 \times 1.2 \times 1$ 的罗纹，相对硬挺。绱领时，先将领子光边朝上、正面朝里，按要求针对针套上，再将大身领圈按照缝耗要求叠在领子上（缝盘机里侧为正面），如图4-23所示。

（2）夹套法。是指采用双层领子将大身夹住的套口方法，套口时先将领子光边朝上、正面朝里，按要求针对针套上，将大身领圈按照缝耗要求叠在领子上，再将领子的光边翻下夹住大身，在第二横列套在挂针上，无论是否对针，纹路一定要对齐，如图4-24所示。

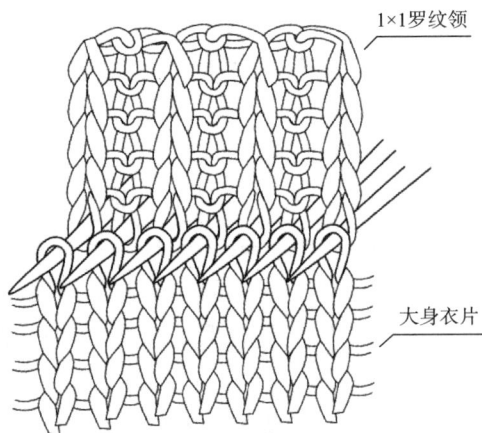

图4-23 叠套法绱领示意图

（3）压条套口法。需要在衣片、袖中线上压配色条时，采用压套法。用配色单面条在衣片正面直接压套，套缝后反面有两条明显的链式缝线，如图4-25所示。

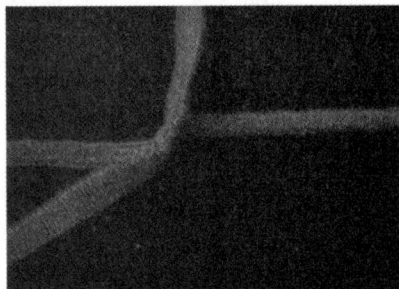

图4-24 衣片中线夹套后正、反面效果图

图4-25 衣片压套示意图

（4）单面织条包套法。采用编织纬平针织条，在织物的边缘（如领口、下摆、袖口、夹圈等部位）进行包边套缝的方法，操作方法同夹套法。其效果是纹理均匀，表面、内侧外观光洁、无痕，如图4-26所示。

（5）罗纹夹套法。罗纹条编织结束时，采用圆筒编织方法使织物分成两层，套缝时将衣身夹在圆筒内侧，缝合后正反两面光洁，无缝痕。此法也常用于领、门襟合肩缝的套缝，如图4-27所示。

图4-26　下摆配色单包示意图

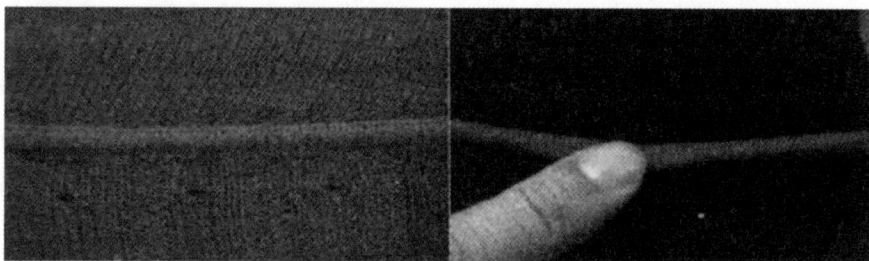

图4-27　袖口、下摆罗纹夹套法示意图

（四）手缝

手缝是指手工进行缝合。有些部位套缝机不能进行，如领条接头等部位。普通手缝方法的种类很多，常用的主要有回针缝、切针缝、接缝、缭缝、钩针链缝等。

（1）回针缝。回针缝是在重叠的缝片上不断进行垂直折回的缝合技术，各种组织结构的衫身、袖底缝等的缝合均适用。在缝合单面组织、三平组织、四平组织等组织时，一般采用四针（眼）回二针（眼）的方法缝合；在缝合畦编类织物时，则采用两针回一针的方法缝合。缝合时，衣片正面对正面重叠进行缝合，如图4-28所示。

（2）切针缝。切针缝是在重叠的衣片上不断进行斜线折回的缝合技术，常采用两针一折回的方法。切针缝常用于横密接直密的缝合，如缝合挂肩带、绱袖、绱领等，也可用于直密对直密、横密对横密的缝合，如图4-29所示。

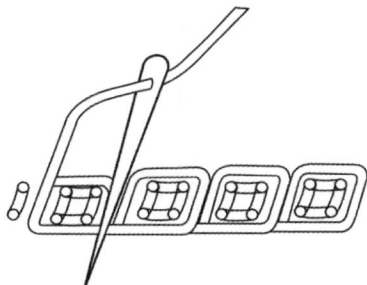

图4-28　回针缝

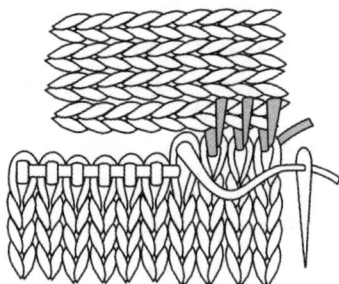

图4-29　切针缝

（3）接缝。接缝是在衣片线圈正对的情况下，按织物线圈形成的方式进行的缝合。

采用接缝后能使衣片缝合处形成一个整体，不留任何缝合痕迹。进行接缝时，必须使用与被缝合衣片相同的纱线作为缝线，并且在缝合时拉线的力量要匀，以使缝出的线圈同织物中的线圈大小与形状相同。接缝常用于横编针织服装衣片缝合中需不留缝迹部位的缝合，如袋部、高档横编针织服装肩部等，如图4-30所示。

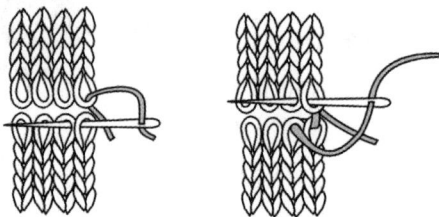

图4-30 接缝工艺方法

（4）缭缝。缭缝是将两衣片缭在一起的缝合方法，常采用一转缝一针，缝耗为半条辫子的缝合方法。缭缝主要用于横编针织服装的下摆边、袖口边、裙摆边等的缝合。

（5）钩针链缝。钩针链缝是采用钩针，用链式缝迹将两片织物缝合在一起的方法。钩针链缝可用于横编针织服装肩缝、摆缝、袖底缝等处的缝合。

（五）藏线头

缝合后的各条缝两端均留有2cm的线头，目的是防止缝线脱散，但需要对线头进行处理。藏线头是指用钩针将线头勾进织物内，一方面隐藏线头使缝份光清；另一方面织物对线头有夹紧的作用，可有效防止滑脱。藏线头前须将链式缝线的尾端套圈锁紧。

（六）套口缝合工艺设计

横编针织服装的成形工艺设计与缝制工艺是密切相关的，两者在设计中需要相互配合。在进行成形工艺设计之前，应进行缝制工艺设计，以方便各件缝制位置的协调。

1. 衣片套缝工艺流程设计

根据款式效果图进行衣片缝合设计（衣片结构分解），确定合理的套缝工艺流程。

（1）套缝设计时应考虑的因素。

①套缝的工艺流程需要根据企业的设计特点、设备情况来定。

②根据产品的档次确定缝合结构。

③考虑生产效率和生产成本。

（2）套缝工艺流程及工艺设计。

①套衫套缝工艺设计：各衣片拼接缝合→前后衣片的缝合→绱袖→绱口袋→附件→绱领、门襟→合肋缝。

②圆领开衫套缝工艺流程：衣片封口→合肩→绱袖→合肋缝→绱门襟→绱领→订商标、洗唛→固定缝头。

2. 套口机号、建线的选择

根据纱线原料与编织密度，选用的套口机机号应比编织机的机号高2～4号。

套口缝能完成眼对眼缝合，横向套口缝耗为1～2针，纵向套口缝耗为1～3横列。套口用纱通常选用股线，通常情况下采用横编针织服装大身的纱线与同色的涤纶线一起缝合，涤纶线用来增加缝合强度。套口时不允许出现针纹歪斜或搭针现象，缝份平整，具有一定的弹性。

3. 主要套缝工序的工艺设计

横编针织服装的套口缝合为了使各衣片成形良好，需要有对位点的设计，如同服装裁剪中的刀口眼、使各衣片之间位置固定，不会造成歪斜、扭曲而使横编针织服装变形。

4. 套缝各工序的工艺要求

V领横编针织服装套衫的衣片缝合对位如图4-31所示。套缝工艺流程设计为封口、合肩、绱领、绱袖、合肋缝、勾线头、检验、洗水、后整理、订标、成品检验、包装等。

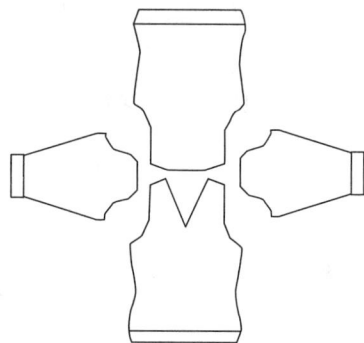

图4-31　缝合示意图

（1）封口。封口就是将下机的线圈用套口机进行针对针套缝固定，防止线圈脱散。企业根据自身的特点和成本考虑，一般高档的产品为了减少疵点，方便绱袖、绱领而进行封口。低档产品为了降低工序成本可以不用封口。封口的部位一般有圆领、后领的领底及袖山头部位，封口时缝线要求略松，伸缩性好，不影响各部位的尺寸。

（2）合肩。合肩的方法主要有以下几种。

①直接套缝法：将衣片的肩部线圈进行针对针套缝，缝份小而精美。

②套缝夹肩条法：将衣片的肩部线圈针对针缝并夹套肩带，或用包缝机进行包缝。肩带的作用是起到稳定肩部尺寸的作用。

③直接包缝：低档产品可以直接用包缝机包缝，但不应出现漏针。这种缝合方式缝份较宽、粗糙，也可以用绷缝机进行绷缝，大多采用三针五线绷缝方式，缝线线迹美观。

（3）绱袖。绱袖就是将袖子按设计要求套缝到前后片上。设计内容为套缝缝耗的横列数、针数，对花、对记号、对横条及袖子中心对肩缝的偏移位置。

（4）合肋缝。将肋缝从袖口至袖窿点到下摆按各位置对位要求均匀缝合在一起。设计内容为对位要求、套缝针数、缝线松紧等。

（5）绱领。将领条绱到前后片的领圈部位。设计内容为缝合方式、对位点、套缝起始位置、缝合针数、手缝方法。

5. 其他设计

（1）手缝。领口等部位的接头采用手缝方式，美观细致。

（2）平缝。绱门襟、订标等部位可以设计为平车缝。

二、圆领套头衫缝合步骤与方法

圆领套头衫缝合工艺步骤如图4-32所示。先将有间纱的位置如肩、袖尾在缝盘上封口锁边，再按下列步骤缝合。

（1）拼右肩缝。在缝盘上先挂棉条，肩边位置折进1cm，之后挂后片，再压前片，对缝是从肩端点开始至领边，之后踩电动脚踏锁边。

（2）绱圆领片。先挂1×1罗纹领片，起口边在上，再将衫身由前到后压上，注意工艺单标注的英寸数据，以免松紧不一，之后把领片盖上包缝。

（3）拼左肩。挂棉条与右肩同，挂左肩端点至领口边，待到罗纹前片位置要对缝，使罗纹具有连续性，而罗纹里面由手工挑撞缝合。

（4）绱左、右袖片。从前身夹平位过肩缝到后身片夹底，注意对花，前、后身片扭位对准袖尾平位两边，袖中孔过肩缝前约0.5cm或2针处。

（5）埋左、右夹。从衫脚边向夹底缝对缝，再至袖口边缝合，注意不能多刮半针，也不能少刮半针，保持罗纹的连续性。

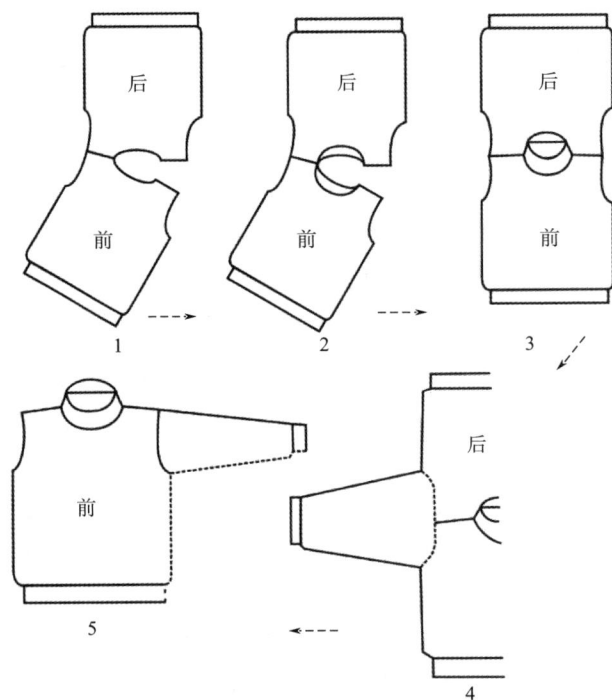

图4-32　圆领套头衫缝合工艺步骤

三、领片缝合步骤与方法

领片织法不同，缝法必然有别。不论何种领型缝好正面都呈现短链条的线迹，反面是领子线迹，如图4-33所示为缝领后的正、反面线迹。

图4-33　缝领后的正反面线迹

（一）单层罗纹领片织法与缝合工艺

单层罗纹领缝合工艺如图4-34所示。

图4-34　单层罗纹领缝合工艺

1. 织法

单层罗纹领片编织起口时一定要"结上梳"，使之紧密。抽两次字码卡片，编织罗纹领片一半高时抽一次字码卡，继续编织到最后一转时再抽一次字码卡，线圈渐渐变长，使领片围合后周长变长，更符合颈部上细下粗的造型，也有利于刮边上盘。编织到罗纹领所需高度间纱落片，准备上盘缝合。

2. 缝合工艺步骤

（1）罗纹领片倒置起口在上方，正面贴盘，反面靠操作者方向，将罗纹领片线圈逐个挂在缝盘针上。

（2）衫身领口部位正面贴挂在罗纹领片上，注意领平位、两侧的前斜位和后领窝是否与工艺单上要求的英寸数据一致，否则，领口松紧不一，会影响外观质量。

（3）踩电动脚踏前，先手缝一针，一定拉紧线头，再启动时逐渐加快缝合速度。

（二）双层罗纹领片织法与缝合工艺

1. 织法

双层罗纹领是指编织领高两倍，对折后呈现预想的高度。双层罗纹领片起口结上梳后圆筒半转立即打开2、4三角编织，其作用是使织物边薄，线圈眼又大，容易被眼睛观察到。另从起口到双折位置共加两片字码卡，折后需放大线圈抽一次字码卡，第二次字码卡是在罗纹最后两转抽，使折后领口周长比刚起口的领口长，有利于方便快捷地刮边上盘。

2. 缝合步骤

双层罗纹领缝合工艺如图4-35所示。

图4-35　双层罗纹领缝合工艺

（1）首先倒挂领片，起口边在上，正面贴缝盘。

（2）衫片的领口位均匀贴挂于缝盘，注意衫片领口与缝盘英寸数据对应，避免衫片领口位置与领片位置松紧不一致。

（3）将罗纹领片折后均匀地盖压在衫片领窝位置上，再踩电动脚踏。

（三）罗纹圆筒领片织法及缝合工艺

罗纹圆筒领片的织法及缝合工艺如图4-36所示。

1. 织法

罗纹圆筒领片是指先编织罗纹组织，接着编织圆筒组织，再包缝衫片的领型。如图4-36所示，共开463针，前针板232针，后针板231针，圆筒1转后编织10.5转，这时机头在右，将罗纹针之间的空针推到工作位置即"顶密针"，1转半后机头就在左边了。再编织6转，机头还在左边，"放眼"是指"抽字码卡"后，线圈被放大织1转，再编织2转再间纱7转落片。

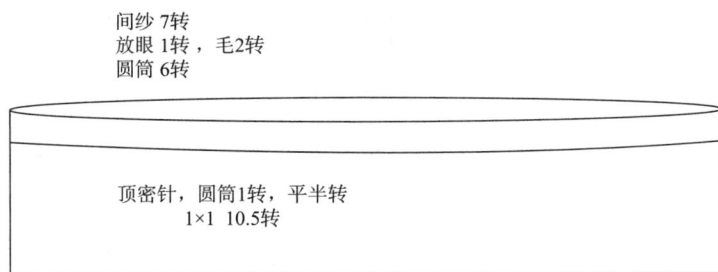

间纱 7转
放眼 1转，毛2转
圆筒 6转

顶密针，圆筒1转，平半转
1×1 10.5转

领贴：开463支　面1支包　圆筒1转

图4-36　罗纹圆筒领片的工艺

2. 缝合工艺

罗纹圆筒领缝合工艺如图4-37所示。

（1）先挂领片，圆筒位置正面贴缝盘，罗纹起口在上。

（2）衫片领口位均匀贴挂于缝盘，注意衫片领口与缝盘英寸数据对应，检查是否符合领口设计的要求。

（3）将圆筒反面均匀地盖压在衫片领口上，再踩脚踏。

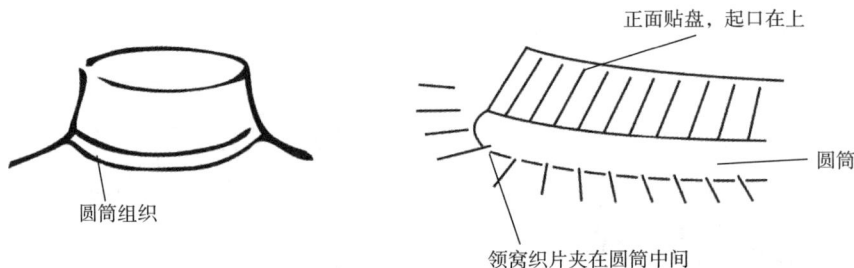

正面贴盘，起口在上
圆筒
圆筒组织
领窝织片夹在圆筒中间

图4-37　罗纹圆筒领缝合工艺

（四）纬平针组织对折的包领缝合工艺

纬平针组织对折的包领缝合工艺如图4-38所示。

1. 织法

编织双倍领高的纬平针组织，间纱落片。

2. 缝合工艺

（1）先挂领片，正面贴缝盘，拆掉间纱。

（2）衫片的领口位均匀贴挂于缝盘，注意衫片领口与缝盘英寸数据对应，检查是否符合设计要求。

（3）将领片折后起口位置均匀地盖压在衫片上，再踩脚踏。

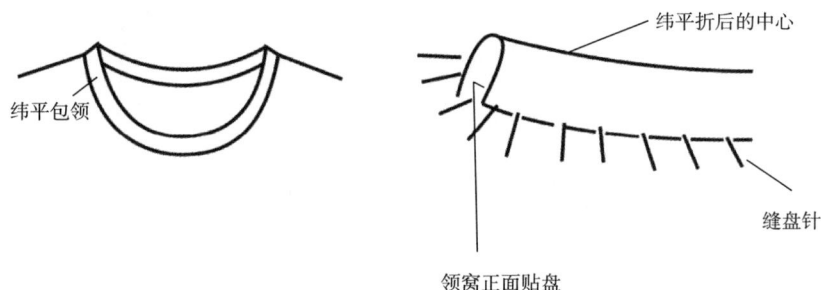

图4-38　纬平针组织对折的包领缝合工艺

四、插肩袖缝合步骤与方法

插肩袖套头衫缝合工艺步骤如图4-39所示。

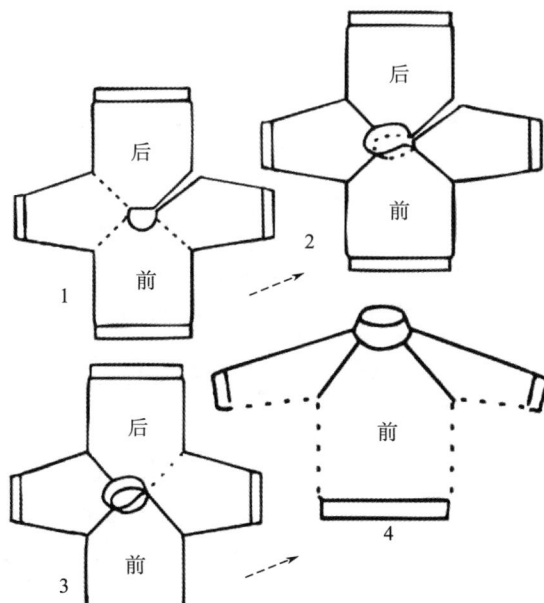

图4-39　插肩袖套头衫缝合工艺步骤

（1）留出后背左斜插肩缝。拼后背右斜和前身左、右斜插肩缝。后片正面靠操作者方向挂盘，之后袖片反面对操作者方向，即织物正面对正面，关键收针位置需花对花，左、右身片与袖片都如此对花。

（2）绱圆领片。先挂罗纹领片，再将衫身领窝位置由前到后压在罗纹领片上，之后把领片圆筒盖上身片包缝。

（3）拼后背左斜插缝。左斜插缝正面对正面挂在缝盘上，对准花型，由夹底部缝至罗纹领位置，罗纹领由手工挑撞缝合。

（4）埋夹。从衫脚边向夹底位置缝对缝，再至袖口边缝合。

第四节　针织服装的后整理

横编针织服装的后整理工艺包括常规整理和特种整理。近年来，随着人们崇尚自然，追求健康，向往绿色的消费趋势，横编针织服装染整行业发生了巨大的变化，从软件到硬件质量水平都有很大的提高。各类新技术、新工艺、新设备、新型染料助剂、新的控制手段、新的品质标准得到应用，提高了横编针织服装的档次，大量生产出功能性、绿色环保产品。横编针织服装的后整理工艺通常是指将衣片缝合成衣后，到达成品前所需经过的整理工艺，主要包括缩绒、拉毛、脱水与烘干、整烫与定型等工艺。

一、缩绒

羊毛纤维在湿热条件下，经外力的反复作用，纤维集合体逐渐收缩紧密，并相互交织缠绕、交编毡化，这一性能称为羊毛纤维的缩绒性。利用这一特性来处理横编针织服装的加工工艺称为横编针织服装缩绒。横编针织服装缩绒的目的主要是改善和提高横编针织服装产品的内在质量（使织物质地紧密、强力提高、弹性和保暖性增强）和外观效果（外观优美、手感丰厚柔软、色泽柔和）。横编针织服装缩绒整理的效果主要有以下两个方面：

（1）缩绒使织物质地紧密、长度缩短，增加重量和厚度，提高强度，增强弹性和保暖性。

（2）缩绒使织物表面露出一层绒毛，可获得外观优美，手感饱满、柔软、滑糯的效果。这些绒毛还可以覆盖横编针织服装表面的轻微疵点，使其不至于明显地暴露在织物表面。

总之，缩绒整理是提高横编针织服装的品质、改善质量和增加横编针织服装外观美感的主要手段。

（一）缩绒机理

横编针织服装缩绒的主要原因是动物毛纤维具有缩绒性，这是内因；而一定的温度、湿度条件，化学助剂与外力作用等是促进羊毛纤维缩绒的外部因素。在湿热和缩绒剂条件下，羊毛纤维受到外力反复搓揉作用时，具有指向纤维根端单向运动的趋向。同时，羊毛纤维优良的延伸性、回弹性及空间卷曲，使羊毛纤维更易于运动，在机械外力的反复作用下，羊毛纤维便相互穿插纠缠、交编毡化，纤维毛端逐渐露出织物表面，织物获得外观优良、手感丰厚柔软及良好的保暖效果。其他动物毛纤维的缩绒机理与此类似。

（二）影响缩绒的工艺因素

影响横编针织服装缩绒的工艺因素主要有缩绒剂、浴比、温度、pH、机械作用力及时间等。

（1）缩绒剂。在干燥状态下，横编针织服装缩绒比较困难。如果加入一种缩绒剂（助剂和水），加强纤维之间的润滑性，使纤维容易产生相对运动，纤维润湿与膨胀，鳞片张开，有利于纤维互相交错；湿纤维具有较好的延伸性和弹性，容易变形，也容易迅速恢复原来的形状，增加了纤维之间的相对运动，因此，有利于羊毛纤维的缩绒。

缩绒剂中的助剂应具有较大的溶解度，对纤维的湿润、渗透性能要好，易产生纤维表面的定向摩擦效应，缩绒后应易洗。目前，横编针织服装缩绒中常用的助剂有净洗剂209、净洗剂105、中性皂粉、净洗助剂和柔软剂。在高档横编针织服装（羊毛衫、绵羊绒衫、驼绒衫、牦牛绒衫等）上采用进口净洗剂和柔软剂的情况较多。净洗剂和柔软剂的用量一般为横编针织服装重量的0.3%～5%，当缩绒效果不理想时，可加入0.1%左右的平平加、硫酸钠等来提高缩绒效果。

（2）浴比。横编针织服装缩绒时的浴比应适当。浴比过小，纤维之间的摩擦增加，且摩擦不均匀，会使绒面分布不均匀，甚至产生露底现象；浴比过大，则会减少机械作用，降低助剂浓度，使缩绒时间增加。软水的缩绒效果较硬水好，合适的缩绒浴比为1：25～1：35。

（3）温度。温度较高时，纤维容易膨湿，缩绒时间减短、效果好。温度过高，不利于控制缩绒效果，且容易损伤纤维，一般缩绒温度为30～45℃。

（4）pH。pH对横编针织服装缩绒影响较大。pH较低，则缩绒后手感差，这主要是由于过低的pH使纤维盐式键断裂，降低了纤维的强度；pH过高，不仅造成纤维的盐式键断裂，且会使纤维的二硫键断裂，使纤维受到严重损伤。缩绒时，一般要求缩绒液的pH为6～8。

（5）机械作用力。一定的机械作用力是缩绒的必要条件。机械作用力过大时，将使横编针织服装受损并且缩绒不匀；作用力过小，则缩绒过慢，耗时较长。横编针织服装缩绒一般在专门的缩绒机中进行，缩绒机确定时，其机械作用力是一定的。

（6）时间。在一定的机械作用力条件下，缩绒时间越长、毡缩越强。横编针织服装缩绒时间过短，则达不到缩绒效果；缩绒时间过长，则缩绒过度。一般横编针织服装的缩绒时间为3～15min；兔羊毛衫的缩绒时间较长，一般为20～35min。

（7）其他因素。

①原料方面：羊毛纤维的缩绒性比其他动物毛纤维大。细毛比粗毛的鳞片多，细毛比粗毛的缩绒性好。短毛比长毛的缩绒性好。经过处理的羊毛如炭化毛、染色毛、回收毛等不及原毛的缩绒性好。

②纺纱工艺方面：捻度大的毛纱易缩绒。合股纱捻向与单纱捻向相同，则捻度增加，缩绒困难；合股纱捻向与单纱捻向相反，则捻度降低，易缩绒。不同捻度的单纱合股时，由合股时捻度的增加或减少来决定其缩绒性。夹花毛纱比天蓝色、黑色等单色毛纱易缩绒。毛纱含油率越高，缩绒越困难。密度小、结构松的织物易缩绒。

③染整工艺方面：经过染色等整理的毛纱，其缩绒性下降。缩绒前经过拉毛的横编针织服装，其缩绒性增加。

（三）缩绒方法与工艺

横编针织服装的缩绒可以在弱碱性、中性或弱酸性溶液中进行，其中应用最多的为中性缩绒。横编针织服装缩绒主要有洗涤剂缩绒法和溶剂缩绒法两种，其中以洗涤剂缩绒法应用最为常见。

1.洗涤剂缩绒法

（1）工艺流程。横编针织服装衣坯→浸泡→缩绒→浸泡→漂洗→脱水→柔软处理→脱水→烘干。

（2）常用工艺。按缩绒的浴比、温度与助剂量配好缩绒液后，放入横编针织服装，浸泡10～30min后开始缩绒。缩绒完成后，根据需要可浸泡10～15min，之后进行漂洗、脱水，再浸泡于柔软剂中进行柔软处理，脱水、烘干。横编针织服装衣坯经浸泡后的缩绒为湿坯缩绒，衣坯不经过浸泡直接缩绒为干坯缩绒。湿坯缩绒比干坯缩绒的起绒均匀，且羊毛纤维损伤小，因此湿坯缩绒应用较多。

2.溶剂缩绒法

（1）工艺流程。横编针织服装衣坯→清洗→缩绒→脱液→柔软处理→脱水→烘干。

（2）常用工艺。缩绒前，一般在25～30℃的温度下用全氯乙烯洗剂对横编针织服装进行清洗，清洗时间为5min左右；进行脱液和抽吸溶剂，各需2min左右；再进行缩绒，缩绒在全氯乙烯、乳化剂和水作缩剂条件下进行，温度为30～40℃，时间为5min左右。缩绒完后，进行脱液，再浸泡于柔软剂中进行柔软处理，脱水、烘干。溶剂缩绒一般在溶剂整理机中进行。

二、拉毛

拉毛（又称拉绒）也是横编针织服装的后整理工艺之一。经过拉毛工艺，可使横编针织服装表面产生细密的绒毛，手感柔软、蓬松，外观丰满，保暖性增强。拉毛可在织物正面或反面进行。拉毛与缩绒的区别在于拉毛只对织物表面起毛，而缩绒则是在织物外部和内部同时进行出毛；拉毛对织物的组织有损伤，而缩绒不损伤织物的组织。目前横编针织服装圆机坯布拉绒一般采用钢针拉绒机，其结构与棉针织内衣绒布拉绒机基本相同。横机生产的横编针织服装产品一般进行成衣拉绒，为了不使纤维损伤过多和简化工艺流程，通常不采用钢针拉毛机，而采用刺果拉毛机。

三、脱水与烘干

（1）脱水。经过缩绒、漂洗后的横编针织服装，需经过脱水（俗称甩干）后，才进行烘干。漂洗完毕应当立即脱水，尤其是夹色、多色、绣花等产品，更应立即脱水，否则容易沾色。横编针织服装脱水后的含水率应控制在20%～30%。夹色产品含水率可略低，白色产品含水率可略高，以防止起皱。目前横编针织服装生产中使用的脱水设备主要是悬垂式离心脱水机。

（2）烘干。由于横编针织服装经脱水后含水率仍为20%～30%，因此，脱水后一般需进行烘干。横编针织服装的烘干工艺，应根据原料、组织等来选定烘干设备、烘干温度和时间。羊绒衫、绵羊绒衫、驼绒衫、牦牛绒衫、普通羊毛衫、羊仔羊毛衫等产品的烘干，可采用圆筒型烘干机。横编针织服装在烘干机内翻滚，在滚动干燥的同时，可使部分游离的短纤维脱落，并吸入集绒斗。产品经烘干后毛绒丰满，手感蓬松，符合产品全松弛收缩的要求。但必须注意的是，对不同色泽、不同原料的横编针织服装，不能在同一台机器中烘干，以避免游离纤维黏附在横编针织服装上，影响产品外观质量；同时，应注意烘干机还可促进起毡，如果温度低、湿度高，滚筒滚动时间过长，便会发生起毡现象。横编针织服装生产中常用的烘干设备为圆筒型烘干机。

烘干的工艺参数即烘干温度和烘干时间的控制，应根据具体情况确定。一般情况下，烘干温度通常控制在60~100℃，其中绒衫类一般采用70℃左右，非绒衫类一般采用85℃左右，烘干时间一般为15~30min。

四、整烫与定型

整烫是横编针织服装后整理的最后一道加工工序，也是影响质量的重要环节。整烫的目的使横编针织服装具有持久、稳定的标准规格，其外形美观、表面平整，具有光泽、绒面丰满，手感柔软，富有弹性并具有身骨。

横编针织服装的整烫定型一般需要经过四个工序，即加热、给湿、加压和冷却。只有协调各工序，使过程配合得当，横编针织服装才能获得理想的定型效果。

横编针织服装的整烫定型分蒸、烫、烘三大类。烫即为熨烫，使用比较普遍。通常由蒸汽熨斗或蒸烫机来完成，适用于各类横编针织服装及衣片的定型。纯毛类产品一般按规格套烫板或熨衣架，用蒸汽熨斗或蒸汽机蒸汽定型，定型温度一般为100~160℃，蒸汽压力控制在290kPa~330kPa。腈纶等化纤类产品常用低温蒸汽定型，温度在60~70℃，蒸汽压力控制在250kPa左右。熨烫应按产品的款式、规格与平整度要求进行，以确保产品的风格款式与质量。

第五节　针织服装的功能整理

　　羊毛是一种天然的蛋白质纤维，以其蓬松、丰满、保暖的特性深受消费者青睐，享有"纤维宝石"的美誉。横编针织服装的后整理加工从20世纪90年代后期得到了很大发展，特别是羊毛成衣丝光防缩技术的应用，使横编针织服装的品质和附加值有了明显的提高。随着经济的发展和人们生活水平的提高，近年来横编针织服装的颜色、成分、款式及辅料多样化趋势明显。不再单一地追求保暖、机洗防缩、手感滑糯等传统要求，而是更注重衣服的色彩鲜艳、款式个性化、健康环保、易护理、多功能等。这些要求给横编针织服装功能整理带来了新的机遇和挑战。

　　横编针织服装的特种整理包括功能整理和智能整理两大类。功能整理指通过一定的整理工艺，使横编针织服装获得一种或多种的功能；智能整理指通过一定的整理工艺，使横编针织服装具有感知外界环境的变化或刺激（如机械、热、化学、光、湿度、电和磁等），并对整理作出反应。横编针织服装的新型后整理工艺，能更好地满足消费者对横编针织服装服用性能的特殊需求。目前，国际上横编针织服装的功能整理主要有防起球、防缩、防蛀、芳香、纳米、防水、阻燃、抗静电、防紫外线、防霉、防污、抗菌、抗病毒、防螨、自清洁整理等。其中最常用的是防起球、防缩、防蛀和防污整理。横编针织服装的智能整理主要有变色、温度调节和湿度调节。

　　近年来，随着新技术的发展，尤其是纳米技术、生物工程技术和信息技术的发展，为横编针织服装向功能化、智能化方向发展提供了新的途径。

一、抗起球整理

（一）影响起球的因素

1. 纱线的影响

　　纤维的卷曲波形越多，纤维在加捻时就越不容易被拉伸，纤维在摩擦时容易松动打滑，在纱线表面形成毛绒。因此，纤维卷曲性越好，就越容易起球。纤维越细，显露在纱线表面的纤维头端就越多，纤维柔软性也越好，因此细纤维比粗纤维更易纠缠起球。从纤维长度来看，短纤维比长纤维更易起毛起球，因为长纤维之间的摩擦力及抱合力大，纤维难以滑到织物表面，所以不易纠缠起球。纱线的捻度和表面光洁程度对起球也有较大影响。捻度大的纱线，纤维间抱合紧密，纱线在受到摩擦时，纤维从纱线内滑移相对少，起球现象少；但过高的捻度会使织物变硬，因此不能靠提高捻度来防止起球。从纱线光洁度来看，纱线越光洁，表面毛绒则短而少，纱线越不易起球。

2. 织物组织结构的影响

　　织物组织结构疏松的比紧密的易起毛起球。高机号织物一般比较紧密，所以低机号织物比高机号织物更容易起毛起球。表面平整的织物不易起毛起球，表面凹凸不平的织物易起毛起球。提花织物、普通花色织物、罗纹织物、平针织物的抗起毛起球性是逐渐增加的。

3.染整工艺的影响

纱线或织物经染色及整理后，对抗起球性将产生很大影响，这与染料、助剂、染整工艺条件有关，用绞纱染色的纱线比用散毛染色或毛条染色的纱线更容易起球；成衣染色的织物比纱线染色所织的织物更容易起球，织物经过定型，特别是经树脂整理后，其抗起毛起球性大大增强。

4.穿着条件的影响

穿横向编织物的衣服时，摩擦越大，摩擦次数越多，紧绷现象越严重。

（二）防起球整理的方法及工艺

横编针织服装是成形产品，对其采用烧毛或剪毛的方法来防起球有一定的困难。目前，常用的防起球整理工艺主要有轻度缩绒法和树脂整理法两种，而其中用树脂整理法效果较好。

1.轻度缩绒法

经过轻微缩绒的横编针织服装，其羊毛纤维的根部在纱线内产生轻度毡化，纤维间相互纠缠，因此，纤维间的抱合力增强，摩擦时纤维不易从线中滑动，减少横编针织服装的起球现象。对正面不需要较长绒毛的横编针织服装，可将其反面朝外进行浸泡、缩绒、脱水、烘干，使横编针织服装正面的绒毛保持短密、柔软。需要注意的是，横编针织服装正面缩绒绒面的毛绒不宜太长，否则容易起球。目前，对于精纺横编针织服装一般通过轻度缩绒来提高其抗起球效果。

轻度缩绒法的缩绒工艺为：浴比1：25～1：35，助剂量0.59%左右，pH为7，温度为27～35℃，时间为2～8min，经过轻度缩绒后的横编针织服装，防起球级别可提高0.5～1级。

2.树脂整理法

树脂是一种聚合物。利用树脂在纤维表面交链成膜的功能，使纤维表面包覆一层耐磨的树脂膜，降低羊毛纤维的定向摩擦效应，减少纤维的滑动因素；同时，树脂均匀地交链凝聚在纱线的表层，使纤维端黏附在纱线上，增加了纤维间的摩擦因数，减少了纤维的滑动，因而有效地改善了横编针织服装的起球现象。

（1）工艺流程。横编针织服装衣坯→浸液→柔软→脱液→烘干。

（2）常用工艺。防起球整理所采用的树脂种类较多，其中较常采用的为丙烯酸交联型树脂。常用配方为：丙烯酸甲酯36%，丙烯酸丁酯60%，羧甲基丙烯酰胺4%，合成丙烯酸交联树脂。按丙烯酸交联树脂30%，水70%的比例配成乳液状的树脂，加入渗透剂（脂肪醇聚氧乙烯醚JFC）0.3%左右。经树脂整理后，横编针织服装的抗起球性可提高1～2级。

二、防缩整理

鳞片是羊毛纤维的一个主要特点，使羊毛纤维具有缩绒性，防缩整理的实质是对鳞片进行处理，使其减弱或失去定向摩擦效应。防缩整理主要是利用化学试剂与鳞片相互作用，使鳞片损伤和软化；或利用树脂均匀地扩散在纤维表面，形成薄膜。从而有效地限制了鳞片的作用，使羊毛纤维失去缩绒性，达到防缩的目的。

（一）氧化处理法

氧化处理法常用的氧化剂有高锰酸钾、次氯酸钠、二氯三聚异氰酸盐及双氧水等。

氧化处理法的作用原理：动物毛纤维化学组成主要是角朊，角朊是由多种氨基酸缩合而成的，其中有二硫键、盐式键和氢键。羊毛纤维的物理和化学特性主要是由二硫键来决定的。所以当用氯或其他氧化剂对横编针织服装进行处理时，羊毛纤维鳞片中的二硫键断裂，变成能与水相结合的磺酸基，使羊毛纤维的鳞片尖端软化、钝化，即羊毛的鳞片角质层受到侵蚀，但并不损伤羊毛纤维的本质，从而降低纤维间的摩擦，使羊毛表层发生变化，不易毡缩，从而使羊毛纤维吸收更多的水分变得柔软，羊毛纤维间的定向摩擦效应降低，达到防缩的目的。

工艺流程：横编针织服装衣坯前处理→氧化→脱氯→漂白→柔软处理→脱液→烘干。

（二）树脂处理法

树脂处理法又称树脂涂层处理法。横编针织服装防缩整理中所用的树脂品种和整理方法很多，其中防缩效果较好的为溶剂型硅酮树脂整理。硅酮树脂是高分子化合物，且相对分子质量大，可与催化剂、交链剂一起使用，使其先预聚，络合结成网状系统，因此，防缩效果显著，可使横编针织服装满足"可机洗"标准。但由于羊毛纤维表面张力较小，树脂表面张力较大，导致树脂在羊毛纤维表面沉积和扩散不均匀。

工艺流程：横编针织服装衣坯→清洗→树脂整理→脱液→烘干。

（三）氧化树脂结合法

树脂均匀地分布在羊毛纤维表面，需要对羊毛纤维进行预处理，如氧化处理，以提高羊毛纤维的表面张力，因此，便产生了氧化树脂结合法。这种方法克服了上述两种方法的缺点。国外常采用氧化树脂黏结法，具有良好的防缩效果。在横编针织服装树脂整理时，预先进行氧化处理，在一定程度上破坏纤维鳞片，提高羊毛纤维的表面张力，使树脂能均匀地扩散到纤维表面，同时树脂中的活性基团与羊毛纤维在氧化过程中产生的带电基团形成化学键结合，获得优良的防缩效果，同时还能获得较好的防起球效果。这种防缩方法可以使横编针织服装达到"超级耐洗"的标准。

工艺流程：横编针织服装衣坯→前处理→氧化→脱氯→水洗→树脂整理→柔软处理→烘干→定型。

三、防蛀整理

横编针织服装在存储过程中，会发生虫蛀现象，通过防蛀整理使蛀虫不能在织物上生存，达到防蛀的目的。防蛀整理所用助剂应高效低毒，对人体无副作用，不影响织物的色泽和染色牢度，不损伤羊毛纤维的手感和强力，并具有耐洗、耐晒、耐持久的特点。常用的防蛀整理方法有以下几种。

（一）物理性预防法

物理性预防法是用物理手段防止害虫附着在羊毛纤维上，通常是通过刷毛、真空储存、加热、紫外线照射、冷冻储存、晾晒和保存于低温干燥阴凉通风场所等方法。

（二）羊毛纤维化学改性法

经化学改性形成稳定的交链结构，能干扰和防止害虫幼虫对羊毛纤维的侵蚀，提高横编针织服装的防蛀功能。羊毛纤维通常有两种化学改性方法。一种是将羊毛纤维的二硫键经巯基醋酸还原为还原性羊毛纤维，然后与亚烃基二卤化物反应，使羊毛纤维的二硫键被二硫醚交链取代；另一种是双官能团—不饱和醛与还原性羊毛纤维反应，形成在碱性还原条件下稳定的新交链。

（三）抑制蛀虫生殖法

抑制蛀虫生长繁殖的方法很多，比如金属螯合物处理、γ射线辐射、应用引诱剂杜绝蛀虫繁殖能力及引入无害菌类控制蛀虫的生长等。

（四）防蛀剂化学驱杀法

防蛀剂化学驱杀法是使化学试剂直接侵入害虫皮层；或因呼吸和消化器官中毒而死亡。防蛀剂应高效低毒，不伤害人体，不影响织物的色泽和染色牢度，不损害羊毛纤维的手感和强力，并具有耐洗、耐晒、使用方便等特点。该方法主要使用熏蒸剂、喷洒剂和浸染性防蛀整理剂来实现。目前，常采用浸染型防蛀整理剂来进行横编针织服装的防蛀整理。

四、防毡缩整理

横编针织服装在洗涤过程中，除了内应力松弛而引起的缩水现象外，羊毛纤维的弹性特性，特别是定向摩擦效应，会使纤维之间发生缩绒，即毡缩。毡缩会使毛织物结构紧密，蓬松性、柔软性变差，影响织物表面织纹的清晰度，同时，使织物的面积缩小，形态稳定性降低，从而降低产品的服用性能。防缩绒整理的基本原理是减小纤维的定向摩擦效应，即通过化学方法适当破坏羊毛表面的鳞片层，或者在纤维表面沉积一层聚合物（树脂），前者称为"减法"防缩整理，后者称为"加法"防毡缩整理，目的都是使羊毛纤维之间在发生相对移动时，不会产生缩绒现象。

五、抗静电整理

印染后整理加工中常使用耐久性、外施型静电防止剂。这种静电防止剂要求具有持久的防静电效果，且不影响织物的风格样式、染印织物的色光及各项染色牢度，并与其他助剂有相容性，无臭味，对人体皮肤无毒害等。常规抗静电性能都是利用增加纤维表面吸湿性，以抑制电荷积累。

第五章 全成形针织服装编织原理与制作工艺

第一节 全成形针织服装概述

全成形是指将纱线直接编织成产品，只需要一次性制作，不需要缝合或者只需要很少的缝合。在制作传统的针织服装时，首先要分别编织身片和袖片。然后经过裁剪和缝合工序，才能最终完成成品。全成形针织服装是指直接由纱线编织而成的成衣，省去了面料织造、染整、服装制板、裁剪、缝制等烦琐的加工工序。全成形针织服装具有四点优势：

（1）缩短生产流程。通过一次性将整件衣服以三维成形方式编织，从而缩短生产流程。这种"一线成衣"的生产方式可以直接将纱线变成成衣，大大减少了生产时间和周期。

（2）改善产品性能。根据人体工学特征对不同部位进行定位结构设计来改善产品性能。这样的设计可以减少缝迹，使线条更加优美、流畅，让产品更合体。穿着起来会感觉轻盈、柔软舒适。

（3）降低原料损耗。通过不裁剪或轻度裁剪的方式来降低原料损耗。相比于衣片成形，可以减少2%以上的原料损耗；相比于面料裁剪，可以减少5%以上的原料损耗。

（4）改变生产模式。从传统的针织分段到全成形，这不仅改变了产品设计、生产和销售方式，还为短流程、个性化、时尚化和定制化提供了全新的解决方案。

全成形针织分为经编、纬编和横编三种方式，下面对这三种方式进行介绍。

一、经编

经编全成形生产效率高，可以同时在机器幅宽内编织多个全成形织物，下机后裁掉织物轮廓外多余的部分即可。

经编全成形设备机号最高32，原料采用高弹锦纶、包覆丝、高弹涤纶等编织无缝连裤袜、连体衣、美体内衣、时装、运动装、泳衣、医疗产业用服装等。经编全成形服装具有贴体、吸湿、透气、舒适等特点。经编全成形生产方式如图5-1所示。

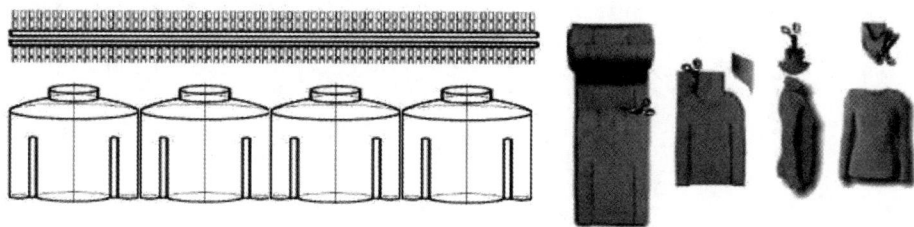

图5-1 经编全成形生产方式

二、纬编

纬编全成形下机后为圆筒织物，还需要进行少量裁剪和缝合，如图5-2所示，裤子需要剪掉裤腿中间多余的部分，再把前后裤片缝合起来。

意大利圣东尼是主要生产无缝内衣机的厂家，他们的机器筒径在12～22英寸（1英寸=2.54厘米），机号为E24-E28。多采用涤纶、锦纶、棉、氨纶等材料，做成功能纱线，如吸湿排汗纱、冰凉咖啡纱等。通过密度的变化，这些机器可以形成不同的弹性区域，从而生产出高弹性的针织外衣、内衣和运动装。这些产品具有舒适、体贴、时尚等特点。

图5-2　纬编全成形生产方式

三、横编

横编全成形属于真正意义上的全成形，这种全成形针织服装是指整件衣物都是一次性编织而成的，不需要裁剪和缝合。这样做出来的毛衣轻盈、柔软舒适，整体呈现出立体效果。这款电脑横机有很多优点，比如可以调整针数，方便移圈，针床可以横移。如图5-3所示，它通过线圈转移、收放针、局部编织、改变原料和纱环长度等方式，可以改变织物的宽度方向尺寸，从而实现成形编织。

当第一只手套出自岛精的全自动手套机时，岛正博就看到了公司以后至21世纪的发展方向。那个启示来自全成形产品的手套。把手套上下倒转，把中间的三根指头视为衣身，大拇指及小拇指视为袖子，而手腕位置就是颈部。一个无缝的手套就这样联想到了无缝套衫。

图5-3　横编全成形演变历程

第二节　全成形编织原理

一、全成形设备

（一）全成形设备的发展

全成形技术从1995年开始发展至今已经有将近30年的历史了。在这个过程中，核心技术一直被国外机械厂家所垄断。但是近年来，国内机械行业取得了迅猛的发展，不仅加大了研发力度，而且国产全成形技术也不断涌入市场。

1958年，瑞士的Emma Pfauti提出全成形编织思想（图5-4）。

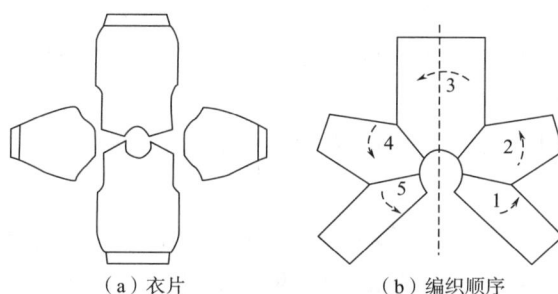

（a）衣片　　　　　　　　（b）编织顺序

图5-4　Emma Pfauti全成形编织思想

1962年，日本岛精公司，研制出全自动手套编织机。

1969年，捷克布诺恩针织研究所制造了Steronit电脑横机，能够编织成形织物，斯托尔公司制造了当时机型为220和LIUM-f的机器，机器使用一种有趣的提花技术进行成形衣片的编织。

1995年，日本岛精公司开发了世界首台Whole Garment全成形电脑横机SWG，它的诞生标志着全成形的真正开始。

1997年，日本岛精公司开发了世界上第一台采用Slide Needle（滑动针）的全成形电脑横机SWG-FIRST，它由两片灵活性很强的滑杆代替舌针，而且能够让织针配置在针槽的中央，编织出左右完全对称的纱环，提高了织物的品质。

1998年，斯托尔公司在北京国际纺织机械展上首次展出了双针床织可穿电脑横机。

2000年，日本岛精公司以一体化为开发概念，研制出革新型设计系统SDS-ONE（图5-5）。

图5-5　SDS-ONE设计系统

图5-6　岛精全成形太空服

2003年，斯托尔公司推出 CMS340TC-M型全成形电脑横机，该机器配有4个系统，机号可在2.5～2.7针/25.4mm变动，可生产各种款式的全成形服装。

2007年，日本岛精公司开发超高速全成形电脑横机MACH2X，进一步提高针织生产效率。如图5-6所示服装即由岛精公司开发的全成形电脑横机制作而成。

2008年，Whole Garment 全成形无缝技术被用于制作航天日常服装，除了无缝全成形，其活动性和贴合感很适合零重力空间姿势。

2011年，日本岛精公司在第15届国际纺织机械博览会（ITMA）上展出MACH2X、MACH2S系列全成形电脑横机，其中MACH2X系列是多针距、三系统、四针床的单机头电脑提花横机，可隔针或满针编织，极大提高了编织效率，其升级版MACH2XS 实现了高速、高效率、高质量编织。

2017，宁波慈星问世的第一台全成形电脑横机，也是国内首款全成形电脑横机。

（二）全成形设备的分类

目前市场上有两种主流的全成形机型：一种是双针床隔针全成形，另一种是四针床满针全成形。除此之外，还有带辅助针床的两针床和隐形四针床。不同的机型采用不同的全成形编织方法，生产的产品也各有特点。

1. 双针床

双针床是一种编织设备，它使用隔针方法来编织整体织物。因此，它无法制作细针距的产品，并且需要较宽的幅宽。相对于四针床来说，隔针全成形设备的成本较低，适用市场更广泛。常见设备见表5-1。

表5-1　双针床全成形设备

厂家	机型	特征描述
斯托尔（STOLL）	ADF830-24	导纱器可以水平、垂直设定；编织嵌花、添纱、衬纬组织无须更换导纱器；多针距
岛精	MACH2VS183	急速回转机头；i-DSCS+DTC 智能型数控纱环系统；弹簧式沉降片系统
江苏金龙	AFC380	自跑式导纱器；精准实现嵌花，正向反向添纱；零间纱起底
宁波慈星	KS3-72C-Ⅰ	事坦格系统；柔性牵拉装置配合起底板、副罗拉使用；纱嘴独立控制，可以在水平方向自由移动；可实现嵌花、反向添纱、衬纬等特殊组织花型
宁波必沃	FG372C	可变针距，双向收针，动态度目，摇床零等待

2. 带辅助针床的双针床

因为隔针双针床无法编织细机号的全成形织物，所以它的用途受到了很大的限制。但是，辅助针床的问世解决了满针全成形织物的收放针和寄针问题，可以生产满针编织高机号产品，编织的织物也更加紧密。

宁波慈星的TAURUS2-170XP，使用一种特殊的复合针，这种针由织针和针套组成，并且每块针板的下部还配备了一组储纱针片。在编织时，线圈可以从织针转移到针套上，也可以从针套转移到针套上，还可以从储纱针转移到针套上。这样，在编织筒状全成形衣片时，不需要隔针编织，就可以完成收放针操作。KS3-60MC-Ⅱ是一种四针床结构，其中有两个针床没有编织功能。通过利用这四张针床，可以实现各种双面织物的寄针、收放针成形，从而获得翻针优势。常用设备见表5-2。

表5-2　带辅助针床的双针床全成形设备

厂家	机型	特征描述
斯托尔 （STOLL）	CMS730KIT	配有辅助针床，可以满针编织细针或半针距及全成形织物
岛精	SWG061N2	采用滑针式全成形针，急速回转机头，弹簧式可动沉降片，可选i-DSCS智能型数控纱环系统，可选自动捻接器，敞开式机头结构，10把导纱器独立传动，橡筋纱由电动机驱动喂入
宁波慈星	TAURUS2-170XP	独有的专利技术——复合针&储纱针；开放式机头；导纱器独立工作；独立纱夹剪刀板（选配）；可控式弹跳纱嘴结构，编织过程中纱嘴停放来去自由
宁波慈星	KS3-60MC-Ⅱ	配备4张针床，储纱器，织物前后两面可以独立牵拉，智跑纱嘴技术，可实现嵌花、反向添纱、衬纬等特殊组织花型

带辅助针床的双针床可以编织高机号的产品，但是辅助针床只能翻针，不能编织，所以只能编织满针单面组织，无法编织满针罗纹组织。

3.四针床

岛精的四针床设备有四个不同的针床，每个针床都有不同的编织功能。前下和后下的针床可以进行三种不同的编织方式，包括成圈、集圈和浮线。而前上和后上的针床则可以进行两种编织方式，包括成圈和浮线。此外，移圈功能也从原来的两种提升到了六种不同的方式。这种上下针床只能一个针一个针地织，所以无法织出平整的布料（图5-7、表5-3）。

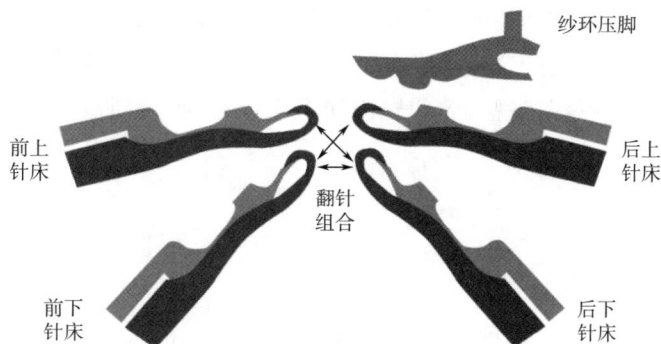

图5-7　针床配置及翻针组合

表5-3　岛精四针床全成形设备

厂家	机型	特征描述
岛精	MACH2XS	3系统，4针床；Slide Needle 全成形复合针；弹簧式可动沉降片；环纱压脚；可选空气接纱器；i-DSCS+DTCR智能型数控环纱系统+能动张力控制系统

岛精Slide Needle 是一种全成形复合针，它由针钩和滑动片两部分组成。在使用时，只需将翻针放在滑动片上，无须再翻动针片。这种设计可以确保织针始终位于针槽中央，从而编织出左右完全对称的纱环。此外，它还配备了i-DSCS送纱装置，通过测定每一行的送纱量并不断比较实际送纱量与设定送纱量的差异值，从而在下一次送纱时调整送纱量，确保整件织物的送纱量保持恒定。另外，它还具有新型拉布装置，可以分别调节前后两面的张力，单独设定某个区域牵拉耙的拉力。隐藏式四针床和岛精的专利四针床技术有所不同。隐藏式四针床引入了单槽双针的概念，这不仅可以编织满针双面组织，还可以实现岛精无法实现的四平组织。这种设计理念非常独特。

4. 隐形四针床

隐形四针床相对于岛精的专利四针床技术的不同，其引入单槽双针的概念，不仅可以编织满针双面组织，还可以实现编织岛精无法实现的四平组织，其具有非常独特的设计理念，详见表5-4。

表5-4　隐形四针床全成形设备

厂家	机型	特征描述
南通天元	TY360Q	运用独创的隐形四针板技术，满针编织全成形。在同一针槽内，两枚织针分左右设置，可同时挂线圈，独立选针编织，能编织含四平针法的全成形组织；两针处于同一平面、同一针口，处于同一走针轨道，翻针高度一致，添纱组织垫纱稳定，罗纹部分可以全部加丝
	TY375Q	
泰斯特	F8188	采用独有的单槽双针技术；具有上针、下针独立编织功能；全新双针道设计，拥有选针双度目编织功能

隐形四针床目前正在设计和调试，这个阶段还没有完成。单槽双针机械，对精度和稳定性有更高的要求。这款岛精四针床在四针床全成形设备中表现稳定，功能强大，几乎垄断了市场。但是，随着国产全成形设备的崛起，尤其是单槽双针等新理念的提出，岛精四针床的发展前景变得不容忽视。希望国内纺织企业在致力于研发的同时，也能重视保护相应的知识产权。

二、成形原理

1. 编织原理

制作毛衫有三种方式：裁剪式、衣片式和全成形。根据图5-8，首先是裁剪式衣片［图5-8（a）］，这种方式会导致原料浪费较多，拼缝处也不美观。如果原料成本昂贵或者产品外观要求高的话，就不适合采用这种方法。其次是衣片成形式毛衫［图5-8（b）］，目前大多数毛衫产品都是用这种加工方式。但这种方式的弊端在于对人工依赖性太高，衣片拼合浪费时间和人力。由于劳动力成本大幅提高，烦琐的后整理工序也制约着大多数针织企业。最后是全成形毛衫［图5-8（c）］，这种方式在电脑横机上直接以整件状态一次性编织出来，无须裁剪、缝合。这种针织毛衫穿着轻盈、柔软舒适，不仅减少了缝合所需的人工，还避免了原料消耗。这种方式满足了时代的发展需求，降低了生产成本，减少了资源的浪费。

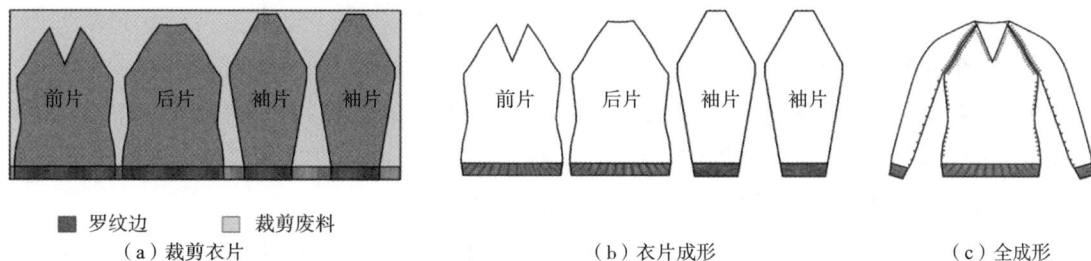

■ 罗纹边　　　■ 裁剪废料
（a）裁剪衣片　　　　　　　　　　　　（b）衣片成形　　　　　　　　（c）全成形

图5-8　毛衫的生产方式

全成形毛衫编织的基本原理如图5-9（a）所示，是将前后片合并成一个筒来编织，然后将两侧的袖片对折后分别以筒形编织实现，在罗纹起口位置和袖身合并位置，高度必须保持一致。虽然袖片和大身长度不一定要相等，但是需要将挂肩下袖子与衣身相差的转数平均分配，然后采用局编的方式来调节高度，如图5-9（c）所示。图5-9所示的只是一种常见的全成形编织方法，还可以尝试使用其他形式来巧妙地编织全成形毛衫。

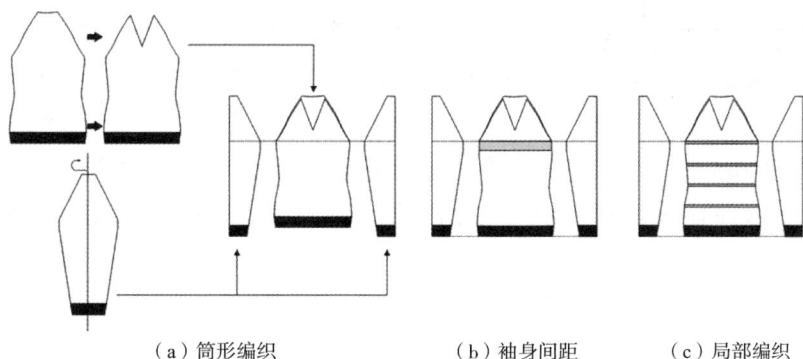

（a）筒形编织　　　　　　　　　（b）袖身间距　　　　　　（c）局部编织

图5-9　全成形毛衫的编织原理

根据图5-10所示的步骤，可以使用三个导纱器分别对大身和两只袖口进行编织，通过暗收针和放针的方式来实现轮廓的变化。在腋下处，可以通过针床横移将袖子与衣身合并，然后用一个导纱器进行编织。在肩部造型上，可以采用中部收针的方法来处理。最后，根据领子的款式设计，可以继续编织领口直至完成整个编织过程。在编织的时候，需要根据不同的位置来调整纱嘴的运动方向。

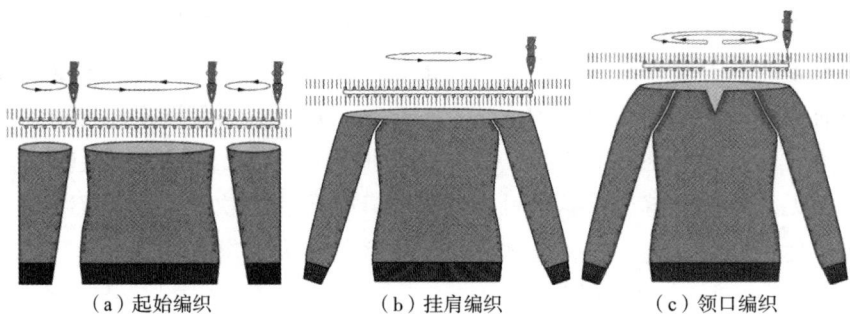

（a）起始编织　　　　　　（b）挂肩编织　　　　　　（c）领口编织

图5-10　全成形毛衫的编织顺序

2. 不同部件的连接

在全成形编织中，要模拟各部件下机后缝合和套口的过程。这种缝合是同时上机和编织的，所以需要考虑不同部件相连接时的成形方式。根据套口时各部位之间的比例和对应关系，要协调不同部件之间的编织比例、移针比例等。

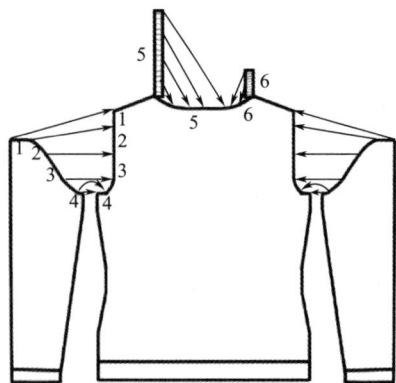

图5-11　不同部件之间的连接

不同部件之间的连接有不同的方向性（图5-11）。比如，袖山高2—3部位和挂肩2—3部位之间的连接是纵向与纵向的连接，腋下平位4和挂肩平位4之间的连接是横向与横向的连接，平袖山1和挂肩1之间的连接是横向与纵向的连接，后领条5—6和后领窝5—6之间的连接是纵向与横向的连接。这四种连接方式基本涵盖了所有成形部件连接的工艺模型。

正如套口时要考虑线圈对目，全成形编织时也要考虑各个部件连接时针数与针数、针数与行数、行数与行数之间的对应关系，这就是编织比例或者移针比例。

（1）纵向与纵向的连接。纵向和纵向的连接往往涉及编织比例（图5-12），由于人体是不规则的几何形状，因此袖子与大身之间的行数总是会有差别，考虑同一把纱嘴编织时的方向性、连续性、编织可行性等，编织比例常规有以下几种：

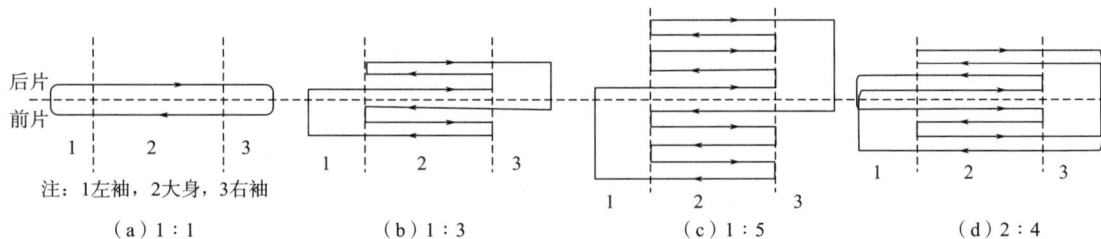

注：1左袖，2大身，3右袖

（a）1:1　　　　　（b）1:3　　　　　（c）1:5　　　　　（d）2:4

图5-12　编织比例

（2）横向与横向的连接。横向与横向的连接，通常用在袖子的腋下平收和大身腋下平收之间的连接、两个裤筒裆部之间的连接等，也称为拼角，其特点是两个部件均停止编织，其中一部件向另一部件逐渐靠近相连，拼角可使筒状织物连接后更贴合人体，形成立体轮廓，图5-13（a）为横向与横向的连接方式形成拼角时袖子运动的上限位置，这种连接方式方便人体自由活动，穿着舒适，图5-13（b）为其局部放大图。

（3）横向与纵向的连接。横向与纵向的连接涉及移针比例（图5-14），比如平袖山部位，袖子不再编织，大身继续编织的同时，袖子剩余的针数按照比例移动至大身与大身连接，为使编织顺利，袖子一个线圈最多与大身两个线圈连接，否则将导致袖子线圈张力过大、纱线断裂、布面不平整等疵点，因此常规的移针比例有以下几种。

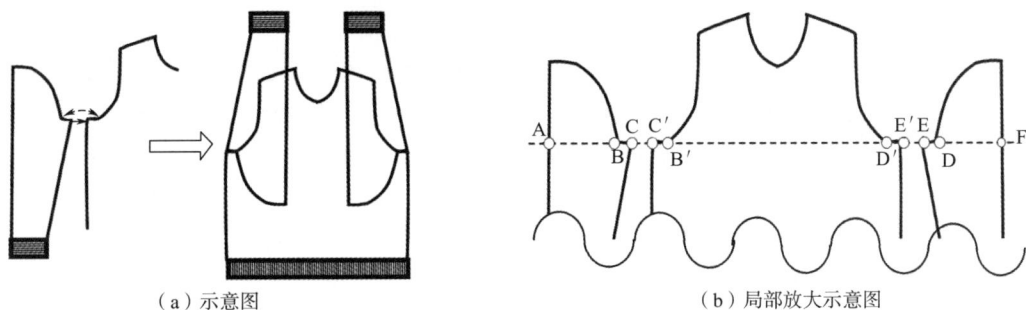

| （a）示意图 | （b）局部放大示意图 |

图5-13　横向与横向方向成形连接图

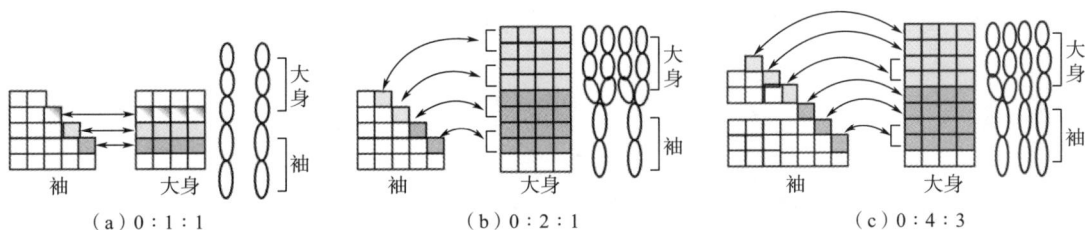

（a）0：1：1　　　　　　　（b）0：2：1　　　　　　　（c）0：4：3

图5-14　移针比例

（4）纵向与横向的连接。纵向与横向的连接同样涉及移针比例，如后领条（SP领）部位，大身不再编织，领条继续编织的同时，领条的边针按比例移动至大身与大身连接，编织比例设置的目的是保证领条与后领窝衔接平整，所以需要保证领条总长与后领弧形的总长大致一致，根据纱线及组织密度计算比例。

如图5-15（a）所示，根据曲线弧度，后领窝分为两侧的弧线部分和中间近似的直线部分。后领条通过编织比例与后领窝总长度相吻合，编织比例为编织行数与移针针数的比例。比如，左右两侧比例4：3代表编织4行移针3次，即后领条纵向侧边的4个线圈与后领窝横向的3个线圈相连。中间比例3：4代表编织3行移针4次，即后领条纵向侧边的3个线圈与后领窝横向的4个线圈相连。为了保持编织的稳定和织物的美观，一个线圈最多与两个线圈相连，因此编织比例的范围始终在1：2与2：1之间。

3.编织方向

编织的时候可以选择不同的方向，比如纵向、横向、斜向或者多种方向的组合。纵向编织的时候，编织的方向和穿着的方向是平行的；横向编织的时候，编织的方向和穿着的方向是垂直的，如图5-16、图5-17所示。

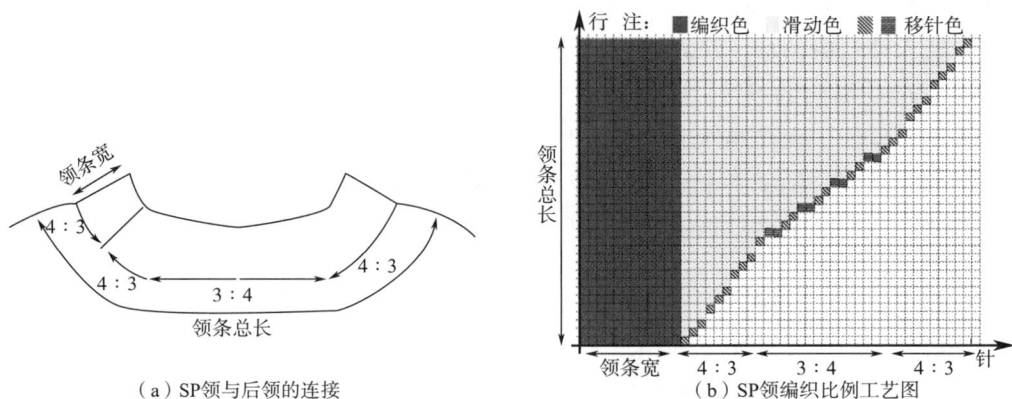

行 注: ■编织色 □滑动色 ▨移针色

（a）SP领与后领的连接

（b）SP领编织比例工艺图

图5-15 纵向与横向的连接

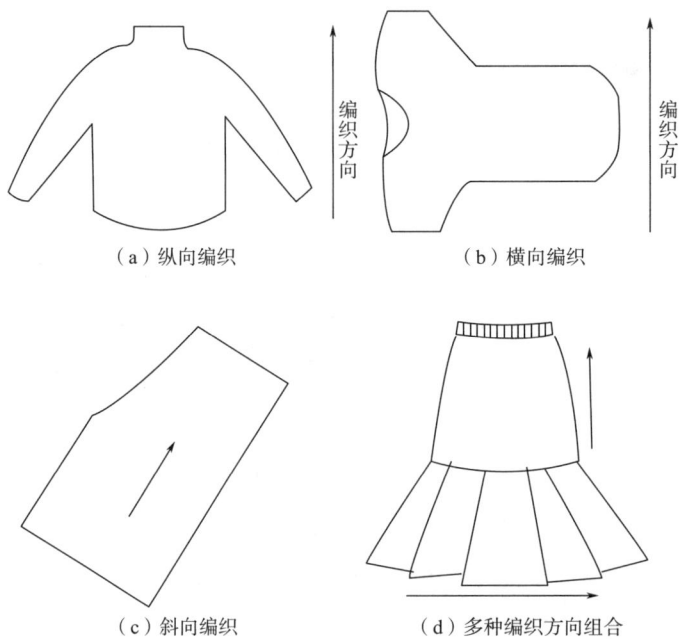

编织方向

（a）纵向编织

编织方向

（b）横向编织

（c）斜向编织

（d）多种编织方向组合

图5-16 不同编织方向示意图

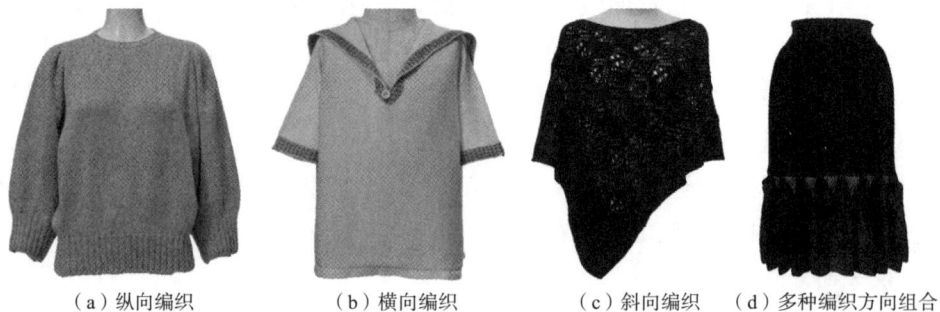

（a）纵向编织　　　　（b）横向编织　　　　（c）斜向编织　　（d）多种编织方向组合

图5-17 不同编织方向实物图

第三节　全成形服装的工艺制作

一、产品设计要点

（一）款式设计

在设计款式时，需要考虑机器能否轻松编织，以及局部附件是否能与套筒结合使用。这样可以确保生产效率达到最大化。设计者需要深入了解全成形编织的基本原理，然后简化多层结构和复杂结构，以便更好地实现空间转换。

（二）工艺设计

工艺设计就是确定原料，设计工艺轮廓尺寸，以及确定后续整理工序等。设计原料时考虑了机器编织的便利性，尺寸设计则不再采用传统的前后片工艺设计方法，而是从三维角度来设定尺寸。

（三）程序设计

程序设计就是把设计好的款式和工艺转换成机器能够理解的编程语言（图5-18）。这包括制作压缩图和小图。压缩图用来存储前后片的轮廓和组织结构信息，而小图则用来说明压缩图所代表的织针动作、纱嘴信息、上机参数等。在设计时，要确保编织稳定、效率高，同时要遵循简洁易修改的原则。在修改尺寸时，要保证小图的通用性。

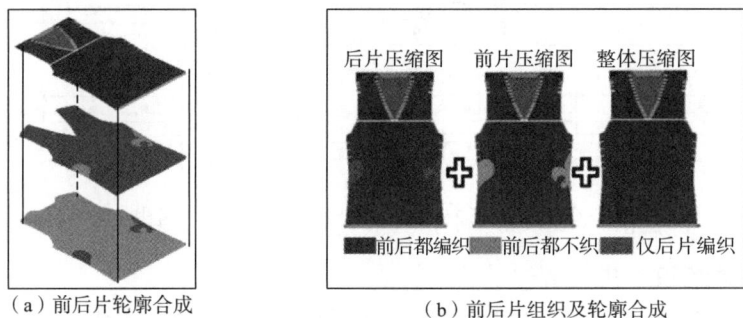

（a）前后片轮廓合成　　　（b）前后片组织及轮廓合成

图5-18　前后片轮廓合成及程序设计方法

目前，市面上有几种主要的全成形软件，比如岛精SDS-ONE、stoll M1-PLUS、睿能、恒强、modle plus等。虽然它们的设计方法各不相同，但基本原理是相似的。它们主要是在系统款式模板的基础上，通过修改或重新制作小图来设计款式和细节。

二、全成形编织工艺

（一）起口罗纹的编织工艺

四针床多出的两个针床可以用来移动针床，这样就可以编织反面线圈，从而实现全成形毛衫的满针编织。以2×2罗纹为例，在四针床上编织圆筒罗纹的编织工艺如下。图5-19中有6个工艺需要完成，每个工艺前后都有一行罗纹编织。具体来说1～3行编织前层罗纹，机头一个行程完成1～3行工艺行的编织，机头来回移动完成前后片的罗纹编织。第6行将前上针床编织的线圈翻到后下针床上，在进行前片罗纹编织时需将后片的所有线圈移到后下针床（后片同样），否则罗纹会交叉在一起，不能形成两层罗纹。图中第1行将后上针床需要穿套的旧线圈移到后上针床，与下一行的新线圈形成穿套关系。如此循环至所需罗纹边的宽度和高度。10～14行中FD表示前下针床，FU表示前上针床，BD表示后下针床，BU表示后上针床。

（二）大身及袖身的编织工艺

大身和袖身进行筒形编织，为实现大身与袖身宽度上的变化，随着长度逐渐实现进行收针、放针的处理。圆筒织物前后衣片不同时进行放针，采用先前片放针再后片放针的方式。在四针床上收针，前下针床和后上针床进行前片的收放针，后下针床和前上针床结合进行后片的收放针，以右侧暗收针为例，需要将收针幅度设为3。整个四针床收针的过程如图5-20所示。首先，在第1行，将前下针床参与收针的线圈移到后上针床上。在第2行，将后针床向左移动一针，然后按照图中的方式将后针床的线圈移到前针床上。最后，在第3行，将前上针床的线圈移到后下针床上。通过这三行操作，完成了前后片的收针过程。

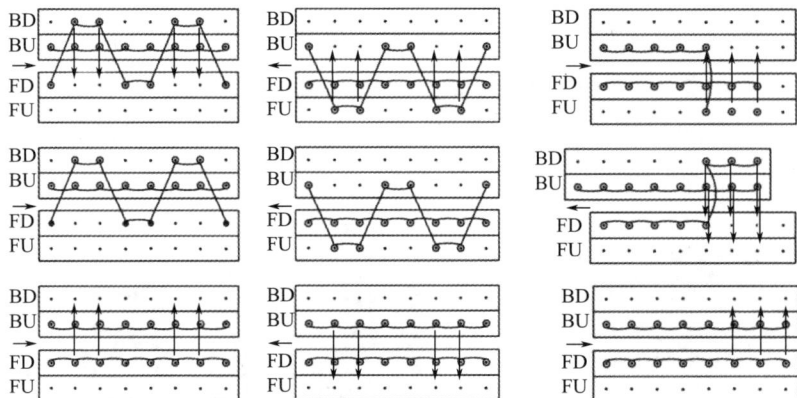

图5-19　全成形毛衫2×2罗纹　　　　图5-20　暗收针

（三）领子的编织工艺

在制作全成形毛衫时，领子是在编织过程中直接完成的，不需要额外编织领子再缝合。全成形毛衫是通过交替使用正反线圈编织而成的，这样就可以实现类似罗纹领子的效果。V领部分领子与编织大身同时完成，后领则单独编织，在编织的过程中与后片大身进行连接。如图5-21（a）所示后领采用左侧编织较长一段，右侧编织较短的一段，A与B连相连，使连接的地方在衣身后面更加美观。后领的编织工艺如图5-21（b）所示，第1行为后领编织的第1行，后下针床的针为后片大身的线圈，前下针床为领子的线圈，将后下针床的线圈翻到前下针床上后，下一行进行编织则最左侧的线圈将领子与大身的线圈连接起来。第3～5行的移床与翻针，使线圈往左移一针，为了下一行的线圈与相邻的线圈相连。第6行的翻针为下一行的正反针编织做准备，第8～10行与第3～5行的作用相同，循环2～10行的编织工艺直到完成领子的编织。在编织过程中采用左侧的第2根针上的线圈与后片进行连接，最左侧的线圈凸出使领子更加美观。

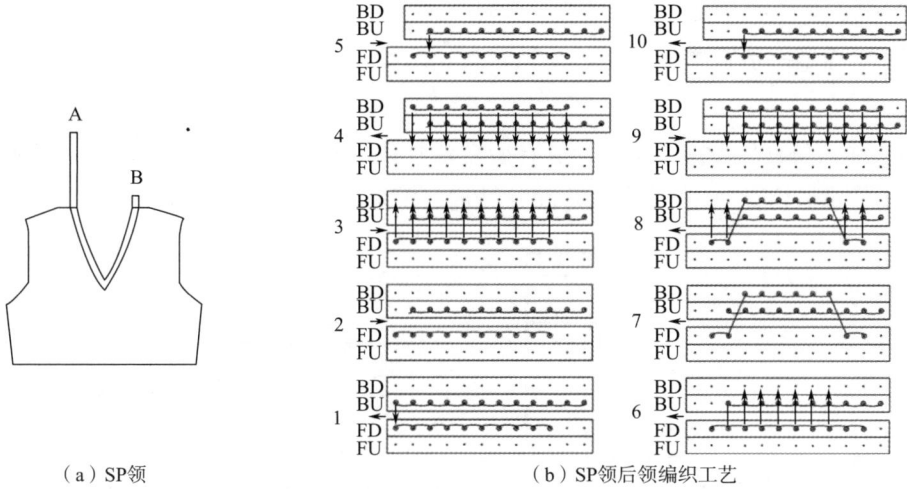

（a）SP领　　　　　　　　　　　（b）SP领后领编织工艺

图5-21　SP领编织

（四）肩平收工艺

制作各种成形上衣，比如无袖、背心、套衫和开衫等。首先使用圆筒编织来完成基本的衣物形状，然后需要在横机上将前后的衣片缝合在一起。完成后，衣物就可以下机了，不需要再做其他处理。如图5-22所示为一种常见的肩缝合工艺。第1~5行为后片线圈对前后片进行缝合，第6~10行为前线圈对前后两片进行缝合。第1行在需要缝合部位的右侧上编织一个线圈a且在相隔一针或两针处挂一针，其中编织线圈a用于缝合，挂一针使缝合线圈的张力更加稳定，第2~4行用于翻针、编织、翻针增加线圈长度，更加稳定编织。第6~10行的编织原理与第1~5行类似。

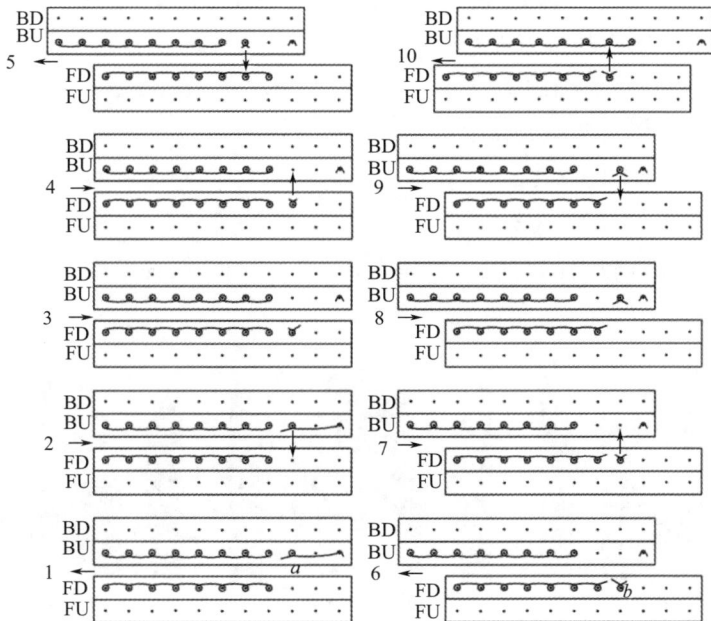

图5-22　肩平收工艺

三、全成形服装工艺实例

（一）平肩型全成形毛衫

1.概述

平肩是指肩斜度偏小的肩型，平肩型全成形毛衫的轮廓如图5-23所示，根据全成形编织原理，其编织工艺分为袖身合并前、挂肩、肩斜和衣领几个部分（图5-24）。

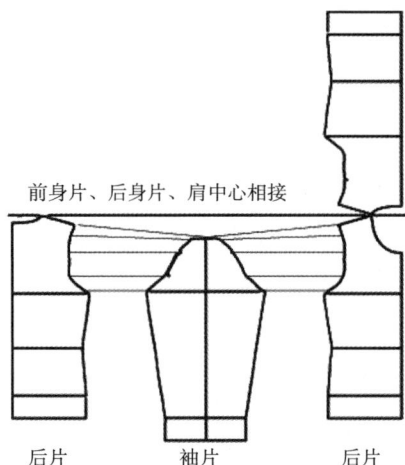

图5-23 平肩型全成形毛衫的轮廓

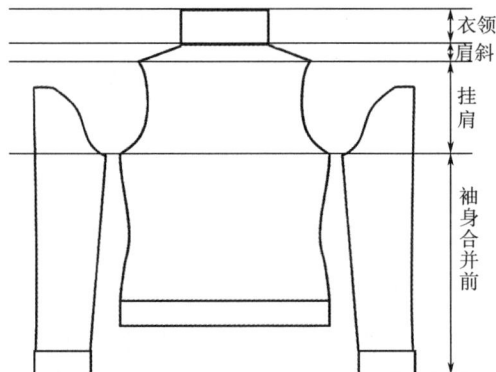

图5-24 平肩型全成形毛衫编织工艺

2.袖身合并前工艺

全成形毛衫袖筒与身筒一同起底编织，袖筒与身筒之间预留一定距离，防止编织时纱嘴互碰。

当袖子与大身腋下编织高度不同时，为维持编织平衡，有三种处理的方式（图5-25）：

（1）平均分配。编织几行暂停几行均匀分配。

（2）引入废纱。长度差用废纱编织。

（3）分成两段。将长度差放在上部。

编织时间：（3）＜（1）＜（2）。

编织难度：（2）＜（1）＜（3）。

当纱线弹性及韧性较高的时候，选择方式（2），当纱线易断裂的时候选择方式（3），通常选择方式（1）。

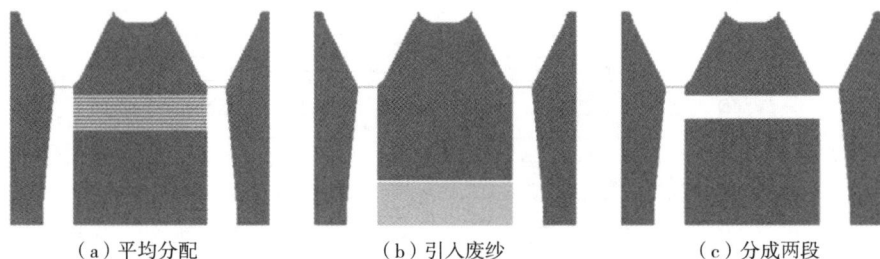

（a）平均分配　　　　　　　（b）引入废纱　　　　　　　（c）分成两段

图5-25 处理方式

3. 袖身连接工艺

毛衫编织到腋下部位时，将两侧袖筒、中间身筒分别悬挂至不同侧的针床上，移动后侧针床，将3个圆筒进行对接，同时将袖山一侧线圈向衣身部位通过收针的方式靠拢，连接的方式分为以下几类（图5-26）：

（1）标准，直接连接，袖筒与身筒仅在腋下部位进行交叠加固，袖子与大身均没有平位。

（2）单拼角，仅袖子有平位。

（3）双拼角，大身和袖子都有平位。

运动自由度/舒适性：（1）<（2）<（3）。

编织时间：（1）<（2）<（3）。

（a）标准　　　（b）单拼角　　　（c）三角形拼角

（d）双拼角1　　（e）双拼角2　　（f）双拼角3　　（g）双拼角4

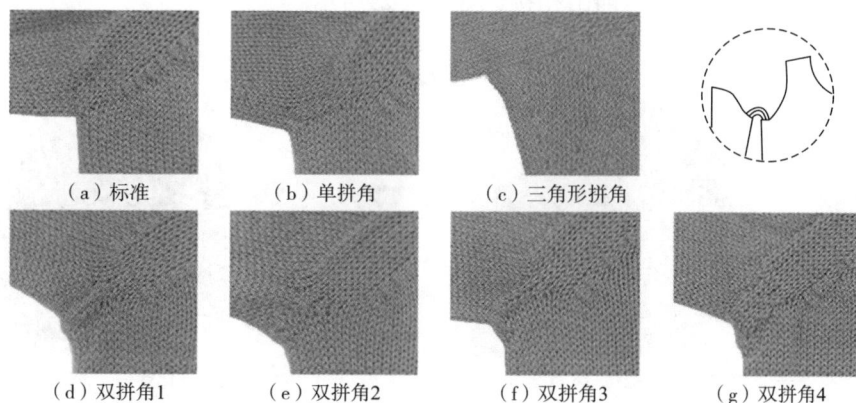

图5-26　袖筒、身筒连接工艺

4. 挂肩收针工艺

（1）袖子收针。袖子收针时袖子外侧向内侧移动。

（2）身片收针。身片收针时，袖子和身片同时往内侧移动。

收针过程需要维持筒状编织平衡，保证前后针床线圈数目一致，同时确定袖子与大身线圈的遮盖关系，对于罗纹组织，要计算收针辫子，核对收针辫子与袖子收针线圈及拼角收针线圈的位置关系，确保轮廓流畅，避免错位。挂肩收针工艺如图5-27所示。

（a）袖子线圈压盖大身线圈　　（b）大身线圈压盖袖子线圈

（c）实物图

图5-27　挂肩收针工艺

（二）落肩型全成形毛衫

1. 概述

落肩也称后倒肩，与平肩相比，其肩线在后，前身片无肩斜，肩斜角度完全由后片肩斜决定，落肩型全成形毛衫的轮廓如图5-28所示。

在全成形编织中，落肩的程序制作、编织原理、上机编织都比平肩难度大。主要区

别在于袖身合并后平袖山与前后片相接的区域。

在普通机毛衫制作中，程序员和工艺员的工作是分开的。程序员只需要输入工艺员设定好的轮廓就可以了。但是在全成形制作中，程序员和工艺员需要更加密切地合作。程序员需要了解工艺制作的原理，而工艺员也需要了解一些全程序编织的基础知识。因此，接下来将从工艺的角度出发，来分析落肩型全成形毛衫的编织原理。

2. 落肩工艺

落肩前片无肩斜，挂肩向后翻折，同时挂肩横向边缘与后肩斜相接，纵向边缘与平袖山相接，如图5-29所示。

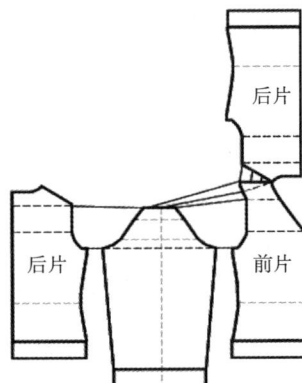

图5-28　落肩型全成形毛衫轮廓

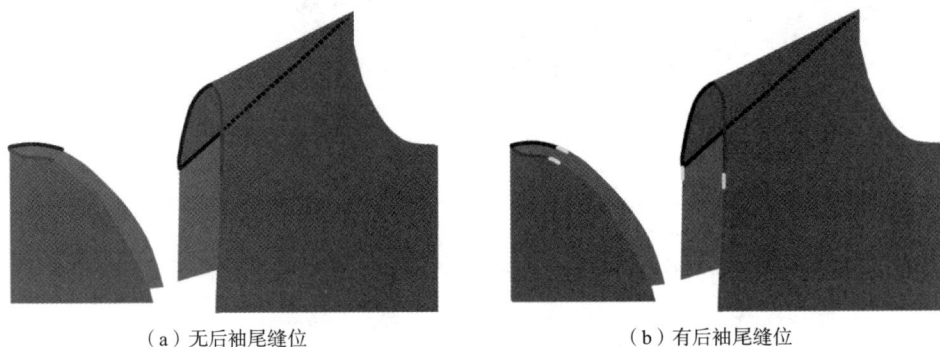

（a）无后袖尾缝位　　　　　　　　　（b）有后袖尾缝位

图5-29　落肩型全成形毛衫的连接

工艺方程式，如式（5-1）~式（5-3）所示。

（1）后片。

$$b = a \times 0.75 \tag{5-1}$$
$$c = 夹阔 - 1\text{cm}（测量误差）- b/2$$

式中：a——单肩宽，cm；

　　　　b——肩斜，（°）；

　　　　c——后夹宽，cm。

解释：①肩斜角度一般在30~45°比较美观，当肩斜角度b取中间值37°时，根据三角函数关系得到系数为0.75；

②$b/2$为前片向后翻折的高度。

（2）前片。

$$d = a + 1.5\text{cm}$$
$$前夹宽 = c + b \tag{5-2}$$
$$前袖尾缝位 = b + e$$

式中：d——前单肩宽，cm；

　　　　e——后袖尾缝位，cm。

解释：①前挂肩直边与后挂肩斜边相连，为了保证二者连接平整，二者长度应保持一致，根据三角形斜边大于直角边的原理，前单肩宽必须比后单肩宽大，取经验值1.5cm，这时前挂肩上部有1.5cm的加针；有时为了简便，前后单肩宽相等，前挂肩无加针。当然，前者更符合人体轮廓；

②为避免前挂肩倒后的曲线与后挂肩曲线衔接不圆顺，产生凸起的尖角，影响美观，通常设置1cm的后袖尾缝位进行过渡；有时为了简便，也可将后袖尾缝位设为0，如图5-30所示。

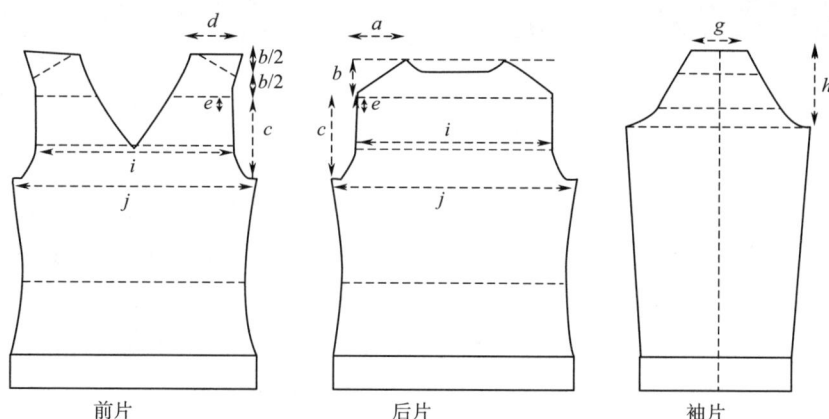

图5-30　落肩型全成形毛衫的连接

（3）袖片。

$$g=b+e \times 2$$
$$h=（c-e）\times 0.95$$

（5-3）

式中：g——平袖山宽，cm；

　　　h——袖山高，cm。

解释：①平袖山与前后片挂肩相连的总长度=后袖尾缝位+前袖尾缝位=后袖尾缝位+（肩斜+后袖尾缝位）；

②前后片与袖山相连的长度=后夹宽−后袖尾缝位，袖山高小于前后片相连的长度形状更好，一般取修正系数0.95左右。在全成形编织中，其高度差可通过编织比例来实现。

3. V领/U领全成形落肩编织工艺

V领/U领前肩加针，后肩不加，导致前后片针数不相等，而全成形编织中不管前后片宽度是否一致，前后针床线圈数需要始终保持一致，每当前片比后片多两针时，前片就向后转移一针；每当前片比后片少两针时，后片就向前片转移一针，必须保证前后针床线圈数始终一致。

基于这个基本原理，前肩加针有以下两种方法：

（1）两边向领中心内加针。由于U领/V领在编织加针时，其领中心针已经收掉，有空余的针位，因此可以将针向内加，这样不影响前后片边缘线圈对齐，编织比较简便，但向内加针能保证外轮廓是想要的效果吗？根据相对运动的原理，虽然在编织时加针的方向是向内，但下机后将领位烫平，加针曲线仍然是向外，如图5-31所示。

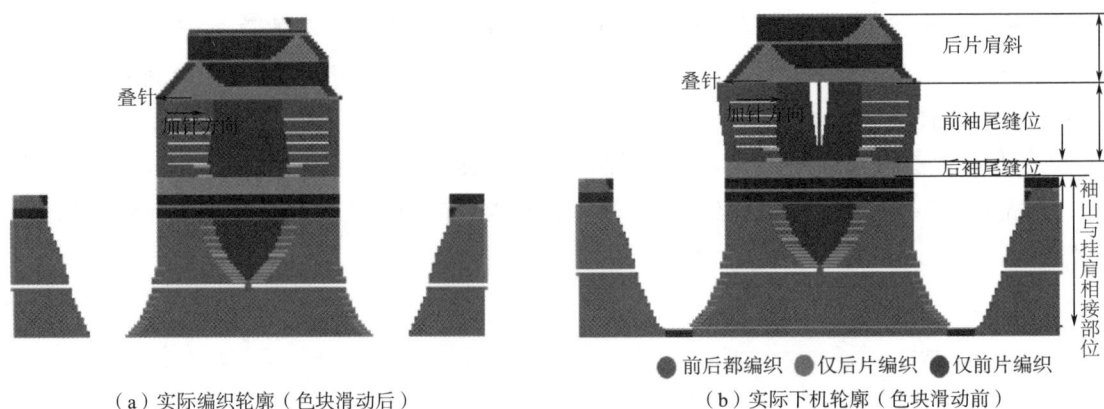

（a）实际编织轮廓（色块滑动后）　　　　　　　　　　　　（b）实际下机轮廓（色块滑动前）

● 前后都编织　● 仅后片编织　● 仅前片编织

图5-31　V领前挂肩向内加针

前片水平肩宽与后片肩斜相连，编织后肩时，前肩已经完成编织，后肩一边收针形成肩斜，一边与前肩相连，一般收多少针就与前肩多少针相接，这样程序制作时比较简便，而当后肩的宽度与前肩不一致时，在计算机程序语言表达上难以实现，因此可以在编织后肩肩斜之前，先把前肩所加的针数通过叠针的方式收掉，保证编织后肩时，前后肩宽一致，叠针一般在前挂肩编织的最后一行进行，如图5-31所示。

（2）两边向领中心外加针。当对①中的外轮廓不满意时，也可采用向领中心外加针的方法。在前挂肩与平袖山线圈相连的过程中，每连接两个前针床袖子的线圈，后针床就需要向前移动一针，保证前后编织平衡，而当前挂肩加针时，所加的针数与相接的针数互相抵消，前挂肩加多少针，后片就少向前移动多少针，到最后几行少移动的线圈再一一移动至前片与后片相接，如图5-32所示。

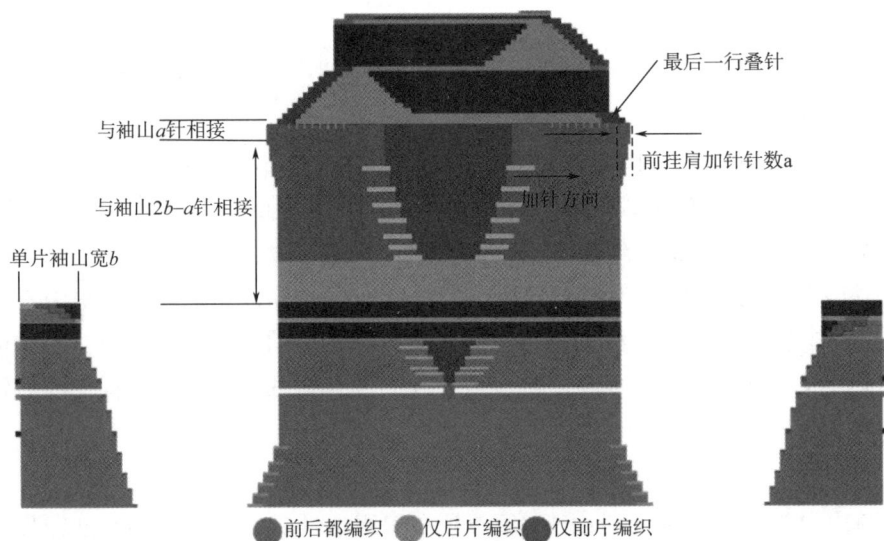

● 前后都编织　● 仅后片编织　● 仅前片编织

图5-32　V领前挂肩向外加针

4. 高领全成形落肩编织工艺

因为高领的前领口是局部编织的，没有空的针位可以向内加针，所以只能选择向外加针（图5-33）。这样做会保持前后胸宽的差异，导致下机后的织物前领比后领宽。此外，后肩的肩缝位置会偏向后片，而不是正好在前后片交接处。

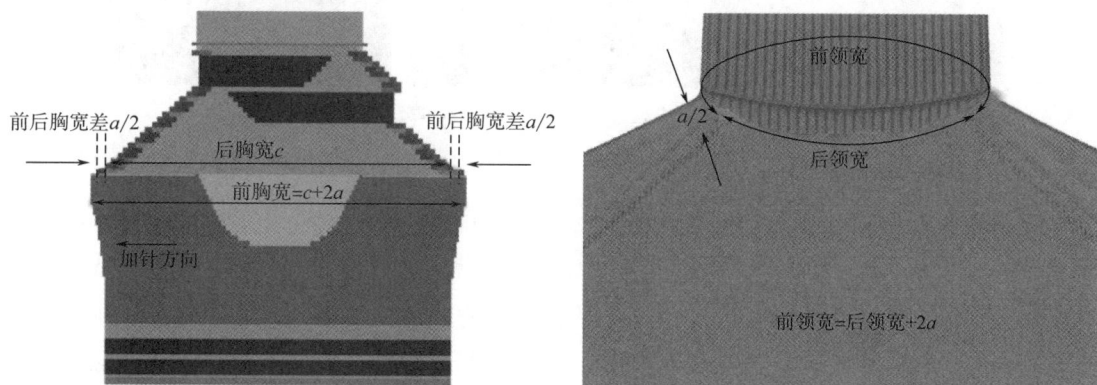

图5-33　高领前挂肩向外加针

（三）降落伞全成形毛衫

1. 概述

降落伞也称球形衫，是全成形中编织难度最小的，且最能体现全成形3D编织优势，在前后片及袖片与身片相接的部位均无缝合痕迹，花型360°连续，轮廓流畅且极具设计感：

（1）袖身合并后，减针的移针分散成扇形排列，体现肩膀的成形。

（2）在降落伞型下部，将扇形部分的周长和下面部件的周长一致。

（3）降落伞型下部执行引返编织，体现前后领差。

（4）领形有圆领、高领等。

降落伞全成形毛衫的轮廓如图5-34、图5-35所示。

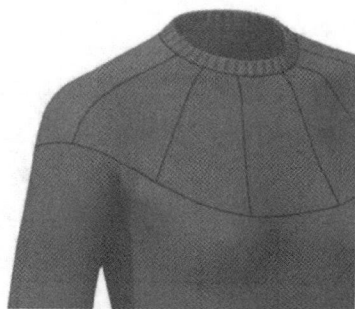

图5-34　降落伞三维模拟　　图5-35　降落伞纸样

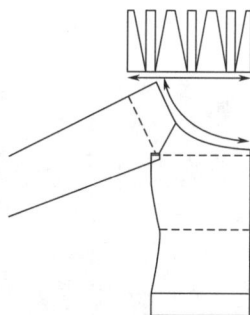

在全成形编织中，降落伞的制作程序和编织原理相对其他款式更简单。但是，如果在设计花型（图5-36）和处理细节上做一些改进和创新，会让它在视觉效果和穿着体验上有独特的变化。

图5-36　组织花型变化

2.降落伞伞形部位工艺

降落伞伞形以下部位与其他款式工艺方法基本相同，区别主要在于伞形部位。

（1）收针频率。平肩中袖身合并及肩部平收主要通过减针和平收来完成，而降落伞全部依靠均匀分散的移针来完成，为了更贴合人体的轮廓，袖身合并区域的收针弧度相对较缓，肩部平收区域的收针弧度相对较急，因此伞形部位在纵向上需遵循先缓后急的收针频率，在横向上每个伞形部位收针要均匀（图5-37）。

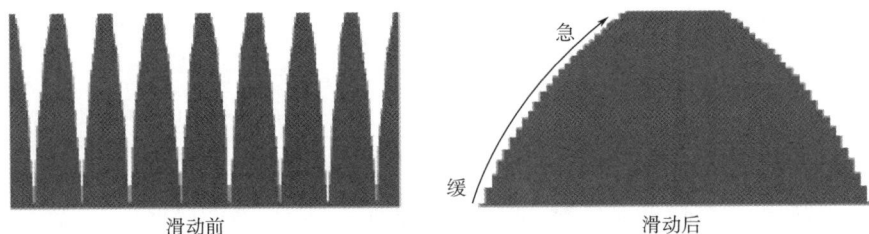

图5-37　降落伞收针频率

（2）收针力度。为使伞形边缘线条流畅，且易于编织，一般伞形部分的减针采用每次减1针的方式。

（3）收针方式。根据收针部位线圈重叠的关系，收针主要分为4种：反叠+正叠、反叠、正叠+反叠、正叠，分别对应图5-38的1、2、3、4。

图5-38　降落伞收针方式

（4）伞形接片数量及分布。根据前后片边缘相接部分的花型，伞形接片分布方式分为两种：前后片边缘为接片边针，前后片边缘为接片的正中心（图5-39）。

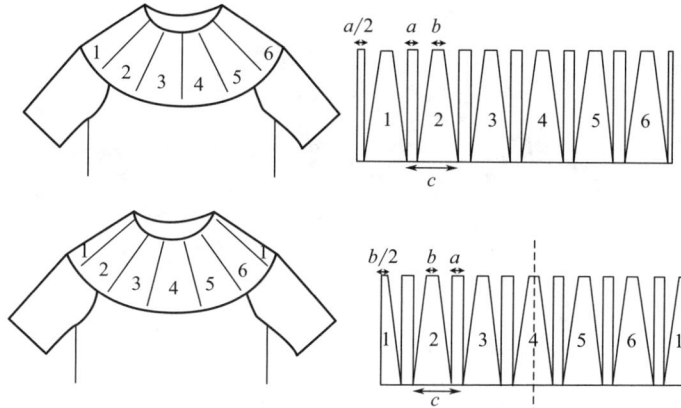

图5-39　降落伞接片分布

3. 降落伞前后领深的工艺方法

与其他肩型不同，降落伞前领深的设置不能破坏伞形结构的完整性，且由于降落伞减针的特点，会有自带的5cm左右的前后领深，如图5-40所示。

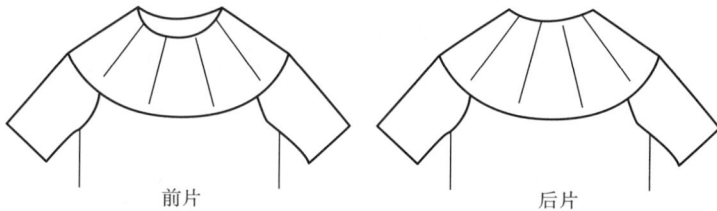

图5-40　降落伞肩型

因此，领深的位置一般分为两类：领深位于袖、身连接后，领深位于袖、身连接前。

（1）领深位于袖身连接后。袖、身连接后纱嘴合并，袖身共用同一个纱嘴编织，根据袖子部位是否有领深局编又分为两种。

①袖子部位无领深局编：袖子部位无领深局编时编织简单，袖、身合并部位正常收针，局编仅在大身部位进行，纱嘴运行轨迹为C形编织（图5-41）。

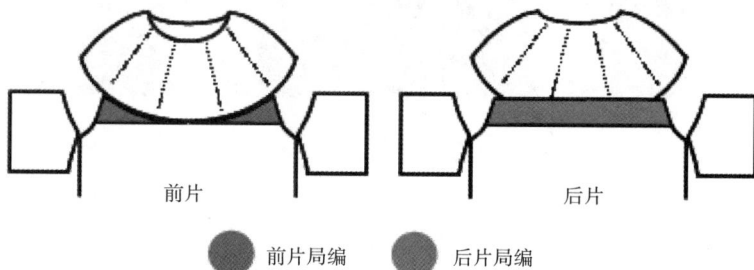

图5-41

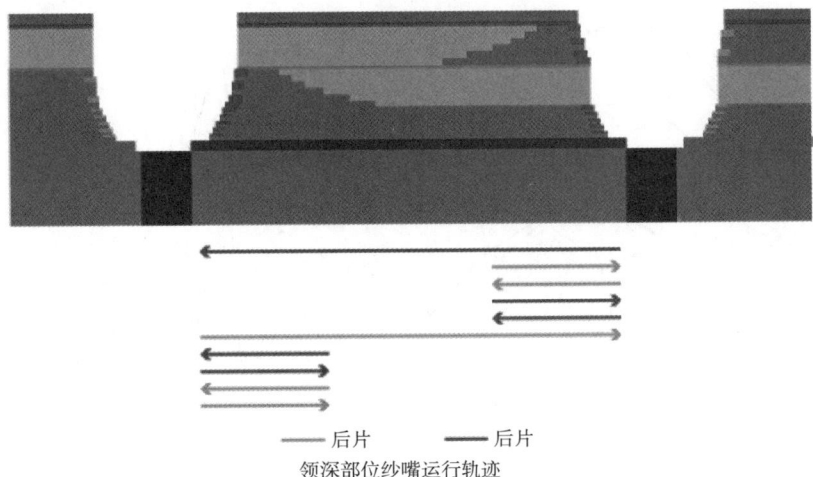

—— 后片　　　—— 后片

领深部位纱嘴运行轨迹

图5-41　袖子部位无领深局编

②袖子部位有领深局编。袖子部位有领深局编时，更贴合人体轮廓，领深部位由大身与袖子共同分担，根据此时袖、身合并部位是否有减针，其编织工艺有所区别。

局编部位无袖、身减针：局编部位无袖、身减针时，编织较简单，当领深较深时，为保证局编部位顺利编织，可再增加一把纱嘴采用两把纱嘴编织领深局编，如图5-42所示。

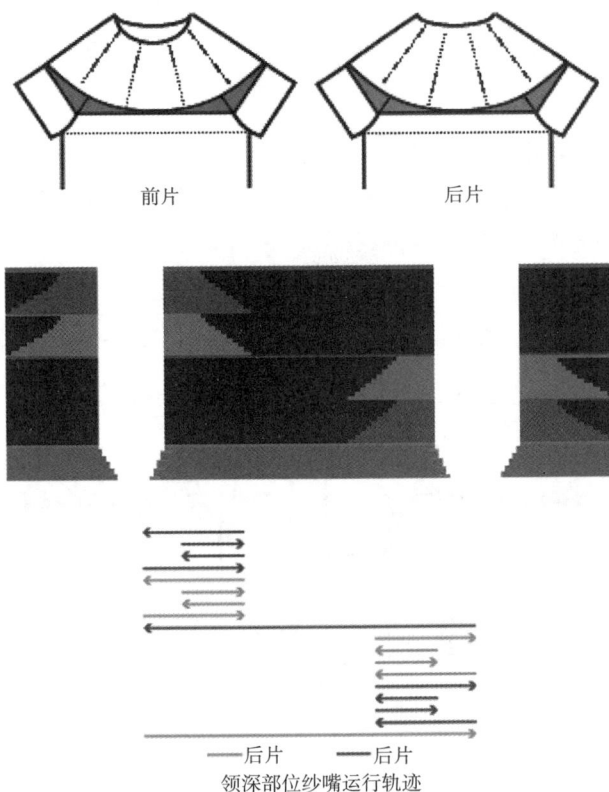

前片　　　　　　　　后片

—— 后片　　　—— 后片

领深部位纱嘴运行轨迹

（a）同一个纱嘴编织前后领深

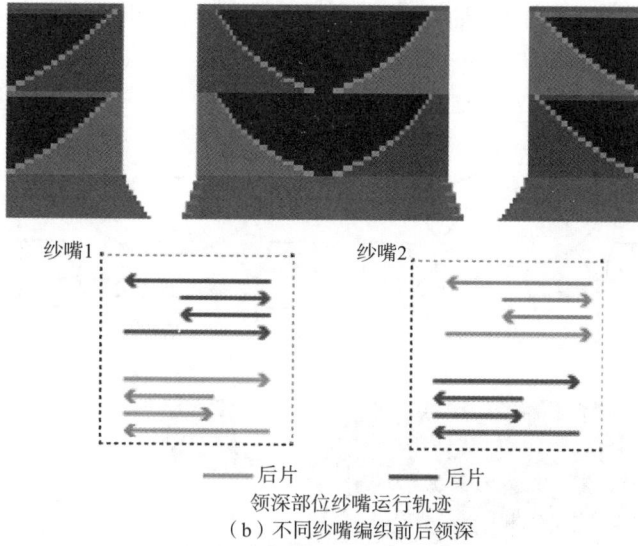

纱嘴1　　　　　　纱嘴2

———后片　　　———后片
领深部位纱嘴运行轨迹
（b）不同纱嘴编织前后领深

图5-42　局编部位无袖、身减针

局编部位有袖、身减针：局编部位袖、身合并处有减针，更贴合人体轮廓，但增加编织难度，因为暂停编织的线圈收针时需要不断进行移针（图5-43）。

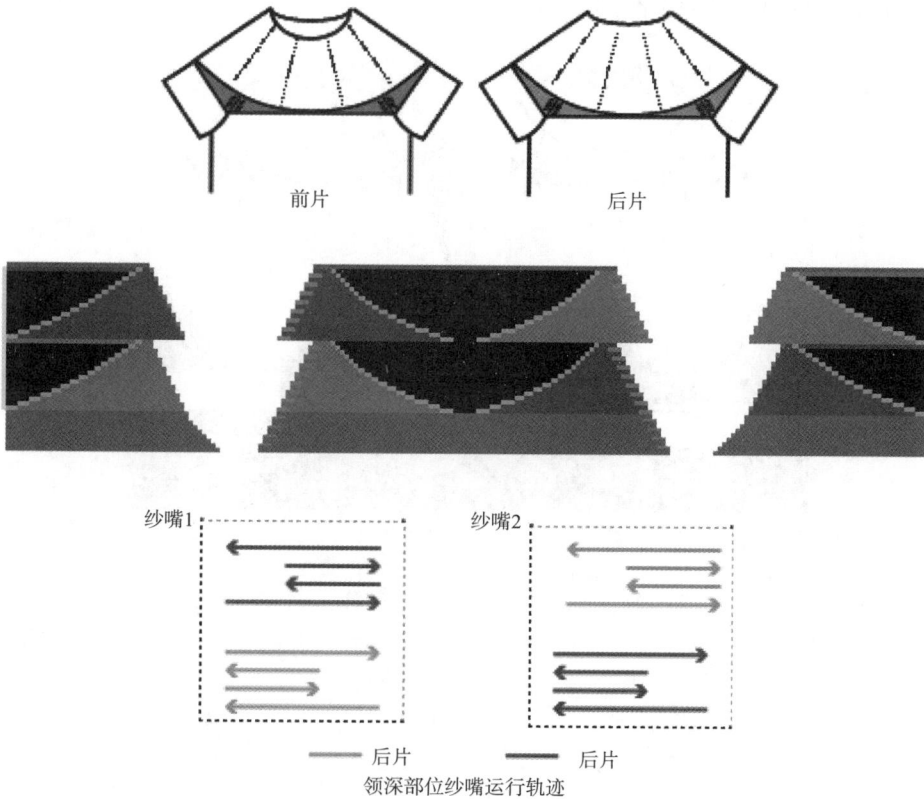

前片　　　　　　　　　后片

纱嘴1　　　　　　纱嘴2

———后片　　　———后片
领深部位纱嘴运行轨迹

图5-43　局编部位有袖、身减针

（2）领深位于袖身连接前。袖身连接前共有3把纱嘴分别编织左右袖和大身，根据袖子部分是否有领深局编也分为两种情况。

①袖子部位无领深局编（图5-44）。

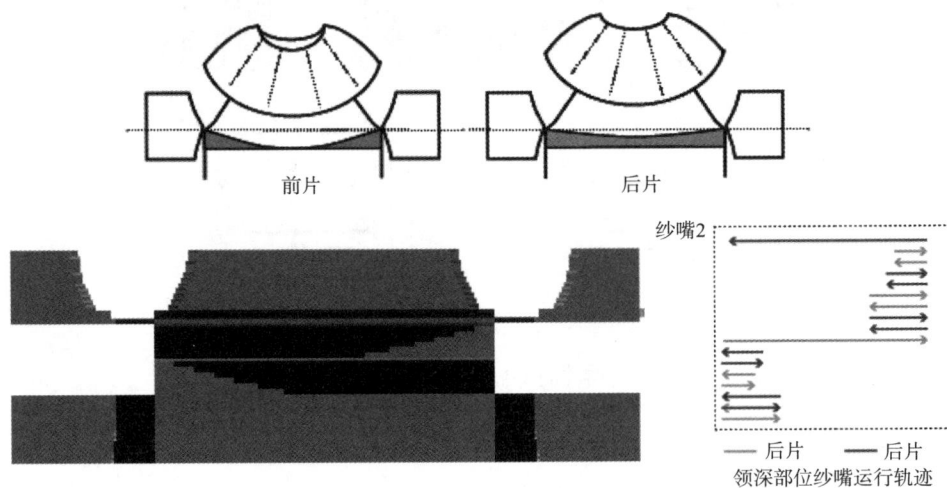

图5-44　袖子部位无领深局编

②袖子部位有领深局编（图5-45）。

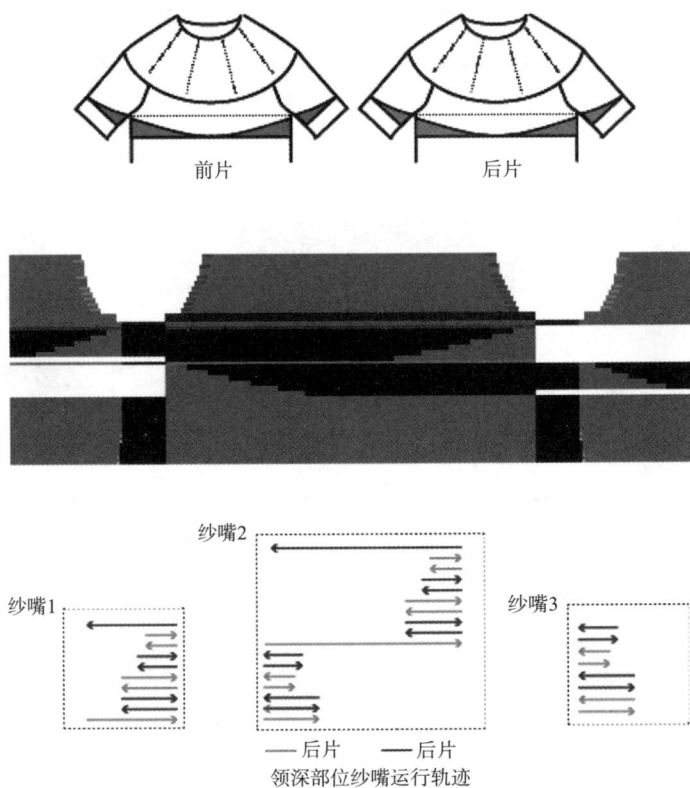

图5-45　袖子部位有领深局编

（四）插肩袖全成形毛衫

1. 概述

插肩袖这个名字是来自一个叫Raglan的英国人。在克里米亚战争期间（1854～1856年），他设计了一种外套，袖子的样式被称为插肩袖。插肩袖是一种袖型，介于连袖和装袖之间。它的特点是将袖窿的分割线从肩头移到领窝附近，使肩部和袖子连接在一起。这种设计在视觉上让手臂看起来更修长。

插肩袖款式多变，可以通过改变袖山和袖窿的设计，以及不同的袖子分割形式来呈现不同的造型效果。比如插肩袖、半插肩袖、肩章袖、连育克袖、连袖等（图5-46）。

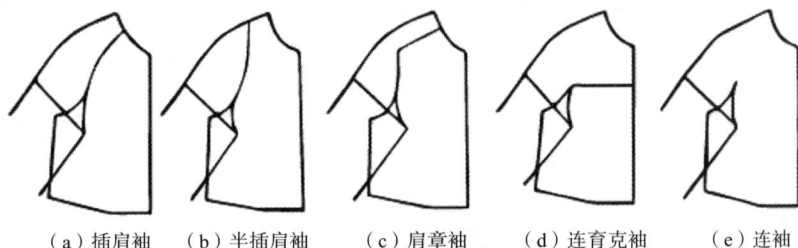

（a）插肩袖　　（b）半插肩袖　　（c）肩章袖　　（d）连育克袖　　（e）连袖

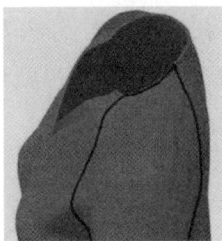

图5-46　插肩袖三维模拟

在全成形编织中，插肩的程序制作、编织原理、上机编织都相对简单。但是，如果想要在造型上更加细致，以达到整体的协调性、美观性和舒适性，就需要在细节上多加注意。特别是要注意前后片挂肩高度差及与前后袖袖尾相接的区域。要理解这部分的编织原理，需要从插肩的工艺出发。而针织工艺又源自对应机织纸样原型（图5-47）。因此，接下来将从机织插肩袖板型出发，分析全成合体插肩袖的制作方法。

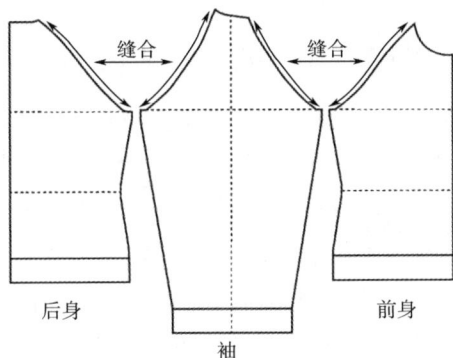

图5-47　插肩袖纸样

2.插肩袖工艺

评价插肩轮廓是否合身的关键细节在于前后挂肩高度差部分及袖子平袖山前后片不对称部分（图5-48），这也是全成形程序制作的难点。

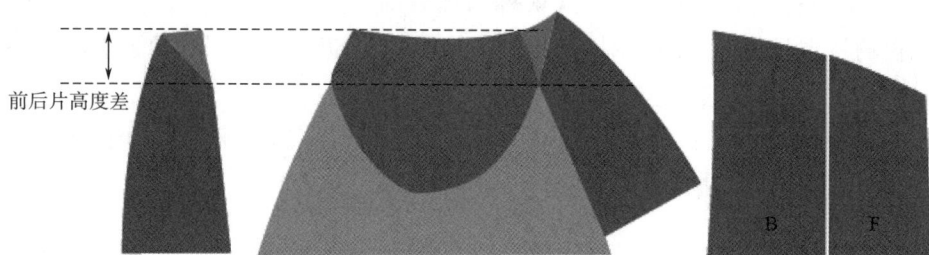

图5-48 前后片高度差

在分析常规插肩袖毛衫的工艺模型时，根据图5-49，可以看到衣片和袖身在合并前需要分别用一把纱嘴单独编织，合并后则共用一把纱嘴一起编织。图中标注的"1"代表前片挂肩高，"2"代表后片挂肩高，"3"代表挂肩后中斜度，"4"代表袖尾走后，"5"代表袖尾走前。前片、后片和袖片之间的挂肩长度"3"是相互关联的。从图5-49中可以清楚地看到，前片的挂肩高度"1"和后片的挂肩高度"2"之间存在高度差。这个高度差是通过后片的袖山"4"的斜度过渡来实现的，也就是说，当前片的大身和前袖片编织完成后，后片的大身和后袖片就会接着编织。

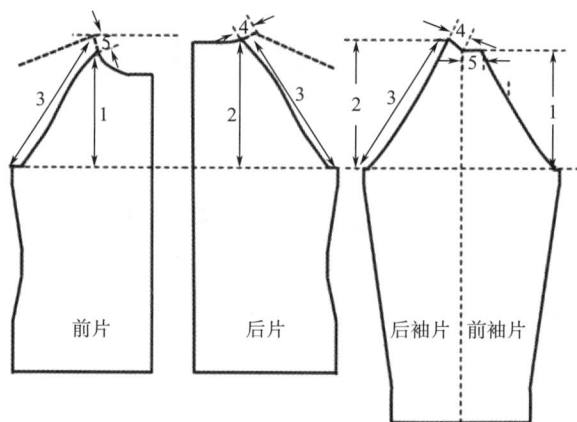

图5-49 常规插肩袖毛衫的工艺模型

完成了前片大身和前袖片的编织后，接下来要继续编织后片大身和袖片。这时候会涉及一个问题，就是前后片的宽度和高度不同，需要保持编织的平衡。如果前后片宽度不同，就需要进行旋转编织，后片收针会导致编织针数减少，导致前后片的针数差距较大，无法直接编织。这时候就需要将前片的线圈转移到后片（图5-50），确保前后针床的线圈数相等。在转移之前，需要提前进行纱环扭转，具体操作如图中虚线框 b 部分所示，扭转纱环的个数 b 应该等于后片减少针数 a 的一半。如果前后片的高度不同，就需要停止前片的编织，暂停后片两边的编织，只在中间继续编织，以确保前后片边缘线圈的衔接顺畅。

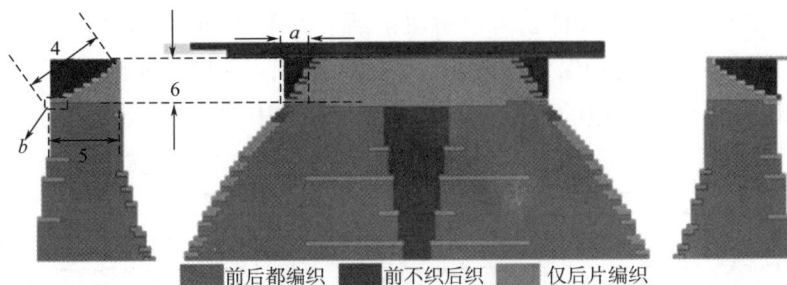

前后都编织　　前不织后织　　仅后片编织

图5-50　前片向后片转移线圈

具体工艺分析如下：

如图5-51所示为插肩袖全成形毛衫编织工艺示意图，红色虚线代表前片的编织轮廓，蓝色虚线代表后片的编织轮廓。为了更好地分析，将虚线部分单独提取出来，就像图中所示的那样。袖子的平袖山前后片边缘点分别对应前片挂肩编织高度和后片挂肩编织高度。根据编织方法，将其分成区域①和区域②（图5-52）。区域①表示前片平袖山与前挂肩相接的区域，区域②表示后平袖山与后挂肩相接的区域。

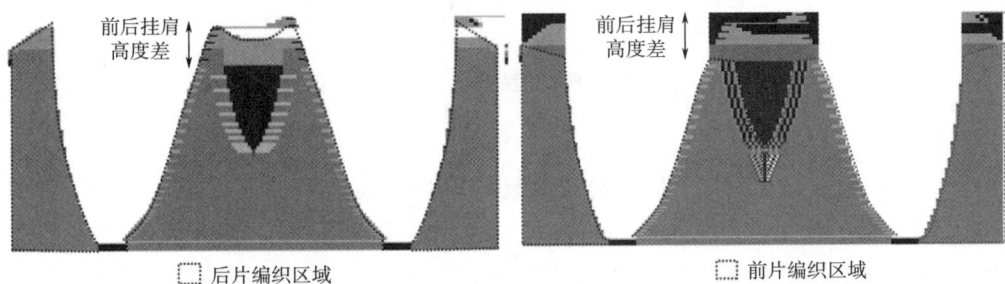

前后挂肩高度差　　　　　　　　　　　　前后挂肩高度差

□ 后片编织区域　　　　　　　　　　　　□ 前片编织区域

图5-51　插肩袖全成形毛衫编织工艺示意图

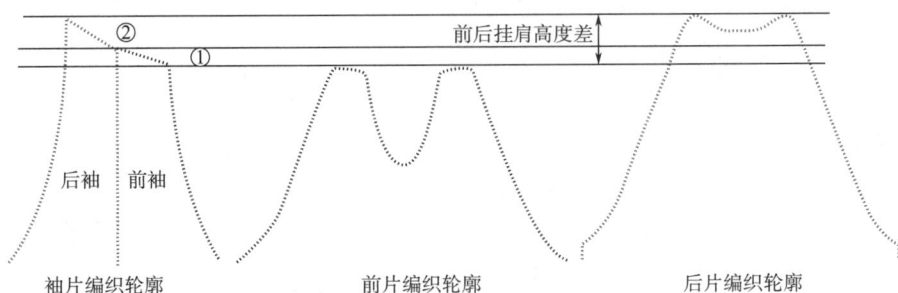

② ①　　　　　　　　　前后挂肩高度差

后袖　前袖

袖片编织轮廓　　　　　　　　前片编织轮廓　　　　　　　　后片编织轮廓

图5-52　插肩袖全成形毛衫轮廓示意图

3. 前片平袖山及其与前挂肩相接部分编织工艺

此处，袖、身共用同一个纱嘴编织，因为有前领局编，所以是C形编织。在区域①，前片挂肩时停止编织，然后继续编织前片的平袖山。后片挂肩时同时收针，然后继续编织后片的平袖山。因此，前片的编织针数保持不变，而后片的挂肩收针导致后片的编织针数减少。在整个编织过程中，无论前后片的宽度如何变化，都必须确保机器上前后针床的线圈数保持一致。通过摇床来倒针，可以解决前后片宽度不同和前后针床线圈数不一致的问题。在编织左边缘时，要确保左边的前后片边缘对齐，按照图5-53中的步骤（e）进行；在编织右边缘时，要确保右边的边缘对齐，按照图5-53中的步骤（d）进行。

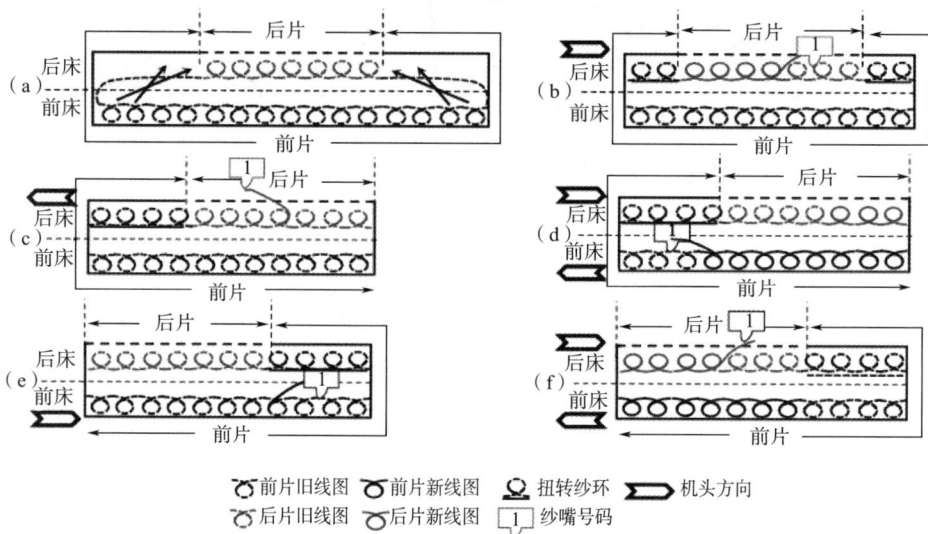

图5-53　筒状编织模型前后片不同针数的编织方法

图5-53编织过程详解：

（1）图5-53（a）中，将前床部分线圈转移至后床使前后针数相同，后片左右各收4针，为保证前后片编织平衡，前片左右各需向后片转移2针，采用旋转方式转移，先移后片最外边的线圈，再从外向内依次移圈，因此转移的线圈与相邻线圈的左右位置关系发生了改变，纱环发生扭转，扭转纱环增加了编织的难度、影响织物的美观，因此一般会在后片收针前通过踢纱嘴的方式预先进行纱环扭转，纱环转移后再次扭转正好恢复线圈形态。

（2）图5-53（b）中，编织后片左半部分。

（3）图5-53（c）中，踢纱嘴避让翻针动作，同时将后床右侧前片转移过来的两个线圈再翻回去，为后片编织右半部分做准备。

（4）图5-53（d）中，后片编织剩余部分，前片编织右半部分。

（5）图5-53（e）中，踢纱嘴避让翻针动作，同时将后床左侧前片转移过来的4个线圈再翻回去，为后片编织左半部分做准备。

（6）图5-53（f）中，后片编织剩余部分，前片编织左半部分；重复（3）~（6）动作循环编织，所形成的筒状区域后片比前片少8针。通过以上编织过程分析，设其中一片A编织针数为n，另一片B编织针数为m，$m-n$为偶数，则B需将A转移的针数为（$m-n$）/2，转移后前后床的针数均为（$m+n$）/2，A编织针数仍为n，B编织针数仍为m，前后片各编织一个横列需要的翻针次数为（$m-n$）×2，编织时间为前后针数相同时的2倍。

4.后片平袖山及其与前挂肩相接部分编织工艺

图5-52中区域②前片挂肩和袖子均暂停编织；后片挂肩编织同时收针，后片平袖山

局部编织，因此与区域①一样，也是前片编织针数保持不变，后片挂肩收针导致后片编织针数变少，但与区域①不同的是：区域①前片线圈转移至后片后还需再返还，仅是在编织某一侧边缘时保证前后片对齐；区域②前片线圈转移至后片后不再返还，编织边缘时也无需对齐，因此为保证前片线圈转移至后片后外观与后片其他线圈一致，在编织区域②前需实现对需要转移的线圈进行扭转纱环编织，其余部分与区域①大致相同。

5.袖山高与衣片挂肩高度差区域编织工艺

常规袖山高=挂肩高，即前袖山高=前片挂肩高，后袖山高=后片袖山高，但有时会出现袖山高度不足导致的肩袖起皱等布面不平的现象，造成衣身结构不平衡，影响产品的穿着体验，可以通过比例编织实现袖子与挂肩的高度差（图5-54）。

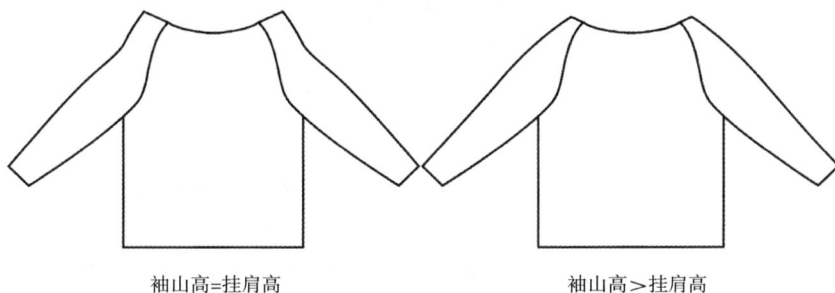

袖山高=挂肩高　　　　　　　　　　　　　　袖山高＞挂肩高

图5-54　插肩袖袖山高与挂肩高的关系

参考文献

［1］王革辉. 服装材料学［M］. 北京：中国纺织出版社，2010.

［2］于伟东. 纺织材料学［M］. 2版. 北京：中国纺织出版社，2018.

［3］姚穆. 纺织材料学［M］. 北京：中国纺织出版社，2009.

［4］龙海如. 针织学［M］. 2版. 北京：中国纺织出版社，2014.

［5］裘玉英. 针织毛衫设计［M］. 北京：中国纺织出版社有限公司，2022.

［6］周建. 羊毛衫设计与生产工艺［M］. 北京：中国纺织出版社，2017.

［7］刘艳君. 针织服装设计［M］. 北京：中国纺织出版社，2016.

［8］柯宝珠. 成形针织服装设计［M］. 北京：中国纺织出版社有限公司，2020.

［9］沈雷. 针织毛衫组织设计［M］. 上海：东华大学出版社，2009.

［10］沈雷. 针织毛衫造型与色彩设计［M］. 上海：东华大学出版社，2009.

［11］王利平. 羊毛衫设计与工艺［M］. 北京：中国纺织出版社，2018.

［12］王琳. 成形针织服装设计：制板与工艺［M］. 北京：中国纺织出版社有限公司，2020.

［13］卢华山. 毛衫工艺设计与成形制版［M］. 北京：天津科学技术出版社，2021.

［14］江学斌. 毛织服装编织工艺实务［M］. 北京：中国纺织出版社有限公司，2020.

［15］徐艳华，袁新林. 羊毛衫设计与生产工艺［M］. 北京：中国纺织出版社，2014.

［16］王勇. 针织服装设计［M］. 上海：东华大学出版社，2017.

［17］李学佳，周开颜. 成形针织服装设计［M］. 北京：中国纺织出版社有限公司，2019.

［18］裘玉英. 针织毛衫组织设计［M］. 北京：中国纺织出版社有限公司，2022.

［19］谭磊，王秋美，刘正芹. 针织服装设计与工艺［M］. 上海：东华大学出版社，2016.

［20］邓洪涛，徐利平. 毛衫款式设计［M］. 北京：中国纺织出版社有限公司，2022.

［21］肖顶，寿凤萍. 纺织新材料在针织面料上的开发与应用［J］. 纺织科学研究，2023（1）：63-64.

［22］高华斌，梁莉萍. 再生纱线：乌斯特已经准备好率先行动［J］. 中国纺织，2023（23）：54.

［23］姚心悦. 针织面料的结构与性能分析及其在服装设计中的应用［J］. 丝网印刷，2023（17）：34-36.

［24］李冰，马丕波. 产业用经编结构材料应用现状与发展趋势［J］. 纺织导报，2022（5）：36，38-42.

［25］马丕波，梅德轩. 生物医用纺织材料研究应用与进展［J］. 服装学报，2022，7（3）：185-195.

［26］夏小云. 智能针织品未来可期？［J］. 纺织机械，2022（6）：27.

［27］杨露，孟家光，薛涛. 智能化针织产品创新思路与技术研究［J］. 针织工业，2022（11）：4-7.

［28］蒋高明，周濛濛，郑宝平，等. 绿色低碳针织技术研究进展［J］. 纺织学报，2022，43（1）：67-73.